新 ほめられデザイン事典 写真レタッチ・加工

Photoshop

MASAYA EIRAKU
TOSHIYUKI TAKAHASHI
AKIOMI KURODA
SATOSHI KUSUDA

X
III
RETRO COLLAGE
Retro Collage Design
In Photoshop
TAKE A BREAK

はじめに

Photoshopは、その長い歴史の中でさまざまな機能を取り込み進化してきました。Webデザイン、動画編集、3Dなど、今やその用途は多岐にわたります。しかし、フォトレタッチを中心とした写真加工や画像制作が、その根底にあることは今も昔も変わりません。

本書は、第一線で活躍する複数のクリエイターが腕をふるった写真レタッチ＆加工のアイデア集です。ベーシックなものから旬なテクニックまでを幅広く扱っています。Photoshopで何か作ってみたいという入門的な用途から、ワンランク上のイメージを作り上げたいというときの参考書としてまで、さまざまなシーンで活用していただけます。

フォトレタッチを専門とするレタッチャーはもちろん、デザイナーであってもPhotoshopを使って画像を加工する機会は増える一方です。それに伴い、今後ますます幅広いスキルが求められることでしょう。また、日々変化するクライアントの要望に応えるため、作品制作に関するアイデアは、いくらあっても困ることはないはずです。

本書が、みなさまの「ほめられデザイン力」の向上に役立てば幸いです。

CONTENTS

1 BASIC
ベーシック

2 PERSON

パーソン

3 SCENE
シーン

[ダウンロードについて]

本書で使用している画像は一部ダウンロードができます。以下の URL からダウンロードしてください。なお、項目によって、ご提供できない画像もあります。あらかじめご了承ください。

https://www.shoeisha.co.jp/book/download/9784798155890

[バージョンについて]

本書掲載のテクニックを実践するには Adobe Photoshop CC が必要です。一部、Adobe Lightroom Classic CC が必要な項目があります。すべて各項目のタイトル部分に記載しています。

[注意]

本文の★印の付いたものは元画像です。

INFORMATION

本書内容に関するお問い合わせについて

このたびは翔泳社の書籍をお買い上げいただき、誠にありがとうございます。弊社では、読者の皆様からのお問い合わせに適切に対応させていただくため、以下のガイドラインへのご協力をお願い致しております。下記項目をお読みいただき、手順に従ってお問い合わせください。

●ご質問される前に

弊社 Web サイトの「正誤表」をご参照ください。これまでに判明した正誤や追加情報を掲載しています。

正誤表　https://www.shoeisha.co.jp/book/errata/

●ご質問方法

弊社 Web サイトの「刊行物 Q&A」をご利用ください。

刊行物 Q&A　https://www.shoeisha.co.jp/book/qa/

インターネットをご利用でない場合は、FAX または郵便にて、下記"翔泳社愛読者サービスセンター係"までお問い合わせください。
電話でのご質問は、お受けしておりません。

●回答について

回答は、ご質問いただいた手段によってご返事申し上げます。ご質問の内容によっては、回答に数日ないしはそれ以上の期間を要する場合があります。

●ご質問に際してのご注意

本書の対象を越えるもの、記述個所を特定されないもの、また読者固有の環境に起因するご質問等にはお答えできませんので、あらかじめご了承ください。

●郵便物送付先および FAX 番号

送付先住所　〒160-0006　東京都新宿区舟町 5
FAX 番号　03-5362-3818
宛先　(株) 翔泳社 愛読者サービスセンター係

※本書に記載されたURL等は予告なく変更される場合があります。
※本書の出版にあたっては正確な記述につとめましたが、著者や出版社などのいずれも、本書の内容に対してなんらかの保証をするものではなく、内容やサンプルに基づくいかなる運用結果に関してもいっさいの責任を負いません。
※本書に掲載されている作例、および実行結果を記した画面イメージなどは、特定の設定に基づいた環境にて再現される一例です。

まず押さえておきたい基本的なレタッチ・加工術を紹介します。
明るさ・コントラストの調整、色味の変更、切り抜きの方法、
写真を使用するときのちょっとしたあしらいなど
覚えておくと便利に使えるワザばかりです。

1

立体物に画像を合成する

ワープツールとレイヤースタイルを使ってマグカップに写真を合成します。

Ps CC Satoshi Kusuda

001

01 犬の画像をカップの形状に合わせて変形する

背景の画像を開き 1 、犬の切り抜き画像を背景レイヤーの上に配置します。[編集] → [自由変形] を選択します。レイヤーの四隅にバウンディングボックスが表示されるので、好みのサイズに拡大・縮小します 2 。調整後、変形を適用せずに、カンバス上で Control (Ctrl) キーを押しながらクリック (右クリック) して、[ワープ] を選択します 3 。オプションバーで [ワープ：アーチ] を選択し 4 、マグカップの立体感に合わせてドラッグし、犬の画像を変形します 5 。そのまま変形を適用せずに Control (Ctrl) キーを押しながらクリック (右クリック) して、今度は [自由な形に] を選択します 6 。バウンディングボックスが表示されたら、四隅をドラッグしさらに形を整えます 7 。

1

2

3

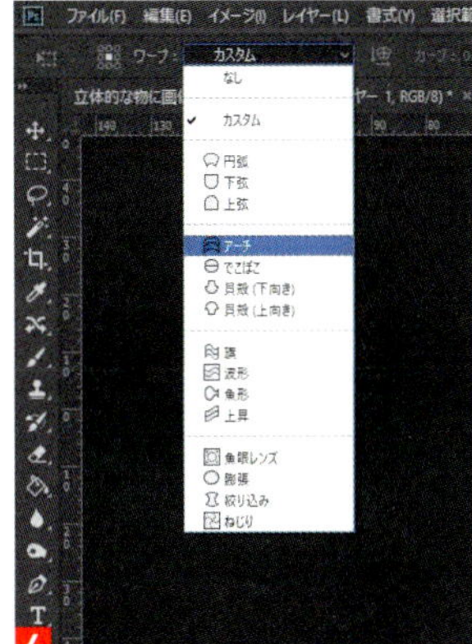

4

5

6

7

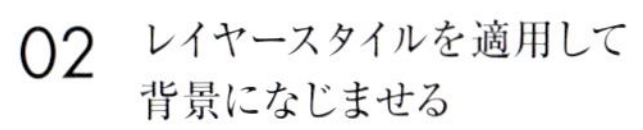

02 レイヤースタイルを適用して背景になじませる

[レイヤー] パネルで犬のレイヤーを選択し、[レイヤー] → [レイヤースタイル] → [レイヤー効果] を実行します。[描画モード：乗算] [ブレンド条件] の [下になっているレイヤー] を [57/115 99/255] に設定します 8 。これでマグカップと犬の画像がなじみ、自然な感じになります 9 。

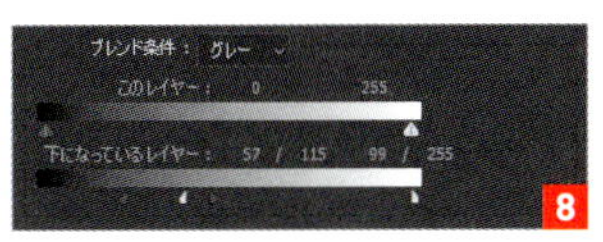

8

9

03 テキストを配置して加工する

[横書き文字ツール] を選択し、[mugcup design] と入力します 10 。テキストレイヤーを選択して、[レイヤー] → [ラスタライズ] → [テキスト] を適用します。ラスタライズ後、犬の画像と同じ要領で [ワープ] と [自由な形に] を適用してマグカップになじませます。最後に犬のレイヤーの [レイヤースタイル] をコピーし、テキストレイヤーにペーストして完成です 11 。

10

11

002

ざらついた粒子のトイカメラ風な印象にする

粒子を荒く、細部をつぶすことで、トイカメラで撮影した写真風に仕上げます。

Ps CC　Masaya Eiraku

01　全体をざらついた感じにする

元画像を開き 1 、［フィルター］→［フィルターギャラリー］→［テクスチャ］→［粒状］を適用し 2 、全体的にざらついた印象にします 3 。

1

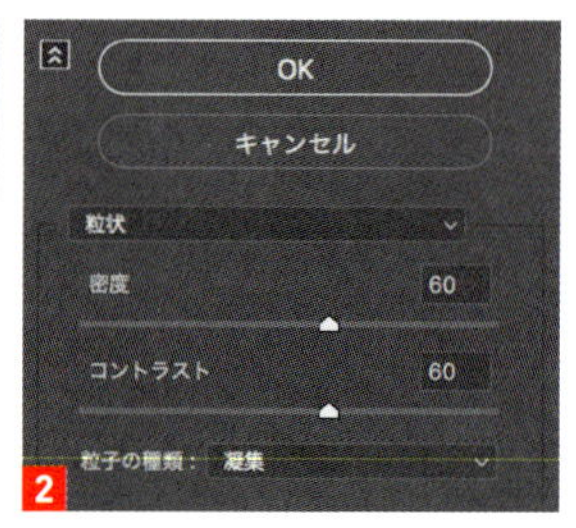

2

3

02 ノイズを加えて粒子の粗さを強調する

［フィルター］→［ノイズ］→［ノイズを加える］を［量：15%］程度で適用 4 。モノクロのノイズをプラスして、全体的に粗い雰囲気を強調します 5 。

4

5

03 グリーン寄りに明るくしてトイカメラ感をプラスする

最後に［レイヤー］→［新規調整レイヤー］→［トーンカーブ］を追加し、［グリーン］チャンネル 6 と［RGB］チャンネルを調整して 7 、全体的にグリーン寄りに明るくします。これによってトイカメラ感がプラスされます。これで完成です 8 。

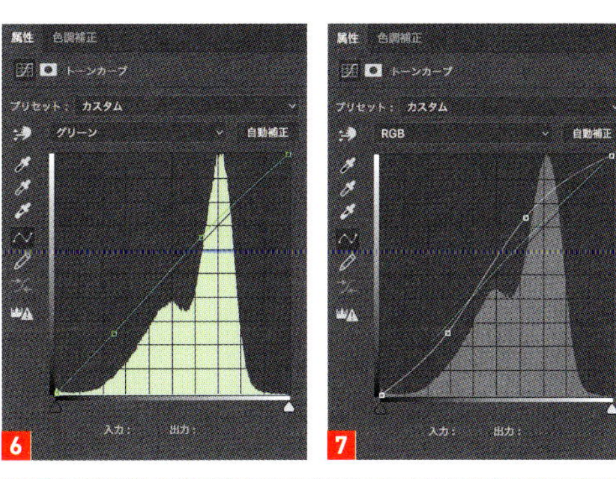

6 7

ONE POINT

粒子感をプラスする方法は、今回使用した［フィルターギャラリー］の［粒子］のほかに、［メゾティント］や［ピクセレート］などがあります。目的や素材に応じて使い分けるとよいでしょう。なお、粒子を荒くすると、細かい部分がつぶれてしまうことがあります。注意しましょう。

8

複数の写真の色や明るさをそろえる

異なる写真の明度、彩度、カラーバランスを整えることで自然な感じになじませます。

Ps CC　Satoshi Kusuda

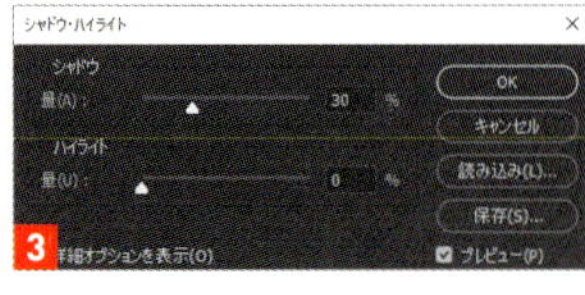

01　ソファーに犬を配置して明度を整える

背景の画像を開き 1 、犬の切り抜き画像をペーストします 2 。犬には画面右方向から光があたり、強い影ができています。そこで［イメージ］→［色調補正］→［シャドウ・ハイライト］を 3 のように適用し、影を落ち着かせます 4 。

02 背景に合わせて犬の画像の色を浅くする

犬のレイヤーに［イメージ］→［色調補正］→［レベル補正］を 5 のように適用します。背景は色あせた印象のある画像なので、犬の画像も色を浅く加工しました 6 。

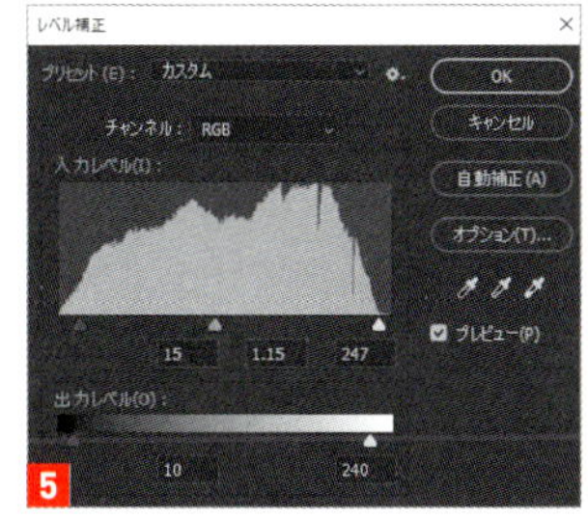

5

6

03 カラーバランスとアンシャープマスクでなじませる

［イメージ］→［色調補正］→［カラーバランス］を選択し、［シャドウ］を 7 、［中間調］を 8 のように設定します。また、犬の画像は背景に比べてぼんやりしているので、［フィルター］→［シャープ］→［アンシャープマスク］を［量：70%］［半径：1pixel］で適用します 9 10 。

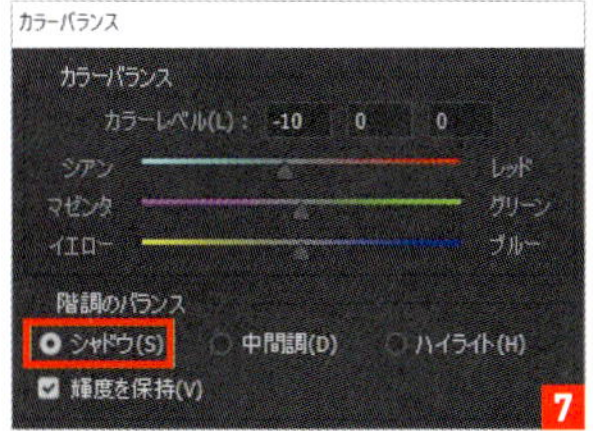

7

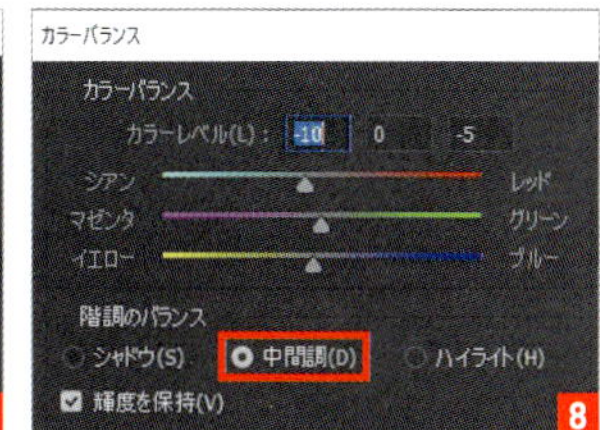

8

9

10

04 ソファーに落ちる犬の影をつける

犬のレイヤーの下に新規レイヤーを作成し、［ブラシツール］→［ソフト円ブラシ］を選択します。描画色を黒［#000000］に設定して犬がソファーに落とす影を描きます。影が描けたら、レイヤーの［不透明度］を［65%］に変更して落ち着かせます 11 。

11

05 全体に光を加えて完成させる

描画色を白［#ffffff］に設定します。［レイヤー］パネルで［塗りつぶしまたは調整レイヤーを新規作成］→［グラデーション］を選択し、［グラデーション：描画色から透明に］［スタイル：円形］に設定します 12 。作成したグラデーションのレイヤーを最前面に配置してから、カンバス上でドラッグし、画面上部に円形グラデーションの中心を配置します 13 。続いて、グラデーションのレイヤーを選択し、描画モードを［オーバーレイ］、［不透明度：40%］に設定します。最前面に光を加えることで、異なるレイヤーに一体感が生まれました。完成です。

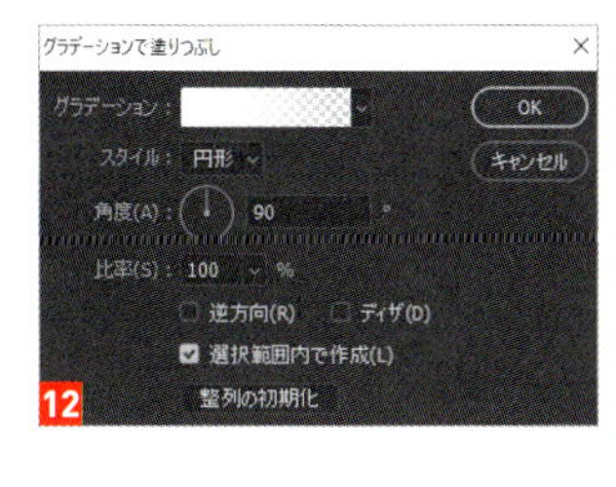

12

13

サーモグラフィー風にする

004

グラデーションマップを用いることで、簡単に画像を塗り分けることができます。

Ps CC　Masaya Eiraku

01 パレットナイフで画像の輪郭を変形する

元画像を開き 1 、複製します。複製したレイヤーに［フィルター］→［フィルターギャラリー］→［アーティスティック］→［パレットナイフ］を適用して画像の輪郭をランダムに変形します 2 3 。ここでは［ストロークの大きさ：16］［ストロークの正確さ：3］［線のやわらかさ：6］に設定しています。

1

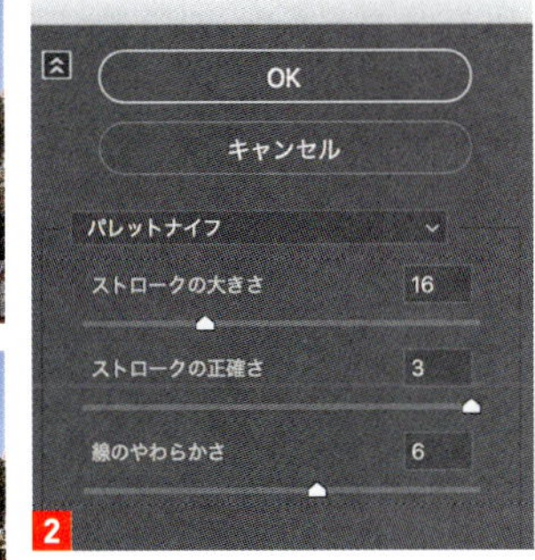

2

3

02 画像をぼかして重ねる

続けて、［フィルター］→［ぼかし］→［ぼかし（ガウス）］を［半径：10pixel］で適用して画像をぼかします 4 5 。ぼかし後、レイヤーの描画モードを［カラー比較（暗）］に変更して画像を重ねます 6 。

4

5

6

03 グラデーションマップで塗りつぶす

［レイヤー］→［新規調整レイヤー］→［グラデーションマップ］を実行し、7 のようなグラデーションでレイヤーを塗りつぶして完成です 8 9 。

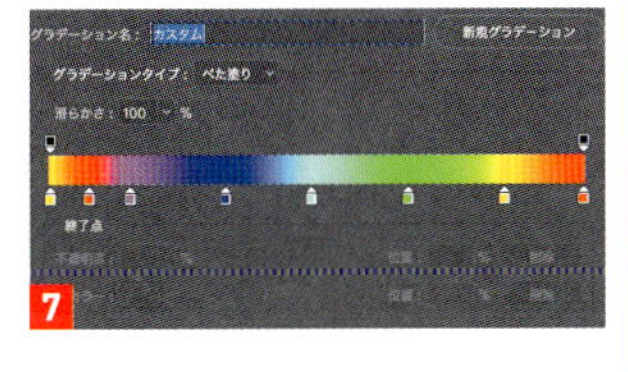

7

8

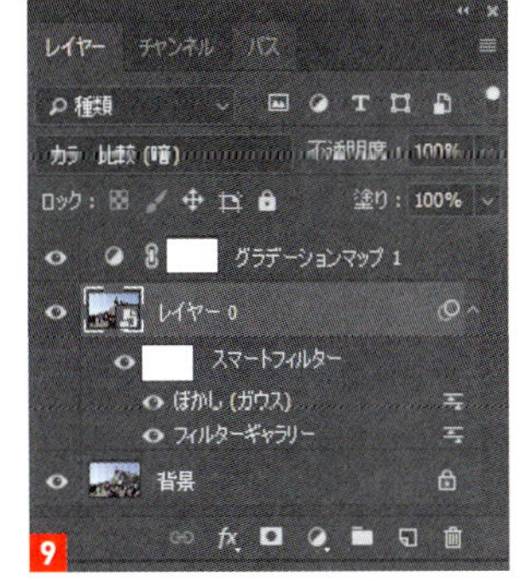

9

ONE POINT

今回適用した［グラデーションマップ］はデフォルトの虹色をベースに、左端に黄色をプラスしています。［グラデーションマップ］は写真によって見え方が変わってくるので、グラデーションの色の配列などを変更して理想の配色を見つけ出しましょう。

パースのかかった画像を正しい比率で切り抜く

遠近法切り抜きツールを使うことで、1ステップで「切り抜き」と「パースの補正」を行うことができます。

005

Ps CC　Masaya Eiraku

01 遠近法切り抜きツールで看板を切り抜く

元画像を開きます 1 。黄色い看板を［遠近法切り抜きツール］でクリックしてグリッドを表示させます。四隅のアンカーをドラッグして切り抜きたい部分に合わせ、Return（Enter）キーを押します。すると縦横比が補正された状態で切り抜かれますが、切り抜かれた画像をよく確認するとやや長体がかかっていることがわかります 3 。

1

2

3

02 被写体の元々の縦横比を調べる

切り抜いた（補正された）ときに、被写体が本来の比率とほぼ同じになるように一手間加えてみることにします。被写体の元々の縦横比を知るため、4 のように切り抜きたいオブジェクトの各角で縦横のガイドが交差するようにします。続いて、［長方形ツール］を使って、高さが低い方（画面奥）の高さにあわせて長方形を描画します 5。この長方形の高さ［H］を［属性］パネルで確認してメモしておきます。

4

5

03 長方形の高さを広げていく

［編集］→［自由変形］を実行して、先ほど作成した長方形の高さを、縦横の比率を維持したまま、ガイドの高さ（画像の手前の方）まで広げていきます 6。長方形とガイドの高さを合わせたら、［属性］パネルで長方形の横幅［W］の値をメモしておきます。

6

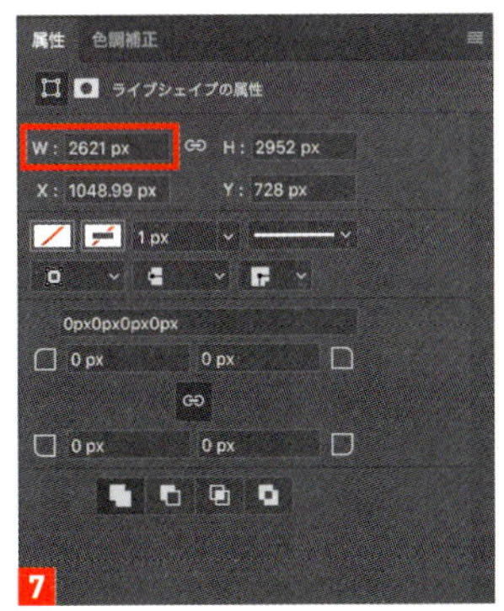

7

04 調べた高さと横幅で被写体を切り抜く

再び［遠近法切り抜きツール］を選択し、対象物（看板）に沿ってグリッドを作成します 8。続いて、ツールバーの［W］と［H］に、メモした高さと横幅の数値を入力します 9。解像度は元の画像（ここでは［72pixel/inch］）に合わせてください。入力後、ツールバーの［○］をクリックして切り抜きを確定します。これで入力した比率で対象物が切り抜かれます。色味を調整して完成です 10。

8

10

W : 2621 px　H : 2346 px　解像度 : 72　pixel/inch

9

ONE POINT

ここで解説した［遠近法切り抜きツール］を使ったテクニックは、高い建物を撮影したときに生じるパースを和らげる際にも有効です。

修正前

修正後

006

ヴィンテージ風に加工する

写真にノイズや焼けた感じを加えることで、ヴィンテージ感を演出します。

Ps CC　Masaya Eiraku

01　塗りつぶしレイヤーを作成する

元画像を開きます 1。［レイヤー］→［新規塗りつぶしレイヤー］→［べた塗り］を選択し、［カラーピッカー］でべた塗りのカラーを指定します。ここではオレンジ系［R:255／G:160／B:76］で塗りつぶしています 2。塗りつぶし後、レイヤーの描画モードを［スクリーン］に変更します 3。

02　写真に焼けたような感じを加える

［レイヤーマスクを追加］を実行し、［ブラシツール］などを使って、写真の四隅や縁を中心に非表示にしていきます 4。マスクできたら［べた塗り］レイヤーを複製し、複製したレイヤーの描画モードを［焼き込みカラー］に変更 5、さらにマスクを加工して焼けた雰囲気を加えていきます 6。

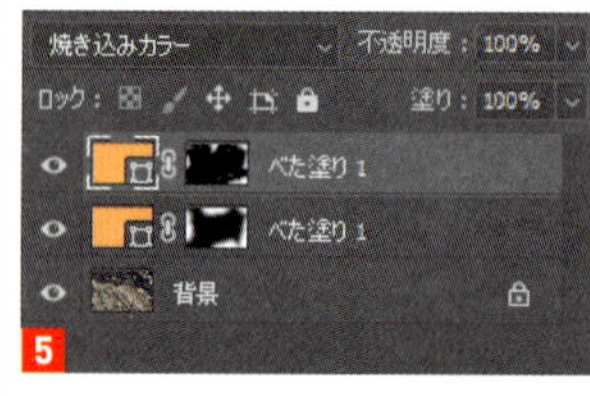

03　メゾティントフィルターで写真にノイズを加える

［レイヤー］→［新規］→［レイヤー］を実行し、全体を白で塗りつぶします。白色のレイヤーを選択し、［フィルター］→［ピクセレート］→［メゾティント］を［種類：粗いドット（強）］で適用してノイズを加えます 7 8。さらにレイヤーの描画モードを［除算］に変更してなじませます。これで粒子の粗い写真を演出します 9。

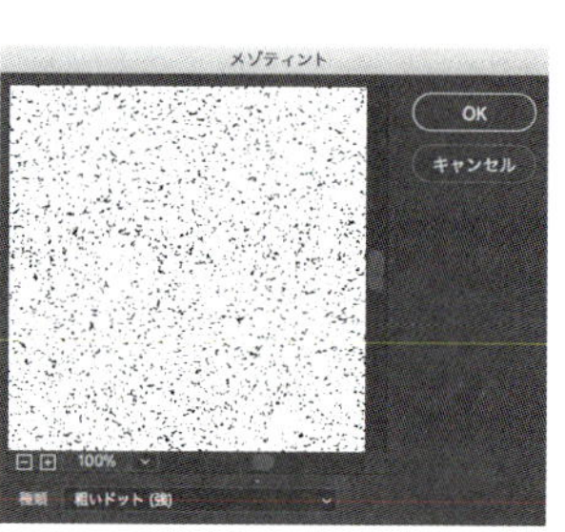

04 写真に白いフチをつける

［長方形ツール］を使って、画角いっぱいの長方形を描きます。線の色は白に設定します。そのほかの設定は 10 の通りです。これで写真に白いフチが付きます 11。

10

11

05 トーンカーブを調整して色あせた感じにする

［レイヤー］→［新規調整レイヤー］→［トーンカーブ］を適用して、コントラストを弱め、全体の赤みを強くして色あせた印象にします 12 〜 16。

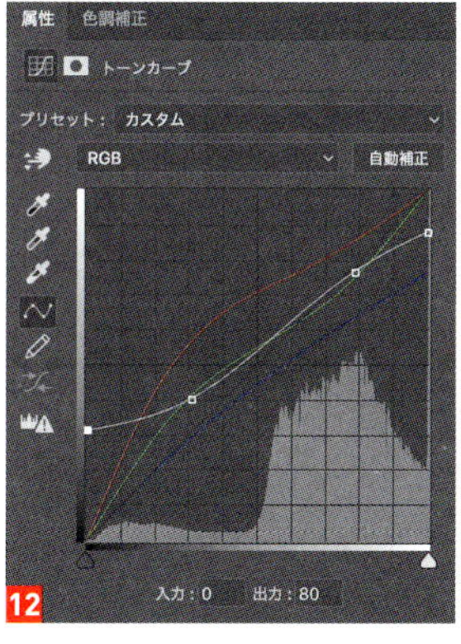

12

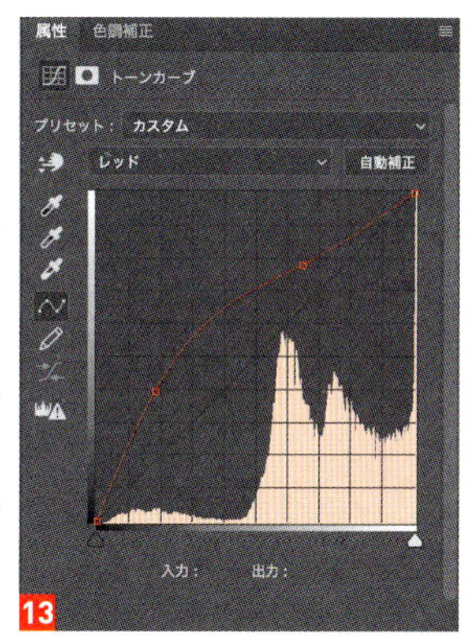

13

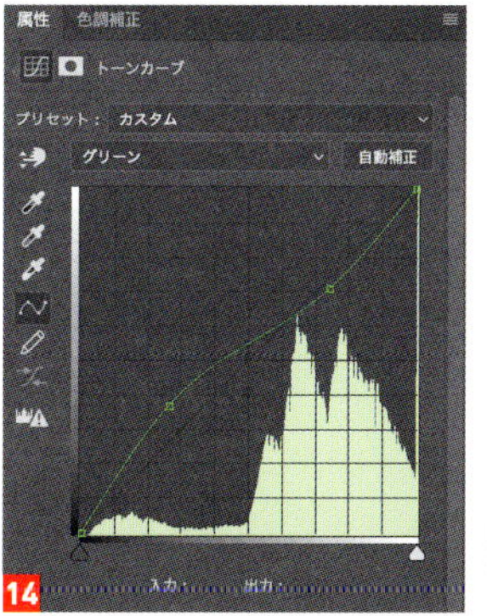

14

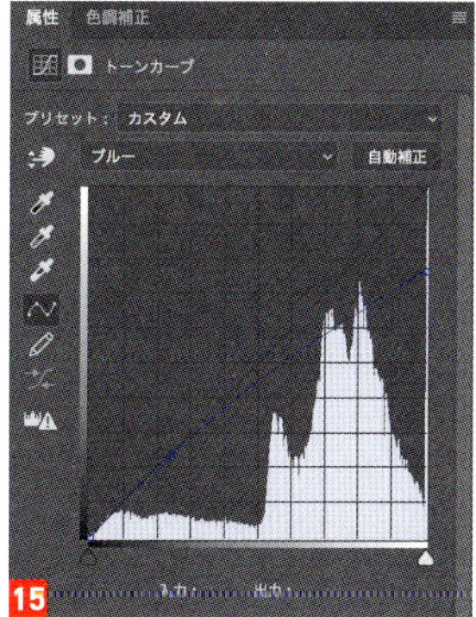

15

16

ONE POINT

写真の粒子を粗くする方法はいくつかあります。今回は［フィルター］→［ピクセレート］→［メゾティント］を使用しましたが、［フィルター］→［ノイズ］や［フィルターギャラリー］→［テクスチャ］→［粒状］などを利用するのもよいでしょう。素材や好みに合わせて選択してください。

06 写真全体の彩度を下げる

最後に［レイヤー］→［新規調整レイヤー］→［色相・彩度］を適用して 17、写真全体の彩度を下げて完成です 18。

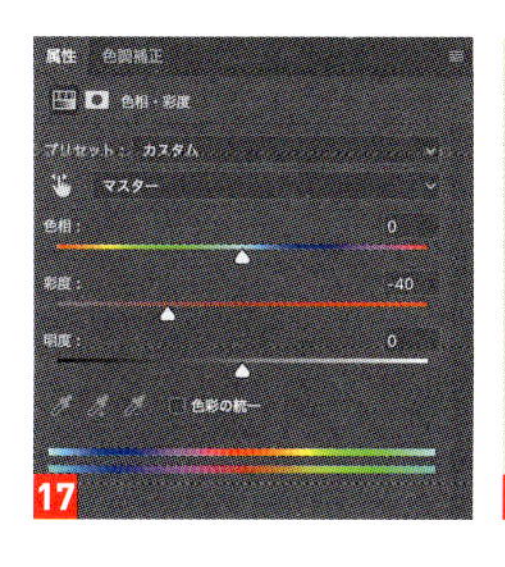

17

18

007

輪郭がくっきりしたクールな画像に仕上げる

ハイパスフィルターでつぶれていた輪郭を起こし、はっきりとさせます。同時に対象物以外を暗くして目立たせます。

Ps CC　Masaya Eiraku

1

3

01 ハイパスフィルターを適用する

元画像 1 を開いて複製します。複製したレイヤーを選択し、［フィルター］→［その他］→［ハイパス］を［半径：20pixel］で適用します 2 3。

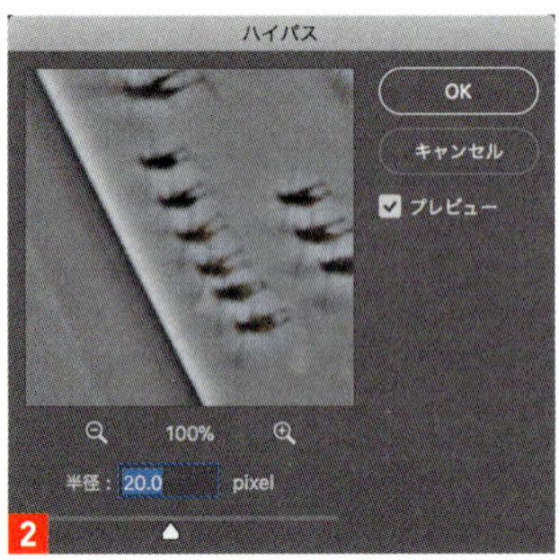

2

02 リニアライトで写真を合成する

複製したレイヤーの描画モードを［リニアライト］に変更して 4、元の画像と合成します 5。

4

5

03 彩度を落としてクールな印象にする

［レイヤー］→［新規調整レイヤー］→［色相・彩度］を追加し、彩度を落としてよりクールな印象に仕上げます。ここでは［−38］まで下げています 6 7。

6

7

04 トーンカーブとグラデーションで対象物以外を暗くする

対象物（ここでは中央の鷹）以外を［なげなわツール］などで選択し 8、［イメージ］→［色調補正］→［トーンカーブ］を 9 のように適用して全体的に暗くします 10。さらに［レイヤー］→［新規調整レイヤー］→［グラデーション］を実行。［カラー］を黒、［不透明度］を［100%］から［0%］に設定して 11 12、画像の下部をさらに暗くすれば完成です 13。

8

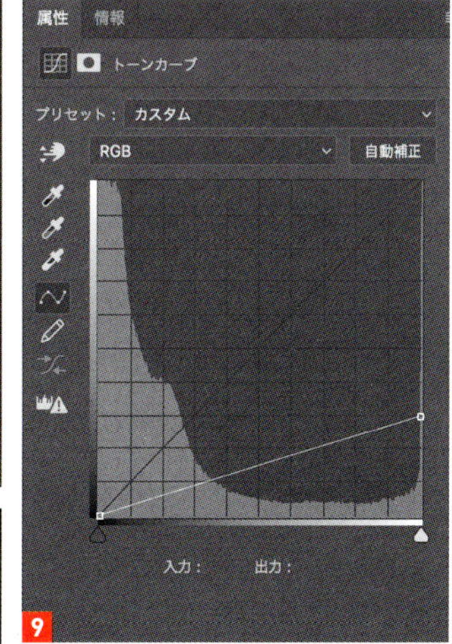

9

10

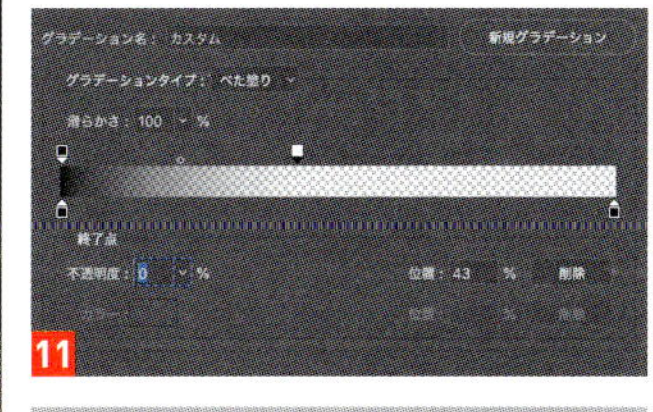

11

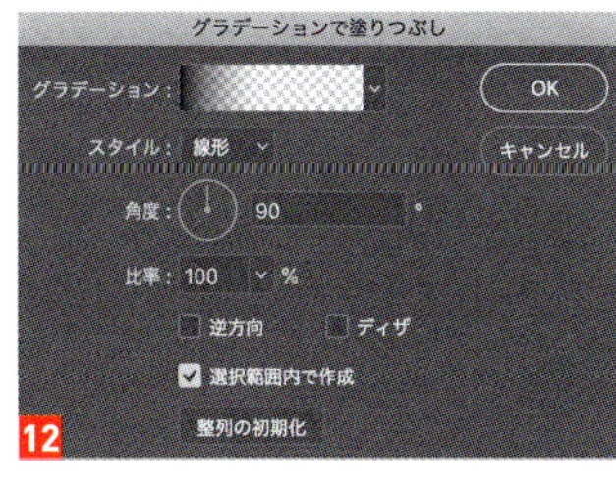

12

13

ONE POINT

［ハイパス］フィルターは、高い質感を持ったものほど効果があります。ただし、やりすぎると写真がつぶれてしまうので注意しましょう。

印刷物のモックアップを簡単に作成する

Vanishing Pointを使用して、モックアップにロゴを貼り込んでいきます。

Ps CC　Masaya Eiraku

008

01 名刺の縁に沿ってメッシュを作成する

貼り込みのベースとなる画像を用意し 1 、名刺から文字を貼り込んでいくことにします。あらかじめ名刺のデザインを Photoshop に読み込んでおき、クリップボードにコピーしておきます。次に［レイヤー］→［新規］→［レイヤー］を選択し、［カラー：なし］で透明レイヤーを作成します。作成したレイヤーを選択し、［フィルター］→［Vanishing Point］を実行、［面作成ツール］を選択して、名刺の縁に沿ってメッシュを作成します 2 。

02 変形ツールでサイズを調整する

コピーしておいたデザインをペーストし 3 、［変形ツール］でサイズを合わせ、合わせたい面にドラッグします。デザインと面が重なると、面に合わせて自動でレイアウトしてくれます 4 。あとは［変形ツール］で大きさを合わせていき 5 、ちょうどよいサイズになったところで［OK］をクリックして確定します 6 。

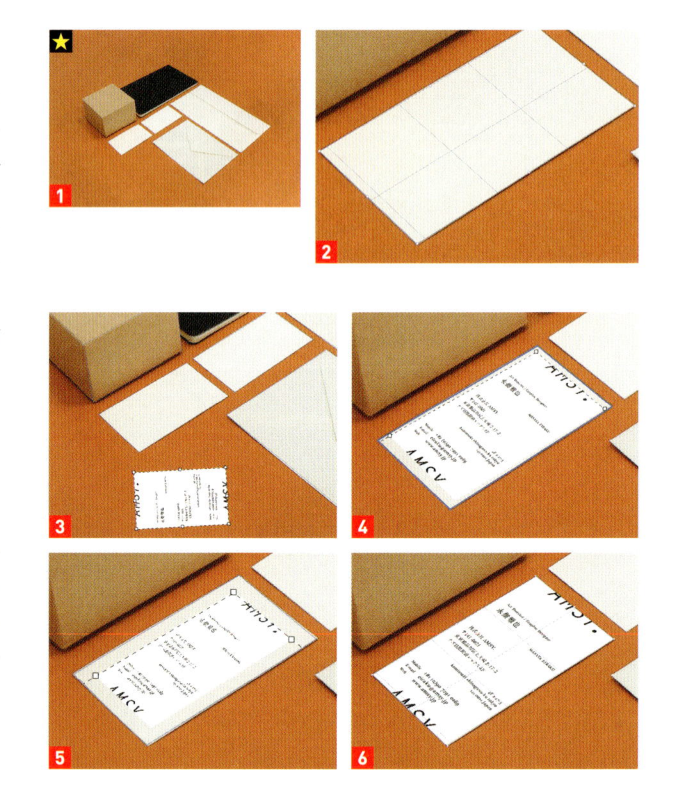

03 描画モードを変更してなじませる

元の作業画面に戻ります。配置した画像はレイヤーになっているので、描画モードを［乗算］に変更して、ベースの画像になじませます 7 。

04 箱の側面にメッシュを作成する

次に立体的な部分への貼り付けを行います。まず、新規透明レイヤーを作成します。［フィルター］→［Vanishing Point］を実行し、先ほどと同じように［面作成ツール］を使って、箱の天面を選択します。今回は箱の側面も選択範囲に含めたいので、伸ばしたい辺を ⌘ （Ctrl）キーを押しながらクリックして選択し、そのあとにドラッグしてやります 8 。すると箱の側面に沿って自動的に面が伸びていきます 9 。同様にもう一方の面も伸ばし、箱をメッシュでラッピングします 10 。

05 箱にデザインを貼り込んでいく

あとは先ほどと同様に、あらかじめ用意してあるデザインをペーストし、［変形ツール］を使って配置したい面へ移動します 11 。今回は立体的な面に貼り付けることになりますが、この場合も面に合わせて自動的にデザインが変形されます。貼り付け後、再度［変形ツール］でサイズを縮小しながら配置をし、ひとつの面がすんだら、貼り付けたデザインを Option （Alt）を押しながらドラッグして複製し、同じようにして配置していきましょう 12 。

06 ノートや封筒にも同様の処理を行う

黒いノートの表紙も同様に［Vanishing Point］で面を取り、ノート用のデザインを配置。配置後、貼り込んだデザインを使用して選択範囲を作成し 13 、［イメージ］→［色調補正］→［トーンカーブ］で全体を少し暗くします 14 。これにより、印刷されたような雰囲気が出せます。残りの封筒についても同様にロゴを配置して完成です。

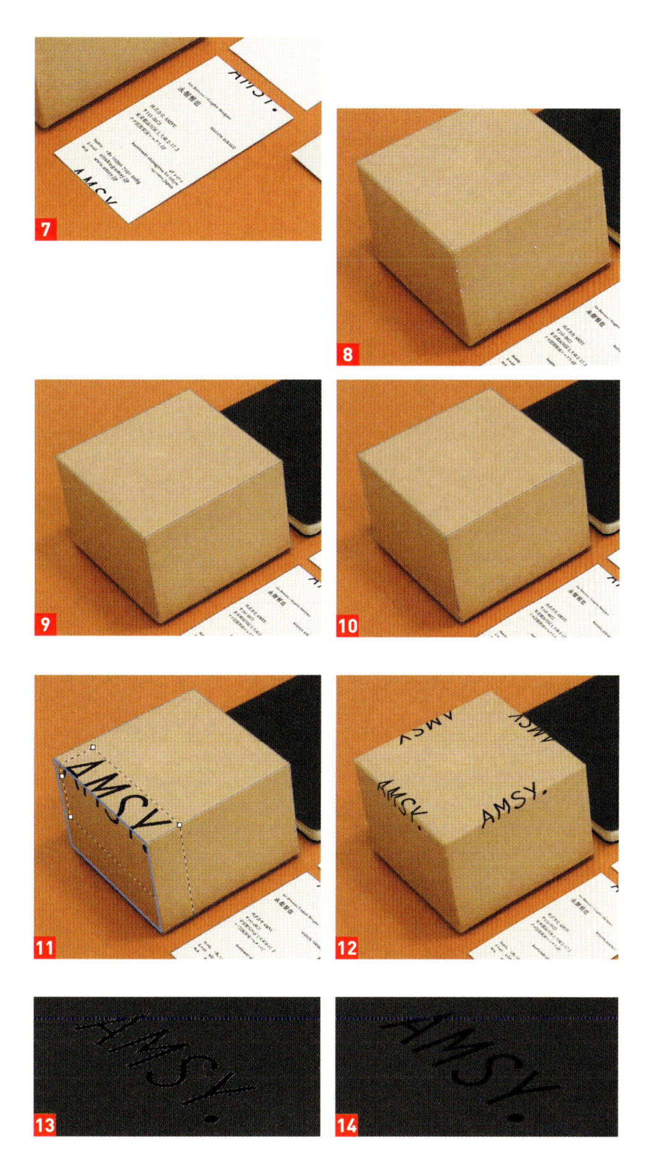

ONE POINT

今回は貼り込み先のパースがきつかったためか、面と同じ方向にペーストすると、自動的に 90 度回転した状態で貼り付けられてしまいました。そこで、配置する面のパースに対して、貼り付けるグラフィックスを 90 度回転させてから、配置していくことにしました。結果、スムーズに作業が進められるようになりました。

幻想的な雰囲気にする

写真の階調を変えていくことで、リアルな画像をファンタジーな色味に変換します。

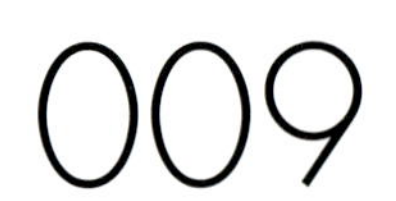

CC　Masaya Eiraku

01 写真の階調を反転する

元画像 1 を開いて複製します。複製したレイヤーを選択し、[イメージ] → [色調補正] → [階調の反転] を適用します 2。さらにレイヤーの描画モードを [色相] に変更して元画像に重ね合わせます 3。

1

2

3

02 描画モードとぼかしで色調にメリハリを出す

これまでのレイヤーを複製結合し、レイヤーの描画モードを [覆い焼きカラー] に変更して重ね合わせます 4。次に[フィルター]→[ぼかし] → [ぼかし (ガウス)] を [半径 : 37pixel] で適用し 5、色調にメリハリを出します 6。

4

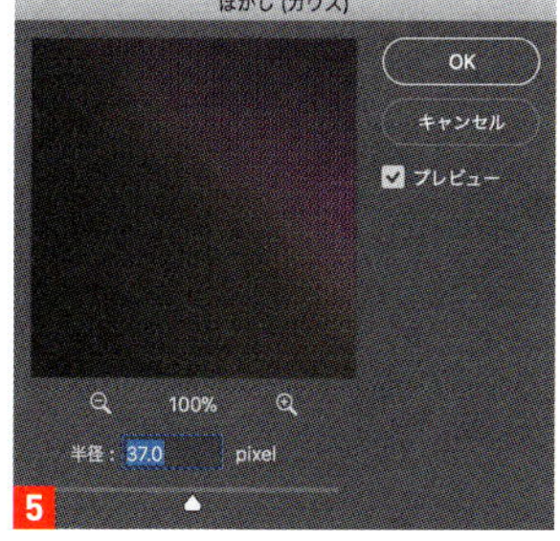

5

6

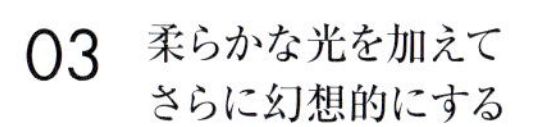

03 柔らかな光を加えてさらに幻想的にする

表示レイヤーを新規レイヤーとして結合し、[フィルター] → [ぼかし] → [ぼかし (ガウス)] を適用します 7。レイヤーの描画モードを[比較 (明)]、[不透明度] を [70%] に変更して重ねます。柔らかな光が加わり、さらに幻想的な雰囲気になります 8。これで完成です。

7

8

ONE POINT

ここで取り上げた [階調の反転] による効果は、素材写真の色調によって大きく変わっていきます。よって仕上がりも写真によってさまざまです。

010 昼間の写真を夜景に変える

光の階調を整えることで昼の光を
夜の光に変えていきます。

Ps CC　Masaya Eiraku

01 シャドウとハイライトを調整する

元画像を開き 1 、[イメージ] → [色調補正] → [シャドウ・ハイライト] を適用し 2 、シャドウを明るく、ハイライトとの差を弱めます 3 。

1

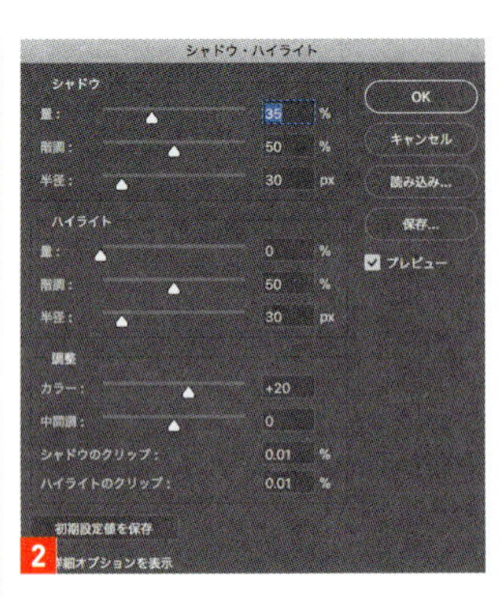

2

3

02 レンズフィルターで夜空の雰囲気にする

[レイヤー] → [新規調整レイヤー] → [レンズフィルター] を実行し、[カラー] を [R：34 ／ G：29 ／ B：52] 4 、[適用量：100%] [輝度を保持] のチェックをオフに設定して適用します 5 6 。

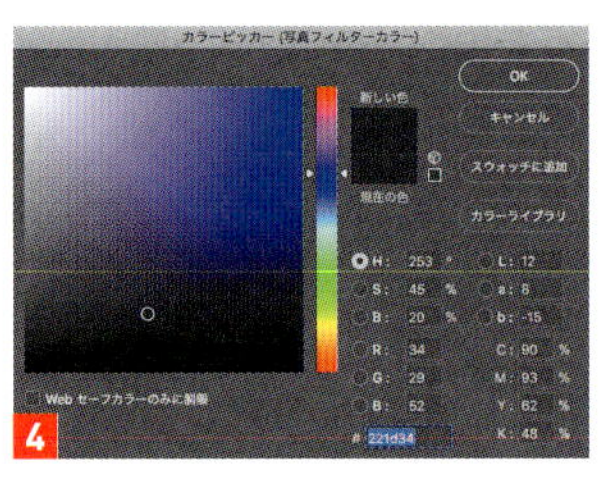

4

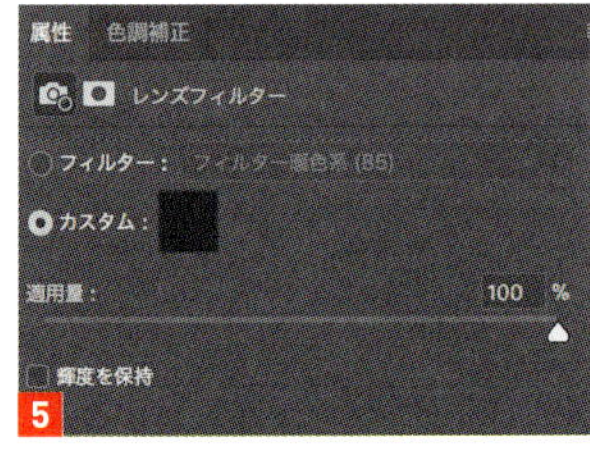

5

6

03 べた塗りと描画モードで雲の質感を出す

［レイヤー］→［新規塗りつぶしレイヤー］→［べた塗り］を選択し、［カラー］を［R：49／G：37／B：68］で作成します 7。レイヤーの描画モードを［覆い焼き（リニア）加算］に変更して雲の質感を出します 8。

7

8

04 調整レイヤーとレイヤーマスクで空に階調を持たせる

［レイヤー］→［新規調整レイヤー］→［レベル補正］を選択し、9 のように設定して全体を暗くします 10。さらに［レイヤー］→［新規調整レイヤー］→［トーンカーブ］を選択し、11 のように設定。地面に近い部分だけに効果が適用されるよう［レイヤーマスクを追加］し 12、空に階調を持たせて完成です 13。

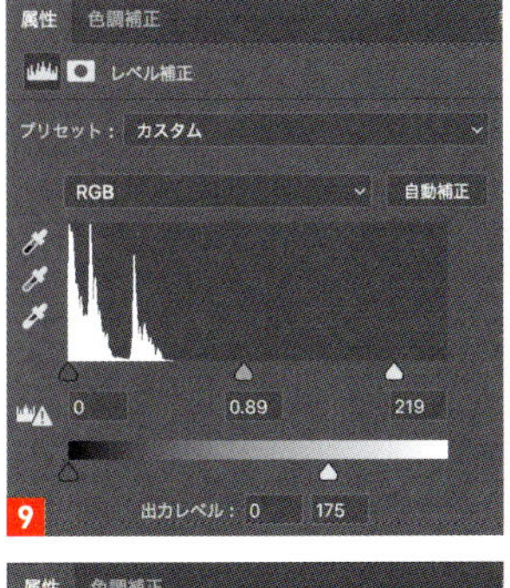

9

10

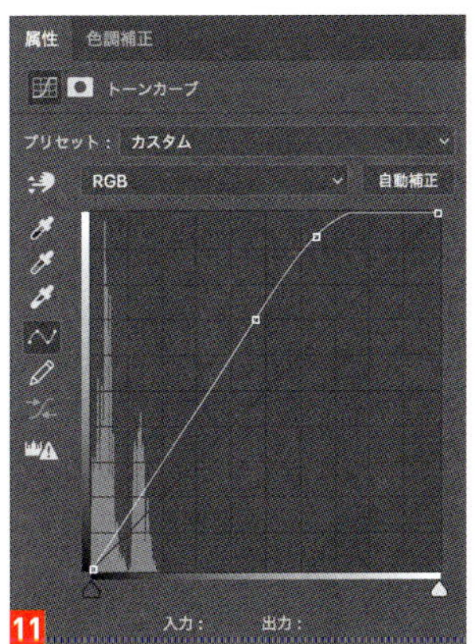

11

12

13

ONE POINT

次の手順で夜空を星で彩ることができます。

1 新規塗りつぶしレイヤーを黒で作成し、［フィルター］→［ピクセレート］→［メゾティント］を［種類：荒いドット］で適用します。

2 画像の一部分を切り出し、［自由変形］で画面いっぱいに拡大します。

3 レイヤーの描画モードを［スクリーン］に変更し、夜空の画像に重ね合わせます。

4 ［フィルター］→［ぼかし（ガウス）］を［半径：1.5pixel］で適用し、全体の印象を柔らかくします。

5 ［イメージ］→［色調補正］→［トーンカーブ］を適用して星にメリハリを出して完成です。

画像を球パノラマ化し
動かせるようにする

普通のカメラで撮影した画像を360度データ化し、Facebookなどで動かしながら見ることができるようにします。

011

Ps CC　Masaya Eiraku

01　画像の縦横比を1対2にする

元画像を開きます 1 。［イメージ］→［カンバスサイズ］を選択し、画像の縦横比を確認します 2 。今回は、縦横比が「1：2」になっている必要があるので、切りのよい数値（ここでは［幅：6000pixel］［高さ：3000pixel］）に変更して［OK］します 3 。

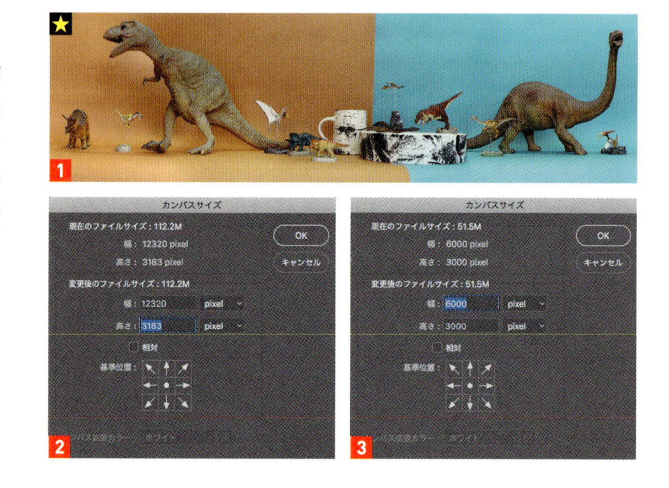

02 空きスペースを塗りつぶす

比率を変更した結果、写真の上下に空きスペースができてしまいました**4**。空いた空間を埋めるために、［自動選択ツール］を選択した状態で、［編集］→［塗りつぶし］を［内容：コンテンツに応じる］で適用します**5**。これで周辺の画像で空きスペースが塗りつぶされます**6**。

4

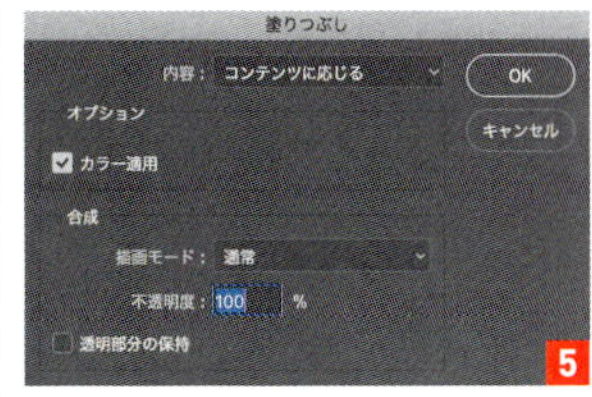

5

6

03 パッチツールで汚れた部分をなじませる

処理の結果、一部にシミのようなものができています**7**。これらの汚れは［パッチツール］を使ってなじませます**8**。同様にして下の空いた空間も塗りつぶしておきましょう**9**。

7

8

9

04 パノラマレイヤーとして書き出す

空きスペースの処理ができたら、［3D］→［球パノラマ］→［選択したレイヤーから新規パノラマレイヤーを作成］を実行します。画像が360度球に変換され、ドラッグなどで動きや見え方を確認できるようになります**10**。これを［3D］→［球パノラマ］→［パノラマを書き出し］で書き出せば完了です。PCで開くと普通のJPG画像ですが、Facebookなどにアップして360度画像を閲覧できる環境で見ると360度球として生成されていることがわかります**11**。

10

ONE POINT

風景以外の写真、たとえばセットを球パノラマ化する場合は注意が必要です。天面と地面になる上下に十分な空間がないと仕上がりに違和感が生じることがあります。また、RICOH THETAなど、360度写真を撮影できる機材で写した画像もこの機能で編集することができます。

11

近未来的なディスプレイを作成する

ディスプレイが持つ、独特な質感や未来感をハーフトーンパターンフィルターやレイヤースタイルで作り出します

Ps CC　Masaya Eiraku

012

01 バス停の案内版をひとつひとつ範囲選択して切り離す

元画像を開き **1**、[長方形選択ツール] などを使ってバス停の表示板をひとつひとつ範囲選択し、それぞれを別々のレイヤーに切り離しておきます **2**。次に、元の画像の案内版があった部分を黒く塗りつぶしておきます **3**。

1

2

3

02 ハーフトーンパターンで ブルーの液晶っぽい質感にする

切り離した案内版のひとつを選択します。描画色をブルー系（[R：126／G：148／B：248]）4、背景色を白に設定した状態で、[フィルター]→[フィルターギャラリー]→[スケッチ]→[ハーフトーンパターン]を[サイズ:3][コントラスト：19][パターンタイプ：線]で適用し5、ブルーの液晶っぽい質感にします6。なお、画像のサイズによって見え方が違ってくるので、数値は適宜調整してください。

4
6

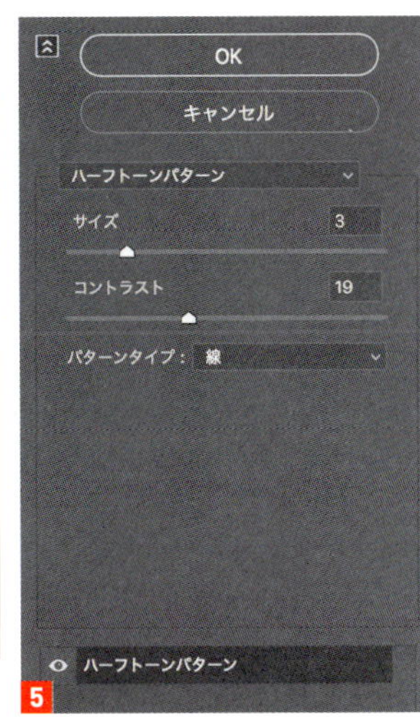

5

03 レイヤースタイルを適用して 案内板を発光させる

[レイヤー]→[レイヤースタイル]→[光彩（内側）]7と同[光彩（外側）]8を順番に適用し、案内板を発光させます9。[光彩（外側）]のカラーは水色（[R:212／G:244／B:255]）から透明のグラデーションです10。

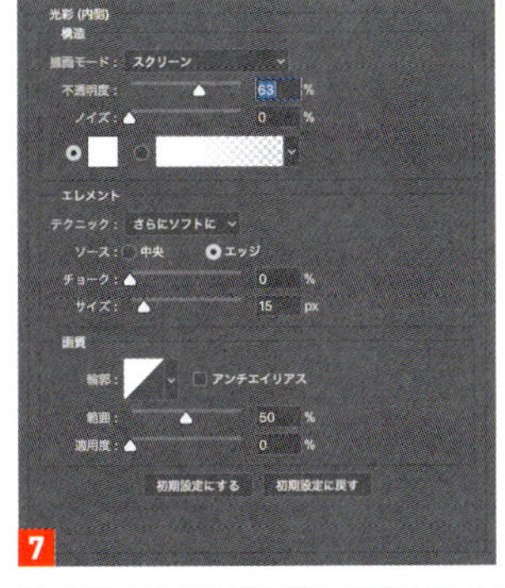
7

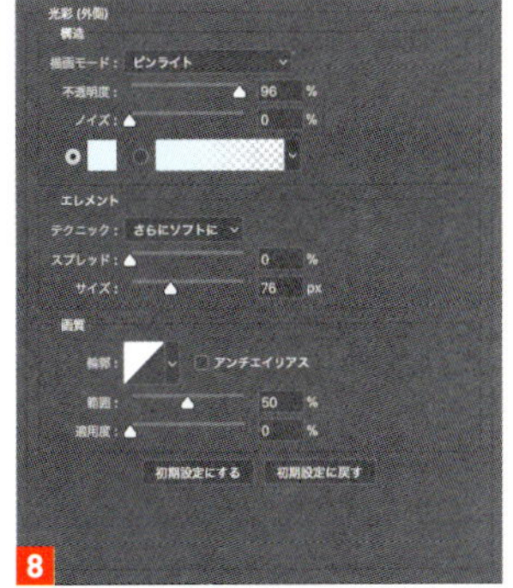
8

9

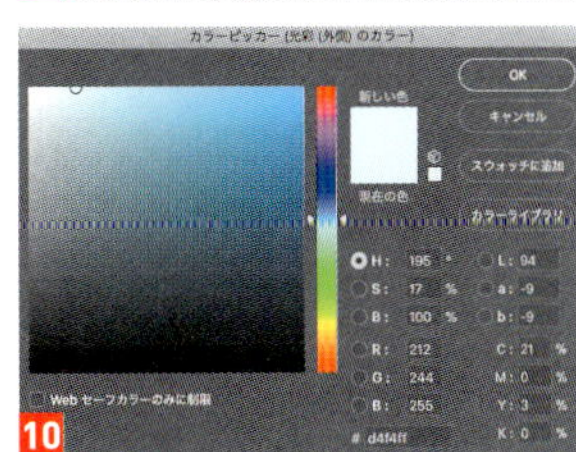
10

04 描画モードをリニアライトにして 浮遊感を出す

レイヤーの描画モードを［リニアライト］に変更します。これで案内板が宙に浮いている雰囲気になります11。同様に右側のサインを加工して完成です12。

11

12

013

動いているオブジェクトを自然に切り抜く

マスクを調整することで、ボケている被写体も自然に切り抜くことができます。

Ps CC　Masaya Eiraku

01 なげなわツールで対象物をラフに切り抜く

元画像を開き 1 、中央の車を［なげなわツール］などを使ってラフに選択します 2 。選択後、［レイヤーマスクを追加］を実行します。このままではエッジ（切り抜き部分）が硬すぎる 3 のでこれを柔らかくしていきます。また、移動しているように見せるためのぼかしも加えていきます。

1

2

3

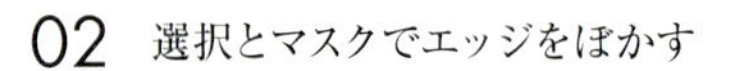

02 選択とマスクでエッジをぼかす

［レイヤー］パネルでマスクを選択し、［属性］パネルで［調整］の欄にある［選択とマスク］をクリックします 4 。マスクの調整画面が開くので、［ぼかし：6.5px］［エッジをシフト：25］に設定して［OK］をクリックします 5 。これでエッジが少しだけぼけた状態になります 6 。

6

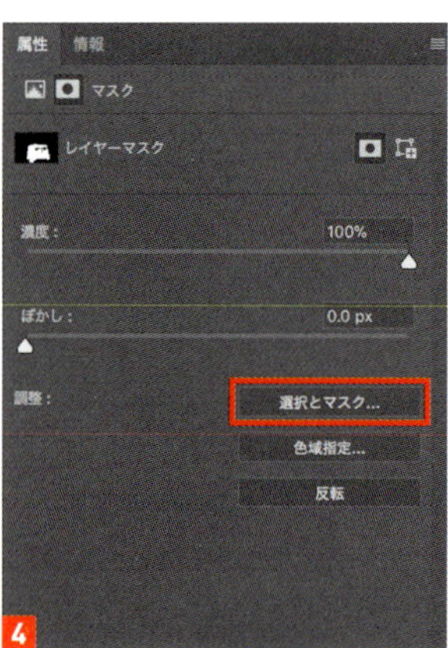

4

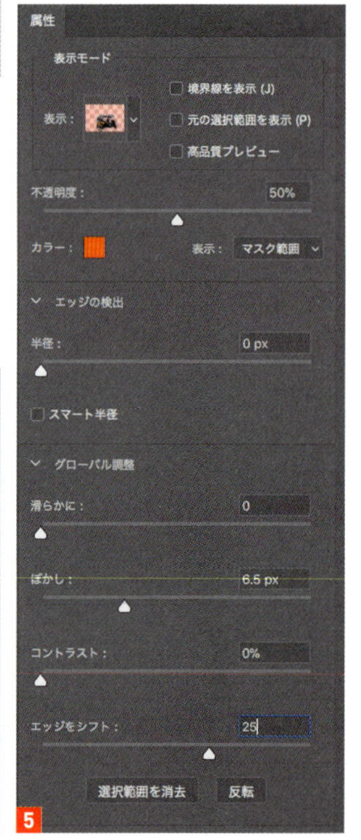

5

03 ぼかしフィルターで残像を加える

さらに、移動している残像を出したいので、マスクを選択した状態で［フィルター］→［ぼかし］→［ぼかし（移動）］を適用します。［角度］の値はプレビューで結果を確認しながら調整していきましょう。ここでは［4°］に設定しています 7 。これで移動による残像が少しできました 8 。

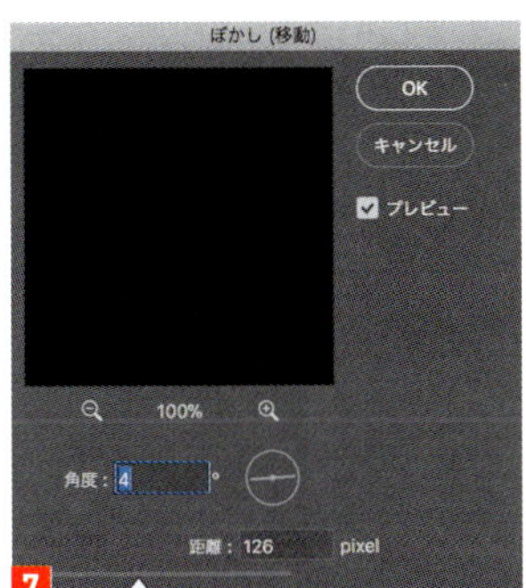

7

8

04 エッジを柔らかくする

このままでは少し不自然な感じがするので、［属性］パネルで［選択とマスク］をクリックし、［エッジをシフト］を［−20］に設定して［OK］をクリックします 9 。これで先ほどよりもエッジが柔らかくなります 10 。

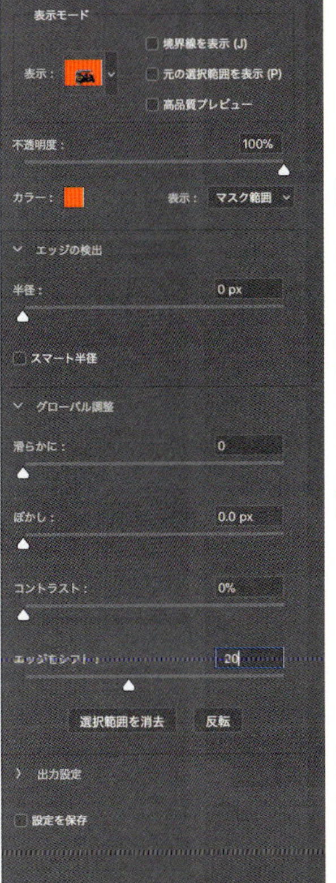

9

10

05 ブラシツールで細部を修正していく

拡大表示して細部を確認していくと、［エッジをシフト］の影響で消えている部分があることに気づきます 11 。こうした箇所を［ブラシツール］（ここでは［ソフト円ブラシ］を使用）などを使って調整していきます 12 。調整後、背景に色をつけてきちんと切り抜けているかどうかを確認しましょう 13 。これで完了です。

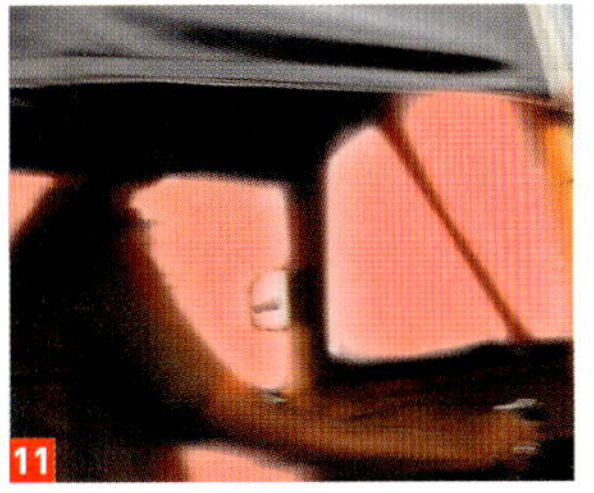
11

12

13

ONE POINT

残像の処理は細かい部分の作業になるため、最後にどうしても［ブラシツール］などで直接マスクを加工する必要が出てきます。なお、別の画像にきれいに合成したい場合は、合成先の背景を切り抜いた画像と同じようにぼかすなどして、エッジを重ねていくとよいでしょう。より自然な仕上がりになります。

RENEWAL OPEN

福岡市中央区天神2丁目4−13 天神矢野ビル2F

西鉄天神駅	地下鉄天神駅
中央口・南口 徒歩5分	西-10・西-12b出口 徒歩5分

014 シームレスなランダムパターンを簡単に作る

スクロールフィルターを使うことで、一見難しそうに思われるランダム柄のパターンが簡単に作れます。

Ps CC　Masaya Eiraku

01 新規ファイルを作成する

新規ファイルを［幅：1000pixel］［高さ：1000pixel］の正方形で作成します。他のサイズでもかまいませんが、このあとの工程をスムーズに進めるために、2で割り切れる数値にしておいてください。

02 スクロールフィルターで同じ画像を繰り返す

先ほど作成したキャンパスに、元となるランダムな絵柄を配置します 1。次に［フィルター］→［その他］→［スクロール］を実行し、［水平方向］と［垂直方向］に先ほど作成したカンバスの［幅］と［高さ］の半分の値（ここでは［+500pixel］）を入力します。［未定義領域］で［ラップアラウンド（巻き戻す）］にチェックを入れて［OK］します 2。これでパターン画像が生成されます 3。

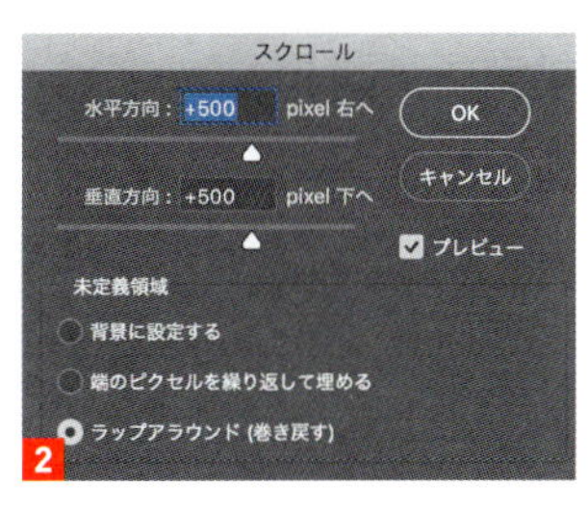

03 画像のつなぎ目をシームレスにする

画像のつなぎ目部分の模様が切れています 4。元画像を使って（コピー＆ペースト）、この部分がシームレスになるようにつなげていきます。すべての部分に対して同様の処理を行って完成です 5。完成した模様は［編集］→［パターンを定義］で登録しておくとよいでしょう。

協力：LOVEULL Nail

ONE POINT

パターンは、ひとつひとつのバランスがよくても、ある程度の数を並べたときに偏りが目立つものです。特にランダムな柄を作成する際は、並べた状態を確認しながら調整していくとよいでしょう。

015 夏の写真を冬っぽくする

コントラストと色温度を変更していくことで、夏の日差しを冬のものに近づけます。

Ps CC　Masaya Eiraku

01　色域指定で草原の緑を選択する

元画像を開きます 1 。［選択範囲］→［色域指定］のスポイトで草の部分を選択し、緑の草だけが選択されるよう、サムネイルで確認しながら［許容量］を調整していきます 2 。立体感を残すためです 3 。

1

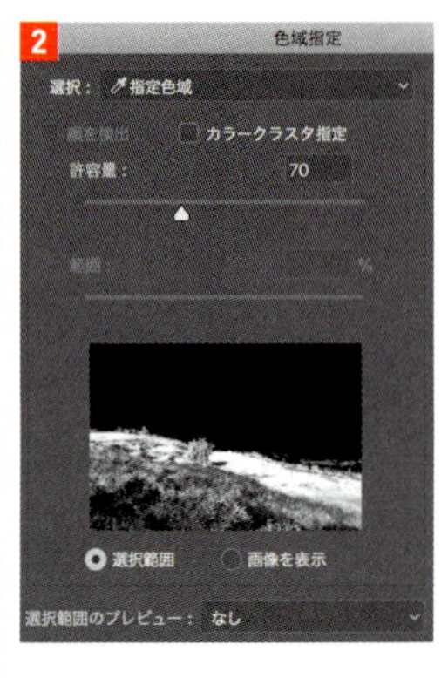

2

3

02　白べたの部分に質感を加える

［レイヤー］→［新規］→［レイヤー］を選択して、選択範囲を白く塗りつぶし、レイヤーの［不透明度］を［70%］に変更します。続いて、［フィルター］→［フィルターギャラリー］→［アーティスティック］→［粒状フィルム］を［粒子：20］［密度：10］で適用し 4 、べたの部分に質感を加えます 5 。

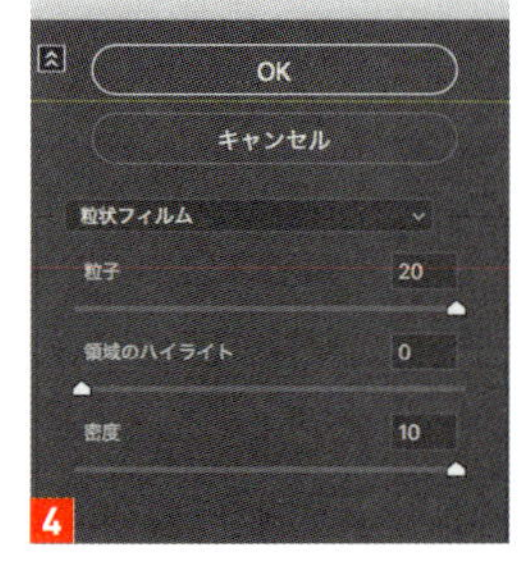

4

5

03 色相・彩度を調整して色あせた感じを出す

［レイヤー］→［新規調整レイヤー］→［色相・彩度］を実行し、画像の赤、青、緑の部分をそれぞれ色あせた雰囲気になるよう調整していきます 6 〜 11 。

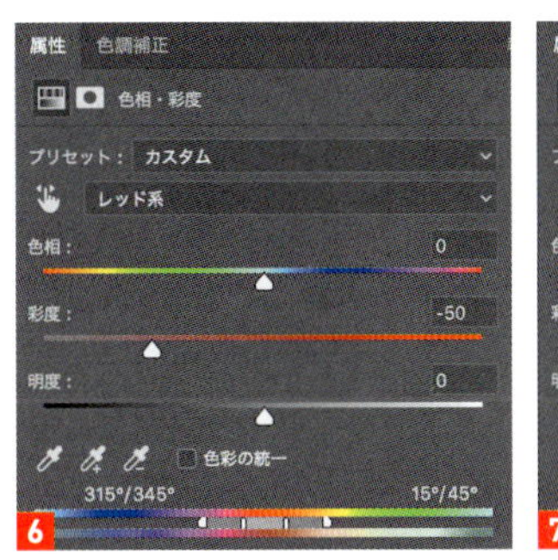

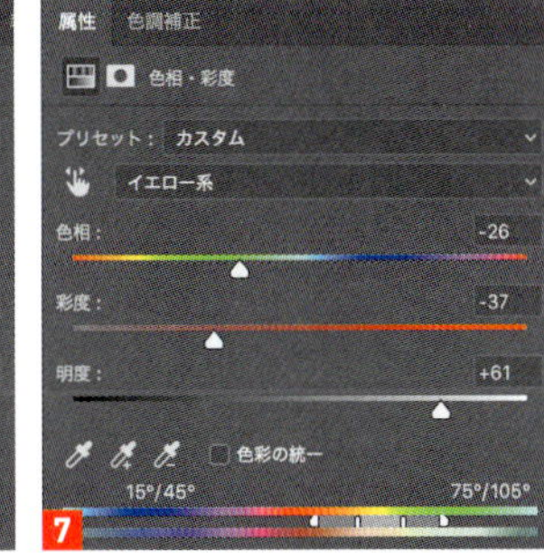

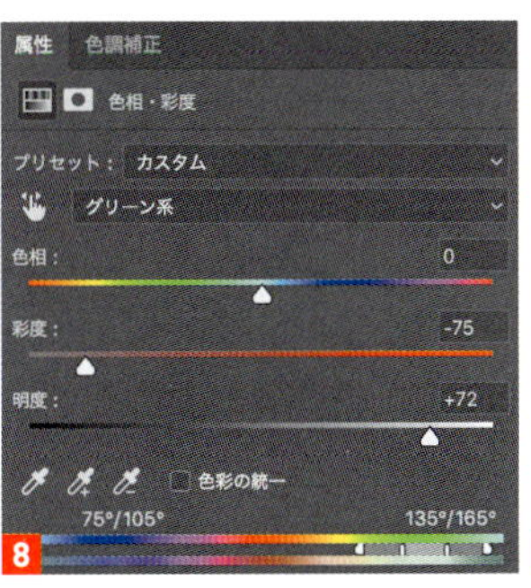

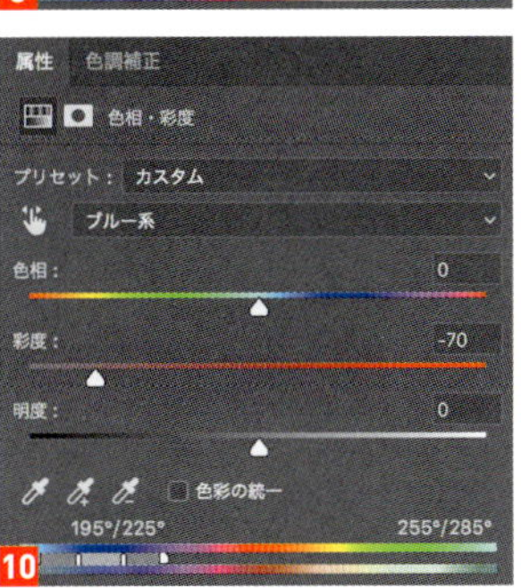

04 さらに全体の色味を青に振る

［レイヤー］→［新規調整レイヤー］→［レンズフィルター］を実行し、全体の色味をさらに青方向にふります 12 13 14 。最後に［イメージ］→［色調補正］→［トーンカーブ］を適用して 15 、全体のコントラストを抑えながら、同時に明るくして完成です 16 。

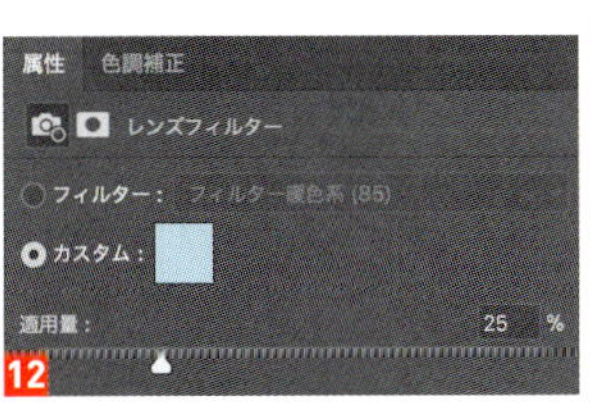

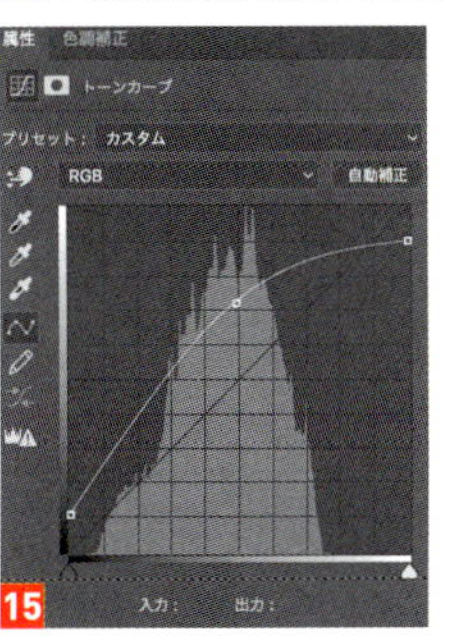

ONE POINT

今回は芝生の緑色が強かったので、白色のべたを使用して、雪が積もっている風に仕上げました。素材によっては、彩度や色味の方向性の調整だけでもよい場合があります。

016

昔のモノクロ印刷のような細部のつぶれやにじみを表現する

印刷によって生じる、細部のつぶれやにじみをパレットナイフフィルターや粒状フィルターで作り出します。

Ps CC　Masaya Eiraku

01　白黒でモノクロ画像にする

元画像を開き 1 、［イメージ］→［色調補正］→［白黒］をデフォルトで適用して 2 、モノクロ画像に変換します 3 。

1

3

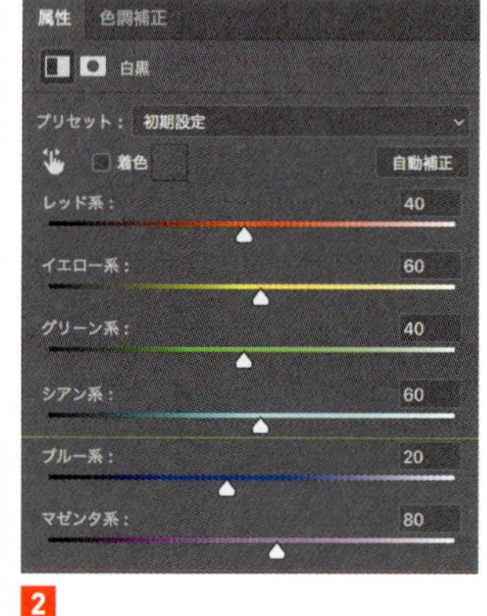

2

02 コントラストを弱めつつ全体を明るめにする

［イメージ］→［色調補正］→［レベル補正］を適用してコントラストを弱め、同時に全体を明るくします 4 5 。

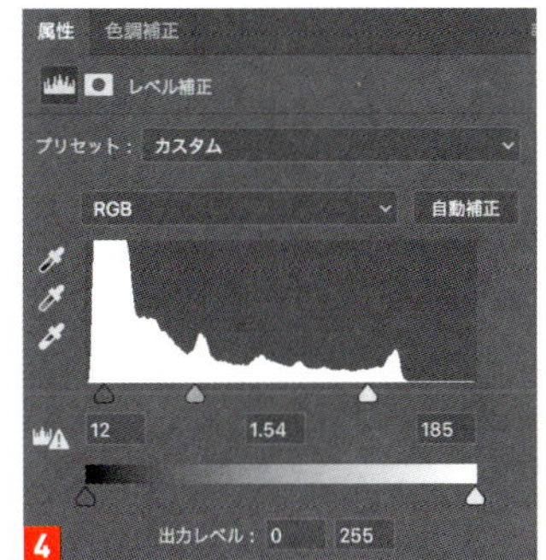

4

5

03 パレットナイフフィルターで輪郭をゆがませる

［フィルター］→［フィルターギャラリー］→［アーティスティック］→［パレットナイフ］を適用し 6 、全体の輪郭をランダムに変形させます 7 。さらに［フィルター］→［フィルターギャラリー］→［テクスチャ］→［粒状］を適用し 8 、印刷風の粒子をプラスします 9 。

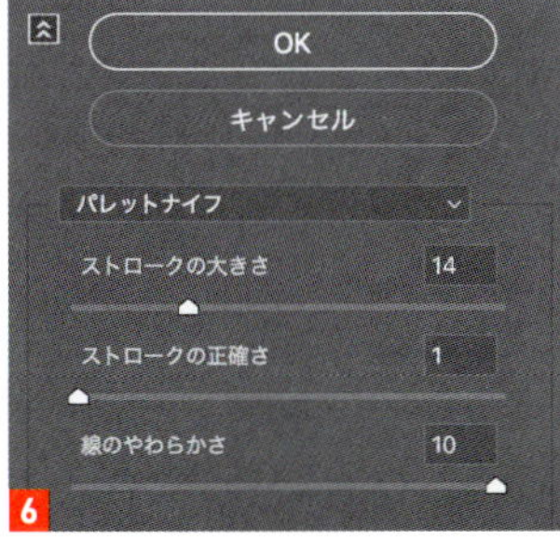

6

7

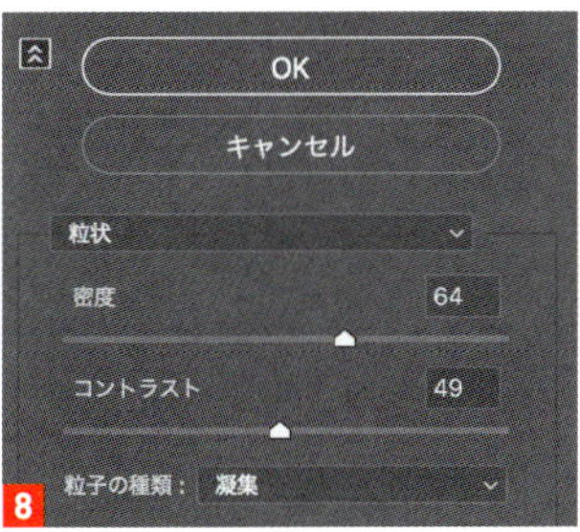

8

9

04 ぼかしフィルターで全体をぼかす

最後に［フィルター］→［ぼかし］→［ぼかし（ガウス）］を［半径：3.5pixel］で適用し 10 、全体をぼかして完成です 11 。

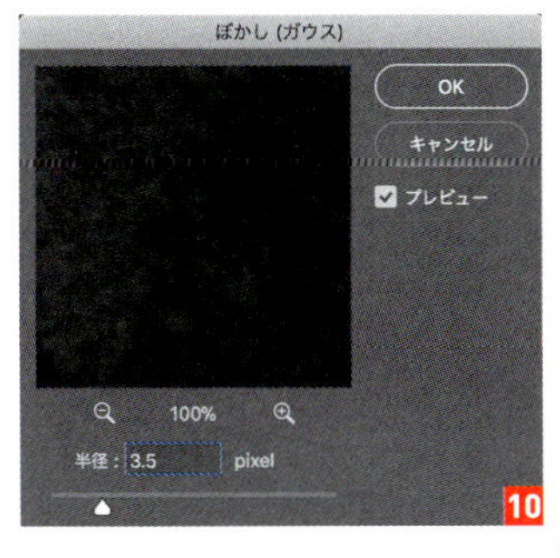

10

11

ONE POINT

今回は［パレットナイフ］フィルターを使用して、画像をランダムに変形させましたが、素材によっては［フィルターギャラリー］の［はね］や［スタンプ］などでも同様の効果が得られます。いくつか試してみて素材に合ったフィルターを見つけ出すとよいでしょう。

017 2色印刷風に加工する

印刷では、本来ダブルトーンを使用して行う作業を、2階調化とグラデーションマップを使って擬似的に再現します。

Ps CC　Masaya Eiraku

01 Camera Raw フィルターで2階調化の下準備をする

元画像を開き 1、[フィルター] → [Camera Raw] を適用し、シャドウを明るくし、同時に全体のコントラストを弱くします。ここでは[ハイライト：−100] [シャドウ：+81] [白レベル：−100] [黒レベル：+100] に設定しました 2。これにより、よりきれいに2階調化できるようになります。

1

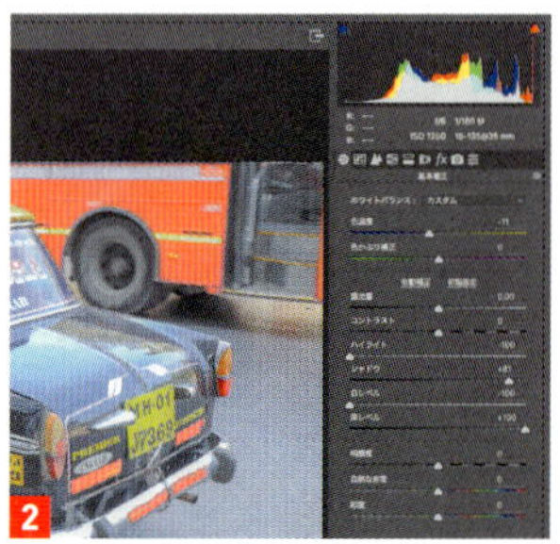
2

02 画像を2階調化してブルー版を作る

[レイヤー] → [新規調整レイヤー] → [2階調化] を [しきい値：137] 程度で適用し 3、主にシャドウ部分が描画されるよう調整します 4。

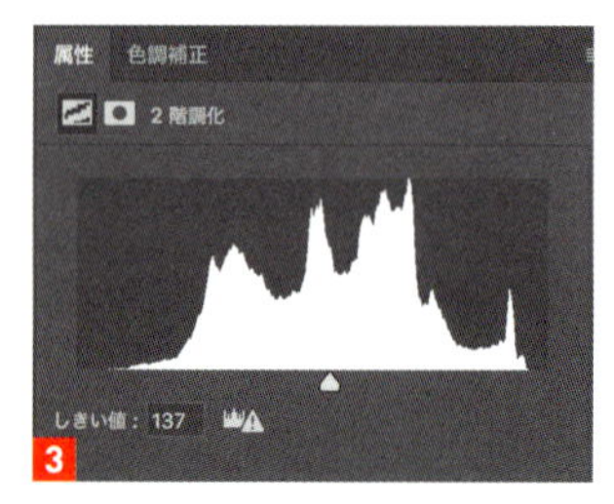

3

4

03 グラデーションで塗りつぶす

[レイヤー] → [新規調整レイヤー] → [グラデーションマップ] を実行し、ブルー系 [R：104 ／ G：95 ／ B：255] から白へ変わるグラデーションで塗りつぶします 5 6。

5

6

04 画像を2階調化して
イエロー版を作る

元画像を複製し、最前面に配置します。先ほどと同じように新規調整レイヤーを［2階調化］で作成し、先ほどの工程で描画されていない部分が現れるように［しきい値］を調整します。ここでは［186］に設定しています 7 8。

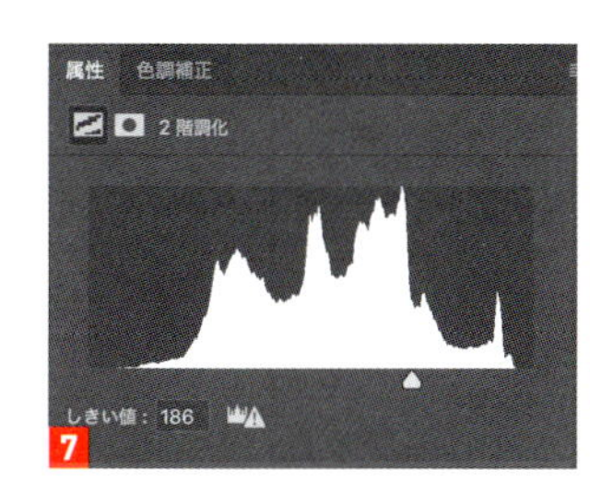

7

8

05 グラデーションで塗りつぶす

先ほどと同様に、新規調整レイヤーを［グラデーションマップ］で作成し、今度は白からイエロー系［R：255／G：216／B：0］へ変わるグラデーションで塗りつぶします 9 10。これでブルーとイエローの2版ができました。

9

10

06 レイヤーの位置をずらして
版ずれを表現する

［2階調化］と［グラデーションマップ］レイヤーを結合して、レイヤーの描画モードを［乗算］に変更します 11 12。続いて、ブルーかイエローのいずれかのレイヤーの位置をずらして印刷の版ずれを演出して完成です 13。

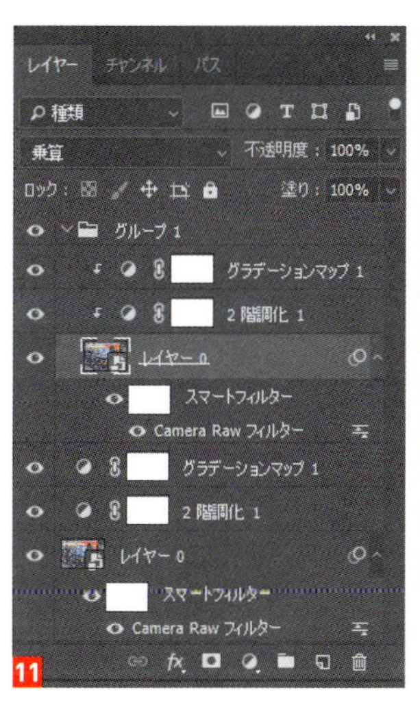

11

12
13

ONE POINT

調整法を少し変えるだけで、違った印象の絵を作り出すことができます。1は、上記の工程のうち［2階調化］の［しきい値］を同じ値で適用した例です。2色でくっきりと塗り分けられた画像になります。2は、画像は1枚だけで、グラデーションマップをブルー系かイエロー系の2色で適用しています 3。すると3色で塗り分けられたようなポップな仕上がりになります。

1

2

3

018

窓ガラスを曇らせる

窓ガラスの曇りを、画像のぼかしやゆがみで表現します。

Ps CC Masaya Eiraku

01 全体をぼかしてから コントラストを弱くする

元画像を開いて 1 、複製します。複製したレイヤーに［フィルター］→［ぼかし］→［ぼかし（ガウス）］を［半径：32pixel］で適用して画像全体をぼかします 2 。続いて［イメージ］→［色調補正］→［トーンカーブ］を適用してコントラストを弱めます 3 4 。

02 全体の彩度を下げる

さらに［イメージ］→［色調補正］→［色相・彩度］を［彩度：－30］で適用し 5 、全体の彩度を下げます 6 。

1

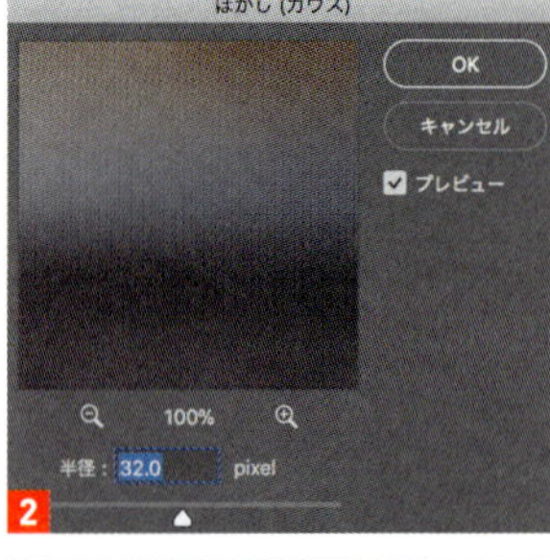

2

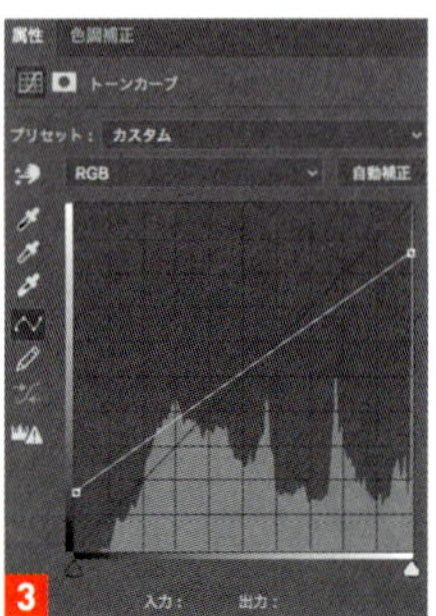

3

4

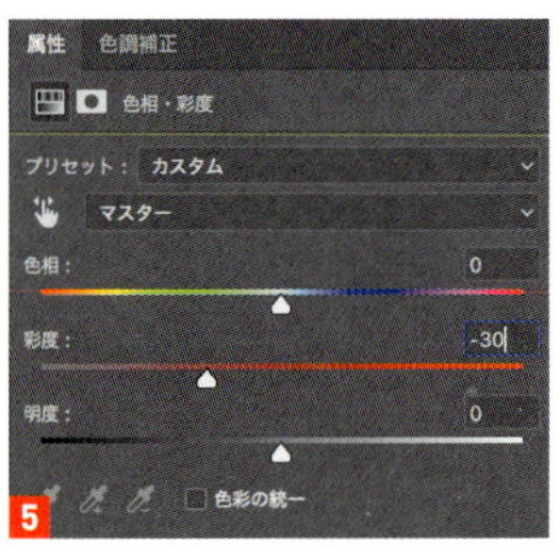

5

6

03 雲模様フィルターで模様を描き スクリーンで合成する

［レイヤー］→［新規レイヤー］→［レイヤー］を実行し、全体を黒で塗りつぶします。続いて、［フィルター］→［描画］→［雲模様 2］を 3 回繰り返し適用します 7。［雲模様 2］フィルターを適用したレイヤーの一部を切り抜き 8、画面サイズを超えるくらいまで拡大します 9。最後にレイヤーの描画モードを［スクリーン］、［不透明度：40%］にして画像を重ね合わせます 10。

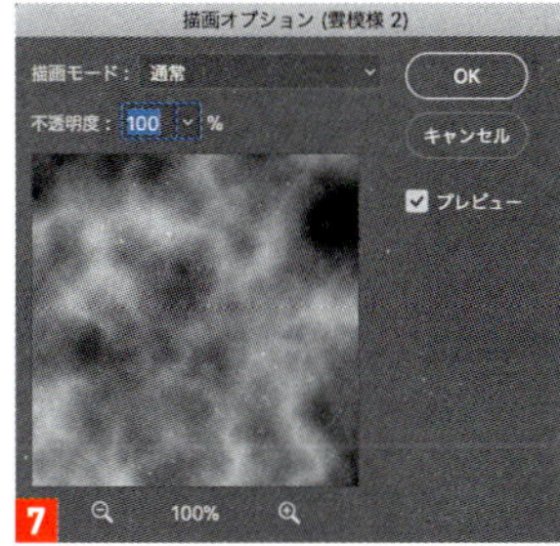

7

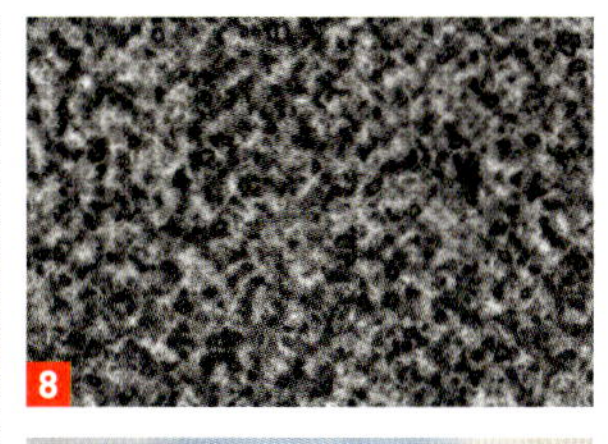
8

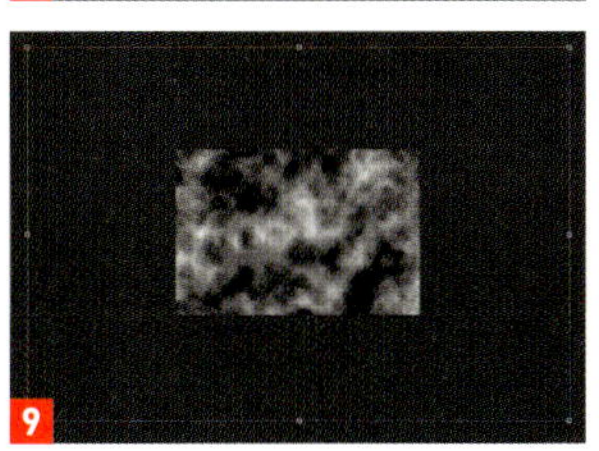
9

10

04 レイヤーマスクを追加して 結露や水滴を表現する

いったん表示レイヤーを結合し、［レイヤーマスクを追加］を実行します。［ブラシツール］で（［水彩（円ブラシ）］を選択し 11、レイヤーマスクに結露を拭いたときにできるような模様を描きます 12。拭き跡が描けたら、水滴が垂れたような跡を付け加えていきます 13。

11

12

13

05 ガラスフィルターで 窓が濡れたように見せる

元画像を複製して最前面に配置します。複製したレイヤーに［フィルター］→［フィルターギャラリー］→［変形］→［ガラス］を［ゆがみ：11］［滑らかさ：12］［テクスチャ：霜付き］［拡大・縮小：200%］で適用して 14、窓に濡れたような雰囲気を加えます 15。続いて、レイヤーの描画モードを［比較（明）］にして下の画像と重ね合わせます 16。

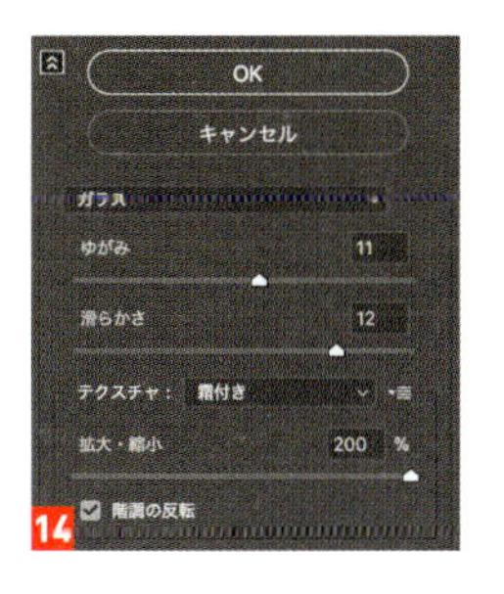

14

15

16

06 結露している部分だけを暗くする

結露している部分を選択し、［レイヤー］→［新規調整レイヤー］→［色相・彩度］を［彩度：−49］で追加し 17、暗めに調整して完成です 18。

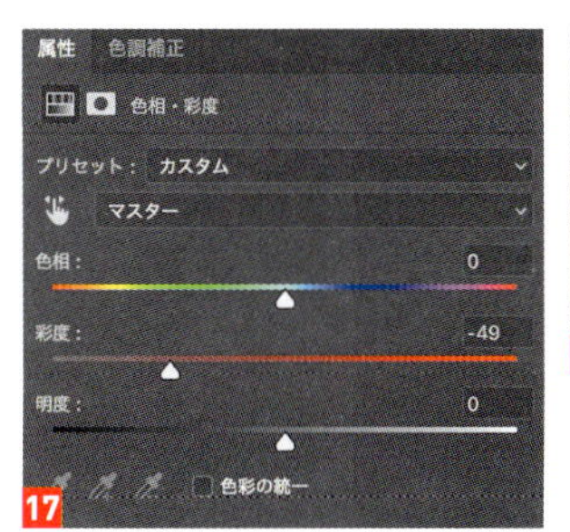

17

18

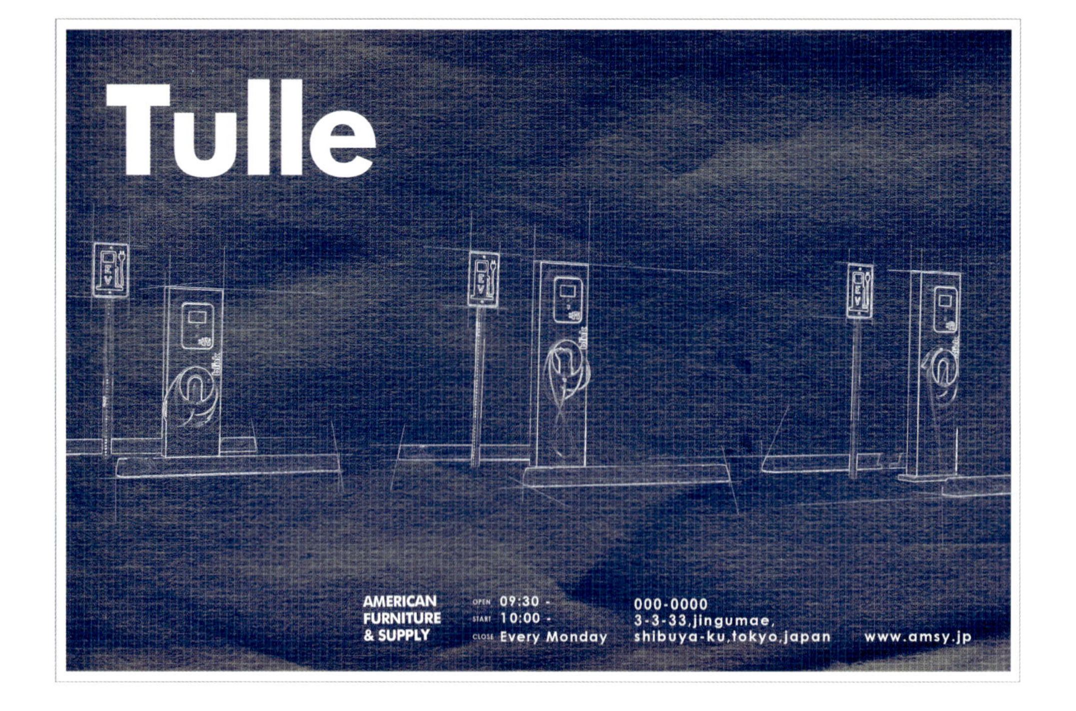

手書きの設計図風デザインに変える

019

輪郭検出フィルターで被写体の輪郭を検出し、パターンや鉛筆ツールなどを使って設計図風に仕上げていきます。

Ps CC　Masaya Eiraku

01 白黒フィルターでモノクロにする

元画像を開きます 1。まず、画像の輪郭を生成しやすいように［イメージ］→［色調補正］→［白黒］を適用してモノクロ画像にします 2 3。

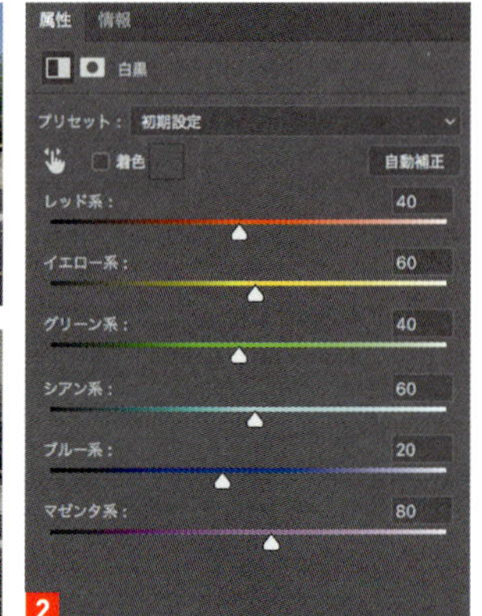

02 画像の輪郭線を抽出し階調を反転させる

［フィルター］→［表現方法］→［輪郭検出］を適用して、画像の輪郭線を抽出します 4。続いて、輪郭線を白いラインとして合成するために、［イメージ］→［色調補正］→［階調の反転］で画像の階調を反転させます 5。

03 背景の不要な部分を削除して背面にペーパー素材を配置する

まず［なげなわツール］などを使って、背景に映り込んでいる不要な部分を選択して削除します 6。続いて、背面にベースとなるペーパー素材を配置し 7、レイヤーの描画モードを［スクリーン］に変更してなじませます 8。

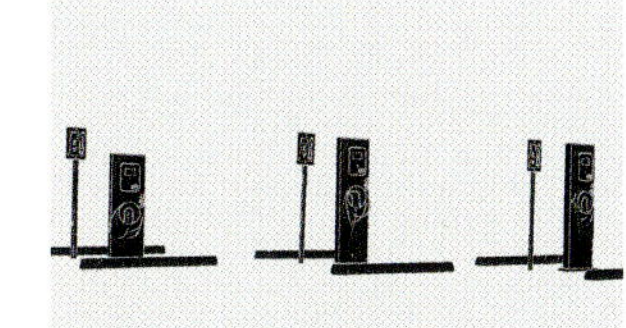
6

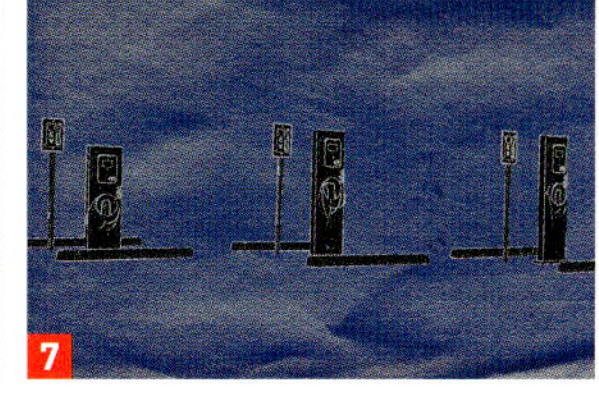
7

8

04 画像全体をマス目で塗りつぶす

［レイヤー］→［新規塗りつぶしレイヤー］→［パターン］を実行し 9、画像を細かいマス目で塗りつぶします。ここではパターンの種類は［Grid1］、［比率：286%］に設定しています 10 11。

9

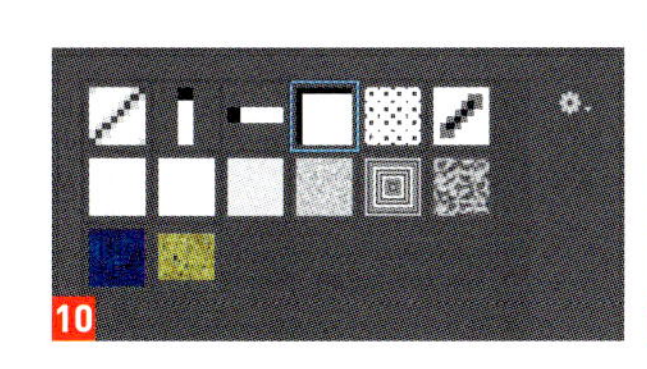
10

11

05 階調を反転して白いラインにする

パターンで塗りつぶしたレイヤーに［イメージ］→［色調補正］→［階調の反転］を適用して白いラインにします 12。反転後、レイヤーの描画モードを［ソフトライト］［不透明度：30%］に変更して下の画像となじませます 13。

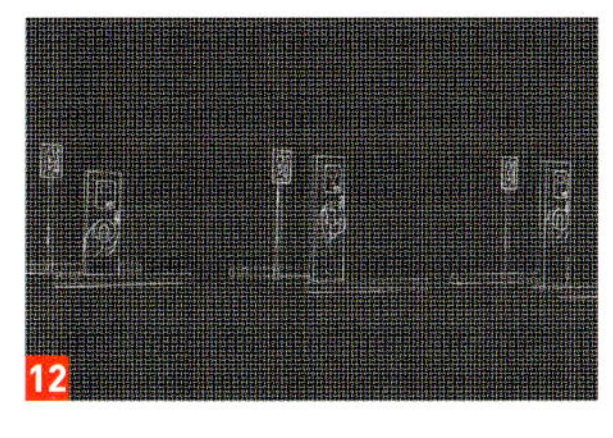
12

13

06 長方形ツールで枠を付け鉛筆ツールで補助線を描く

［長方形ツール］で画面いっぱいに長方形を描きます。塗りは透明、線は白色です 14 15。最後に［鉛筆ツール］を使って、設計図をイメージさせる白の補助線を描いて完成です 16。

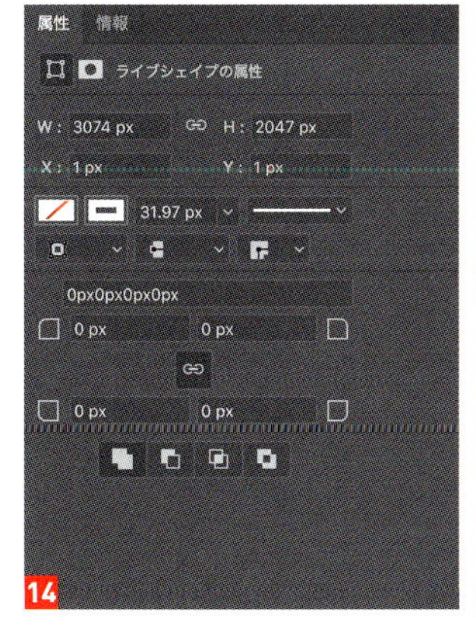

14

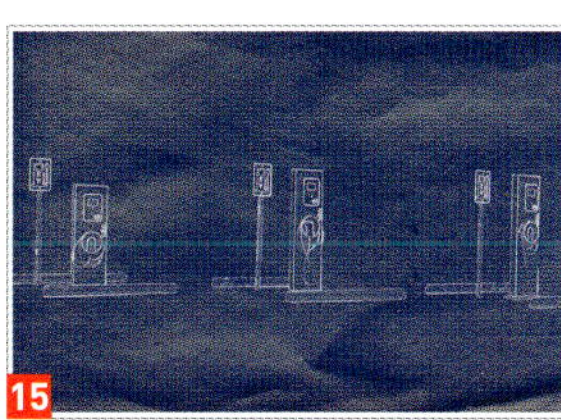
15

16

ONE POINT

［輪郭検出］の結果は、元画像のコントラストなどによって違ってきます。元画像をスマートフィルターに変換してから、［レベル補正］→［輪郭検出］の順にフィルターを適用すると、［輪郭検出］を行った後に元画像のレベル補正ができて作業しやすいでしょう。

質感のある紙に印刷したようなロゴにする

レイヤースタイルと描画モードを組み合わせて、2枚の画像を合成します。

020

Ps CC　Toshiyuki Takahashi [Graphic Arts Unit]

01 テクスチャ画像の上に合成したい画像を配置する

ベースとなるクラフト紙のテクスチャ画像を開きます 1。［ファイル］→［埋め込みを配置］を選択し、クラフト紙に合成したい画像を選んで配置します。ここでは、カフェのロゴをイメージした画像にしました 2。合成する画像は、あらかじめモノクロのワントーンにしておくのがポイントです。

02 合成する画像を好みのカラーで着色する

配置した画像のレイヤーを選択し 3、[レイヤー] → [レイヤースタイル] → [カラーオーバーレイ] を選択します 4。[描画モード：スクリーン] とし、右側のカラーをクリックして好きな色をカラーピッカーで選択します 5。するとロゴの黒い範囲が、いま選んだカラーで着色されます 6。

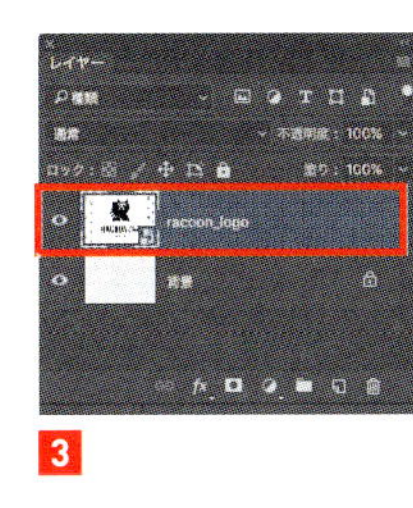

3

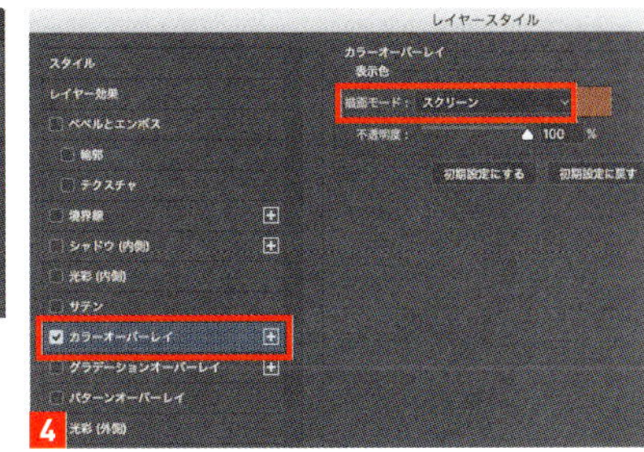

4

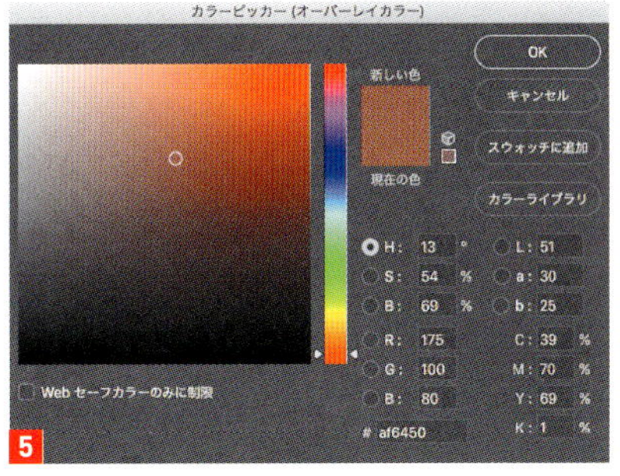

5

6

03 描画モードを変更して画像を合成する

ダイアログの左列のレイヤー効果一覧から [レイヤー効果] を選択します 7。続いて [描画モード:乗算] に変更し、[高度な合成] の [内部効果をまとめて描画] にチェックを入れて [OK] すれば完成です。

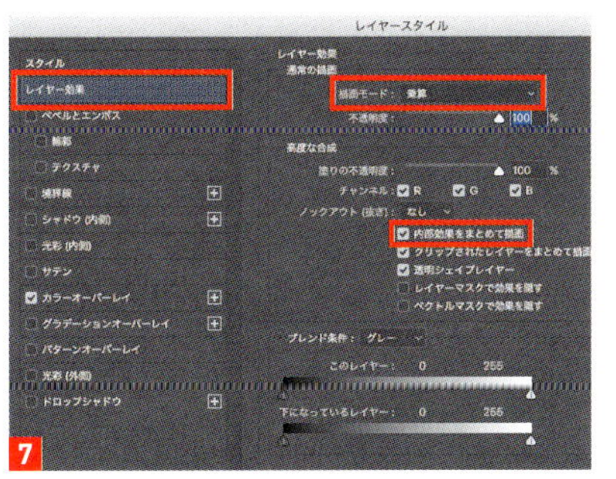

7

8

文字の形に写真を切り抜く

ベクトルレイヤーマスクを使って、必要な範囲以外を透明にします。

Ps CC　Toshiyuki Takahashi [Graphic Arts Unit]

021

01　切り抜きに使う文字を用意する

切り抜きたい写真を開き 1 、[文字ツール] で文字を入力します。フォントや大きさは好みでかまいません。ここでは 2 3 のようにしました。文字の内側に写真が入ることになるので、少し太めのフォントを選ぶとよいでしょう。

1

2

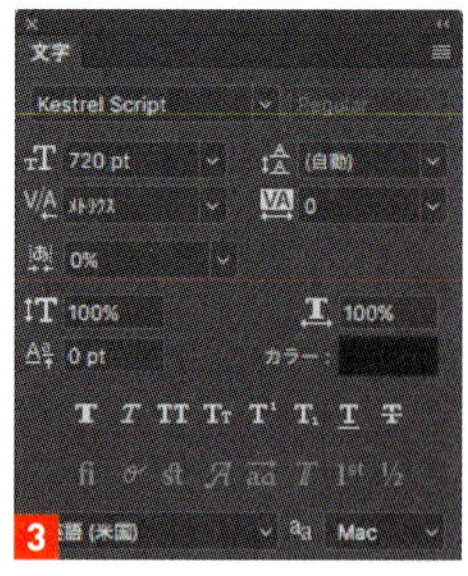

3

ONE POINT

ここで使用した「Kestrel Script Regular」のフォントは、Adobe Typekit を使って導入することができます。

02 テキストレイヤーから作業用パスを作成する

［書式］→［作業用パスを作成］を実行し、文字の形のパスを作成します 4。パスが作成できたらテキストレイヤーはもう使わないので、非表示にしておきます 5 6。

4

5

6

03 作業用パスを写真のベクトルマスクに設定する

［レイヤー］パネルで写真のレイヤーを選択します 6。［パス］パネルを開き、［作業用パス］が選択されているのを確認してから 7、［レイヤー］→［ベクトルマスク］→［現在のパス］を実行します。写真のレイヤーにベクトルマスクが追加されました 8。これで切り抜きは完了です 9。左ページの完成写真のように、背面にテクスチャ画像などを差し込んで仕上げましょう。

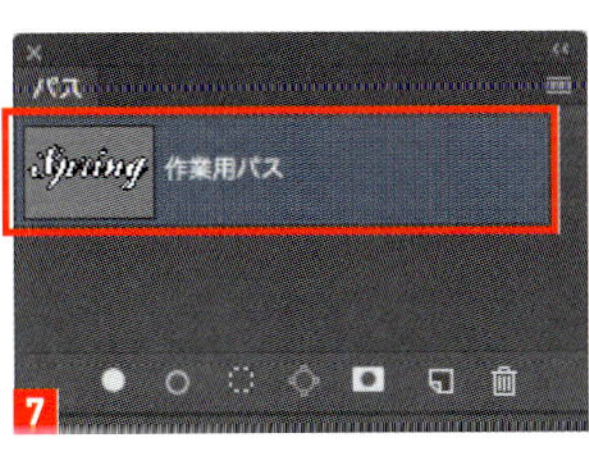

7

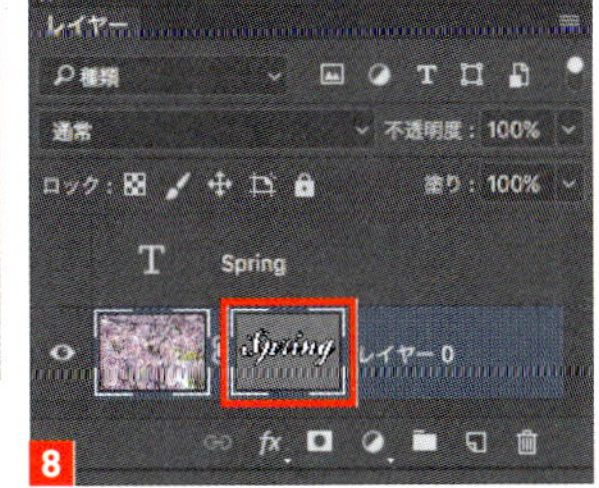

8

9

022 看板を別の画像にする

レイヤーマスクと自由変形によるシンプルな手順で、写真を合成します。

Ps CC　Toshiyuki Takahashi [Graphic Arts Unit]

01 合成する範囲を選択する

看板の写真を開き 1、画像を合成する範囲を選択します。手前に照明などの形状が複雑なものがあるので、今回はパスを使って選択していきます。［ペンツール］を選び、［オプションバー］で［ツールモード：パス］に設定して、輪郭に沿ったパスを作成します 2。照明機材の隙間など、中窓になっている箇所も忘れずに作業しましょう 3。最後に［パス］パネルを開き、［作業用パス］を選択して、パネルの下部にある［パスを選択範囲として読み込む］をクリックします 4 5。

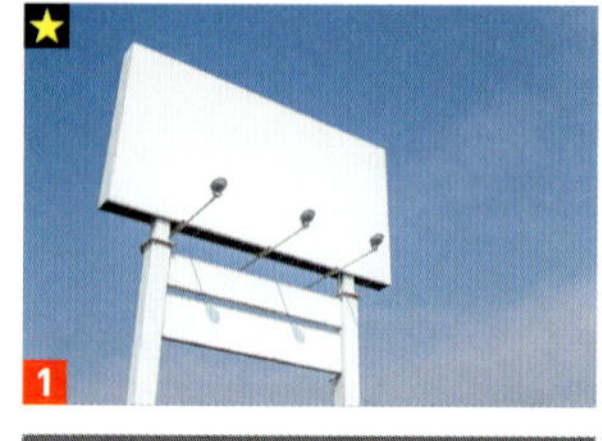

1

3

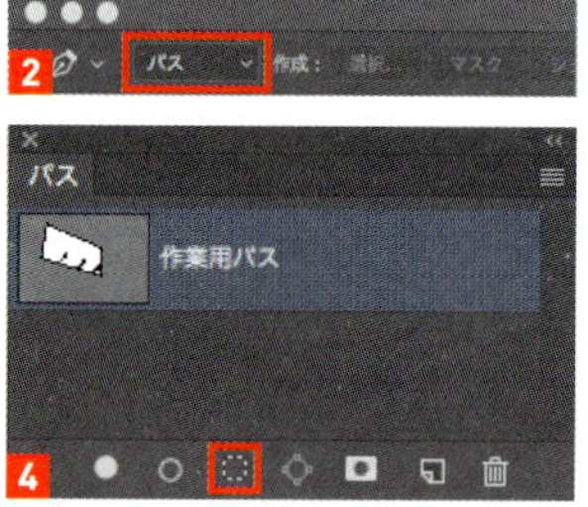

2 4

5

02 選択範囲に合成用の画像をペーストする

合成したい画像を開き 6、すべてを選択してコピーします。看板の画像に戻り、［編集］→［特殊ペースト］→［選択範囲内にペースト］を実行します。画像がレイヤーとしてペーストされ、選択範囲の形のレイヤーマスクが自動的に作成されます 7。なお、選択範囲内にペーストを実行したときは、レイヤーとレイヤーマスクのリンクはデフォルトでオフになります。

6

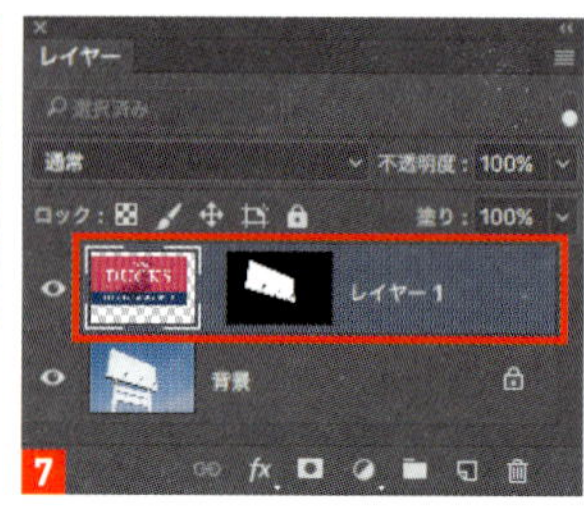

7

03 自由変形で形を合わせ描画モードで仕上げる

［編集］→［自由変形］を選択し、四隅のハンドルをドラッグして看板の形に合わせます 8。画面表示を大きくして、なるべく正確に合わせましょう 9。合成する画像の端が見えてしまわないよう、選択範囲よりほんの少しだけ大きくするのがポイントです。今回は、ベースの看板が無地なのでレイヤーの描画モードを［乗算］にして下地と合成して完成です 10。

8

9

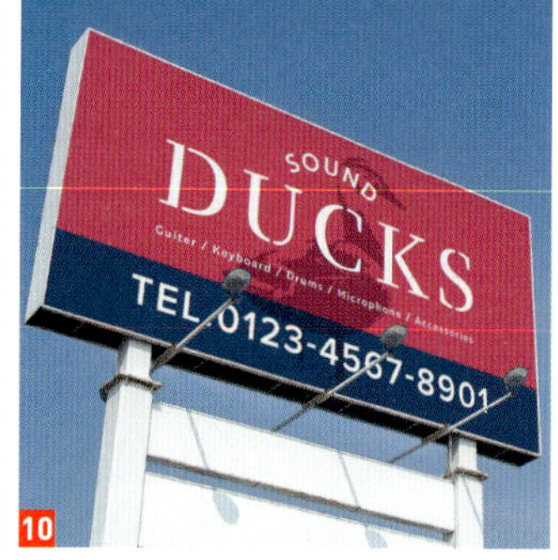

10

023 手書きの文字を写真にのせる

文字をスキャンしてグレースケールに変換、レベル補正で調整し、写真に重ね合わせます。

Ps CC Toshiyuki Takahashi [Graphic Arts Unit]

01 手書き文字をスキャンしてグレースケールに変換する

紙に鉛筆で文字を書き、Photoshopに取り込みます。スキャナーがない場合は、デジカメで撮影してもかまいません。全体の陰影ができるだけ均一になるようにしましょう。不要な範囲をトリミングした後 1、［イメージ］→［色調補正］→［白黒］を［プリセット：初期設定］で実行 2。グレースケールに変換した後 3、［イメージ］→［色調補正］→［階調の反転］します 4。

02 文字を写真の上にペーストしてスマートオブジェクトに変換する

手書き文字の画像をコピー、背景となる写真を開いてペーストします。ペーストしたレイヤーを選択し、［フィルター］→［スマートフィルター用に変換］でスマートオブジェクトに変換します。その後、大きさや位置などを調整します 5 6。

03 文字のコントラストを調整して背景の写真と合成する

手書き文字のレイヤーを選択した状態で、［イメージ］→［色調補正］→［レベル補正］を選択。［入力レベル］で全体のコントラストを調整します 7 8。最後に［レイヤー］パネルで描画モードを［スクリーン］に変更すれば完成です 9。

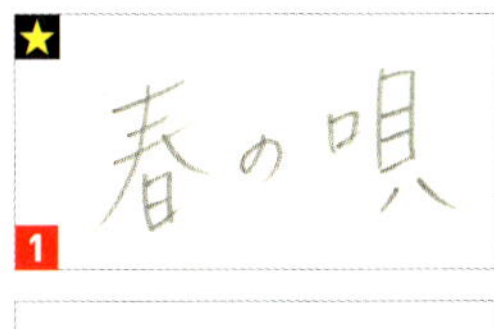

1

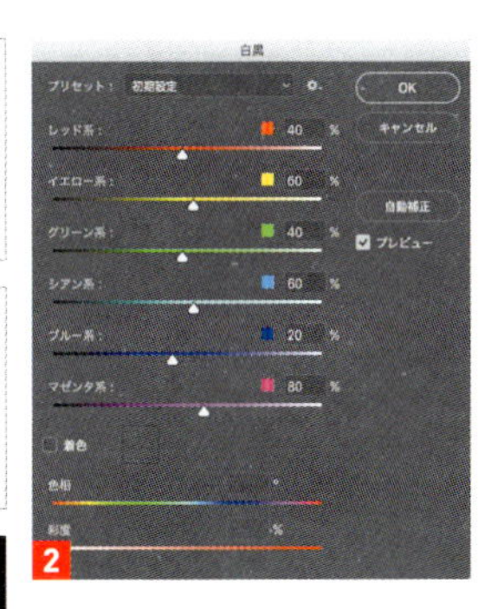

2

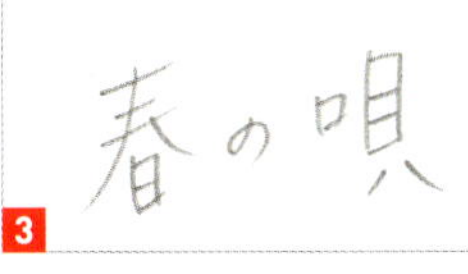

3

4

5

6

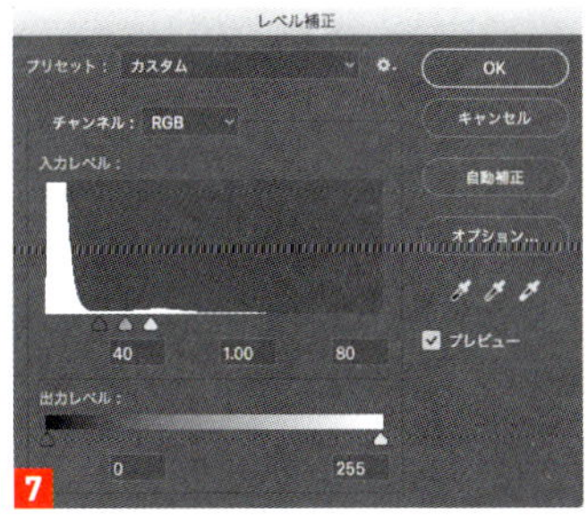

7

8

9

024 写真の一部分だけをカラーにする

スマートフィルターのマスクを使って画像の一部を対象にし、色調補正で白黒にします。

Ps CC Toshiyuki Takahashi [Graphic Arts Unit]

01 クイック選択ツールを選びブラシの設定を行う

写真を開きます 1。今回は、中央にある椿の花だけをカラーとして残し、他の範囲をモノクロにしてみます。まず椿の花を選択します。[クイック選択ツール] を選び、[オプションバー] 2 でブラシを 3 のように設定します。ブラシの [直径] は画像に合わせて調整しましょう 3。ここでは [64px] としています。

1

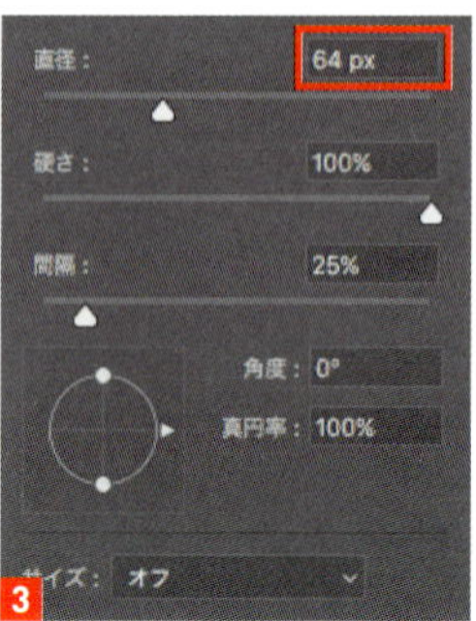

3

2

02 色を残したい範囲を選択していく

椿の花をなぞるようにドラッグしていくと、自動的に近い色だけが選択されていきます 4。花の外側までなぞってしまうと背景まで選択されてしまうので注意しましょう。その場合は ⌘ (Ctrl) + Z キーを押して選択を取り消し、選択し直します。花だけを選択できたら、[選択範囲] → [選択範囲を反転] を実行して選択範囲を反転します 5。

4

5

03 背景をグレースケールに変換する

[フィルター] → [スマートフィルター用に変換] を実行して、レイヤーをスマートオブジェクトに変換します 6。続いて[イメージ]→[色調補正] → [白黒] を選択し、各スライダーで背景の濃度を調整して実行すれば完成です 7。

6

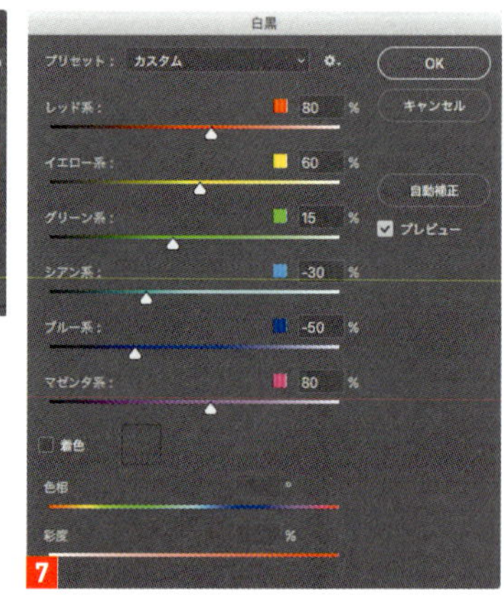

7

025
簡単にビビットな色に変更する

明度の領域ごとにカラーチャンネルを変更し、塗り分けます。

Ps CC　Masaya Eiraku

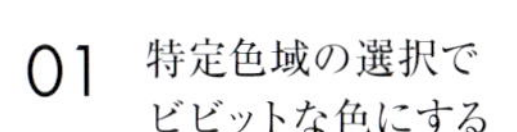

01 特定色域の選択でビビットな色にする

元画像を開き 1 、［レイヤー］→［新規調整レイヤー］→［特定色域の選択］を実行します。［属性］パネルで、まずブラック系（シャドウ部分）を黄色寄り 2 、中間色系（中間色部分）をピンク寄り 3 、白色系（ハイライト）を青色寄り 4 に調整。さらにマゼンタ系（マゼンタ 100%）、ブルー系（シアン 100%、マゼンタ 100%）、シアン系（シアン 100%、マゼンタ 100%）、グリーン系（イエロー 100%）、イエロー系（イエロー 100%）、レッド系（マゼンタ 100%、イエロー 100%、ブラック 100%）をそれぞれを調整して、ビビッドな色に変更します 5 。

1

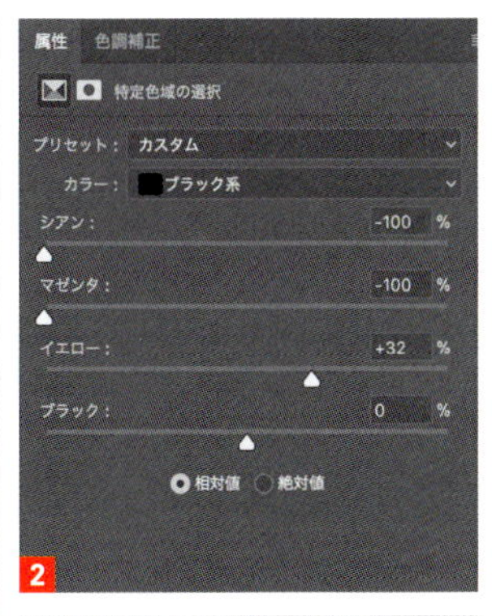

2

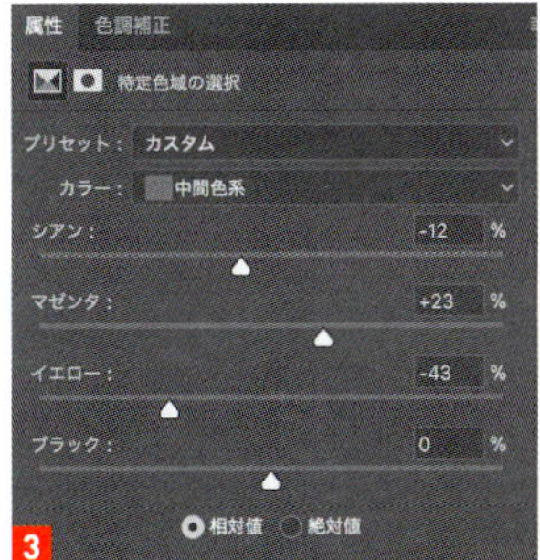

3

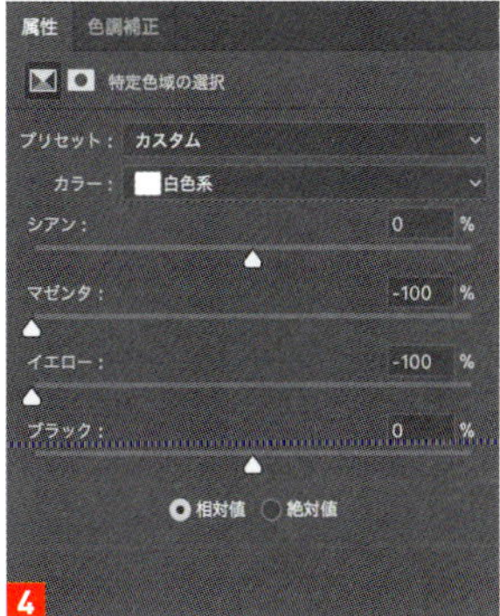

4

5

02 トーンカーブでコントラストを強める

［イメージ］→［色調補正］→［トーンカーブ］を適用して 6 、全体のコントラストを強めて完成です 7 。

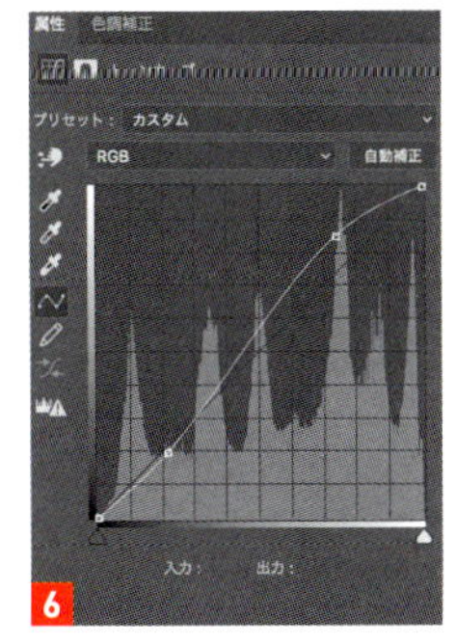

6

7

ONE POINT

ベースとなる素材によって調整方法が多少異なります。今回は、すべてのカラー系統ごとに調整を行いましたが、元となる画像の色調によっては［ブラック系］［中間色系］［白色系］のみの調整で大丈夫な場合もあります。

背景をぼかして被写体を目立たせる

ぼかし（レンズ）フィルターとアルファチャンネルを使って被写体の背景をぼかします。

026

Ps CC　Toshiyuki Takahashi [Graphic Arts Unit]

01 ぼかす範囲を選択する

今回使用する写真は、遠くの山と手前の地面以外のほぼ全域に合焦しており、被写体である「飛行機」が背景の住宅に溶け込んで目立ちません 1 。もう少し被写界深度を浅くした（飛行機が際立つ）イメージに仕上げてみましょう。まず［長方形選択ツール］を使って、飛行機の下にある滑走路を囲むように選択します 1 。

1

02 選択範囲をアルファチャンネルに変換する

［チャンネル］パネルの［選択範囲をチャンネルとして保存］をクリックします 2 。選択範囲が［アルファチャンネル 1］として保存されます。選択を解除したあと、［アルファチャンネル 1］の［チャンネルの表示／非表示］をクリックして目のアイコンをオンにします。これで、写真とアルファチャンネルがオーバーレイ表示されます 3 。

2

3

03 アルファチャンネル画像にぼかしをかける

[チャンネル] パネルで [アルファチャンネル1] をクリックして選択し 2、[フィルター] → [ぼかし] → [ぼかし (ガウス)] を [半径: 120pixel] で実行します 4。アルファチャンネルの画像にぼかしが加わり、グラデーションのような状態になります 5。さらに[イメージ] →[色調補正]→[自動レベル補正]を実行して、ぼかした画像のコントラストを高めます 6。

4

5

6

04 被写体のアウトラインに沿ってパスを作成する

[アルファチャンネル 1] の [チャンネルの表示/非表示] をクリックして目のアイコンをオフに戻し、[RGB] をクリックして選択します 7。[ペンツール] を選択し、[オプションバー] で [ツールモード : パス] にしてから、被写体である飛行機のアウトラインをトレースします 8 9。

7

8

9

05 アルファチャンネルをパスの形に塗りつぶす

再び [チャンネル] パネルで [アルファチャンネル 1] をクリックして選択します 7 10。[パス] パネルを開き、先ほど作成した [作業用パス] を選択し、パネル下部の [パスを描画色を使って塗りつぶす] を Option (Alt) キーを押しながらクリックします 11。[パスの塗りつぶし] ダイアログが開くので、[内容 : ホワイト] で [OK] し、[作業用パス] の選択を解除します 12。これで最初に作成したグラデーションのアルファチャンネル画像に、被写体のシルエットが追加されます 13。

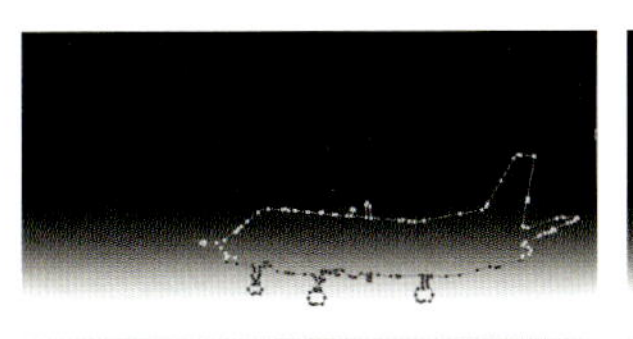
10

13

11

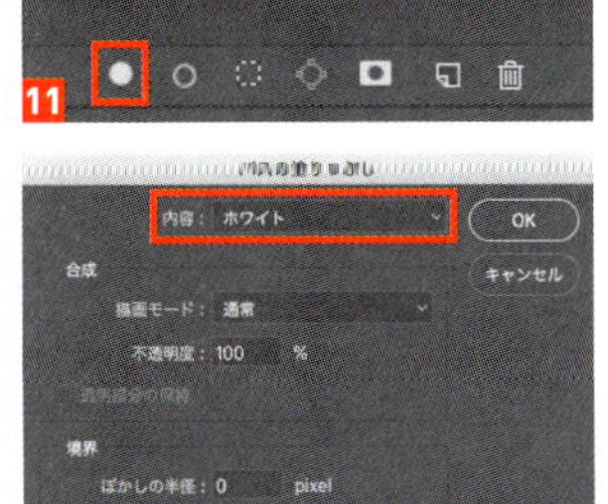

12

06 明るさに応じて画像をぼかす

[チャンネル] パネルで [RGB] をクリックして表示を戻します。[フィルター] → [ぼかし] → [ぼかし (レンズ)] を選択し、[深度情報] の欄で [ソース : アルファチャンネル 1] を選択し、[反転] をチェックします。これで、アルファチャンネル画像の明るさに応じたぼかしができます。最後に [虹彩絞り] の欄で [半径: 35] に設定して完成です 14。

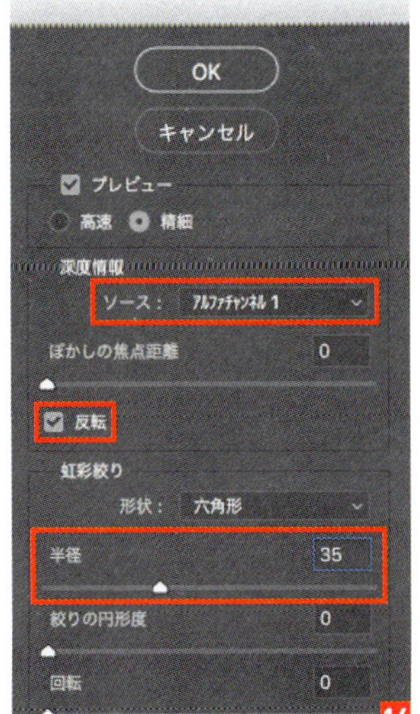

14

027

擬似的な色収差で光のにじみを表現する

RGBのチャンネルを少しずつずらすことで、擬似的な色収差（色ずれ）を作り出します。

Ps CC　Toshiyuki Takahashi [Graphic Arts Unit]

01 レイヤーを統合してRGB カラーに変換する

写真を開きます 1。ドキュメントにレイヤーが含まれているときは、［レイヤー］→［画像を統合］を実行して画像を統合しておきます。さらに、今回の作業ではモードが RGB カラーであることが条件になるので、［イメージ］→［モード］で［RGB カラー］がチェックされているのを確認しておきましょう 2。異なるモードになっているときは［RGB カラー］に変換しておきます。

1

モノクロ 2 階調
グレースケール
ダブルトーン
インデックスカラー...
✓ RGB カラー
CMYK カラー
Lab カラー
マルチチャンネル
✓ 8 bit/チャンネル
16 bit/チャンネル
32 bit/チャンネル
カラーテーブル...

2

02 レッドチャンネルのみを選択する

［チャンネル］パネルを開きます。［レッド］をクリックして選択すると 3、レッドチャンネルのみの表示になります 4。このままだと作業の状態がわかりづらいので、［RGB］の目のアイコンをクリックして、表示を元の状態に戻しておきます 5。現時点では、目のアイコンはすべてのチャンネルでオンになっていますが、選択のハイライトは［レッド］のみという状態です。

3

4

5

6

03 チャンネル画像を移動する

［移動ツール］を選択し、キーボードの ← → キーで画像を少しずつ移動していきます。画像の状態を確認すると、レッドの要素だけがずれていくのがわかります 6。適度なところまで移動したら、［ブルー］のチャンネルも同様の手順で移動してください 7。ポイントは、レッドチャンネルとは逆の方向に移動させることです。最後に［RGB］のチャンネルをクリックして表示を戻せば完成です 8。

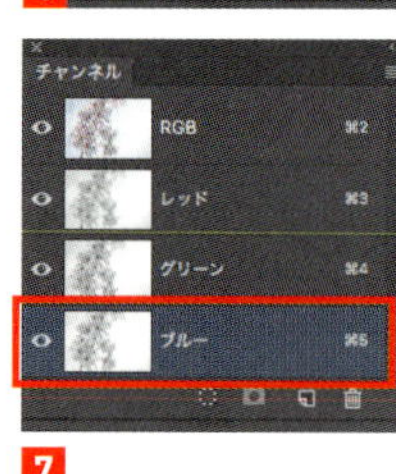

7

8

028 背景を拡張して余白を作る

［コンテンツに応じて拡大・縮小］の機能を使って、被写体を変形させずに背景だけを拡張します。

Ps CC　Toshiyuki Takahashi [Graphic Arts Unit]

01 写真を開いて状態を確認する

写真にキャッチコピーなどを配置するために、片側に大きな余白を取りたいことがあります。使う写真が日の丸構図（被写体がセンターに配置された構図）になっている場合 1、スペースに余裕がなく、困ることも少なくないでしょう。そのような場合は、これから解説する方法で簡単に余白を作ることができます。

02 必要な余白の分だけカンバスサイズを拡げる

［レイヤー］パネルで［背景］の南京錠アイコンをクリックしてレイヤーに変換します 2。続けて、［イメージ］→［カンバスサイズ］を選択し、［幅：200%］で［OK］します 3。これで左右方向に50%ずつの余白が追加されます 4。

03 元画像の背景を拡大して拡張した余白を埋める

［編集］→［コンテンツに応じて拡大・縮小］を選択し、左右のハンドルをドラッグして余白を埋めるまで画像を水平方向に拡大します 5 6。コンテンツに応じた拡大・縮小が有効になっているため、通常の縦横変倍とは異なり、被写体が変形されることなく背景だけが拡張されます。［オプションバー］の［○］をクリックして変形を確定すれば完了です 7。あとは、必要に応じて左右のトリミングなどをしてデザインに使用するといいでしょう。

1

2

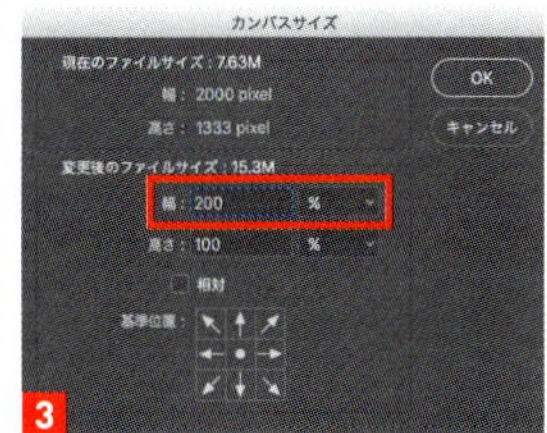

3

4

5

6

7

029 色味の違いを残してモノクロ化する

白黒の機能を使って、色味ごとに濃度を調整しながらモノクロに変換します。

Ps CC　Toshiyuki Takahashi [Graphic Arts Unit]

01 彩度を下げるだけでは元の色の差がほとんど残らない

今回使用する写真には、黄色とオレンジの花があります 1 。最もシンプルな[イメージ]→[色調補正] → [彩度を下げる] でグレースケール化すると、元々の花の色の差がほとんど反映されません 2 。加えて、花自体のディティールもつぶれがちになってしまいます。

1

2

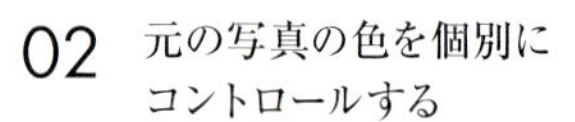

02 元の写真の色を個別にコントロールする

見た目の印象をできるだけ残したままモノクロ変換するときは、[イメージ]→[色調補正]→[白黒] を使うとよいでしょう。この機能では、元写真の色を個別にコントロールしながら濃度を調整できます 3 。

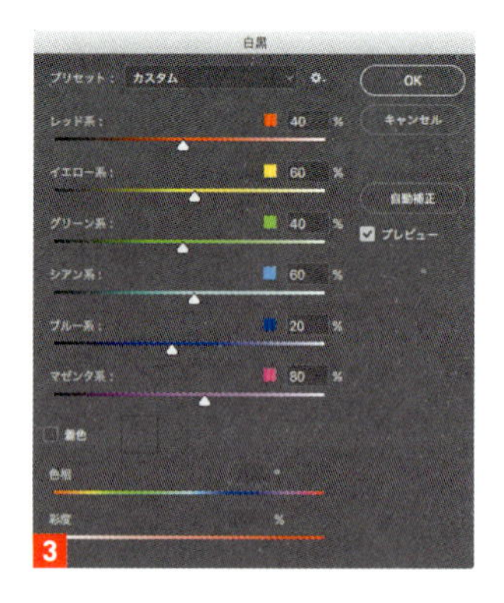

3

03 仕上がりの印象を見ながら各カラーを調整していく

[白黒] ダイアログでは、カラー別にスライダーが用意されており、これらを移動させることで対応したカラーの濃度を個別に調整できます。ここでは、周辺の緑を落として花の色を引き立てるため [グリーン系] を少し下げ、黄色の花のディティールを明確にするため [イエロー系] のスライダーを少し上げます。そのほかの値は 4 のように設定して完成です 5 。

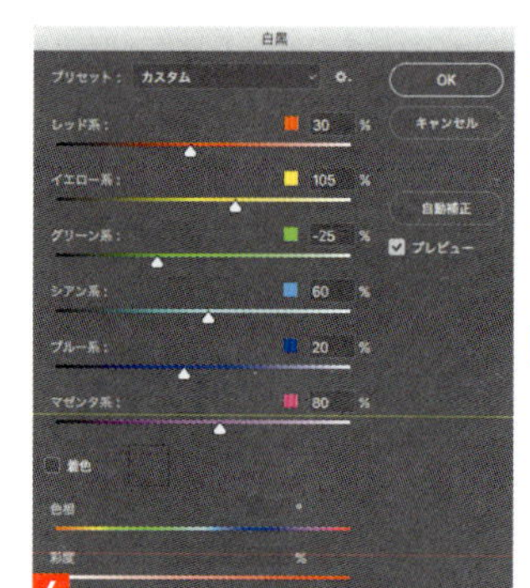

4

5

030
シャドウの強い写真の階調を整える

意図せず暗く写ってしまった画像でも、シャドウ・ハイライトとトーンカーブである程度まで修正できます。

Ps CC　Masaya Eiraku

01 シャドウ・ハイライトで暗すぎる部分を明るくする

元画像を開き 1 、[イメージ] → [色調補正] →[シャドウ・ハイライト]を適用し、[シャドウ]で影の部分を明るくし、[調整] で全体のバランスを整えます。[ハイライト] は必要に応じて調整してください 2 3 。

1

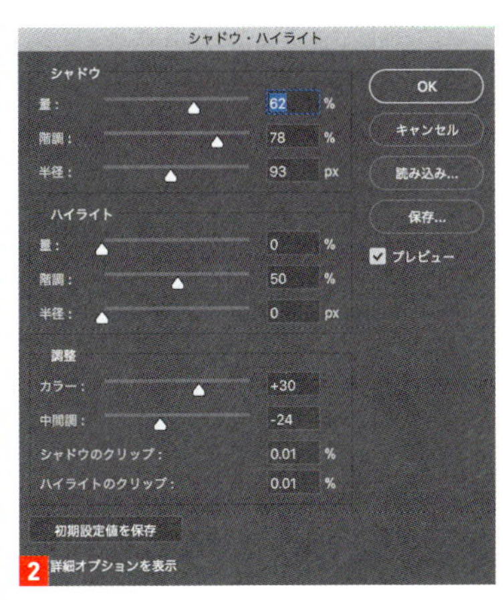

2

3

02 トーンカーブで好みの色に調整する

[イメージ] → [色調補正] → [トーンカーブ] を適用し、好みの色に整えます。ここでは[レッド] [グリーン] [RGB] チャンネルを 4 5 6 のように調整しました。これで完了です 7 。

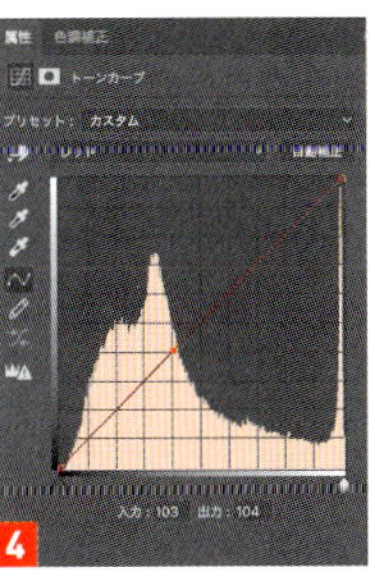

4

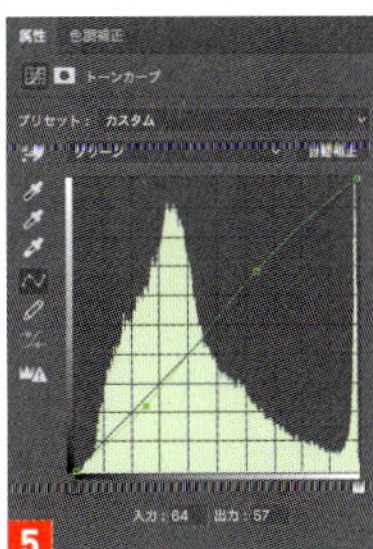

5

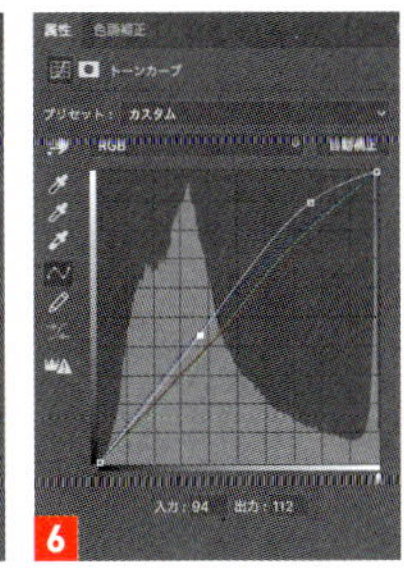

6

7

ONE POINT

シャドウの調整には、[Camera Raw] フィルターも使用できます。画像の状態によっては、そちらの方がきれいに仕上がることもあります。

031 傾きを補正する

画像の傾きは、レンズ補正フィルターやものさしツールで簡単に補正できます。

Ps CC　Satoshi Kusuda

01 レンズ補正フィルターを使用する

画像を開きます。この画像は若干左に傾いているので補正します 1。まず［フィルター］→［レンズ補正］を実行します。［レンズ補正］の作業画面が開くので、左上にある［角度補正ツール］を選択し、地平線に沿ってドラッグします。すると自動で角度が補正されます 2。なお、補正の際には画像の四隅が多少トリミングされます 3。

02 ものさしツールを使用する

元画像を開きます 1。［ものさしツール］を選択し、地平線に沿ってラインを作成します 4。オプションバーの［レイヤーの角度補正］をクリックします 5。すると自動で角度が補正されます 6。［ものさしツール］を使用した場合は、画像の四隅はトリミングされません。画像の内容や状況に合わせて使い分けましょう。

計測スケールを使用　レイヤーの角度補正　消去

032

窓に明かりを灯す

白や黄色で塗りつぶしたレイヤーを重ね合わせて、明かりを表現します。

Ps CC　Satoshi Kusuda

01　選択範囲を作成し、白で塗りつぶす

元画像を開きます 1 。［ペンツール］や［多角形選択ツール］を使って、窓のガラス面の選択範囲を作成します 2 。［背景］レイヤーの上に新規レイヤーを［光］という名前で作成します。白［#ffffff］で塗りつぶし、レイヤーの［不透明度］を［75%］に設定します 3 。

02　レイヤー追加して黄色で塗りつぶす

さらに、その上に新規レイヤーを［光黄色］という名前で作成し、先ほど作成した選択範囲をイエロー系［#ffbc31］で塗りつぶします。続いて、レイヤーの描画モードを［オーバーレイ］に変更し、［フィルター］→［ぼかし］→［ぼかし（ガウス）］を［半径：25pixel］で適用します 4 5 。

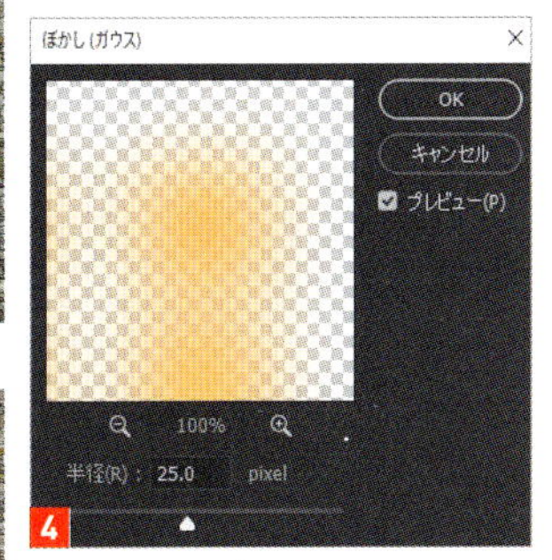

03　レイヤーを複製して明るくする

［光黄色］レイヤーを2つ複製し、最前面に配置します。その上に新規レイヤー［光描写］を作成し、レイヤーの描画モードを［オーバーレイ］に変更します 6 。［ブラシツール］を選択して、描画色を白［#ffffff］に設定。［ソフト円ブラシ］で窓周辺に光を描き足します 7 。

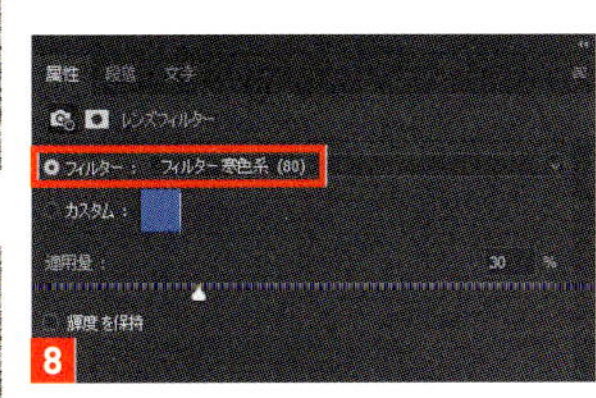

04　全体に色味を追加して雰囲気を出す

窓の光を演出するために全体に青い色を足します。［レイヤー］パネルの下部にある［塗りつぶしまたは調整レイヤーを新規作成］をクリックして、［レンズフィルター］を選択。［属性］パネルで［フィルター：フィルター寒色系（80）］、カラーをブルー系、［適用量：30%］に設定します 8 。作成後、［背景］レイヤーの上に移動します。これで完成です 9 。

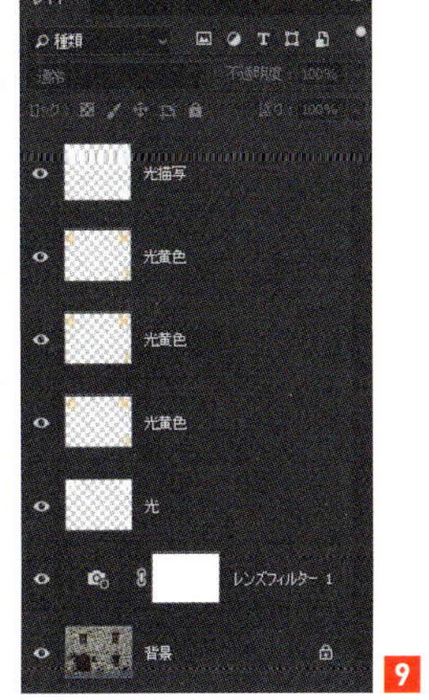

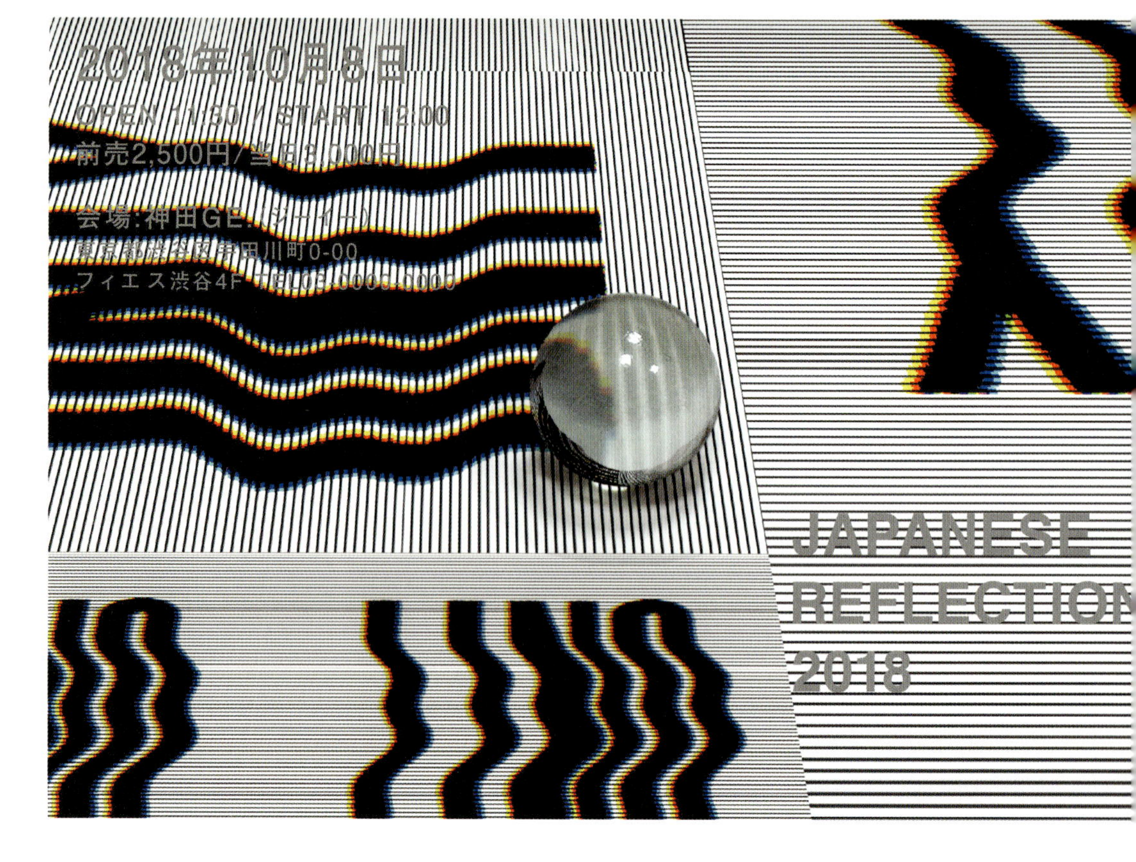

オブジェクトに合わせた映り込みを表現する

033

背景の画像にガラス玉を合成し、オブジェクト（ガラス玉）に合わせた映り込みを作成します。

Ps CC　Masaya Eiraku

01 ガラス玉を影を含めて切り抜く

合成するオブジェクト 1 と合成先（背景）の画像 2 を用意します。まずガラス玉を、接地している部分の影も含めて［なげなわツール］などで選択します 3 。境界線の［ぼかし］は［0.5pixel］に設定してください。

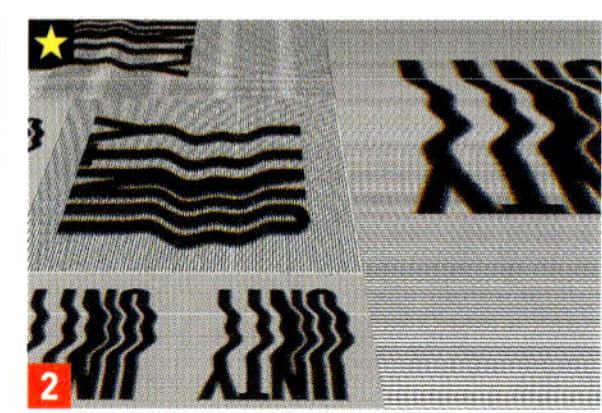

02　ガラス玉を背景の画像に合成する

切り抜いた画像を合成先（背景画像）の上に配置し 4 、レイヤーの描画モードを［焼き込み（リニア）］に変更します 5 。これで影とガラス玉の反射光が見えるようになります 6 。

4

5

6

03　ガラス玉だけのレイヤーを作成する

背景の画像からガラス玉だけを選択し、最前面のレイヤーとして配置します 7 8 。このときも境界線の［ぼかし］は［0.5pixel］で作業します。

7

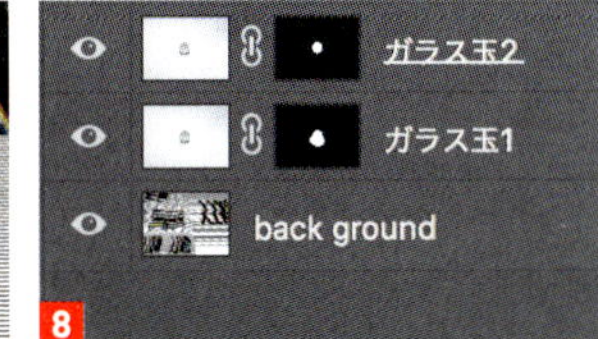

8

04　ガラス玉だけを複製し極座標フィルターを適用する

背景のレイヤーで、ガラス玉が中心にくるよう［長方形選択ツール］で正方形に選択し、複製します 9 。複製したレイヤーに［フィルター］→［変形］→［極座標］を［直交座標を極座標に］で適用します 10 。

9

10

05　ガラス玉にクリッピングマスクを作成する

［極座標］で変形させた画像がガラス玉の手前に来るようレイヤーの順番を変更します。［編集］→［自由変形］を実行して、ガラス玉に合わせて変形し 11 、ガラス玉に［クリッピングマスクを作成］してガラス玉の輪郭に合わせます 12 。最後にレイヤーの描画モードを［カラー比較（暗）］に変更してなじませます 13 。

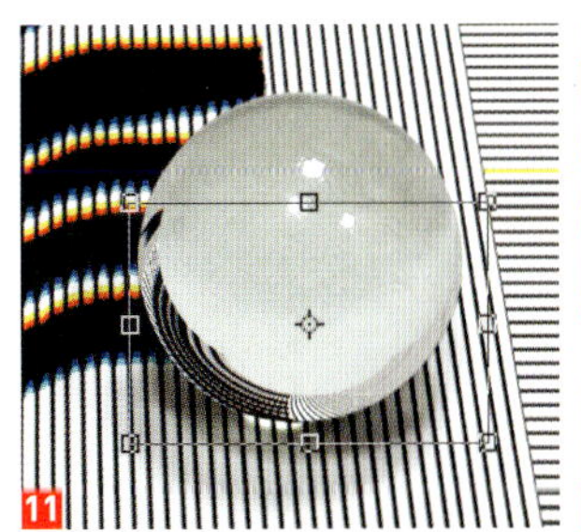
11

13

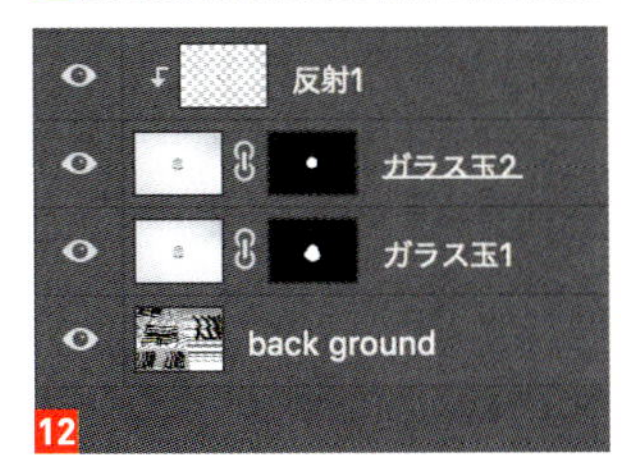

12

06 球面フィルターを4回適用してガラス玉に合わせて変形させる

再度、先ほどと同じように、背景の画像でガラス玉を正方形に選択、複製してレイヤーを最前面に配置します。正方形の選択範囲は維持したまま、[フィルター] → [変形] → [球面] を [量: 100%] で4回適用して 14、ガラス玉を湾曲させます 15。続いて、ガラス玉に合わせて変形させ 16、ガラス玉に [クリッピングマスクを作成] を適用し 17、レイヤーの描画モードを [ソフトライト] へ変更します 18。

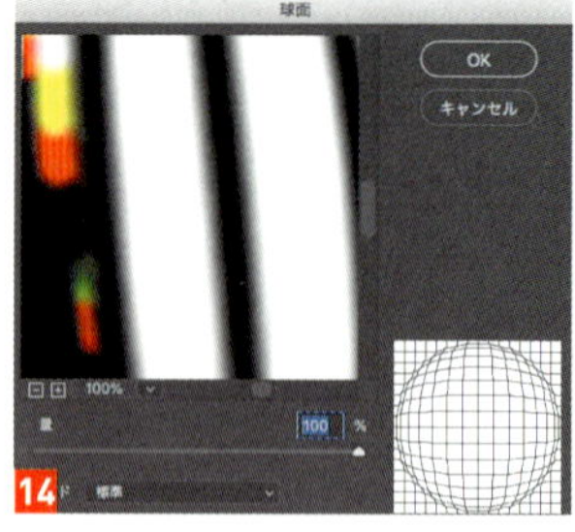

14

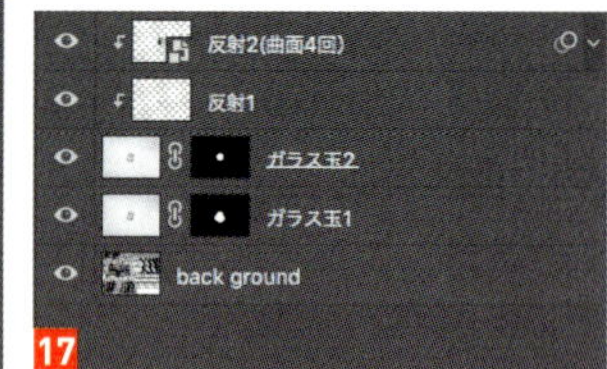

17

15

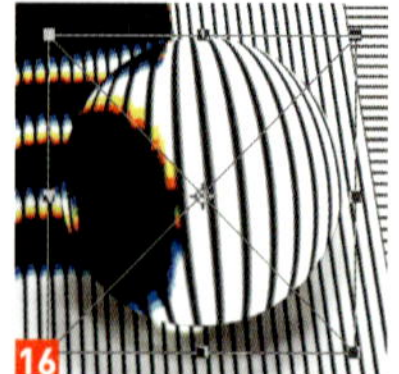
16

18

07 ぼかし(移動)フィルターでなじませる

[フィルター] → [ぼかし (移動)] を [角度: 0°] [距離: 30pixel] で適用し 19、画像をぼかしてなじませます 20。

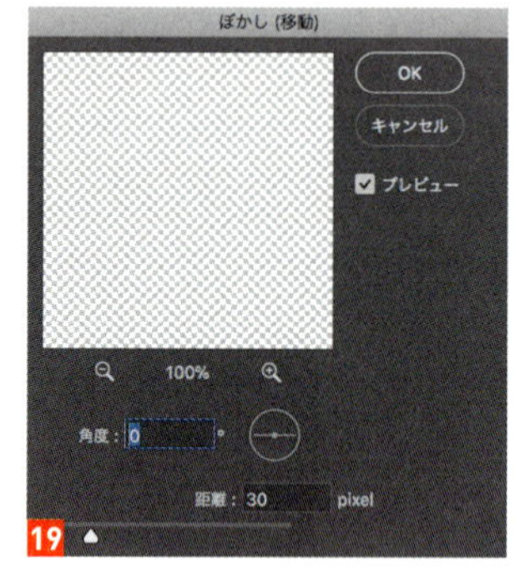

19

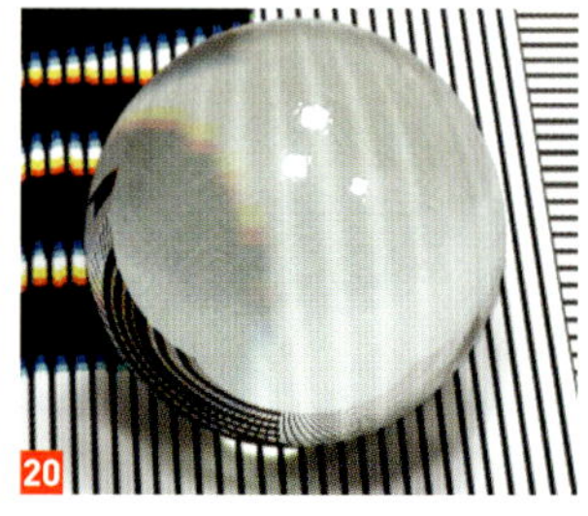
20

08 画像を歪ませて背景に重ねる

いったんガラス玉と2つの映り込みのレイヤーを統合し、ガラス玉のみを複製。複製したレイヤーに [フィルター] → [フィルターギャラリー] → [ガラス] を適用して画像を歪ませ 21 22、背景の画像に重ねます 23。最後にレイヤーの描画モードを [乗算] に変更してなじませて完成です 24。

21

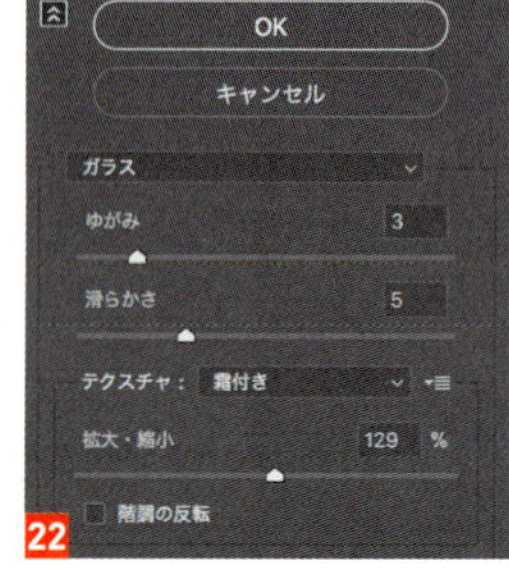

22

23

24

今回はわかりやすいよう、少し極端に反射光を取り入れましたが、材質や環境などをよく観察して適度に調整していくとよいでしょう。

編み物風に加工する

球面フィルターなどで作成した編み目のテクスチャをパターンに登録し、編み物風に仕上げたい画像に反映していきます。

034

Ps CC　Masaya Eiraku

01 ファイバーフィルターでテクスチャを作成する

新規ドキュメントを正方形([幅:1000pixel][高さ:1000pixel]程度のサイズ)で作成します。[レイヤー] → [新規塗りつぶしレイヤー] → [べた塗り] を選択し、白色のべた塗りレイヤーを作成します。描画色を黒、背景色を白色に設定し、[フィルター] → [描画] → [ファイバー] を [変化:16] [強さ:4] で適用して 1 、繊維のようなテクスチャを作成します 2 。

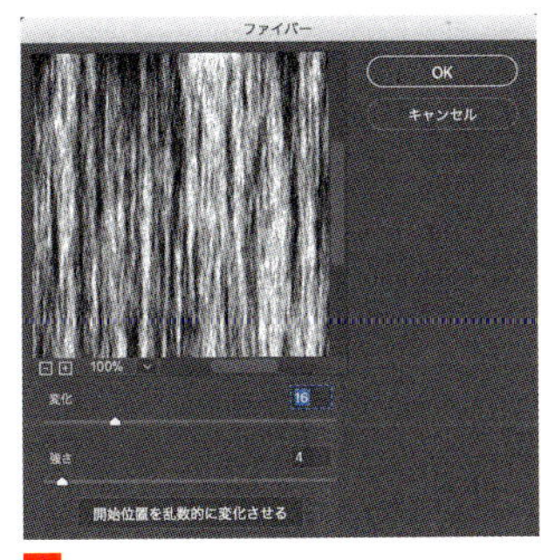

1

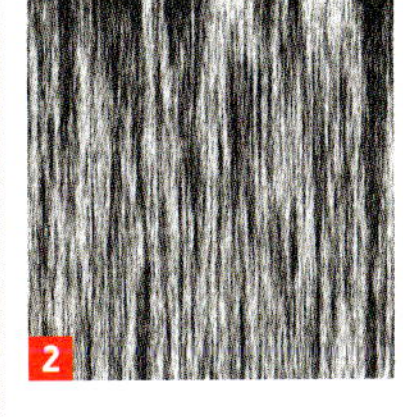

2

02 球面フィルターで湾曲させる

[フィルター] → [変形] → [球面] を [量:100%] [モード:標準] で適用して球体にします 3 4 。[球面] フィルターをあと2回適用して湾曲を強め、 5 のような状態にします。

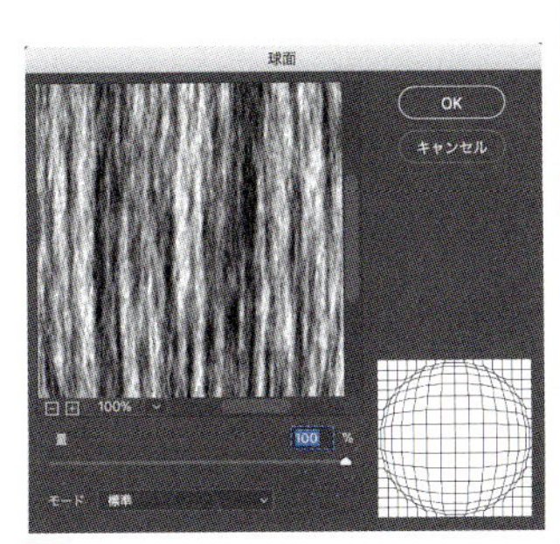

3

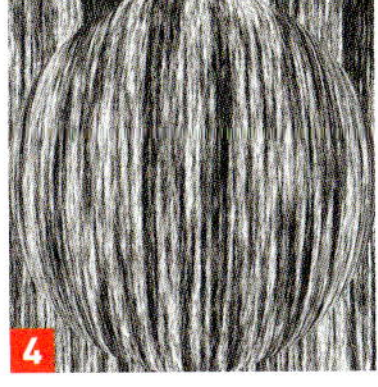

4

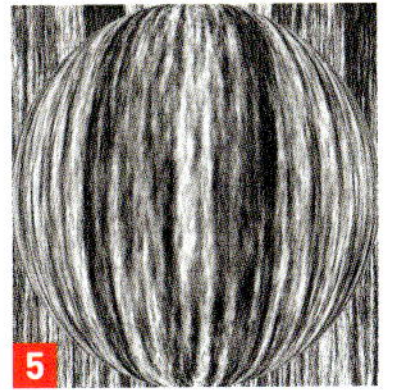

5

03 自由変形で形を整える

［楕円形選択ツール］で球体を選択して切り抜きます 6。続いて、この球体を毛糸に見立てていきます。そのためにまず［編集］→［自由変形］などで横幅を縮めます 7。さらに全体のサイズを縮小し、8 のように配置します。このときに球体の左端が画角の左の端に接するようにしてください。

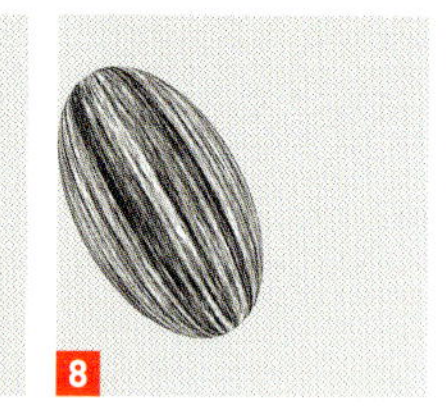

04 レイヤースタイルでより立体的に見せる

［レイヤー］→［レイヤースタイル］→［ベベルとエンボス］9、同［シャドウ（内側）］10、同［光彩（内側）］11 を適用して、より立体的に見えるようにします 12。

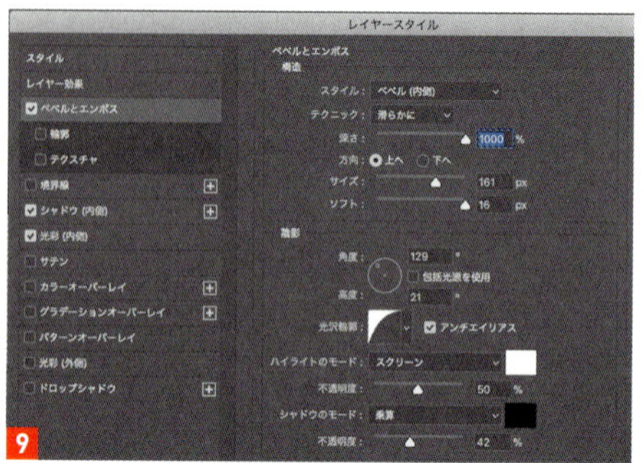

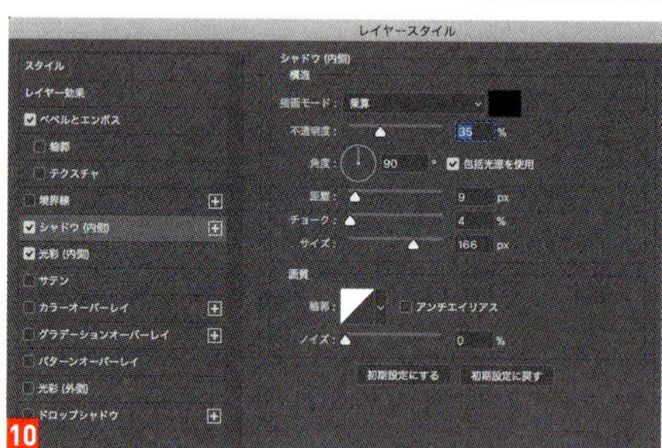

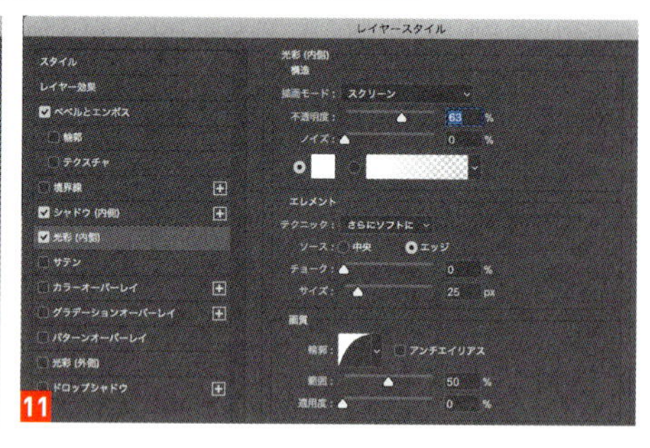

05 球体をシームレスに配置してパターンに登録する

球体を複製して、画角の中央を起点に左右を反転させせます 13。さらに球体を複製して、14 のように上下でシームレスにつながるように編集し、［編集］→［パターンを定義］でパターンに登録しておきます。

06 編み物状にしたい画像を開き球体のパターンを適用する

編み物状に加工したい画像を開きます 15。［レイヤー］→［新規調整レイヤー］→［パターン］を実行して、先ほど作成したパターンを［比率：4%］で配置します 16 17。

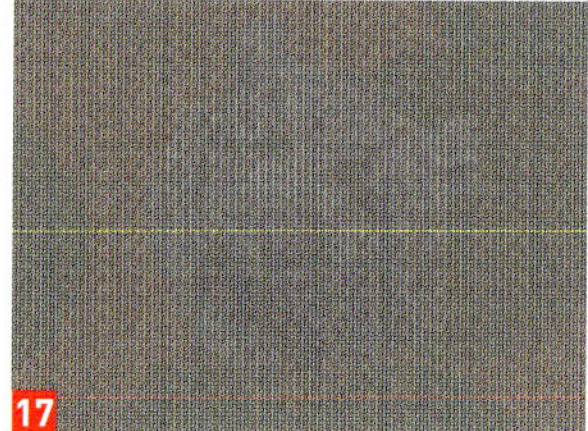

07 パターンのレイヤーに レイヤースタイルを適用する

パターンのレイヤーに［レイヤーをラスタライズ］を適用します。ラスタライズ後、［レイヤー］→［レイヤースタイル］→［シャドウ（内側）］18、同［ドロップシャドウ］19を適用して立体的にします。最後に元画像を複製して、最前面に配置します20。

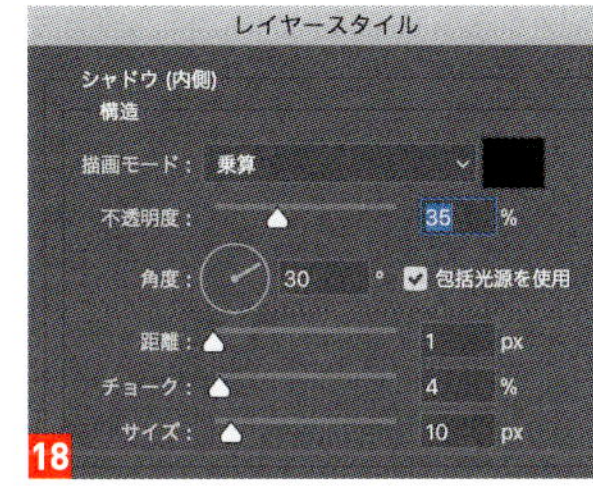

18

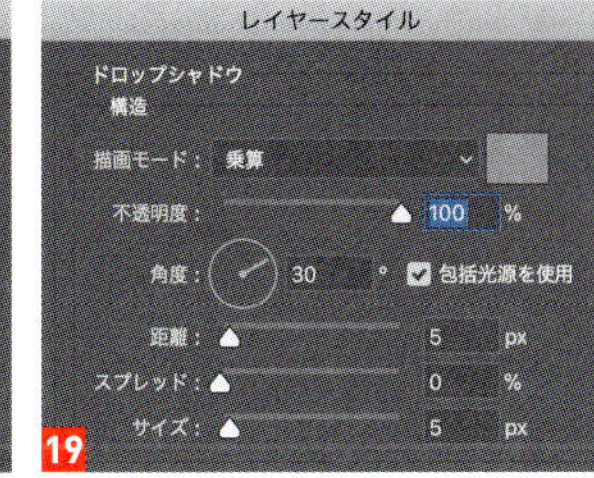

19

20

08 ドライブラシフィルターで フラットな印象にする

編み物状にしたい画像を選択し、［フィルター］→［フィルターギャラリー］→［アーティスティック］→［ドライブラシ］を［ブラシサイズ：5］［テクスチャ：1］で適用し21、画像をフラットな印象にします22。

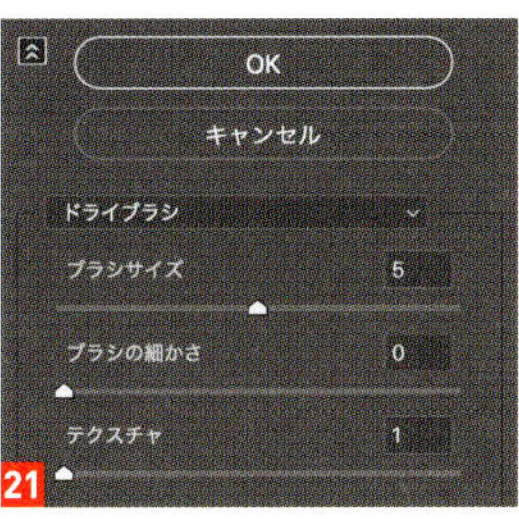

21

22

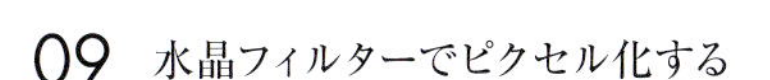

09 水晶フィルターでピクセル化する

［フィルター］→［ピクセレイト］→［水晶］を適用し23、毛糸の編み目に合ったサイズにピクセル化します24。ここでは［セルの大きさ：30］に設定しています。

23

24

10 クリッピングマスクを作成して 編目の形状を重ね合わせる

編み物状にしたい画像を編み物パターンのレイヤーで［クリッピングでマスクを作成］し、編み目の形状を重ね合わせます25。最後にレイヤーの描画モードを［ハードライト］に変更して、下に配置した編み目のレイヤーとなじませれば完成です26。

25

26

ONE POINT

さらにリアルな印象に仕上げたい場合は、編み目に対して、それぞれ１色を割り当てるイメージできっちりとピクセル化していきます。また、パターンで作成したテクスチャをもう少し柔らかい印象に加工するとよいでしょう。

035 ホコリやチリを加えて古ぼけたフィルム風にする

自然に発生するホコリやチリを雲模様フィルターで作成し、古ぼけた印象を演出します。

Ps CC　Masaya Eiraku

01 レンズ補正フィルターで画像の四隅を暗くする

元画像を開き 1 、［フィルター］→［レンズ補正］を［適用量：−100］［中心点：＋85］で適用し 2 、画像の四隅を暗くします 3 。

02 雲模様フィルターでホコリやチリの模様を作る

［レイヤー］→［新規］→［レイヤー］を実行し、黒で塗りつぶします 4 。［フィルター］→［描画］→［雲模様 2］を何度か繰り返し 5 、 6 のような模様にします。ここでは［雲模様 2］フィルターを 5 回適用しました。

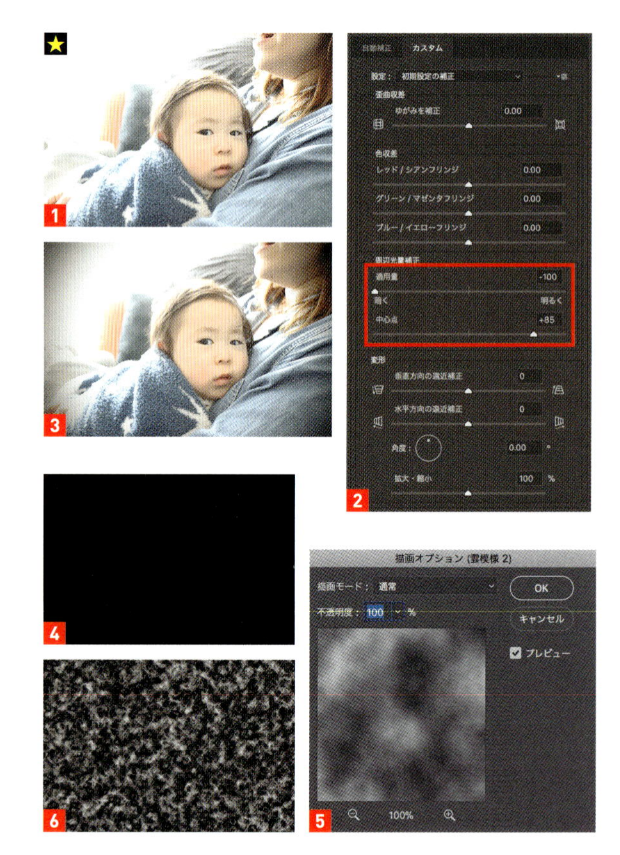

03 模様の一部を切り取って拡大する

雲模様の一部分を選択してから切り取り 7 、画面いっぱいに模様を拡大します 8 。

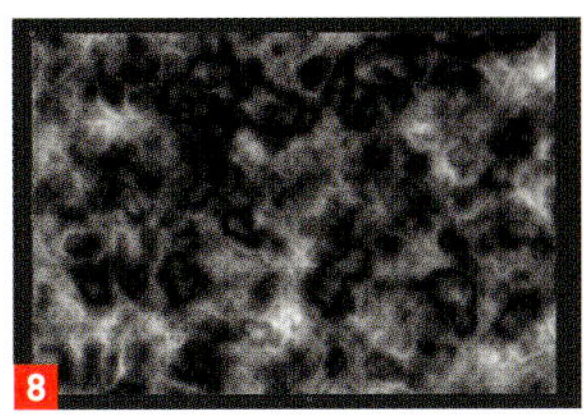

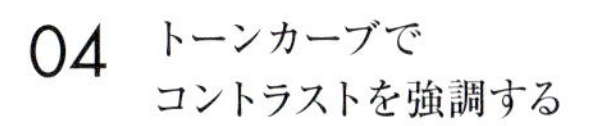

04 トーンカーブで コントラストを強調する

［イメージ］→［色調補正］→［トーンカーブ］を適用し 9 、全体のコントラストを極端に上げます 10 。このときテクスチャの余分な部分をレイヤーマスクなどで消しておきます。

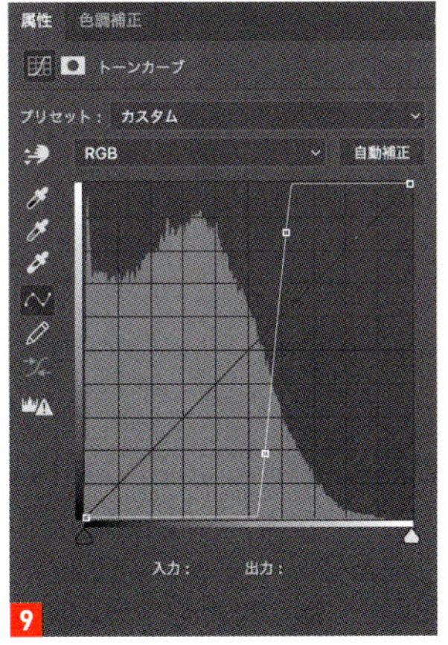

05 描画モードと不透明度で 画像をなじませる

雲模様のレイヤーの描画モードを［スクリーン］、［不透明度：80%］に変更してなじませます 11 12 。

06 円形グラデーションを重ねる

［レイヤー］→［新規調整レイヤー］→［グラデーション］を実行し、黄色（［R：255/G：255／B：0］）からオレンジ（［R：255/G：109／B：0］）に変わる［スタイル：円形］のグラデーションを作成します 13 14 15 。このレイヤーの描画モードを［ソフトライト］に変更して重ね合わせます 16 。

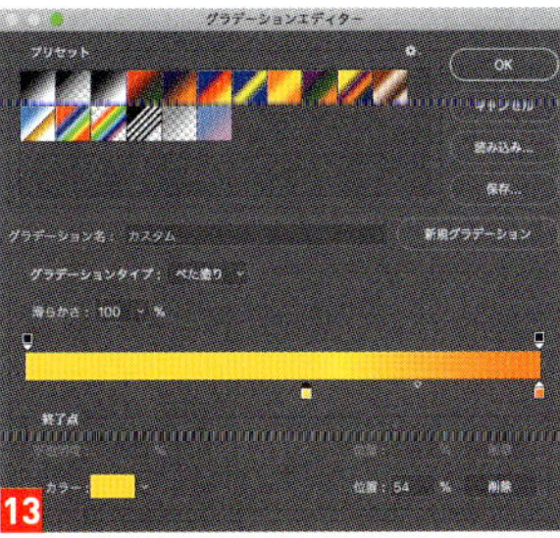

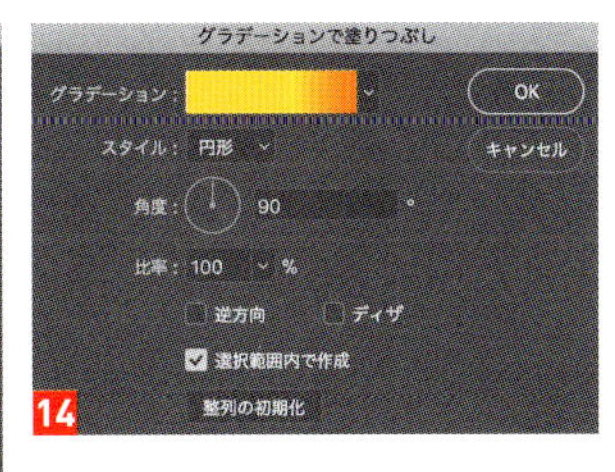

07 写真にフレームをつける

フィルムのフレームを作成します。［長方形ツール］を 17 のように設定して、［W：6000px］［H：4000px］程度の四角形で画像を囲みます。さらにフレームにあらかじめ用意しておいたフィルムに付いた古い傷を思わせるテクスチャ画像を追加して、［表示レイヤーを結合］します。結合したレイヤーに［フィルター］→［ノイズ］→［ノイズを加える］を［量：15%］［分布方法：ガウス分布］で適用し 18、写真に質感を加えます 19。

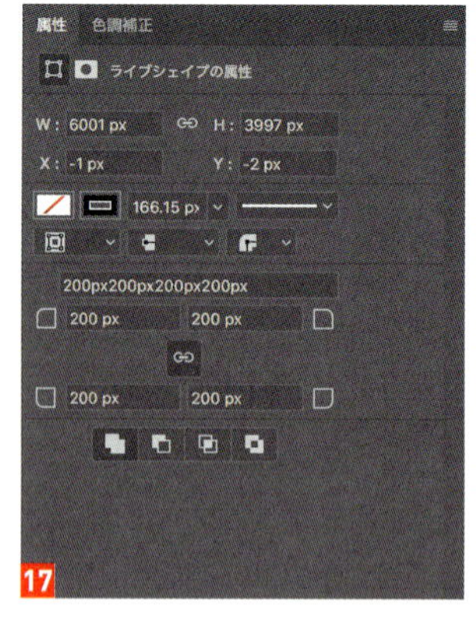

08 色調・彩度とトーンカーブで全体の色味を整える

最後に［レイヤー］→［新規調整レイヤー］→［色相・彩度］と同［トーンカーブ］を適用して 20 21 22、全体の色味を調整して完成です 23。

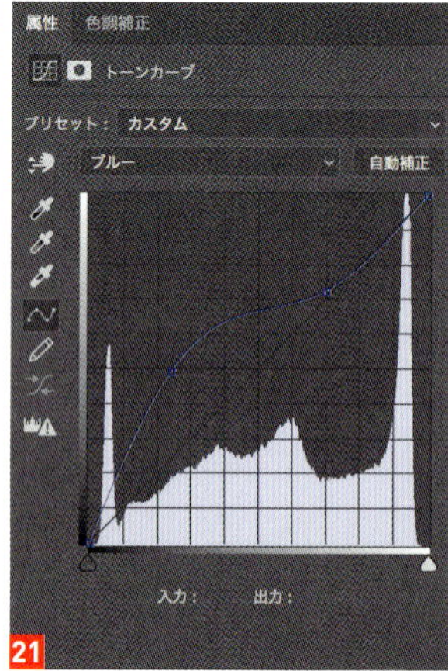

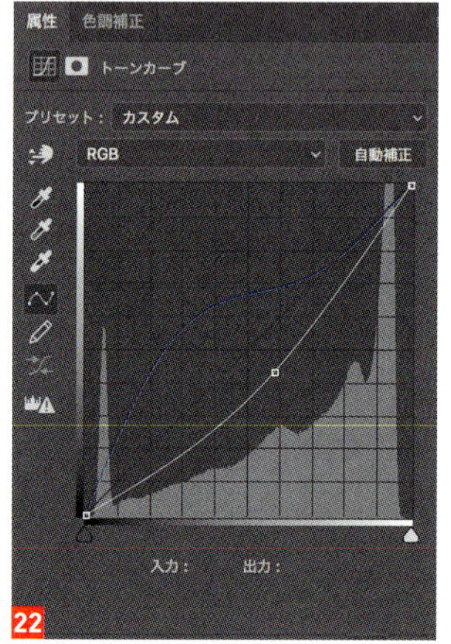

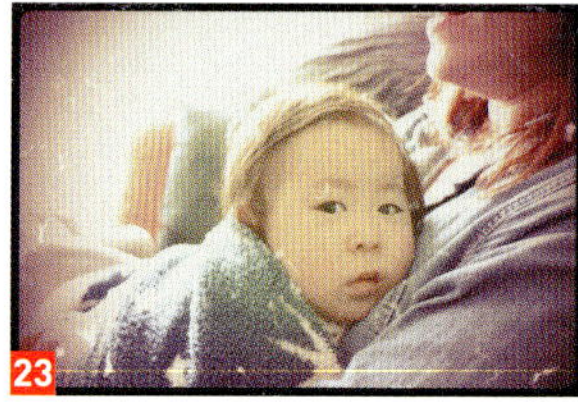

ONE POINT

手順07で使用したフィルムに付いた古い傷を思わせるテクスチャは、ホコリやチリの模様を作成したときと同じ手順で、［雲模様2］の代わりに［フィルター］→［描画］→［ファイバー］を適用して作成しました。

パノラマ画像を作成する

自動処理（Photomerge）を使って、複数枚の画像を合成して1枚の画像に仕上げます。

Ps CC　Masaya Eiraku

036

01　Photomergeで1枚絵に合成する

今回は、1のような12枚の写真を組み合わせてパノラマにします。まず、［ファイル］→［自動処理］→［Photomerge］を実行し、［ソースファイル］で先ほどの12枚の画像を選択します。［レイアウト］は［自動設定］にし、［画像を合成］にチェックを入れて［OK］をクリックします2。すると自動で選択した画像が1枚の絵に合成されます3。

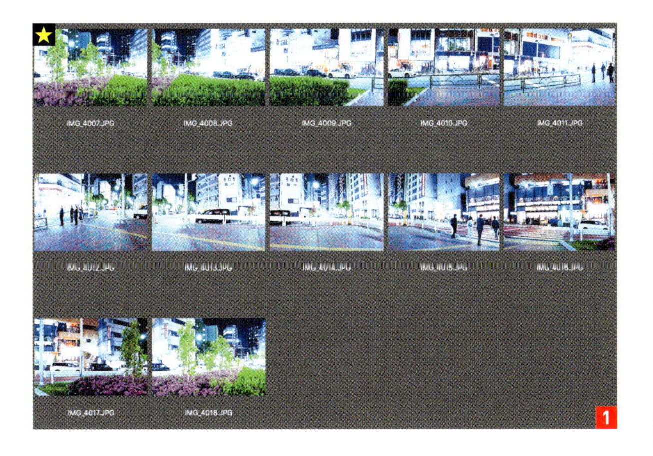

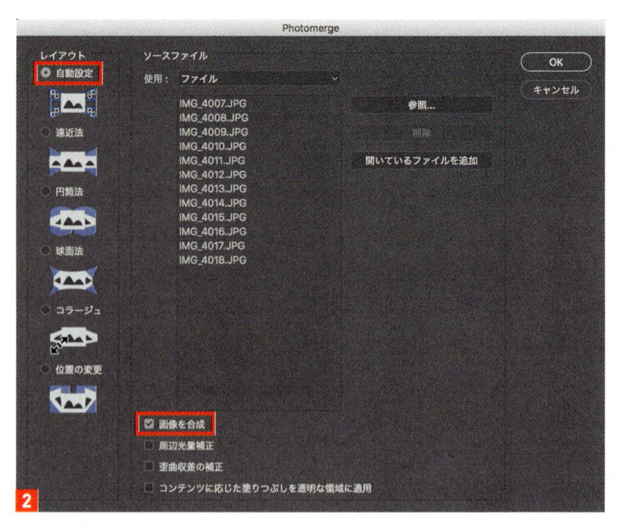

2

3

02 広角補正フィルターでゆがみを修正していく

このまま「完成」としてもよいのですが、今回は細かい調整を行い、完成度を高めることにしましょう。画像の右端を確認すると、ゆがんだ部分があることに気がつきます 4 。この部分を修正するために、[フィルター] → [広角補正] を実行。[コンストレイントツール] を選択して、ゆがみのひどい部分の端から端を [ペンツール] の要領でつないでいきます 5 。すると自動である程度ゆがみが解消されます。一箇所ゆがみを解消すると、その影響で他の部分にゆがみが生じます。根気強く、かつ細かく調整していきましょう 6 。

4

5

6

03 ビルの傾きを修正する

次に、ビルの傾きを修正します。[コンストレイントツール] で垂直にしたいビルの側面をなぞり 7、Control キーを押しながらクリック (右クリック) してサブメニューを表示し、[垂直] を選択します 8。すると、自動で縦方向のゆがみを修正してくれます 9。この要領で、気になる部分を細かく調整していき 10、最後に [OK] をクリックして確定します。

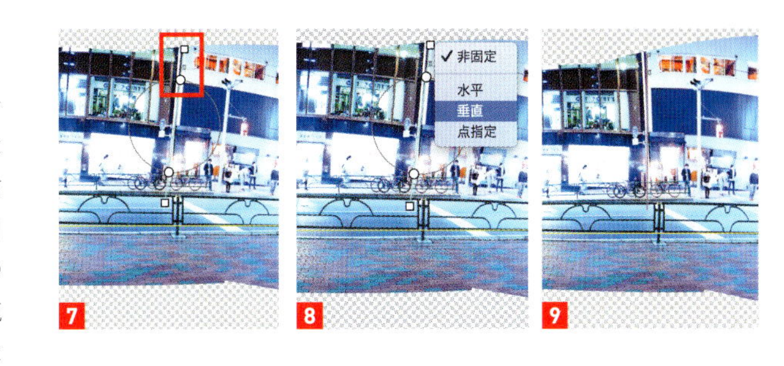

7 8 9

10

04 画像の足りていない部分は切り取るか塗りつぶして補う

画像が足りない部分は切り取り 11、同じような画像が続いている部分 (ここでいうと地面や花壇など) は足りない部分を [自動選択ツール] などで選択、[編集] → [塗りつぶし] を [内容: コンテンツに応じる] で補って完成です 12 13。

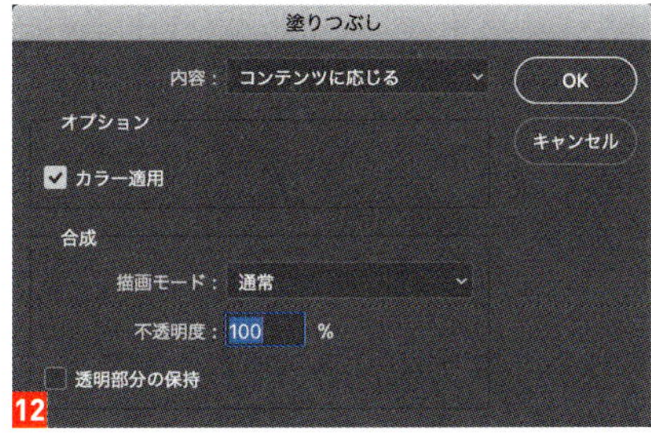

12

11

13

ONE POINT

写真素材に重なっている部分がないとアプリ側で合成箇所をうまく認識できず、きれいに合成されません。アドビ社の公式発表では「各画像の重なり率は約 40%、枚数は最低 5 枚」となっていますが、もう少し細かく用意した方がよいでしょう。ただし、重なり部分が多すぎてもそれはそれでうまくいきません。また、ゆがみを直していくと、キレイな印象に仕上げることはできますが、その影響で画像が小さくなり、最終的に縦幅が極端に狭くなってしまうこともあります。ですから、ゆがみの補正は必要最低限にとどめておくとよいでしょう。

037 動物の毛並みをきれいに切り抜く

境界線調整ブラシツールで毛並みに沿った複雑な選択範囲の切り抜きを行います。

Ps CC Satoshi Kusuda

01 大まかな選択範囲を作成する

元画像を開き 1 、［なげなわツール］や［ペンツール］を使って、切り抜きたい対象を大まかに範囲選択します 2 。ここではライオンのたてがみに沿って範囲選択しました。

02 境界線調整ブラシツールを使って境界線を整えていく

選択範囲が作成できたら､オプションバーの［選択とマスク］をクリックします。すると専用の画面に切り替わります。［境界線調整ブラシツール］を選択し､ブラシのオプション画面で［直径］を［60px］前後に設定し 3 、ライオンのたてがみに沿ってなぞっていきます。すると自動的に選択範囲が調整されます 4 。必要に応じて［属性］パネルの［グローバル調整］の各項目を変更し 5 、よりイメージに合った境界にしていきましょう。境界の滑らかさ、ぼかし具合、コントラスト、エッジを内側、外側に移動させるなどの微調整が可能です。イメージ通りの境界ができたら、［OK］をクリックして確定します。

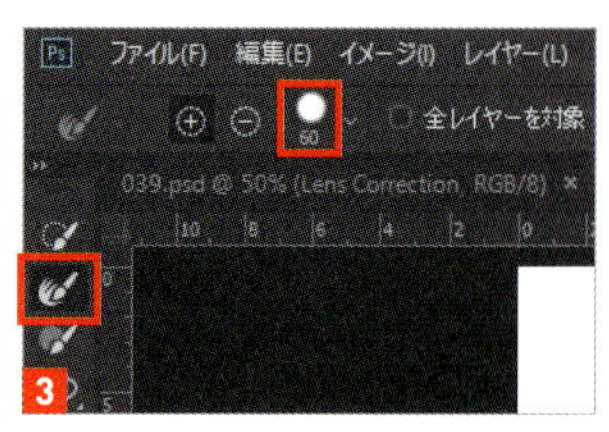

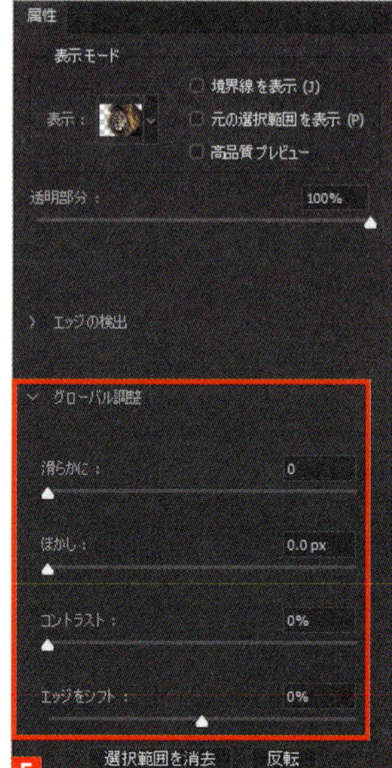

03 選択範囲を反転してから背景を削除する

元の作業画面に戻り 6 、［選択範囲］→［選択範囲を反転］を実行し、Delete キーを押して背景を削除します。これで複雑な毛並みを簡単に切り抜くことができました 7 。

2

PERSON

人物のレタッチと加工術を紹介していきます。
肌や髪、唇といったパーツをきれいに修正する方法、
写真の雰囲気自体を変えて印象的にする方法など
人物レタッチで使えるテクニックを揃えました。

038

肌の陰影を滑らかにする

混合ブラシツールを使って、写真に映り込んだ嫌な影やシミ、コンディションによる陰影を滑らかに整えていきます。

Ps CC　Akiomi Kuroda

01　混合ブラシツールを使用する

Photoshop CS5から追加された［混合ブラシツール］は、なぞったポイントの色やテクスチャを自動で混ぜ合わせる機能を持ったブラシです。指定したカラーを混合したり、元画像の情報を混合していったりとさまざまな使い方が考えられます。今回は、この［混合ブラシツール］を使って肌を滑らかに整えていきます。

02　肌の質感に合わせたブラシ設定にする

画像を開きます 1。ツールパネルで［混合ブラシツール］を選択し 2、ブラシの設定を行います。今回は［各ストローク後にブラシにカラーを補充］をオフ、［各ストローク後にブラシを洗う］をオン、［にじみ：20%］［補充量：20%］［ミックス：10%］［流量：20%］［ストロークのスムージング：10%］に設定します 3。

03　ムラのあるポイントをなぞっていく

［混合ブラシツール］で、ムラになっている部分をなぞっていきます。するとテクスチャが広がってなだらかになります。ここでは顎の部分を中心に作業しています。Option（Alt）キーを押すと、混合する色をサンプリングすることができます。リング内側の色は上下に分かれており、上半分が現在サンプリングしている色、下半分がその前にサンプリングした色を表しています。なぞった部分を拡大してみると 4（ブラシ前）や 5（ブラシ後）のような違いが生まれています。同様にして気になる部分を仕上げて完成です 6。

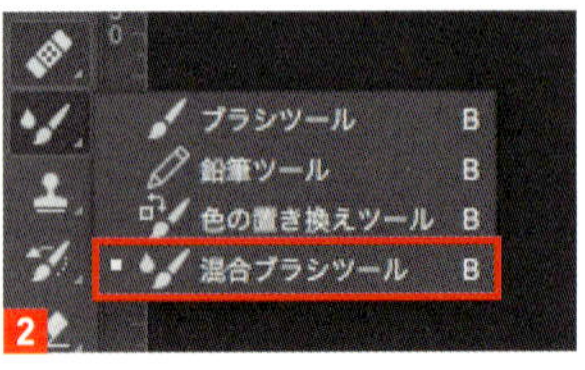

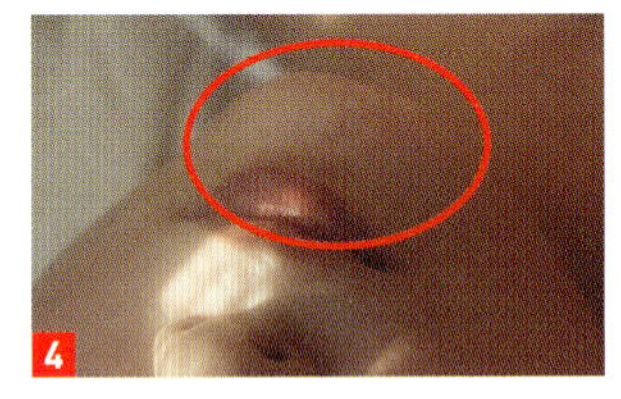

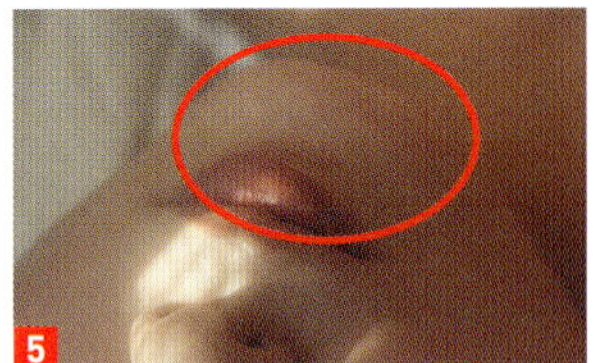

ONE POINT

あまりやりすぎると、ボケてしまったように見えてしまうので気をつけましょう。特に髪の毛など高精細なテクスチャの部分などは慎重に作業する必要があります。肌の中でもボケているポイントなどに使用すると目覚ましい効果が得られます。

039

肌にメリハリを付ける

LightroomでRAW現像をする際、HSLのレッド、オレンジ、イエローの輝度を調整し、肌の陰影を強調します。

Ps CC　Akiomi Kuroda

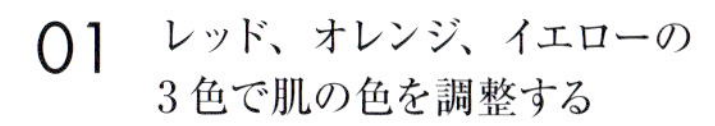

01　レッド、オレンジ、イエローの3色で肌の色を調整する

Lightroomを［現像］モジュールに切り替え、［HSL］パネルを表示します 1。このパネルでは［レッド］［オレンジ］［イエロー］［グリーン］［アクア］［ブルー］［パープル］［マゼンタ］の8色を［色相（Hue）］［彩度（Saturation）］［輝度（Luminosity）］ごとに調整できます。一般的に日本人の肌の色は［レッド］2［オレンジ］3［イエロー］4 の3色で構成されています。そこで今回は、これらの色を調整して肌にメリハリを付けていきます。

02　オレンジの輝度で肌の色にメリハリをつける

調整したい画像を開き 5、［オレンジ］の輝度を上げます 6。肌全体が明るくなり、もともと明るかった部分はさらに明るくなります 7。

03　レッドの輝度を下げてリップの色を調整する

次に［レッド］の［輝度］を下げます 6。これで、リップやチークなどのレッド部分が落ち込み、メリハリがつきます 8。HSLによる肌の色の調整は、「［オレンジ］の［輝度］を上げて明るくし、［レッド］の［輝度］を下げて暗くする」が基本です。そのほかの［色相］や［彩度］、またカラーについては、写真の状態に合わせて調整してください。以上で完了です。

ONE POINT

この［HSL］を使った調整方法は、自然な状態で撮影されたポートレートなどで重宝します。

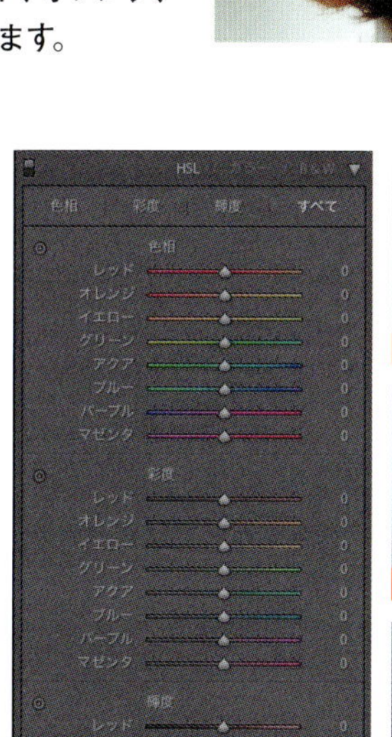

1

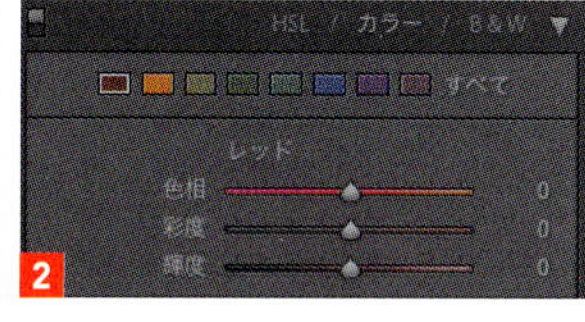

2

3

4

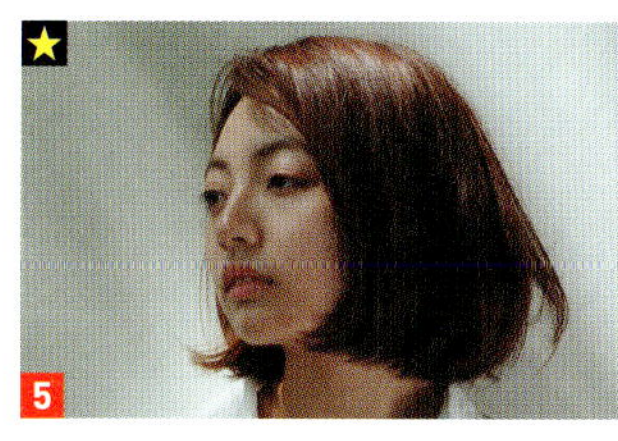
5

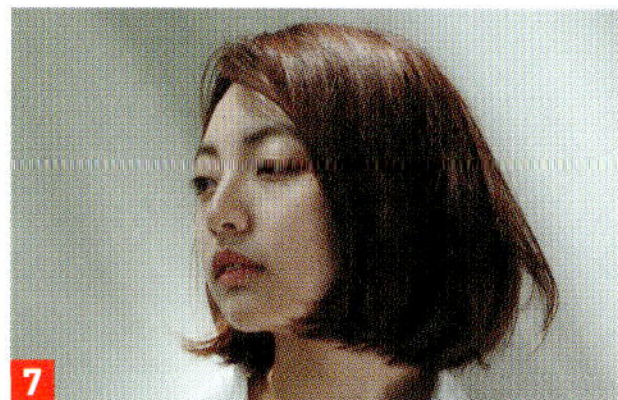
7

8

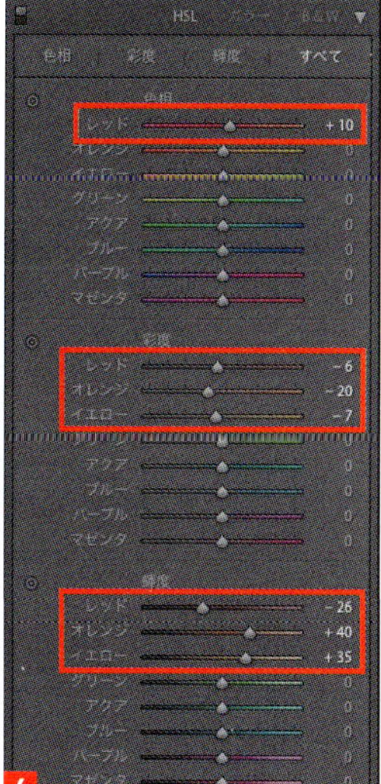

6

肌の立体感を際立たせる

040

肌の陰影は大きく、色によるなだらかな階調と、質感による凹凸にわかれます。ここでは、肌色の質感における凹凸を強調する方法を紹介します。

Ps CC　Akiomi Kuroda

01　チャンネルミキサーを適用する

画像を開き 1 、新規調整レイヤーを［チャンネルミキサー］で追加します（［レイヤー］パネルの下部にある［塗りつぶしまたは新規調整レイヤー］をクリックして該当のメニューを選択することもできます）2 。［チャンネルミキサー］では、［レッド］［グリーン］［ブルー］ごとの濃度をそれぞれ調整することができますが、ここでは［プリセット］を使用して作業していきます 3 。

★

1

属性　色調補正
チャンネルミキサー
プリセット：初期設定
出力先チャンネル：レッド
モノクロ
レッド：+100 %
グリーン：0 %
ブルー：0 %
合計：+100 %

3

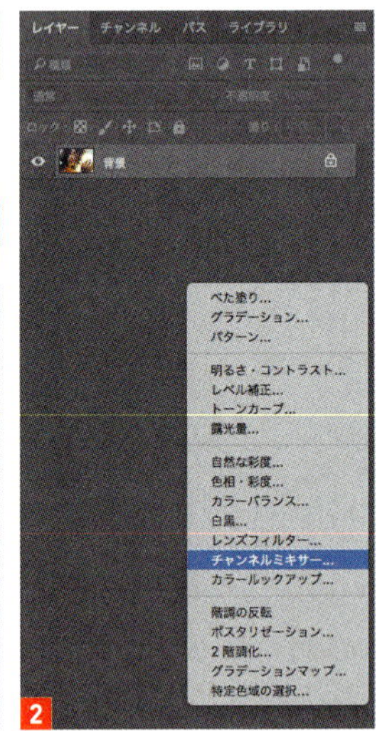

2

02 プリセットを選択する

［チャンネルミキサー］の効果が輝度にだけ反映されるよう、調整レイヤーの描画モードを［輝度］に変更します 4。続いて、［チャンネルミキサー］の［プリセット］から［グリーンフィルターをかけたモノクロ（RGB）］を選択します 5。肌色にグリーンフィルターをかけると、一般的に肌色の中でも赤い部分の質感がさらに落ち込むように暗くなります 6。逆に［レッドフィルターをかけたモノクロ（RGB）］を適用すると肌色部分が明るくなります 7。

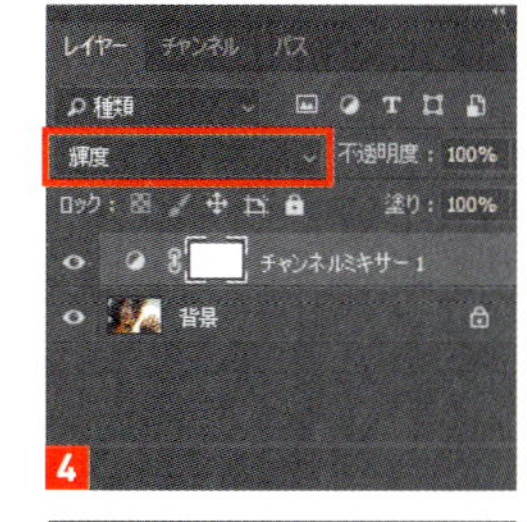

4

6

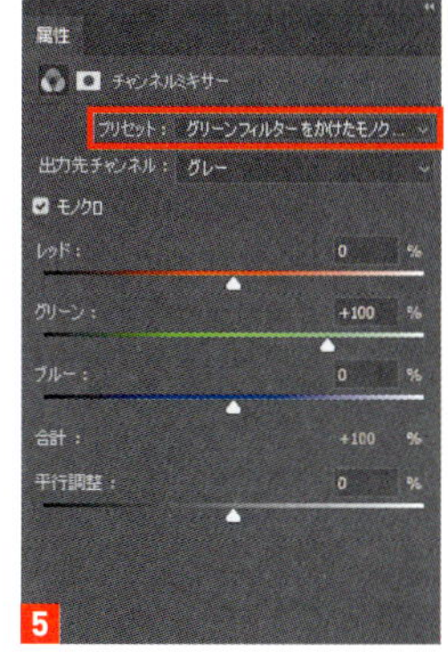

5

7

03 プリセットをカスタマイズしていく

今回は［グリーンフィルターをかけたモノクロ（RGB）］の効果をベースに肌の立体感を仕上げていきます。［プリセット］で［グリーンフィルターをかけたモノクロ（RGB）］が選択されていることを確認し、［レッド：－5%］［グリーン：90%］［ブルー：15%］に変更します 8 9。

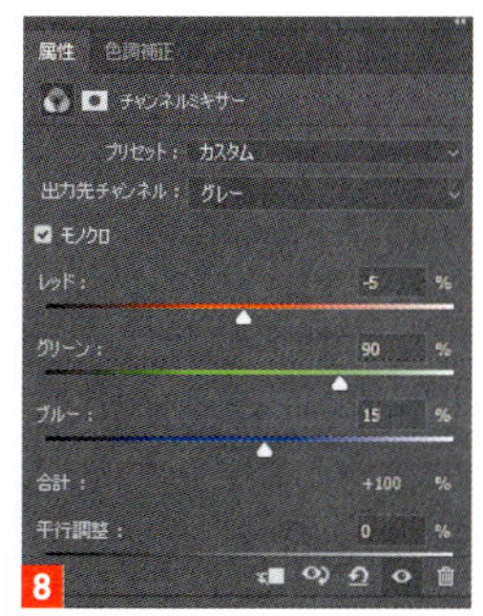

8

9

04 マスクを作成して肌色の部分にだけ効果を反映する

［チャンネルミキサー］の効果は、肌色部分にだけ反映されればよいので、肌の部分だけに反映されるようにマスクを作成します 10。効果が強すぎる場合には、調整レイヤーの［不透明度］で調整してください。これで完了です 11。

10

11

ONE POINT

［グリーンフィルターをかけたモノクロ（RGB）］では、レッドの要素の強い部分が暗くなるため、赤の濃い部分（リップなど）が色潰れする可能性があります。注意しましょう。また逆に、レッドやイエローのフィルターをかけたモノクロ（RGB）を使用して、肌の暗い部分をなくして滑らかにすることもできます。

041 レタッチが必要な箇所を簡単に見つけ出す

人の肌をレタッチする際に、修正すべきポイントをすばやく見つけ出す方法をいくつか紹介します。

Ps CC　Akiomi Kuroda

01 白黒レイヤーで肌の凹凸を目立たせる

元画像を開き 1 、新規調整レイヤーを［白黒］で追加します 2 。人の肌の色は、［白黒］レイヤーのカラー系統における［レッド系］と［イエロー系］に相当します。［白黒］の調整レイヤーを追加してモノクロ表示にしたら、［属性］パネルの［レッド系］と［イエロー系］ 3 をそれぞれ下げていき 4 、凹凸やくすみが目立つポイントで止めます 5 。今回は、モデルのそばかすがより目立つように調整していきました。もし気になる部分が複数存在する場合は、その都度、調整レイヤーを追加して作業していくとよいでしょう。

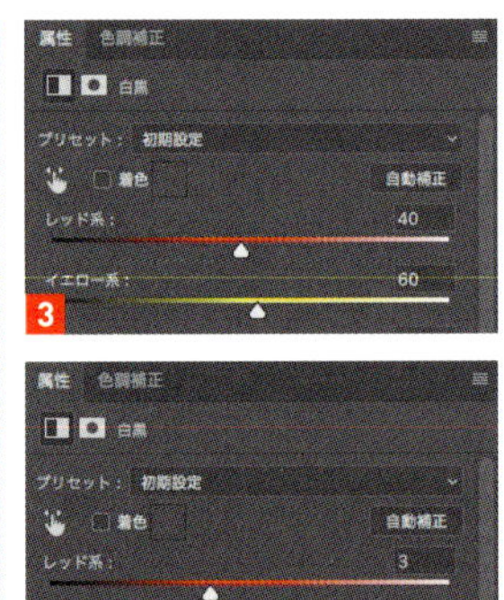

02 トーンカーブを山なりに編集する

［トーンカーブ］を大きく変更することで、修正ポイントを把握することもできます。新規調整レイヤーを［トーンカーブ］で追加し、6のようにギザギザのカーブにします。これにより、元の状態では見えづらかったそばかすなどの存在がわかりました7。通常の状態ではわかりにくい明暗差をはっきりさせるのが狙いです。

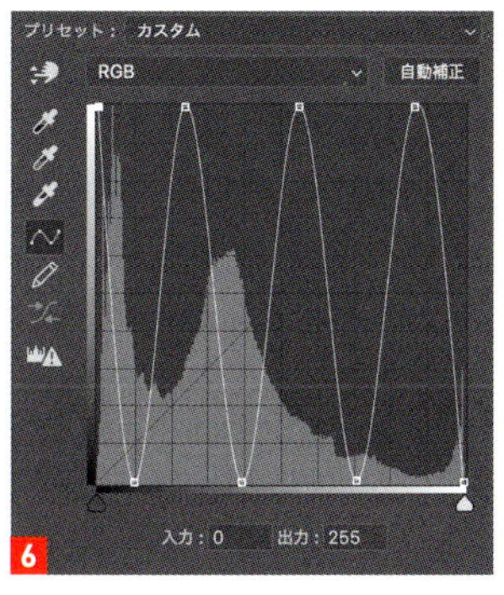

6

7

03 レイヤーの表示／非表示を切り替えながら修正していく

作成した調整レイヤーの表示／非表示を切り替えながら8、修正が必要なポイントをレタッチしていきましょう。ここでは顔の階調をトーンカーブとマスクで変更しながら、そばかす部分の見え方を9から10のように修正しました。

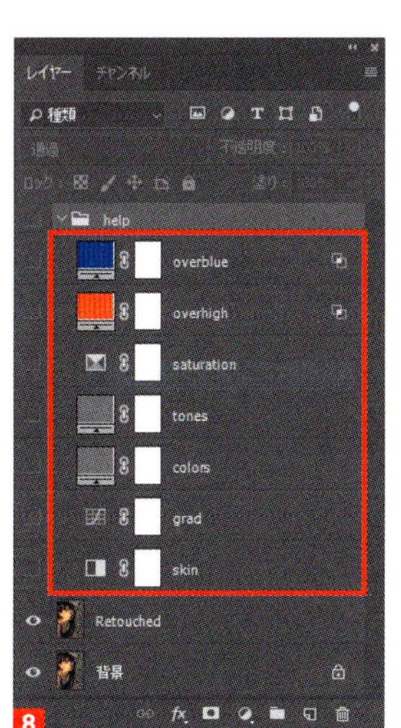

8

9

10

ONE POINT

［白黒］レイヤーも［トーンカーブ］も、肌の陰影やレタッチすべきポイントを見つけるのに役立ちます。なお、レタッチに際して［修復ブラシツール］や［コピースタンプツール］を使うときには、サンプルの設定を現在のレイヤーまたは現在のレイヤー以下に設定して、今回作成した調整レイヤーが影響を与えないように注意しましょう。

042 白飛び・黒つぶれを確認する

Lightroomやデジタルカメラでは、ヒストグラム上の白飛びや黒つぶれを写真上で確認することができます。実はPhotoshopでも、べた塗りレイヤーとレイヤー効果を組み合わせて使うことで同様の表示が可能です。

Ps CC　Akiomi Kuroda

01 べた塗りレイヤーを用意する

元画像を開き 1 、新規塗りつぶしレイヤーを［べた塗り］で2枚作成します。作業がしやすいように、ひとつは［白飛び］、もうひとつは［黒つぶれ］という名前にします。塗りつぶしのカラーは、Lightroomの白飛び・黒つぶれの色合いにならって、［白飛び］レイヤーは赤色［#ff0000］ 2 、［黒つぶれ］レイヤーは青色［#0000ff］ 3 に設定します。

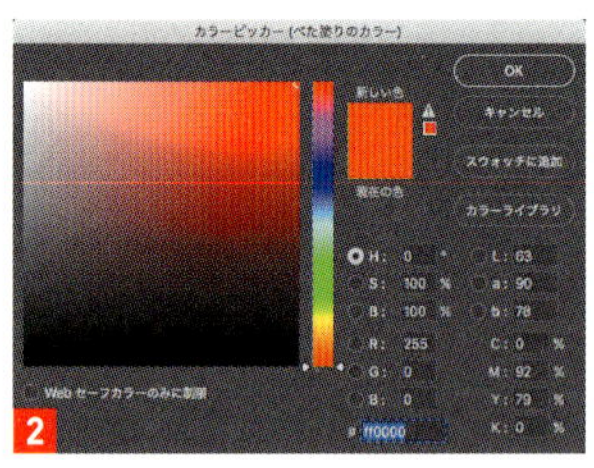

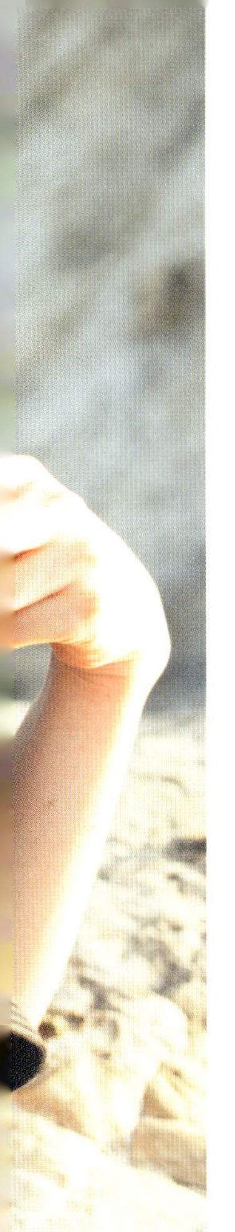

02 レイヤー効果のブレンド条件を開く

[レイヤー] パネルで [白飛び] レイヤー 4 を Control キーを押しながらクリック（右クリック）して、[レイヤー効果] を選択します。すると [レイヤースタイル] ダイアログが開きます。この画面の右下に [ブレンド条件] という項目があります。[ブレンド条件] には [このレイヤー] と [下になっているレイヤー] の2つのバーが用意されています 5。いずれも左から右にかけて黒から白へのグレー階調が表示され、左端が [0]、右端が [255] を表し、レイヤー効果を反映する階調を [0] から [255] の間で設定することができます。

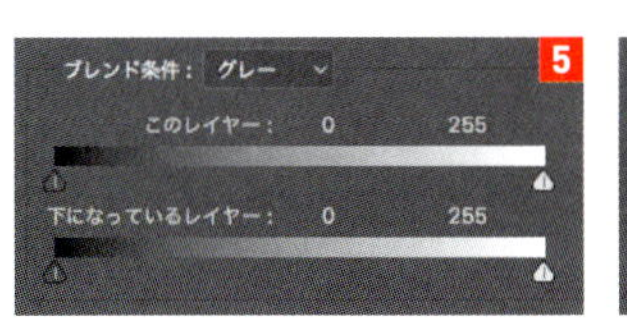

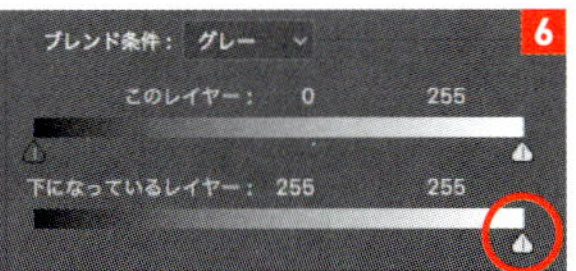

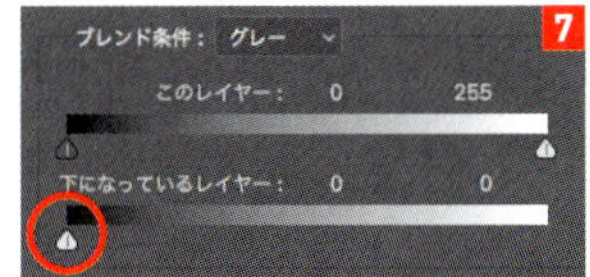

03 ブレンド条件で下になっているレイヤーを設定する

まず [白飛び] レイヤーの設定をします。[レイヤー] パネルで [白飛び] レイヤーが選択されていることを確認してから 4、[下になっているレイヤー] の左端にあるポインタを右端の [255] まで移動します 6。同様にして「黒つぶれ」レイヤーを選択し、[下になっているレイヤー] の右端にあるポインタを左端の [0] に移動します 7。これにより、[白飛び] レイヤーは階調 [255] の明るさに対して、[黒つぶれ] レイヤーは階調 [0] の明るさに対して効果を発揮するようになります。調整の結果、髪の一部が黒つぶれしていることがわかりました 8。そこで [トーンカーブ] を適用して暗くなっている部分を明るくして整えました 9。

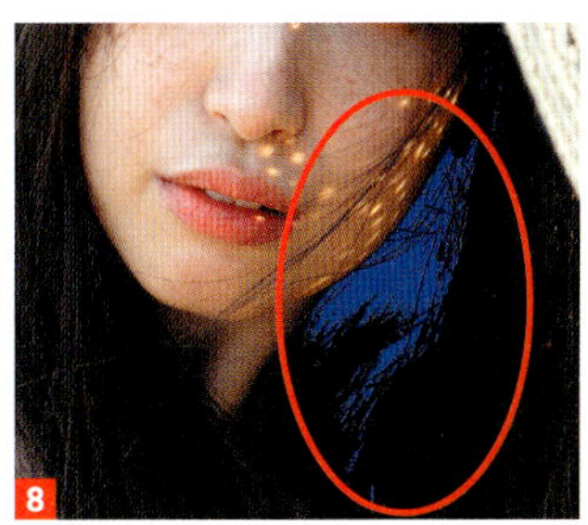

ONE POINT

Photoshop では、通常、階調は 256 段階（0-255）の明るさで表現されています。今回は、最も明るい階調（255）は赤に、最も暗い階調（0）は青になるように設定しています。このしきい値は [0-255] ではなく、たとえば [2~253] でも [10~245] でもかまいません。今回は、完全に白飛び・黒つぶれしているポイントを探しましたが、より広く飛びすぎていたり、つぶれすぎたりしているポイントを探したい場合などには、好みや写真に合わせて変更するとよいでしょう。なお、[ブレンド条件] の設定名（[下になっているレイヤー]）にあるように、これらの調整レイヤーはレタッチしたいレイヤーの上に配置して利用してください。

043

肌を階調別に修正する

コピースタンプツールを使って肌を階調別に調整していくことで、質感を損なうことなく、きれいに仕上げられます。

Ps CC　Akiomi Kuroda

01 肌の質感を残したまま ハイライトやシャドウを抑える

明暗差の激しい状況下では、肌や髪などに余分なハイライトが発生したり、一部が暗くなりすぎたりしてしまうことがあります 1 。そのような場合には、気になる明るさだけを［コピースタンプツール］で調整していきます。

02 肌のハイライト部分だけを修正する

肌のハイライトなど、明るくなっている部分のみに効果を反映させるためには［コピースタンプツール］の［モード］設定を活用します。［モード］を［比較（暗）］することで 2 、サンプリング箇所よりも明るいポイントにのみ効果を反映することができます 3 4 。

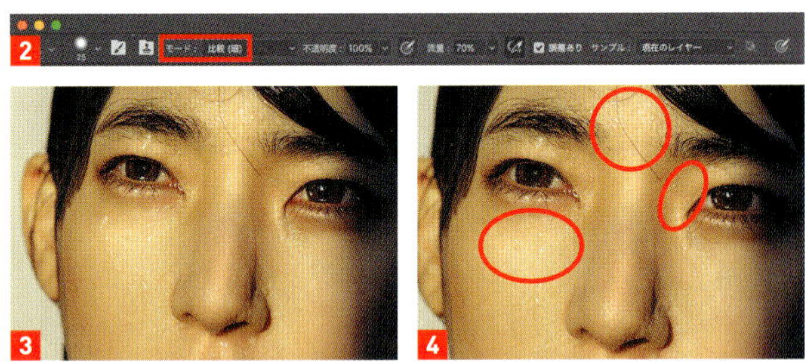

03 肌よりも暗くなっている部分 シミやクスミなどを修正する

肌のシミやかさぶたなどを、サンプリングの肌よりも暗くなっているポイントを、テクスチャを損なわずに修正したい場合には、［コピースタンプ］の［モード］を［比較（明）］に設定します 5 。これにより、サンプリング箇所より暗いポイントにのみ効果が反映されます 6 7 。

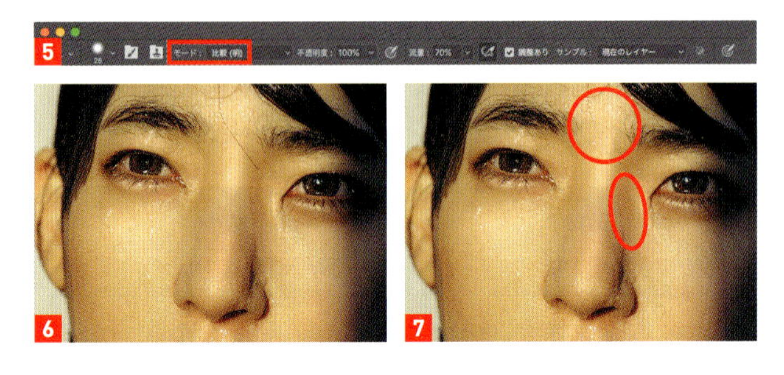

04 モードを切り替えながら、 ハイライトとシャドウを調整していく

修正したい箇所に合わせて、［モード］設定を［比較（暗）］あるいは、［比較（明）］に切り替えてレタッチをしていきます 8 。なお、［モード］以外の設定は、［不透明度：100%］［流量：50~70%］［調整あり：チェック］［サンプル：現在のレイヤー］。また［ブラシ］の設定は、［硬さ：50%］にし、サイズは修正箇所に合わせて変更していきます。

044

はねた髪の毛を整える

ぼかしフィルターを適用して、はねた髪の毛を背景に溶け込ませ、コピースタンプツールできれいに仕上げます。

Ps CC　Akiomi Kuroda

01 ぼかしフィルターで背景に髪の毛を溶け込ませる

元画像を開き 1、[背景] レイヤーを複製し、[Base] という名前に変更します。さらに [背景] レイヤーを複製し、ぼかし用のレイヤーにします。[ぼかし] レイヤーを選択し、[フィルター] → [ぼかし] → [ぼかし (表面)] を適用します 2。[半径] ははねた髪の毛が背景に溶け込むように、[しきい値] は肌との境界線がぼけないように設定します 3 4。ここでは [半径: 23pixel] [しきい値: 18 レベル] に設定して [OK] します。

02 ぼかし切れていない部分をコピースタンプで修復する

ぼかしきれていない髪の毛がある場合は 5、[コピースタンプツール] を使って修復しておきましょう 6。新規レイヤーを [スタンプ] という名前で作成し、作業をしていきます。ブラシの形状やサイズなどは修正箇所に合わせてその都度変更していきます。

03 マスクを作成したはねた髪の毛だけを表示する

ここでいったん [ぼかし (表面)] をかけたレイヤーを完全にマスクします 7。次に [ブラシツール] を使ってはねた髪の毛の部分のみを表示していきます。ブラシの [不透明度] を [20%] 程度に設定し、ゆっくりと丁寧になぞっていきましょう。今回は、最終的に [スタンプ] レイヤーと [ぼかし] レイヤーをグループにしてマスクをしました。これにより、背景のグラデーションを壊すことなく、必要な部分だけを調整できます 8。これで完了です。

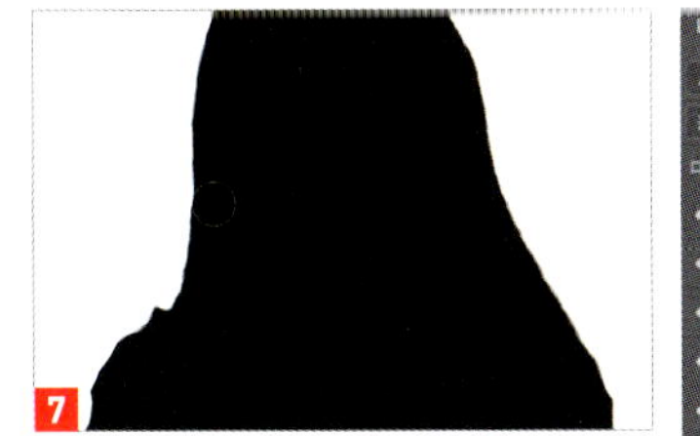

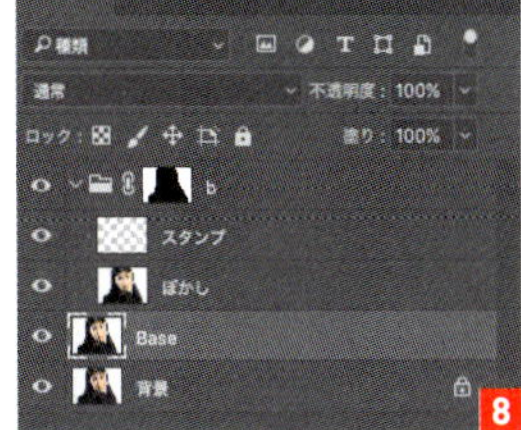

045 きれいな瞳にする

ぼかしフィルターや調整レイヤーを使って、瞳の中の血管をきれいに整えます。

Ps CC　Akiomi Kuroda

01 ぼかしフィルターで白目をきれいにする

元画像を開きます 1 2。［フィルター］→［ぼかし］→［ぼかし（表面）］を適用して 3、白目の血管をぼかします 4。ここでは［半径：48pixel］［しきい値：26 レベル］で適用していますが、それぞれの値は写真に応じて、気になる部分が消えるように設定してください。トーンをフラットにするのが一番の目的です。

1

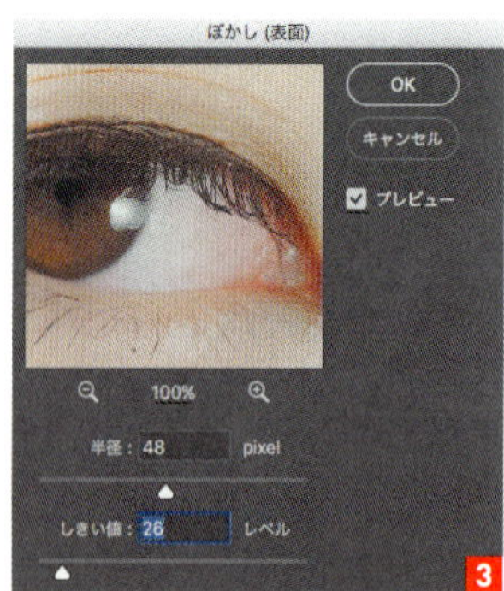

3

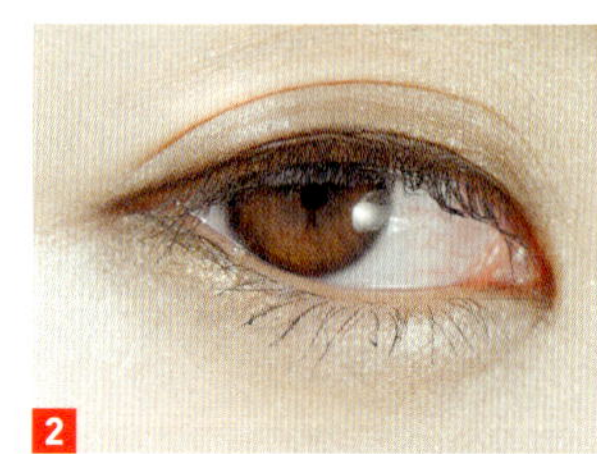

2

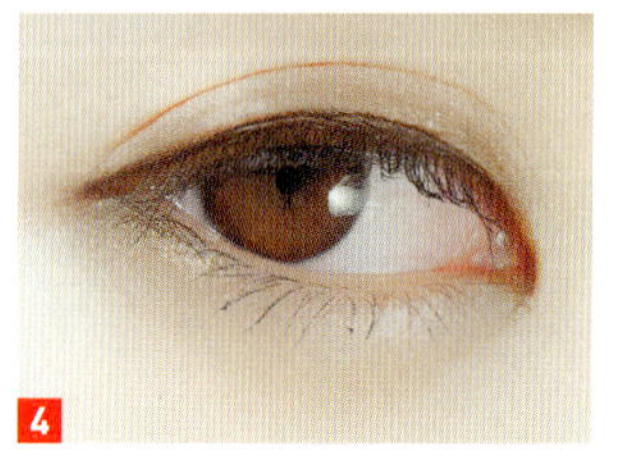

4

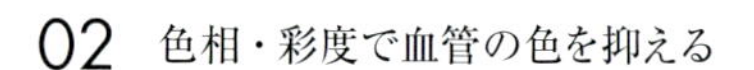

02 色相・彩度で血管の色を抑える

［レイヤー］→［新規調整レイヤー］→［色相・彩度］を実行し、［属性］パネルで［レッド系］の［彩度］を下げます 5。これにより、血管の赤色が抑えられます 6。

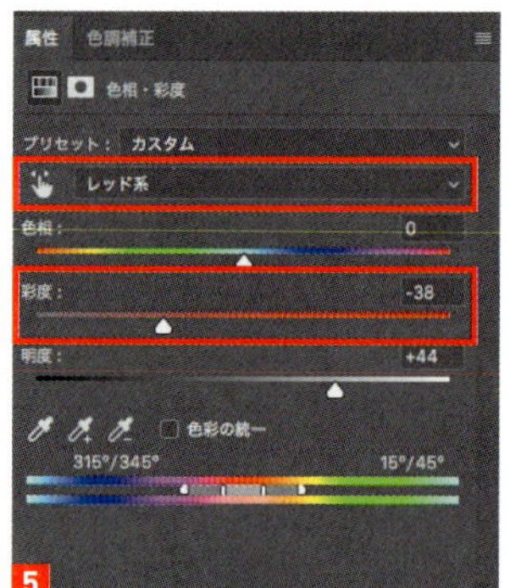

5

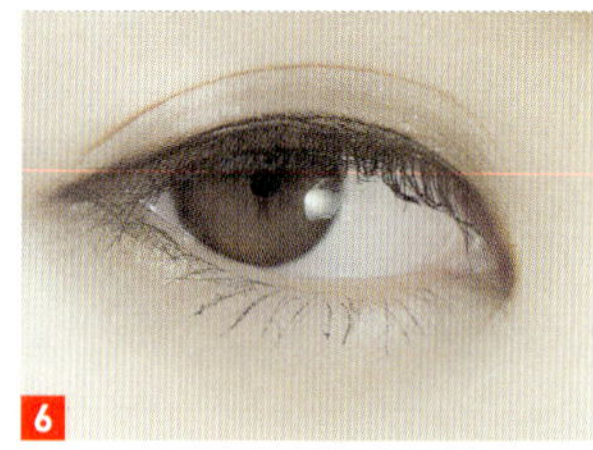

6

03 レイヤーマスクを追加して血管部分にだけ効果を適用する

［ぼかし（表面）］を適用したレイヤーと［色相・彩度］レイヤーをグループ化して、［レイヤーマスクを追加］します 7。［ブラシツール］で血管部分をなぞり、血管の部分にだけ効果が適用されるようにします 8。このときブラシの［不透明度］を［10%］以下に設定して、少しずつ整えていきましょう。

04 チャンネルミキサーでエッジを調整する

［レイヤー］→［新規調整レイヤー］→［チャンネルミキサー］を追加し、［出力先チャンネル：グレー］に設定、［モノクロ］にチェックを入れて、［レッド：＋33%］［グリーン：＋65%］［ブルー：＋19%］で適用します 9。［レイヤーマスクを追加］でレイヤー全体をマスクして、明るくしたい部分を［ブラシツール］でなぞってマスクを外していきます 10。［ぼかし（表面）］フィルターでフラットになった階調を整えながら、明るさを調整していきましょう 11。

05 コピースタンプツールで細かい部分を整えていく

大きな部分を整えたら、最終的に気になる部分を［コピースタンプツール］で調整していきます 12。新規レイヤーをサンプリングするレイヤーの上に作成し、作業していきましょう。

06 プリセットをカスタマイズしていく

最後に黒目の部分を［レイヤー］→［新規調整レイヤー］→［トーンカーブ］を実行して整えます。黒目の最も暗い部分と明るい部分にポイントを追加して、S字カーブにするとよいでしょう 13。調整できたら、［レイヤーマスク］を追加して 14、黒目の部分にだけ効果がかかるようにします 15 16。これで完成です。

ONE POINT

完全に赤みや血管を抜いてしまうと不自然さにつながりかねません。控えめに調整していくことが肝要です。

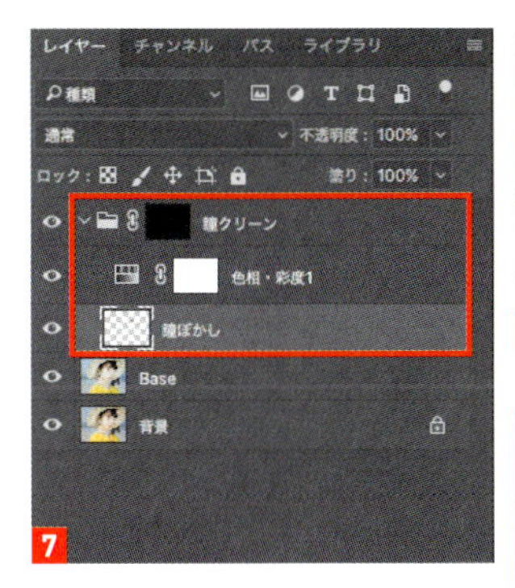

7

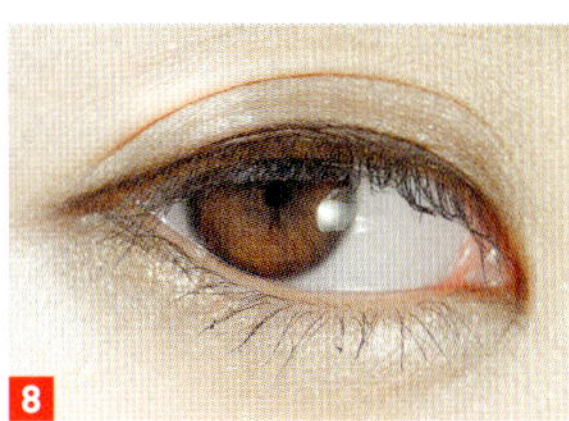
8

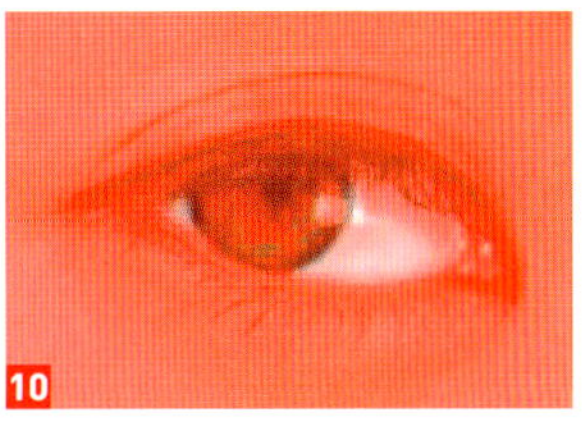
10

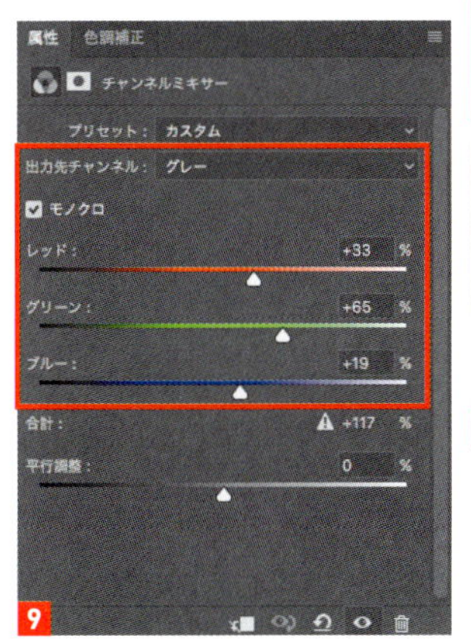

9

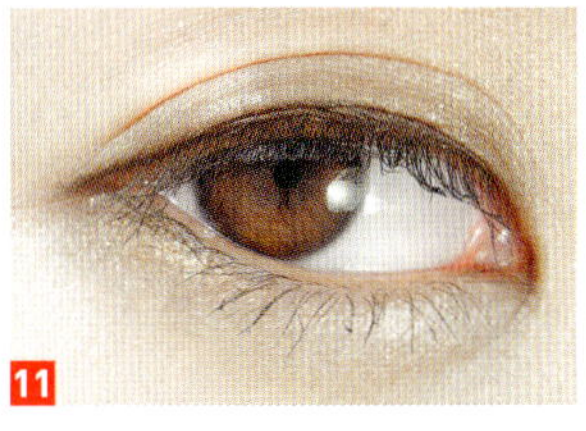
11

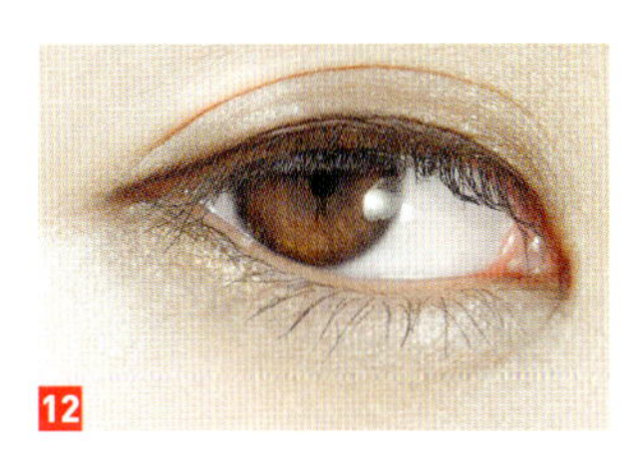
12

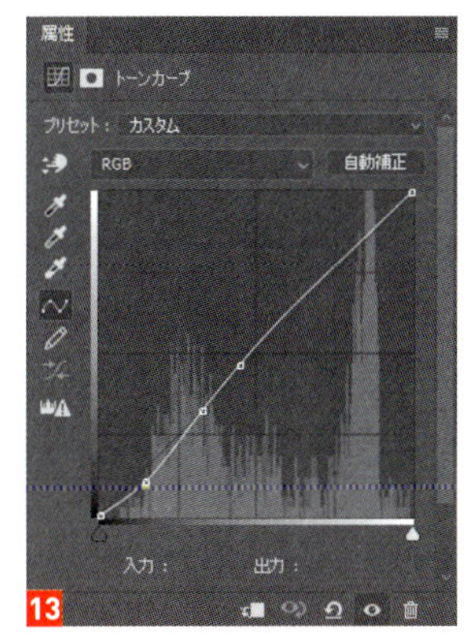

13

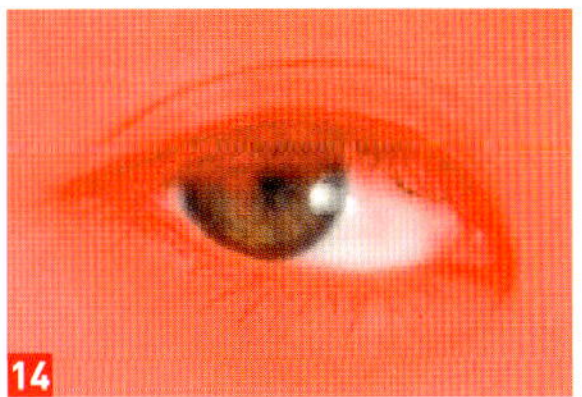
14

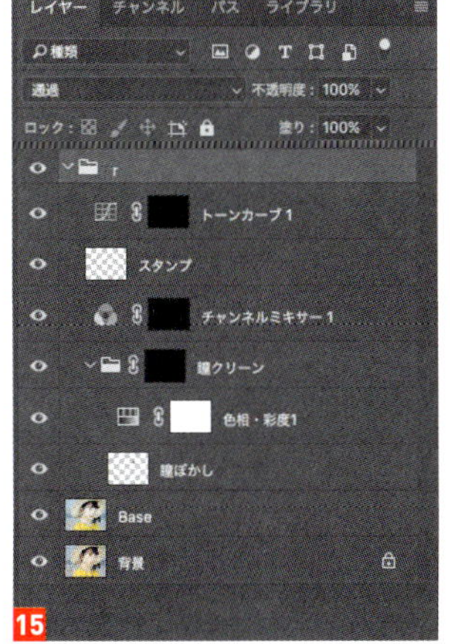

15

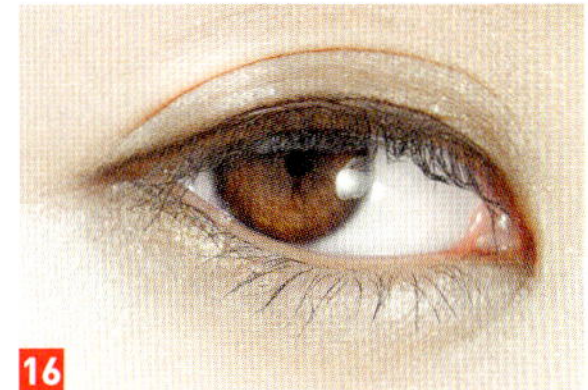
16

おでこにかかった前髪をきれいに消す

おでこにかかった邪魔な前髪は、コピースタンプツールとマスクを組み合わせて慎重に取り除いていきましょう。

046

Ps CC　Akiomi Kuroda

01 前髪を修正するときに気をつけたいこと

前髪を修正するときに気をつけたいポイントはふたつあります。ひとつは、額の質感を壊さないようにすること。もうひとつは除去した部分と髪の毛のエッジをにじませないことです。修復には［修復ブラシツール］や［コピースタンプツール］を使用することになりますが、今回のように解像している写真 1 2 で［修復ブラシツール］を使うと、ブラシによるボケの効果で不自然な仕上がりになってしまうことがあります 3 。そこで今回は［コピースタンプツール］とレイヤーマスクを併用して修正していくことにします。

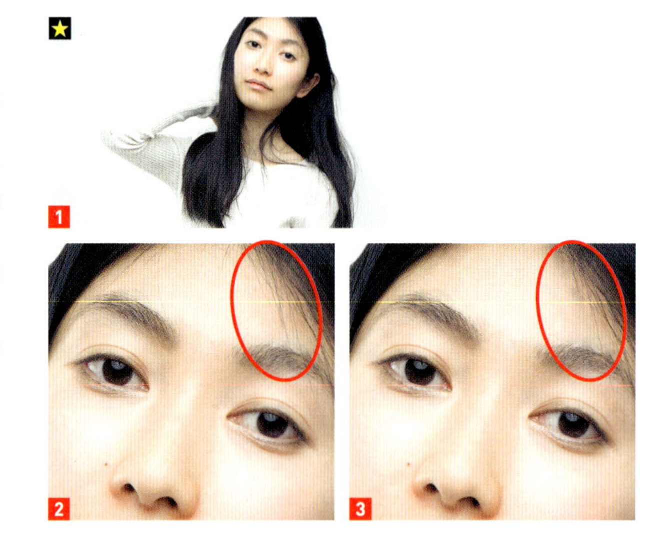

02 質感とエッジを壊さないようコピースタンプツールで除去していく

［コピースタンプツール］を選択し、［モード］を［比較（明）］に設定します 4。前髪のかかっていない肌色部分をサンプリングし、除去したい髪の毛をなぞって慎重に消していきます 5 6。

03 額部分をコピーしてマスクする

ある程度前髪を除去できたら、［なげなわツール］で前髪のない額部分を選択します 7。選択した部分をコピーして、新規レイヤーにペーストします 8。このレイヤーを［額-1］レイヤーとします。［移動ツール］で［額-1］レイヤーを除去したい前髪の上に移動します。［編集］→［自由変形］を実行して、髪の毛の向きに合わせて傾きを補正し 9、いったんすべてマスクします。そこからブラシツールで前髪部分をマスク解除していきます 10。髪の毛の密集した部分はすべて消してしまうよりも、少しだけ薄くするに留めた方が絵的にバランスがよくなります。そこで今回は完全に消去せず、レイヤーの［不透明度］を［50%］に変更してうっすら残すことにしました 11 12。これで完成です。

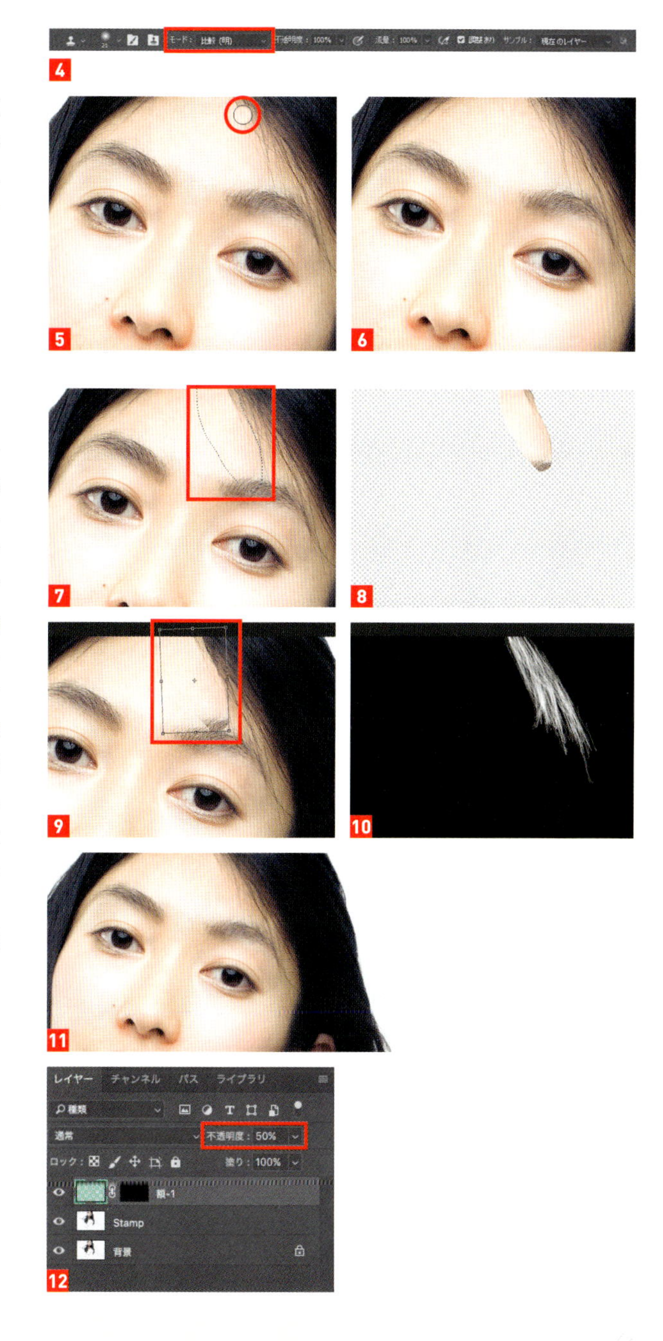

ONE POINT

消したい髪の毛と下地の質感に合わせて、［コピースタンプツール］と［修復ブラシツール］を使い分けていくとよいでしょう。写真がどれだけ被写体にクローズしているか、解像しているかという点が判断材料のひとつです。今回のように解像している場合は［コピースタンプツール］で質感を損なわないように作業し、それほど解像していない場合は［修復ブラシツール］のみの作業でも問題はないでしょう。

047

髪の毛を簡単にきれいに切り抜く

髪の毛をきれいに切り抜く方法はいくつもありますが、ここではクイック選択ツールと［選択とマスク］の機能を組み合わせて、すばやく簡単に切り抜く方法を紹介します。

Ps CC　Akiomi Kuroda

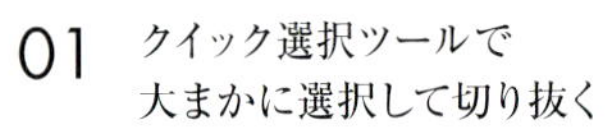

01 クイック選択ツールで大まかに選択して切り抜く

元画像を開き 1 、［クイック選択ツール］で被写体をなぞって選択していきます 2 。髪の毛や服のエッジは気にせず、大まかに範囲選択していきましょう。人物を選択できたら、［選択範囲を反転］し、［レイヤーマスクを追加］して切り抜きます 3 。

1

2

3

02 選択とマスクを実行して抜け切れていない部分を修正する

背景をグレーで塗りつぶして確認してみると **4**、髪の毛のエッジがうまく切り抜けていません **5**。これを［選択とマスク］機能を使って修正していきます。［選択範囲］→［選択とマスク］を実行し、［境界線調整ブラシツール］を選択します。［ブラシサイズ］を修正したい部分の大きさに合わせてからエッジ部分をなぞっていくと、Photoshop 側で自動判定しながら適時マスクを作成してくれます **6**。

03 表示モードを変更して切り抜き具合を確認する

［選択とマスク］の［属性］パネルにある［表示モード］で **7**、選択範囲の表示方法を切り替えることができます。よく使われる黒マスク［白黒］**8** や、赤マスクの［オーバーレイ］**9** のほかに、［点線］**10** や［白地］などが用意されています。背景や切り抜きたい写真に合わせて最も境界がわかりやすい［表示］に切り替えて、切り抜き具合を確認してみましょう。うまく切り抜けていない部分があれば再度修正をし、切り抜き作業を完了させます **11**。

ONE POINT

［選択とマスク］の［属性］パネルに用意されている［エッジの検出］や［グローバル調整］を使用して、［選択とマスク］内の各種ツールの効果を調整することができます。たとえばエッジを厳しく判定したい場合には［エッジの検出］の［半径］の数値を上げる、境界線の検出をさらにゆるくしたい場合には［ぼかし］のピクセル数を上げたりなど、それぞれの効果を確認しながら、選択したい内容に合わせて調整していきます。なお、チャンネルマスクを使用した方がきれいに切り抜ける場合も少なくありません。作業時間とアウトプットサイズなどと相談して最適なソリューションを選択するとよいでしょう。

4

5

6

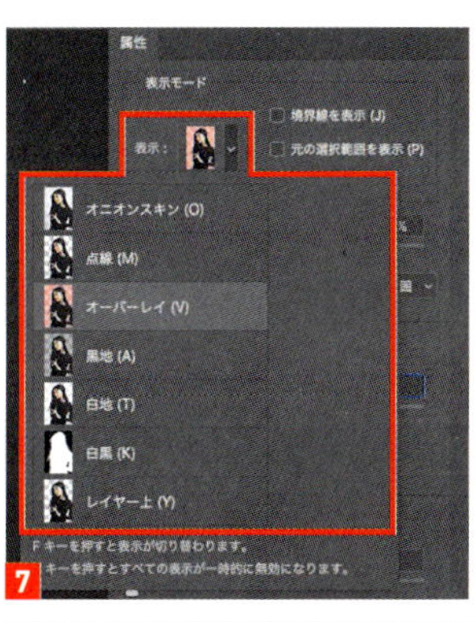

7

8

9

10

11

048

まつ毛を追加する

ブラシ1本でまつ毛を追加していきます。バストアップの写真などで、まつ毛が足りないケースなどに役立ちます。

Ps CC　Akiomi Kuroda

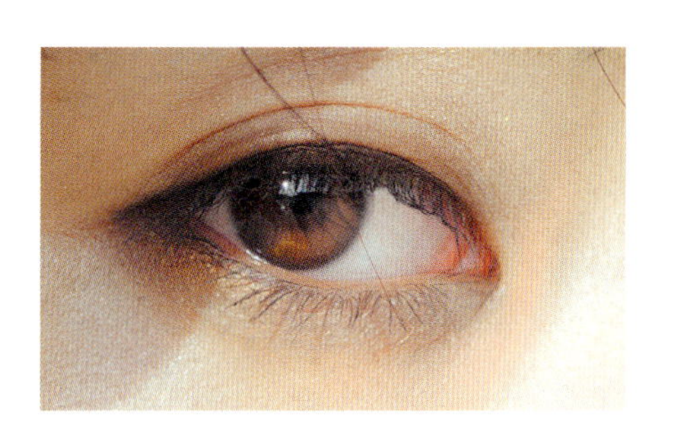

01　ブラシプリセットを開く

画像を開き、修正を施したい目を拡大表示します 1。続いて、［ブラシツール］を選択し、［ハード円ブラシ］［直径:9px］［不透明度］と［流量］をともに［100%］にします 2。

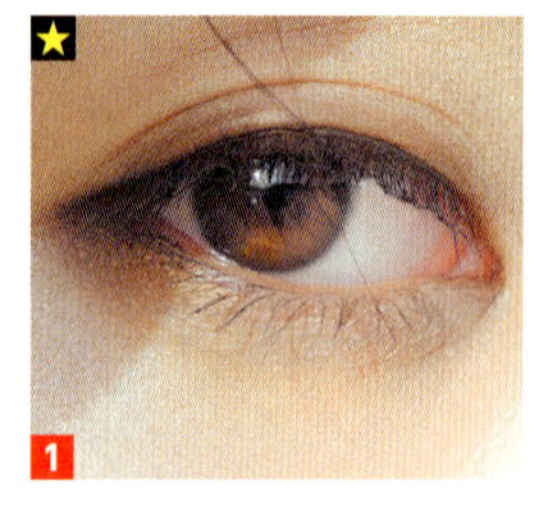

1

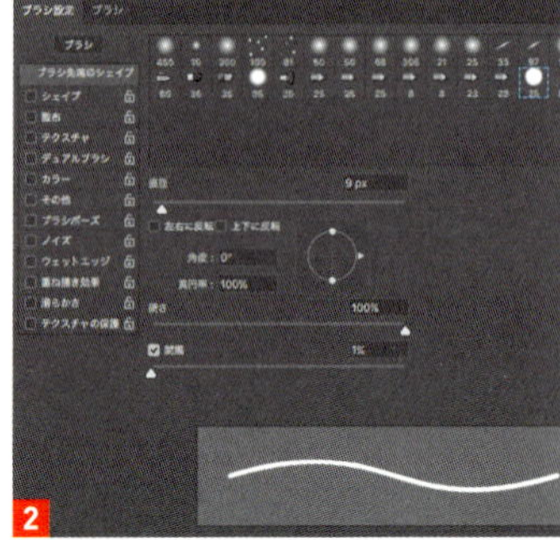

2

02　シェイプは筆圧で表現する

［シェイプ］にチェックを入れて、［コントロール：筆圧］に設定します 3。そのほかの項目はすべてオフのままでかまいません。

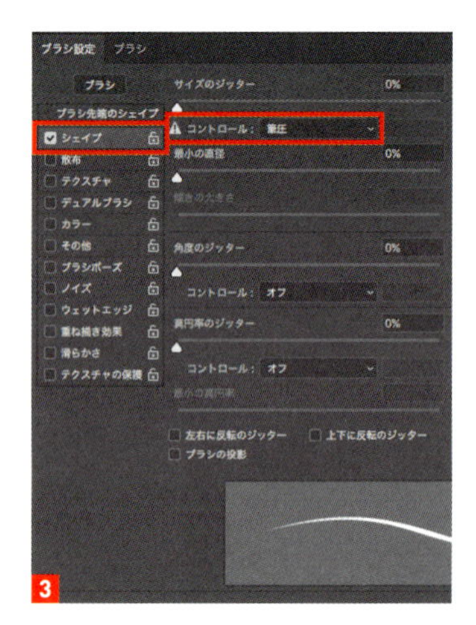

3

03　ブラシツールでまつ毛を書き足す

［スポイトツール］を使って、他のまつ毛からカラーをピックアップし 4、まつ毛を描き足していきます 5 6。筆圧の強弱で、毛先の細さや濃度を表現しましょう。実際にやってみるとわかりますが、意外と簡単に追加できます。まつ毛の色味は、他のまつ毛から ⌘（Ctrl）キーを押しながらクリックしてサンプリングできます。これで完了です。

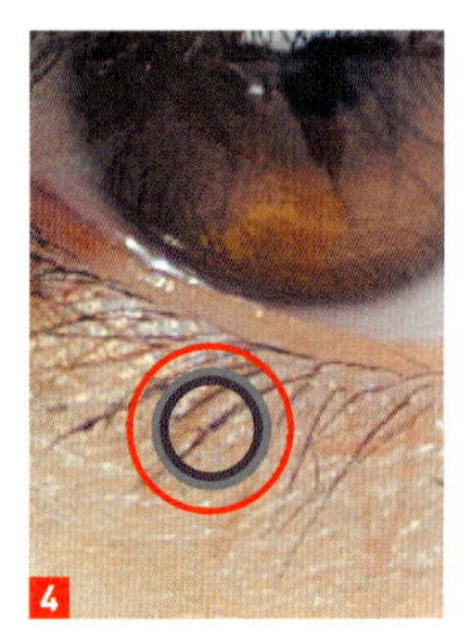

4

ONE POINT

まつ毛を追加する方法は、ここで取り上げた汎用のブラシツールを使う方法のほか、まつげ用の専用ブラシセットを入手して使う方法、さらに3D機能を使うなどがありますが、最も手軽な方法がこちらです。バストアップのポートレート写真であれば、これだけでも十分に違和感のない追加が可能です。なお、作業にはペンタブレットを使用することをおすすめします。

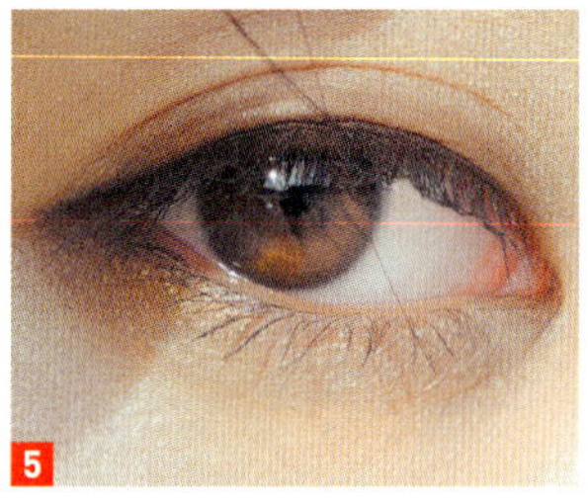

5

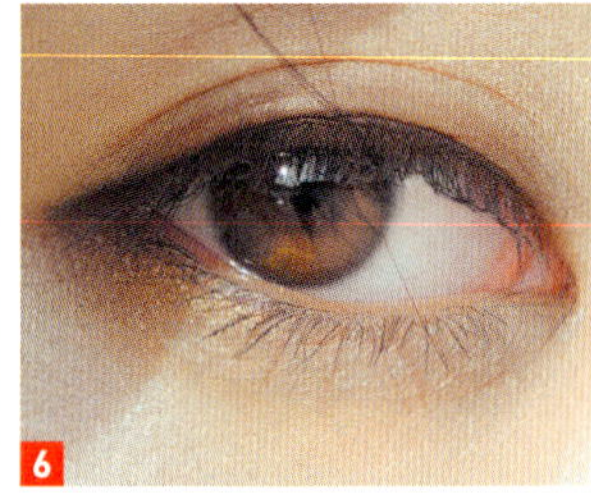

6

049 写真をレトロ調にする

グレー50%で塗りつぶしたレイヤーを使うことで、セピア色でフェードがかったレトロ調が簡単に再現できます。

Ps CC　Akiomi Kuroda

01 新規レイヤーを作成しグレー50%で塗りつぶす

元画像を開き 1 、新規レイヤーを作成します。作成後、Shift ＋ F5 キーを押して［塗りつぶし］ダイアログを表示します 2 。［内容］で［50% グレー］を選択。これで中間域のグレーが作成されます 3 。［不透明度］は［5%］~［10%］程度に設定しましょう。これによって、最明部と最暗部の階調がニュートラルに近づきます。今回は［不透明度：10%］に設定しています。

02 色相・彩度を調整してセピア調にする

新規調整レイヤーを［色相・彩度］で追加し、［属性］パネルで［色彩の統一］にチェックを入れて、［色相］を［30］前後、［彩度］を［40］、［明度］を［－ 15］前後に設定します 4 。レイヤーの［不透明度］は［30%］前後にしておきましょう 5 。これで完成です 6 。

1

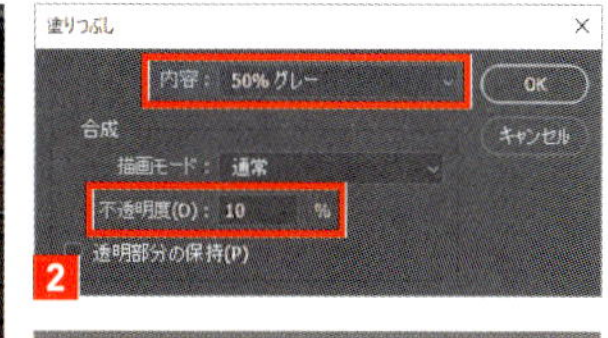

2

3

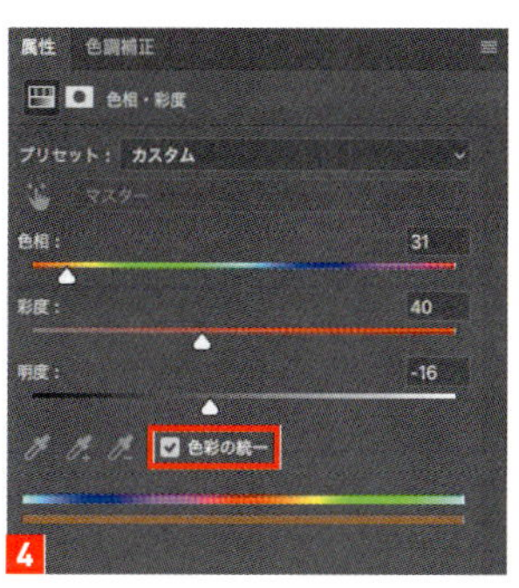

4

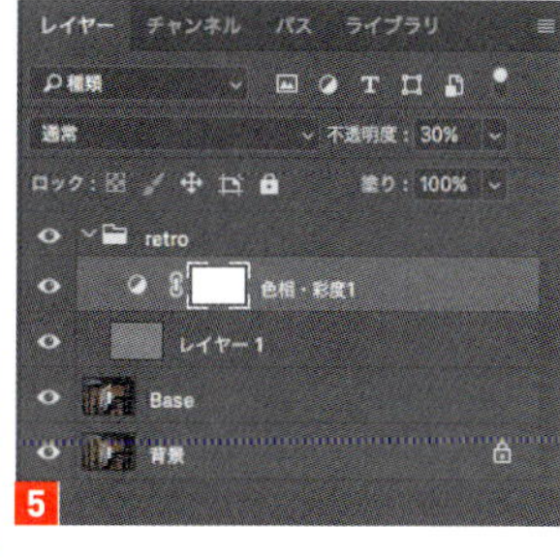

5

6

ONE POINT

色相は、セピア調でなくともかまいません。好みの色合いに調整しましょう。場合によってはノイズを追加してもよいと思います。今回は、元の写真の色味を残しながらレトロな雰囲気にしましたが、もし完全なセピア調を望む場合には、いったん写真をモノクロに変換してから本テクニックを使用するとよいでしょう。

050

リアルな逆光やフレアを加える

夕陽のような逆光が欲しいとき、光源に色を付けたいときなどに役立ちます。太陽や外灯などの光源に重ねて使用することでさまざまな色を演出できます。

Ps CC　Akiomi Kuroda

01 新規レイヤーを作成し楕円形選択ツールで光源を描く

元画像を開き 1 、新規レイヤーを追加します。レイヤー名は［白］にします。［楕円形選択ツール］を選択し 2 、光源にしたい部分を白で塗りつぶします 3 。大きさは自由に設定してかまいません。

02 光源のレイヤーをぼかし描画モードを変更する

［白］レイヤーを選択し、［フィルター］→［ぼかし］→［ぼかし（ガウス）］を適用します 4。フィルターの中心が透過状態になるよう［半径］を設定します。ここでは［764.8pixel］にしています。続いて、［白］レイヤーの描画モードを［覆い焼き（リニア）- 加算］に変更します 5。見た目に変化はありませんが、この後の作業で効いてきます。

4

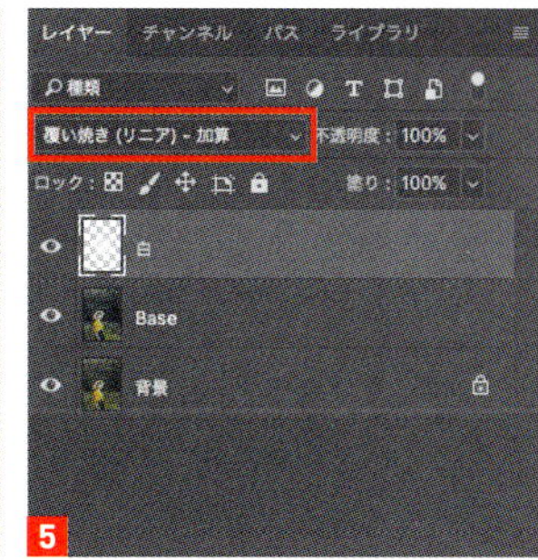

5

03 クリッピングマスクを設定して光源をオレンジ色にする

［レイヤー］→［新規調整レイヤー］→［色相・彩度］を選択し、作成した［色相・彩度 1］レイヤーを［白］レイヤーのクリッピングマスクに設定します 6。［属性］タブで［色相の統一］にチェックを入れ、［色相：20］［彩度：90］［明度：－55］に設定します 7。これにより、光源が夕陽のようなオレンジ色になります 8。逆光の入り具合は、［白］レイヤーの［不透明度］で調整できます。［100%］のままでもかまいませんが、素材や好みに合わせて調整するとよいでしょう。

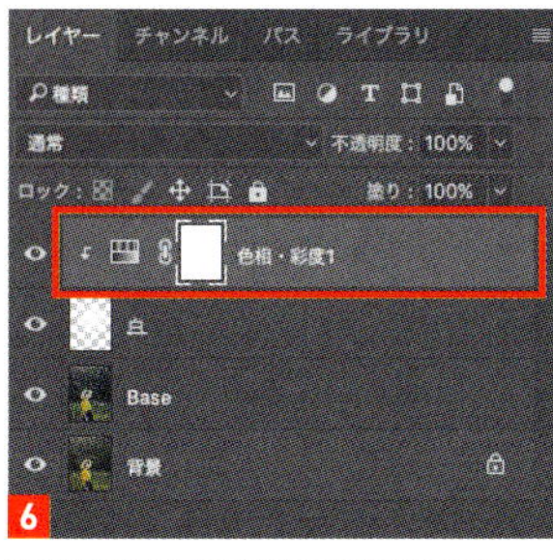

6

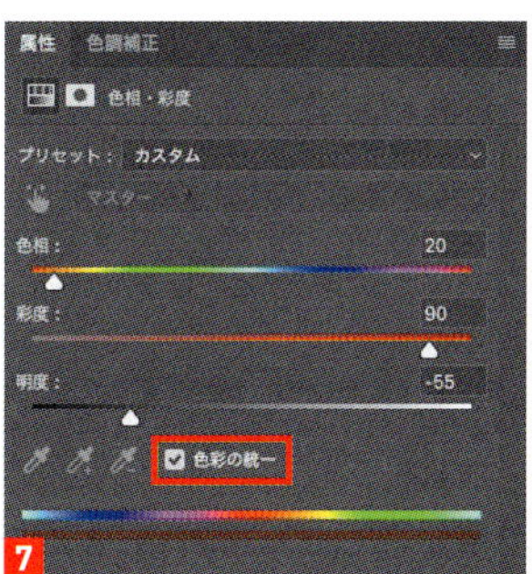

7

8

04 ワープツールで光源となる白レイヤーを変形する

ここまでの操作で光源となる［白］レイヤーが作成できました。最後にフレアを起こしたい場所に［白］レイヤーを移動し、［編集］→［変形］→［ワープ］を実行して変形します 9。画像内の光源に近い場所に設定すると自然な仕上がりになります 10。これで完成です。

9

10

ONE POINT

［色相］の値を変えることで、任意のカラーが再現できます。また、逆光部分の大きさを［自由変形ツール］で変更したり、［楕円形選択ツール］ではなく、［多角形選択ツール］を使って、円以外のシェイプにしたりすることで多彩な表現が可能になります。

スポットライトを表現する

051

トーンカーブとレイヤーマスクを使って、人物にスポットライトが当たっているような表現を加えていきます。

Ps CC　Akiomi Kuroda

01 トーンカーブを作成する

元画像を開きます 1 。新規調整レイヤーを[トーンカーブ]で作成し、スポットライトをあてたい部分を明るくしていきます。シャドウ部分と明るい部分にそれぞれポイントを追加していくのがポイントです 2 。明るくできたら調整レイヤー全体をマスクします 3 。

1

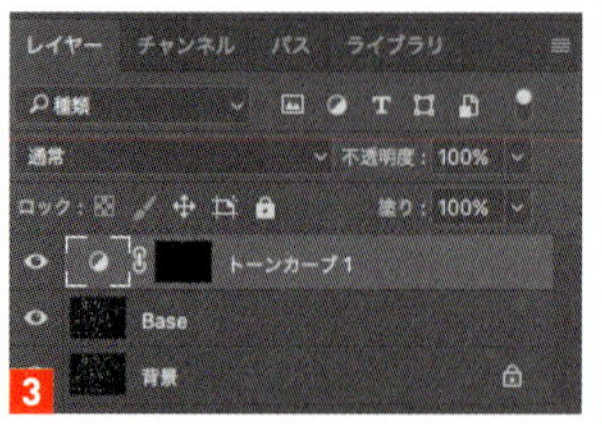

3

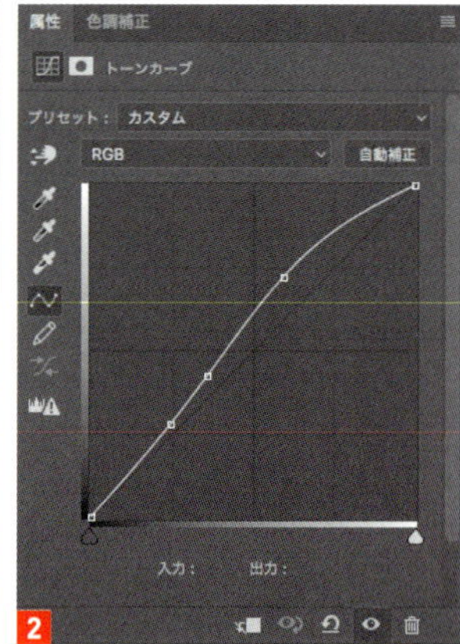

2

02 スポットライトの広がりを表現する

［多角形選択ツール］を使って、光の広がりを表す選択範囲を作成します 4。写真の外に光源を置いて、そこからのスポットライトが差し込んでいる風景をイメージしながら作業するとよいでしょう。作成後、選択範囲のマスクを解除してその部分だけを明るくします 5。

4

5

03 マスクの境界部分をぼかす

マスク部分の境界がはっきりしすぎているのでぼかします。［フィルター］→［ぼかし］→［ぼかし（ガウス）］を選択します 6。ここでは［半径：500pixel］に設定し、境界が適度なグラデーションになるまでぼかします 7。

6

7

04 同様にして狭い範囲を明るくする

再度、新規調整レイヤーを［トーンカーブ］で作成し、同じ工程で、さっきよりも狭い範囲を明るくしていきます 8。先ほどよりも明るさを抑えるのがポイントです。作成できたら、同様にマスクの境界をぼかします 9。

8

9

05 レイヤーをグループ化して余計な部分をマスクする

2つの［トーンカーブ］レイヤーをグループ化し 10、不自然な部分を修正していきます。たとえば背景の奥には光が届いていないはずなので、そういった部分をマスクしていきましょう 11。これで完成です 12。

10

11

ONE POINT

一般的に、光の中心は明るく、そこから少しずつ明るさが弱まります。それを再現するために、何度か表現したいスポットライトに合わせて光が当たる範囲を調整するとよいでしょう。

12

雰囲気のある写真に仕上げる

052

特定色域の選択で色を個別に調整していくことで、ファインアート写真のような創造性あふれる1枚に仕上げたり、転んでいる色を修正したりできます。

Ps CC　Akiomi Kuroda

01 写真を開いて方向性を決める

今回は、すでに完成している写真に対して調整を施し、肌の色と海の色をより印象深いものにしていきます。まず写真を開いて、現在の状態と調整の方向性を決めます。素材となる画像は、全体的には青寄りですが、一部イエローに寄っている箇所が見られます 1。このイエローをブルー寄りに整えながら、中間色にマゼンタを追加して全体的な雰囲気を整えていくことにします。

02 ブラックと中間色と白色でカラーグレーディングする

新規調整レイヤーを［特定色域の選択］で追加します。［特定色域の選択］レイヤーの［属性］パネルでは、［ブラック系］［中間色系］［白色系］とニュートラルな3階調（RGB）を含む、9つのカラーをそれぞれCMYKごとに変更できます。ここでは［中間色系］［ブラック系］［白色系］をそれぞれ 2 3 4 のように調整しています 5。各階調の境界はそれほど細かくないのであまり大きく変更しすぎると破綻が起こります。アクセント程度に留めておくのがポイントです。

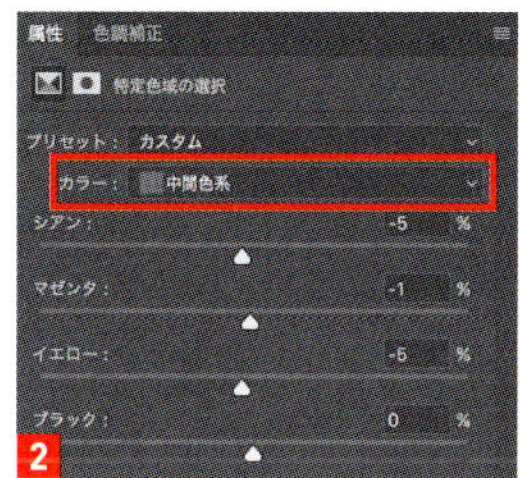

2

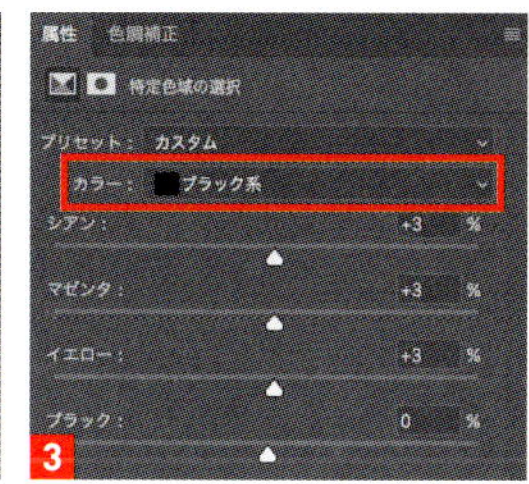

3

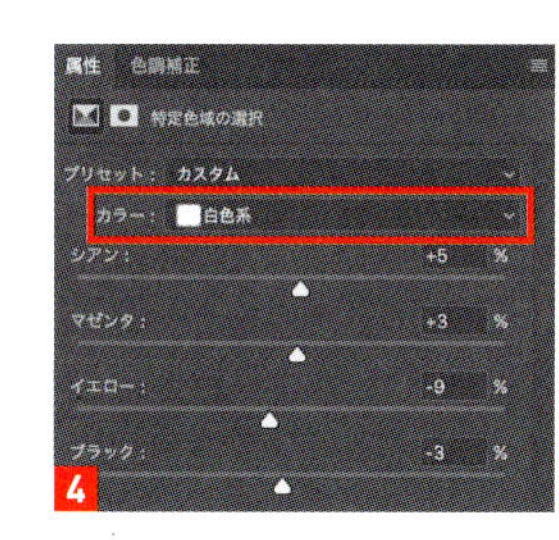

4

5

03 レッド系で肌色を調整する

続いて、［レッド系］で肌色を調整します 6。赤色をオレンジ色に近づけることで写真全体を少しやわらかくします 7。なお、人物の色を変更する場合は、一部分だけを変更してしまうと、写真全体の違和感につながってしまうことがあります。調整は慎重に行いましょう。

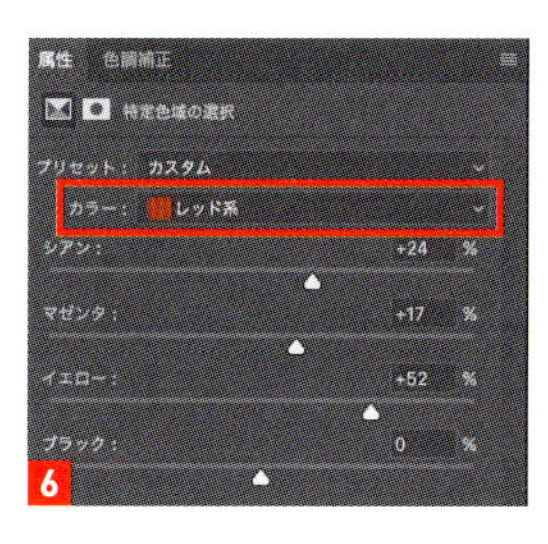

6

7

04 ブルー系で空の色を調整する

最後に［ブルー系］でシアンとマゼンタを強めて、イエローを弱めます 8。空や海のブルー、木々のグリーンなど、写真全体を占める自然物の色を変更する際にはこのテクニックが役立ちます。これで完成です 9。

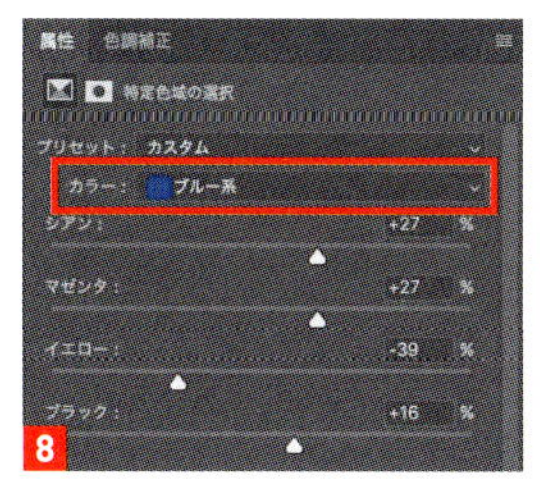

8

9

ONE POINT

こういった調整には、正解があるわけではありません。あくまでもクリエイターの個性やセンスを表現するためのテクニックのひとつです。自分が望む色表現に合わせて適切に利用しましょう。

チャンネルマスクを使って理想のコントラストに仕上げる

053

トーンカーブとチャンネルマスクを組み合わせることで、より緻密にコントラストを調整できます。トーンカーブだけでは理想通りに仕上がらない。そのようなときに有効です。

Ps CC　Akiomi Kuroda

01 チャンネルマスクを使って緻密に色をコントロールする

マスクの方法はいくつかありますが、RGBのチャンネルごとにマスクする方法の一番の利点は、扱う情報量にあります。汎用性の高い［選択範囲］→［色域選択］などと比べてより精細にマスクすることができるので、コントラストなどをより緻密にコントロールすることが可能になります。今回は［チャンネルマスク］と［トーンカーブ］を組み合わせてコントラストを緻密にコントロールしていきます 1 2 。

1

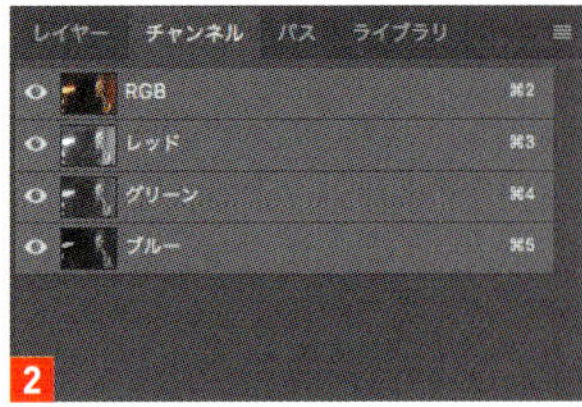

2

02 RGBのチャンネルごとに状態を確認する

［チャンネル］パネルを開きます 3 。ここには［RGB］チャンネルのほかに、［レッド］［グリーン］［ブルー］の3つのチャンネルが用意されています。目的のチャンネルだけを表示（それ以外はすべて非表示）して、RGBの各チャンネルのコントラストを確認しましょう 4 5 6 。これらのチャンネルをそれぞれ選択して、より繊細にトーンをコントロールしていきます。たとえば低コントラストの写真にメリハリをつけたい場合は、コントラストが最も低く見えるチャンネルを強調してあげます。これにより自然なコントラストに仕上がります。

3

4

5

6

03 レッドチャンネルの コントラストを上げる

今回は［レッド］のチャンネルが低コントラストに見えます。そこで［チャンネル］パネルで［レッド］を選択します 7。チャンネルを選択した状態で、⌘（Ctrl）キーを押しながらクリックします。これでクリックしたチャンネルの選択範囲（マスク）が作成されます 8。この状態で、調整レイヤーのトーンカーブを調整していきます 9。するとレッドチャンネルだけのコントラストを調整できます 10。

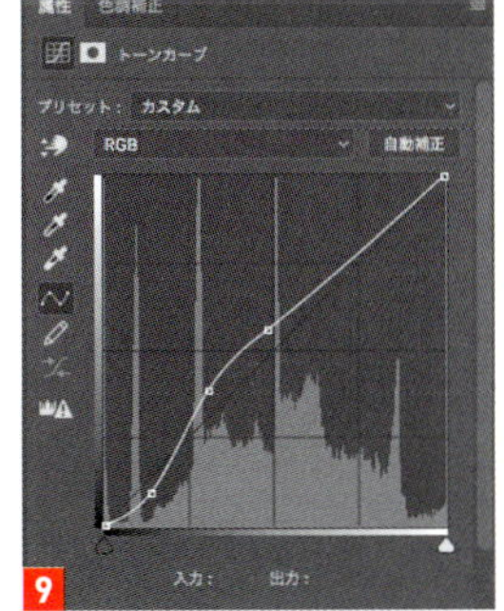

04 ブルーチャンネルの コントラストを下げる

逆にコントラストの高い写真をニュートラルな状態にするには、まずコントラストの高いチャンネルのマスクを作成し、トーンカーブを逆Ｓ字に調整します。これによりコントラストを落ち着かせることができます。今回はブルーチャンネルのコントラストが高すぎるように感じたので、ブルーチャンネルの選択範囲を作成し 11 12、調整レイヤーのトーンカーブを逆Ｓ字 13 にしてコントラストを弱めました 14。これで調整完了です。

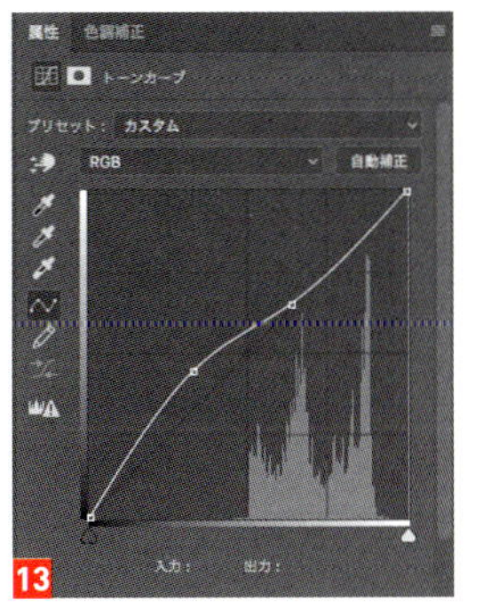

ONE POINT

試しに、コントラストの調整をひとつのトーンカーブ（[RGB] チャンネル）だけで行ったところ、コントラストが濃くなりすぎてしまいました（右）。本テクニックは、コントラストの調整以外にもいろいろな場面で活用できます。たとえばチャンネルマスクを使ってカラーグレーディングを行うといったことも可能です。

054 陰影を強調して写真を引き立てる

覆い焼きツールと焼き込みツールを使用して、任意のポイントでコントラストを調整していきます。

Ps CC　Akiomi Kuroda

01 ブラシプリセットで形状を作成する

元画像を開き、［覆い焼きツール］か［焼き込みツール］を選択します。［ブラシ設定］パネルでブラシの形状を設定します 1 。ブラシ処理には、できればペンタブレットを使用してください。写真の編集では一般的に薄い効果を重ねていくことが多くなるからです。ペンタブレットで作業する場合は、筆圧検知はオフにし、2 のような設定で作業していくとよいでしょう。

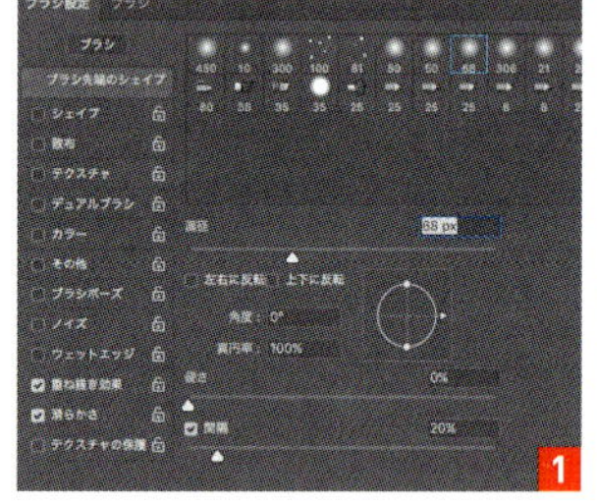

1

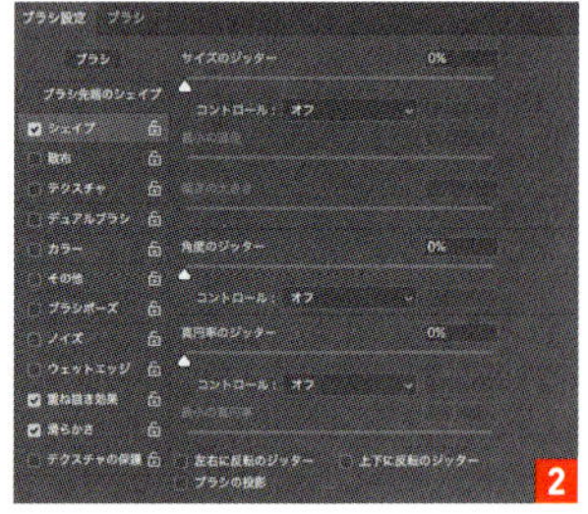

2

02 覆い焼きツールで任意の場所を明るくする

［覆い焼きツール］は、なぞった箇所をさらに明るくします。適用範囲は、シャドウ、ハイライト、中間調の3階調に分けられます。［ブラシツール］のようになぞった箇所を任意に調整できるため、効率的に作業が進められます。今回は、被写体を中心にハイライトと中間調（画像内の明るく見える部分）をなぞり 3 、明るい場所をさらに明るくしていきました 4 。具体的には、前ボケとなっているハイライトやモデルの肌、髪の毛などが当たります。これにより、自然なコントラストが生まれます。

3

4

03 焼き込みツールで任意の場所を暗くする

［焼き込みツール］は、覆い焼きツールとは逆に、なぞった箇所を暗くします。適用範囲は［覆い焼きツール］と同じです。暗い部分をさらに暗くして陰影を作りあげるため、シャドウを中心に焼き込んで（なぞって）いくとよいでしょう 5。たとえば、階段や背景など、写真内で目立たせたいわけではないが、少し明るすぎるようなポイントを重点的に暗くしていきます 6。

5

6

04 陰影を作り上げる

両ツールを駆使して、写真内のハイライトやシャドウを強調していきましょう。ただし、両ツールの処理に正解はありません。よって、明確な目的意識（イメージ）を持ってひとつひとつ手動で修正することが求められます。ここがシステマチックに判断できるようであればそもそもブラシで細かく行う必要はなく、［トーンカーブ］で処理をすればよいからです。基本的には、陰影を作り上げる気持ちで、写真内で中間よりも少し明るい箇所をさらに明るくして、中間よりも少し暗い箇所を暗くするようなイメージで行うとバランスを保ったまま調整していけるでしょう。なお、あまり効果が大きすぎると不自然な仕上がりになってしまうので、［露光量］は［5%］程度に抑えて、少しずつ調整していくようにしましょう 7。また、両ツールとも［トーンを保護］にはチェックを入れておいてください。8 は仕上がりの一例です。

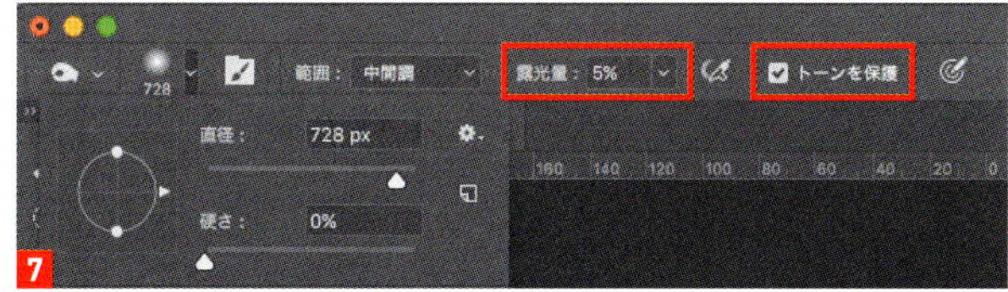

7

8

ONE POINT

ヘアメイクを効果的に見せるために、肌のハイライト部分に覆い焼きを行ったり、眉毛やまつ毛、または影の部分に［焼き込みツール］を使用したりすることで、訴求したいポイントを強調することができます。非常にシンプルなテクニックではありますが、この覆い焼きと焼き込みを制することが人物写真を制すると言っても過言ではありません。技術として知ること以上に、経験を積み重ねることが大切です。

055 階調別に効果を反映する

［画像操作］の機能を使用すると、ハイライトとシャドウなど、階調別にさまざまな効果を反映できます。今回は［画像操作］を実行して、写真をフラットな階調に編集します。

Ps CC　Akiomi Kuroda

01　画像操作でマスクを作成する

画像を開き 1 、最初に暗部の階調のみをマスクしていきます。まず新規調整レイヤーを［レベル補正］で作成します 2 。調整レイヤーを選択した状態で、［イメージ］→［画像操作］を実行します。ダイアログが開いたら、［レイヤー：結合］［チャンネル：RGB］［ターゲット：ハイライト］［描画モード：乗算］［不透明度：100%］で［OK］をクリックします 3 。すると作成したレイヤーのマスクに画像操作の内容が反映されます。これで、暗部のみマスクされたレベル補正ができました。わかりやすいようにレイヤー名を［ハイライト］に変更しておきましょう。

1

2

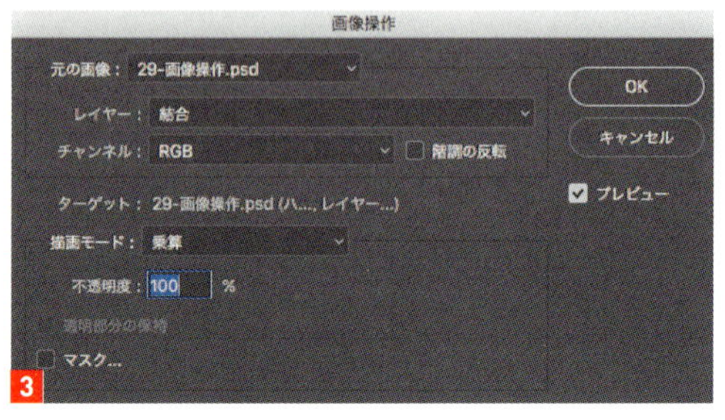

3

02　作成されたマスクを表示する

［画像操作］で作成されたマスクを［白黒］で表示してみると、まるでモノクロ写真かのような緻密な情報を持っていることがわかります 4 5 。［選択範囲］→［色域指定］などと比べて膨大な情報量を持ったマスクなので繊細なコントロールが可能です。

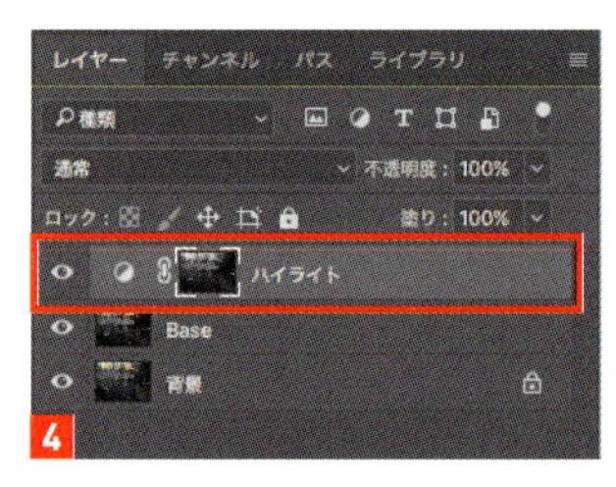

4

5

03 レイヤーをコピーして階調を反転する

先ほど作成した［ハイライト］レイヤーを選択して ⌘（Ctrl）＋ J キーで複製します。続いて、マスク部分を選択して ⌘（Ctrl）＋ I キーを押してマスク情報を反転します。このレイヤーの名前を［シャドウ］とします 6 。このマスクがシャドウ部分のみに効果が反映されるレイヤーです。これでシャドウ部分とハイライト部分のそれぞれに効果が反映されるレベル補正が２つできました。新たに作成したレイヤーのマスクを［白黒］表示してみるとやはり情報量の多さに気づかされます 7 。

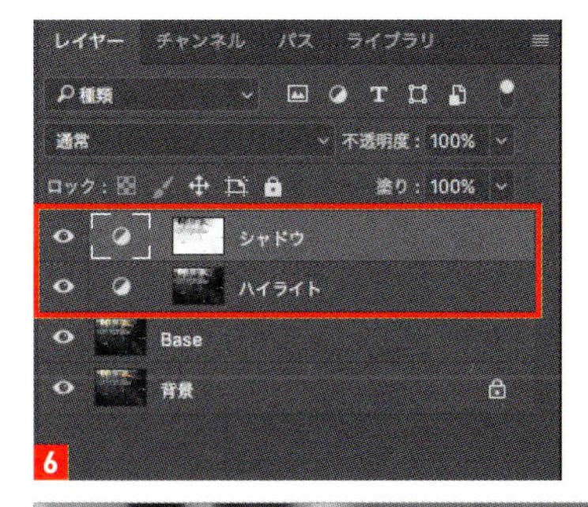

6

7

04 階調別に画像を補正する

作成した２つのレイヤーをそれぞれ補正してフラットにします。ここは好みの領域ですが、今回はシャドウ部分を明るくしてカラーを追加し 8 、さらにハイライト部分を暗くすることで 9 、よりカラーのはっきりとした写真に仕上げてみました 10 。

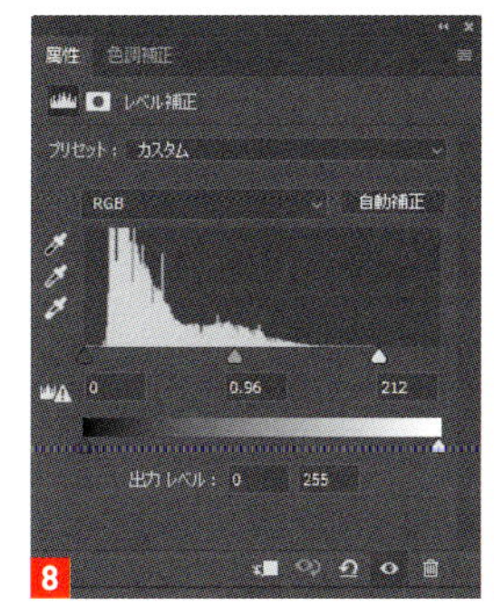

8

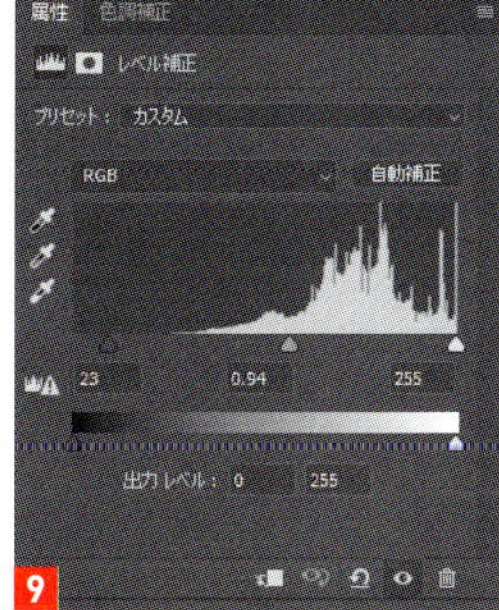

9

10

ONE POINT

レイヤーにマスクを作成する方法はいくつかありますが、今回は［画像操作］コマンドを実行して、描画モードを使用した演算を行いました。演算された合成情報が選択範囲となり、合成された選択範囲にマスクが作成されます。

056

長秒撮影したような空を作る

ぼかしフィルターを使って、雲を長秒撮影（露光）したように見せます。主に建築写真などで活用されているテクニックです。

Ps CC　Akiomi Kuroda

01 長秒用のレイヤーを作成しぼかしフィルターを適用する

元画像を開きます 1。元画像をコピーして、[長秒レイヤー] という名前にします。このレイヤーに [フィルター] → [ぼかし] → [ぼかし（移動）] を適用します。[角度] と [距離] は自由に設定してかまいません。ここでは[角度：−8] [距離：1900pixel] に設定しています 2 3。

1

2

3

02 長秒用レイヤーの大きさを調整する

［自由変形ツール］を使って［長秒レイヤー］の大きさを調整します。［ぼかし（移動）］フィルターによってにじんでしまった空と砂の境界部分が、不自然に見えないようなサイズにするのがポイントです 4。

4

03 空レイヤーをマスクして長秒レイヤーと背景を合成する

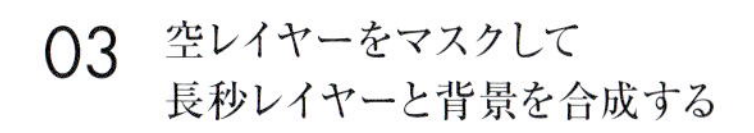

いったん［長秒レイヤー］を非表示にし 5、［背景］レイヤーを選択します。［自動選択ツール］を使って［背景］レイヤーの空の部分を範囲選択します。そのままの状態で［長秒レイヤー］を表示し、選択されている範囲を確認します。いま選択されている範囲に［長秒レイヤー］の空が合成されます。状態を確認し、問題がないようでしたら［長秒レイヤー］に［レイヤーマスクを追加］します 6 7 。

5

6

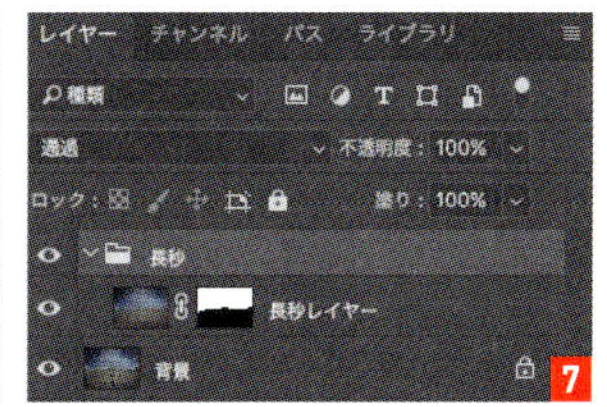

7

04 空と雲のコントラストを調整する

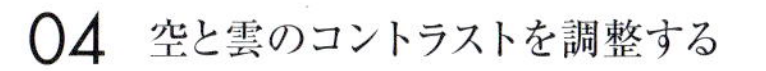

イメージに合わせて写真を編集していきます。新規調整レイヤーを［トーンカーブ］で作成し 8、マスクを使って周辺減光していきます 9 10 。

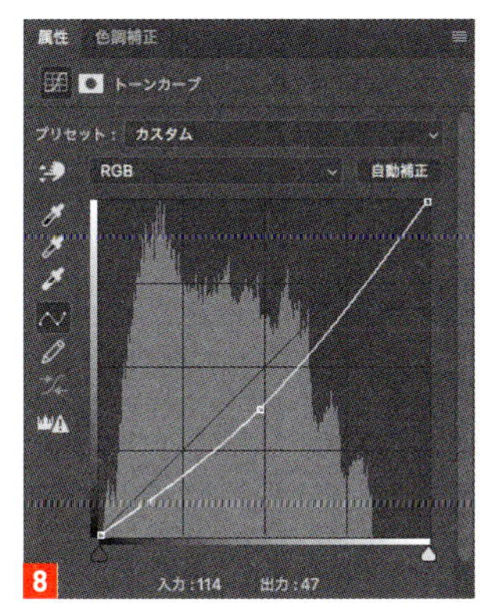

8

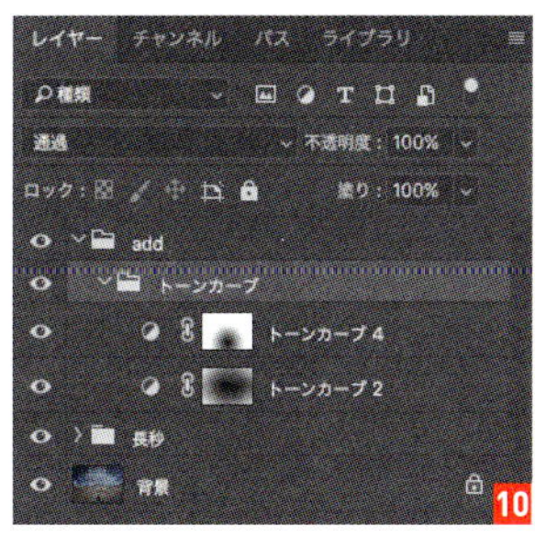

10

9

05 スポットライトを追加する

続いて、被写体にスポットライトがあたっているように見せるためにスポットライトを演出します 11 12。スポットライトの作成方法については「051　スポットライトを表現する」を参考）にしてください。

06 画像をモノクロ化する

最後に新規調整レイヤーを［白黒］で追加して、画像をモノクロ化します 13 14 15。これで完成です。

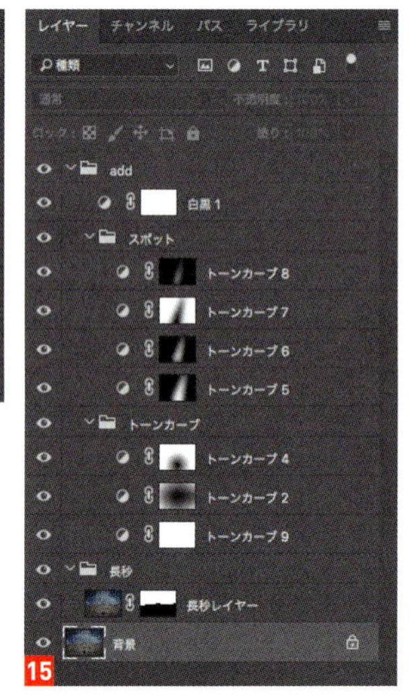

ONE POINT

できるだけ空と陸の境界がはっきりした写真を使うとよいでしょう。フィルターの適用によって陸の部分が空の部分に混ざり込んでしまうので、［ワープツール］や［短形ツール］を使って範囲選択し、空を合成する感じに調整していくとうまくマッチします。あえて［ぼかし（移動）］フィルターの［距離］の値を上げて、大きくぼかすのもひとつの方法です。

057 Lightroomによる自動補正をリセットする

Lightroomで開いたRAWファイルには、多少の補正がかけられています。これを補正前の状態に戻します。

Lr CC　Akiomi Kuroda

01 RAWデータをLightroomで開く

任意のRAWデータをLightroomで開きます 1 。コントラストの高い写真ほど、Lightroomで自動補正されていることがよくわかります。この画像を調整前のニュートラルな状態に戻していきます。

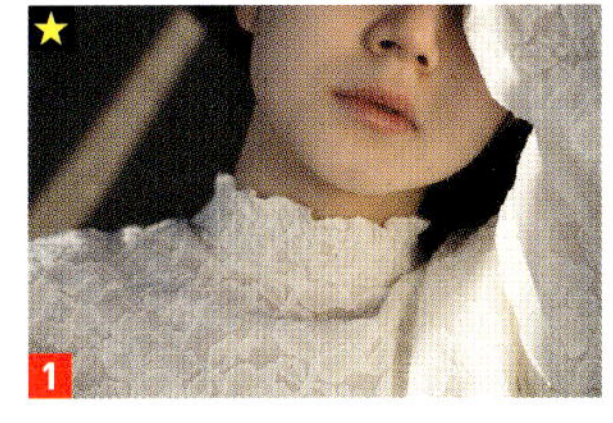

1

02 カメラキャリブレーションの設定を変更する

Lightroomの右側にある調整パネルで［カメラキャリブレーション］を選択し、［処理］で［バージョン2（2010）］（Lightroom Classic CC以前は［バージョン2（2012）］）を選択します 2 。

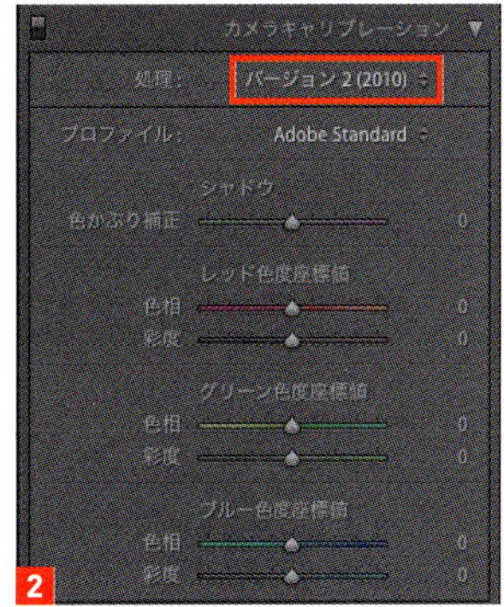

2

03 プリセットをゼロ設定にする

プリセットパネルで［Lightroom一般プリセット］フォルダを開き、［ゼロ設定］を選択します 3 。これでLightroomによる調整がリセットされてニュートラルな画像になります 4 。調整後、［カメラキャリブレーション］を最新のものに戻しておきましょう。

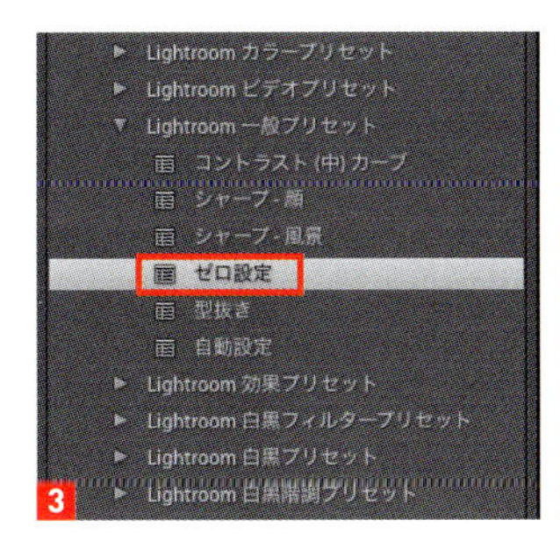

3

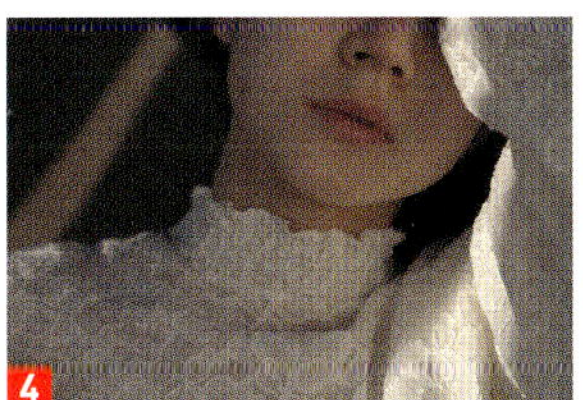

4

ONE POINT

必ずしも補正をリセットする必要はありません。RAW現像した後に、よりニュートラルなデータが必要な場合や、自分が撮影したイメージとあまりにもかけ離れている場合などに利用するとよいでしょう。

058 夕陽に照らされた色を再現する

夕陽といえば、オレンジ色の光が特徴的ですが、オートホワイトバランスで撮影された写真は、夕陽感が損なわれ、ニュートラルな色味になってしまいがちです。ここでは、Lightroomの基本補正で赤みを加えて夕陽感を再現します。

Lr CC　Akiomi Kuroda

01 ホワイトバランスで赤みをつける

夕陽らしい赤みをプラスするのに最も一般的な方法は、ホワイトバランスの調整です。ホワイトバランスは撮影時に行うこともできますが、今回は Lightroom のオートホワイトバランス機能を使用してみます。元画像を開いたら1、[現像] モジュールに切り替え、[基本補正] の [WB] で [自動] を選択します。すると [色温度] がプラスされ、[色かぶり補正] もマゼンタ寄りに調整されます 2 3。これらの値は最終的には好みになりますが、やりすぎないように注意しましょう。光が当たっていない部分にまで赤みが追加されないように注視するのがポイントです。ホワイトバランス調整後、好みの明るさになるまで [露光量] などを調整します 4。

1

3

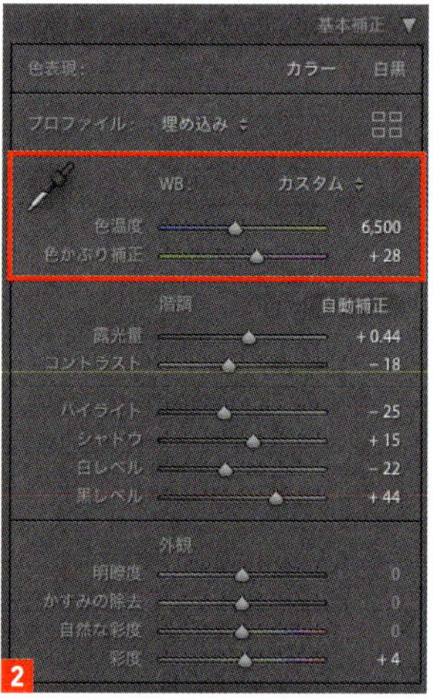

2

4

02 トーンカーブで赤みを調整する

次に［トーンカーブ］で画像の赤みを調整します。光の当たっていない部分の赤みを抑え、光が当たっている部分の赤みを強めます。ここで［ブルー］［グリーン］［レッド］のチャンネルを 5 6 7 のように調整しました 8 。

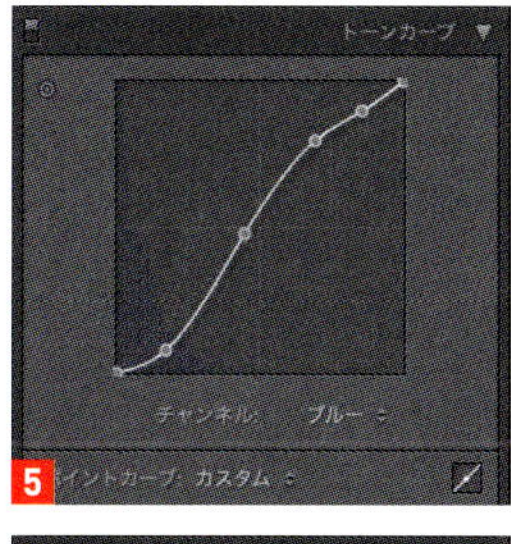

5

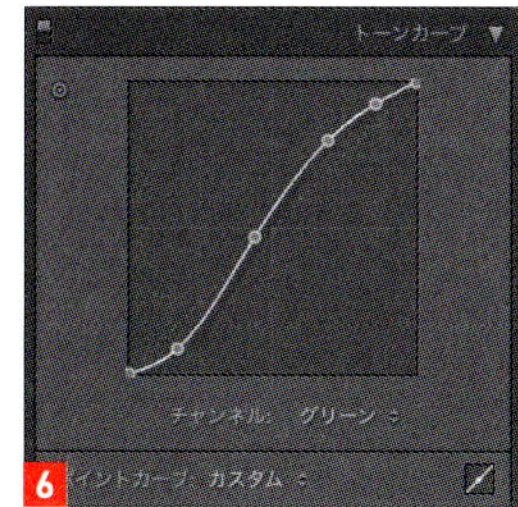

6

8

03 明暗別色補正で トーンを落ち着かせる

最後に［明暗別色補正］で全体のトーンを落ち着けます。これまでの調整でハイライト部分の赤みが強くなっているので、その部分に反対色であるシアン寄りのカラーを追加してバランスを整えます 9 10 。目に見えて大きな違いが出るわけではありませんが、こうした細かい調整が最終的に活きてきます。

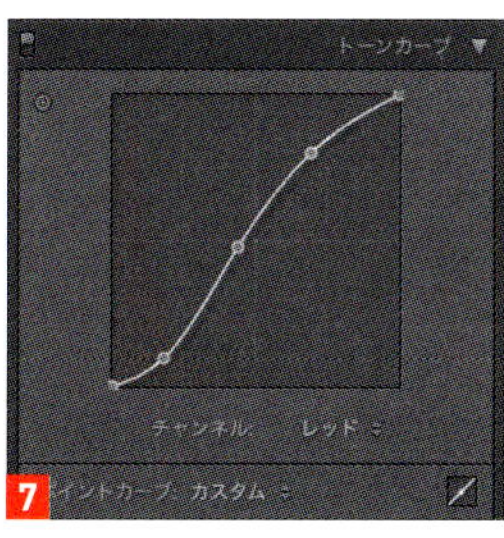

7

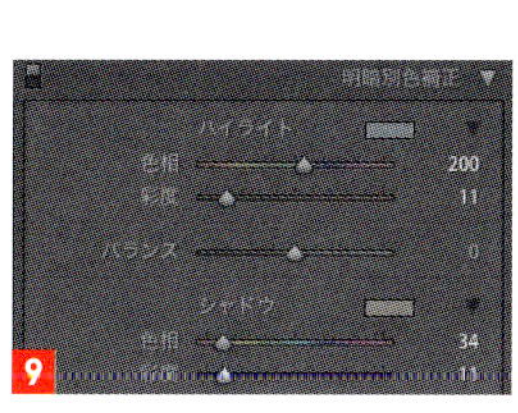

9

10

04 最終イメージに合わせて トーンカーブを調整する

最後に表現したいイメージに合わせて全体的なトーンを最終調整します。今回は、シャドウ部分のコントラストが少し強いように感じたので、［トーンカーブ］で［ダーク］と［シャドウ］を調整しました 11 。これで完了です 12 。

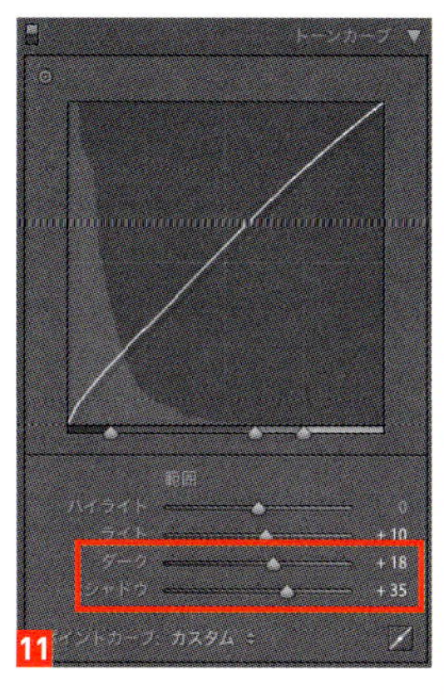

11

12

ONE POINT

Photoshop でも同様の調整はできますが、Lightroom の現像機能を使用すれば、同じ光条件下で撮影された複数の写真を一度にまとめて処理することができます。Photoshop を必要とするほどの調整ではないが、同じ調整を施した写真が大量に必要、といった場合に役立ちます。

059
Lightroom用にカメラプロファイルを作成する

市販のカラーチャートを使用して、モニタキャリブレーションのみではなく、カメラの個体差も測色して調整します。

Lr CC　Akiomi Kuroda

01 カメラごとに異なる色の違いを統一する

正しい色再現を求められるプロダクトの撮影などでは、異なるカメラを使用したことによって生じる色の違いに苦労したり、一部のカメラによる色の違い（個体差）に悩まされたりすることがままあります。そのようなときの対処法として、統一された色再現を実現するプロファイルをカメラごとに用意しておく方法があります。色の違いに困ったときは、カラーチャートを使用して正しい色再現を行いましょう。

02 エックスライト社のカラーチェッカーを利用する

エックスライト社のカラーチェッカーやデータカラー社のスパイダーチェッカーなど、カラーキャリブレーションとホワイトバランス調整のための製品があります。カラーチャートによって正しい色を測色することで、カメラの個体差やメーカーごとの色の異なりを統一できます。今回は私が愛用しているエックスライト社（http://www.xrite.co.jp/）のカラーチェッカーを例にその使い方を紹介します。

03 カラーチャートを撮影する

購入したカラーチェッカーを、キャリブレーションしたいカメラで撮影します 1。撮影の際には、次の3点に注意しましょう。❶カラーチャート部分を指で隠さない、❷チャート各色に対してフラットな光で露光する、❸露光オーバー・露光不足に注意する。

1

04 チャート画像を取り込んでカメラプロファイルを作成する

撮影したチャート画像を Lightroom に取り込みます。エックスライト社「ColorChecker Passport」付属の Lightroom プラグインを使用すると、撮影したチャート画像をカメラプロファイルとして書き出すことができます 2。このプラグインでは、チャート画像から自動的にターゲットを検出してくれます。その他にも、Photoshop および Photoshop Elements 用の Camera Raw プラグインも用意されています。

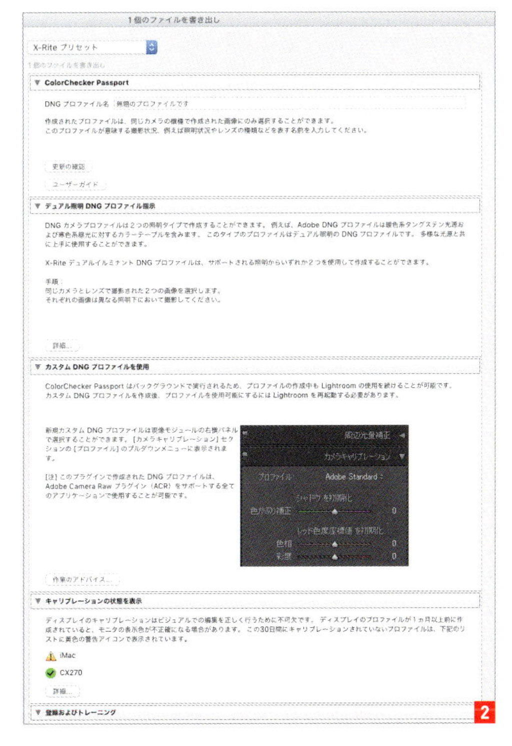

2

05 Lightroom を再起動して カメラプロファイルを選択する

Lightroom を起動して［現像］モジュールを開き、［基本補正］パネルで［プロファイル］をクリックして、先ほど作成したカメラプロファイルを選択します 3。これでキャリブレーションされたプロファイルを利用できるようになりました。4 がカラープロファイル変更前の写真。5 が変更後の写真になります。その違いは一目瞭然です。

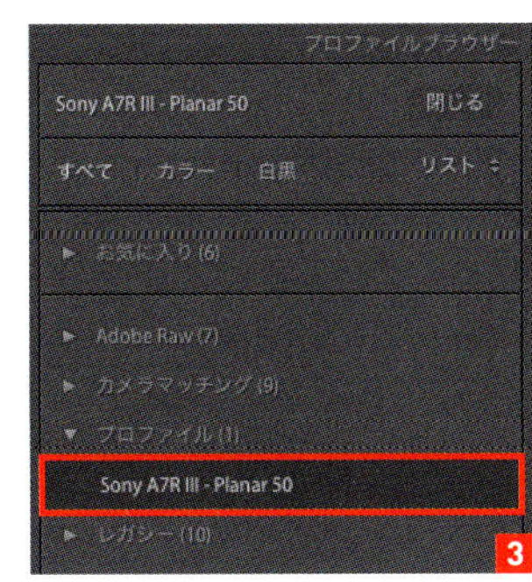

3

4

5

ONE POINT

「ColorChecker Passport」には、スタンドアローン型のプロファイル作成ソフトウェアが同梱されています。スタンドアローン型は、DNG ファイルからターゲットを自動検出してくれるので、Lightroom で一度 DNG として書き出した後に使用しましょう。

動画のスチール写真風に加工する 060

映画やドキュメンタリーなど、動画から切り出したスチール写真には独特な雰囲気があります。ここではLightroomの補正機能を適用してニュートラルな雰囲気を演出します。

Lr CC　Akiomi Kuroda

01 動画ならではのフラットなコントラストを再現する

静止画でいうところの「RAW」にあたる、動画のログ撮影を行う場合は、基本的に高感度かつニュートラルでフラットな映像になっています 1 。本来であれば、このデータにカラーグレーディングを行っていくのですが、切り出したスチール写真はデジタルカメラで撮影された写真 2 と比べてコントラストが浅くなります。

1

2

02 露光量とコントラストを下げる

Lightroomで画像を開き、［基本補正］パネルにある［コントラスト］を下げます 3 。写真によって適正値は変化しますが、［−70］前後まで思い切って下げてみましょう。それに合わせて［露光量］も−1EV近く下げてください 4 。Lightroomの［露光量：1］がちょうど露出の1EVに相当します。

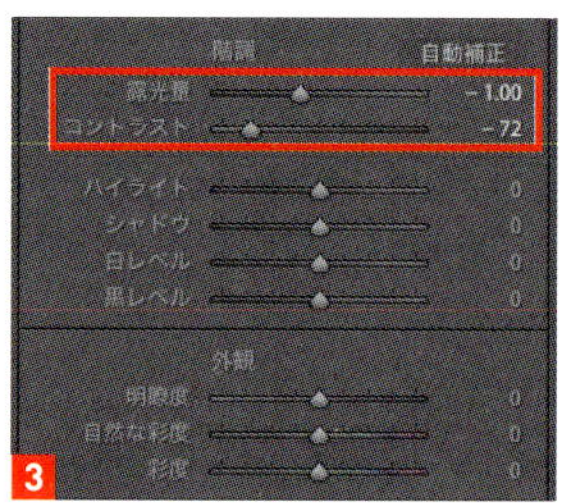

3

4

03 階調を調整してコントラストを浅くする

続いて［階調］を調整します 5。［シャドウ］は、ヒストグラム上の暗部と中間部の間に相当します。この値を上げて、シャドウ部分を明るくします。［ハイライト］は、ヒストグラム上の中間色と最明部の間の領域にあたりますが、こちらは下げます。これによって明るい部分が抑えられて全体が暗くなります。［黒レベル］は、写真内の最も暗い領域に相当します。こちらも値を上げて明るくします。最後に［白レベル］ですが、これは、今回直射光が照射されている面に相当しています。今回は、ドラマチックな雰囲気を残したいので、若干数値を上げておきます。これらの処理によって、暗い部分は明るく、明るい部分は暗くなり、結果的にコントラストを浅くすることができます 6。

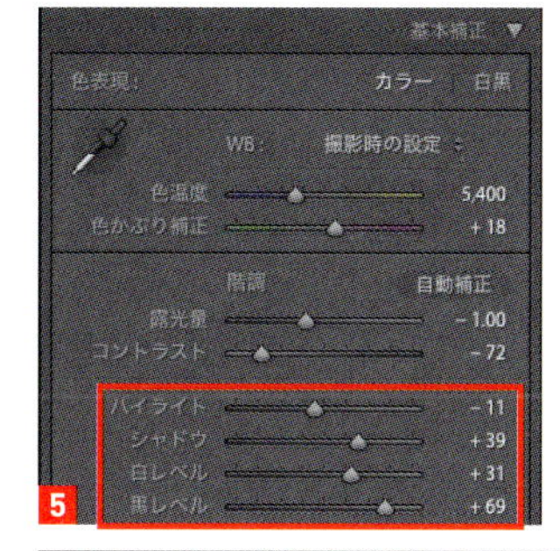

5

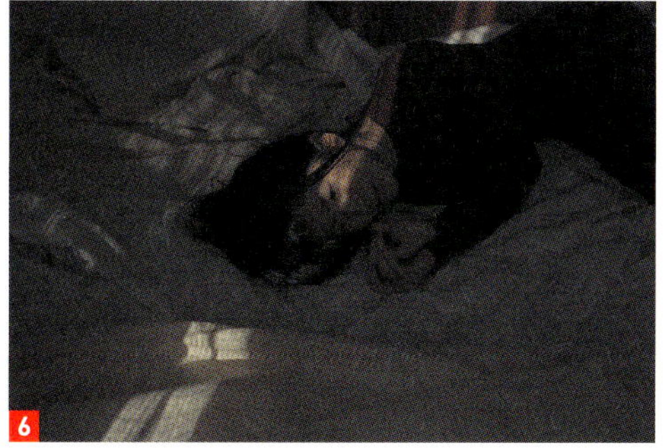
6

04 明暗別色補正でカラーグレーディングを行う

［明暗別色補正］で、シャドウとハイライトにそれぞれカラーを追加していきます。一般的にはシャドウ部分にブルーを、ハイライト部分にオレンジを追加すると、どのような写真にもマッチする雰囲気が得られます 7 8。最後に［トーンカーブ］で全体の明るさやトーンを整えて完了です 9。

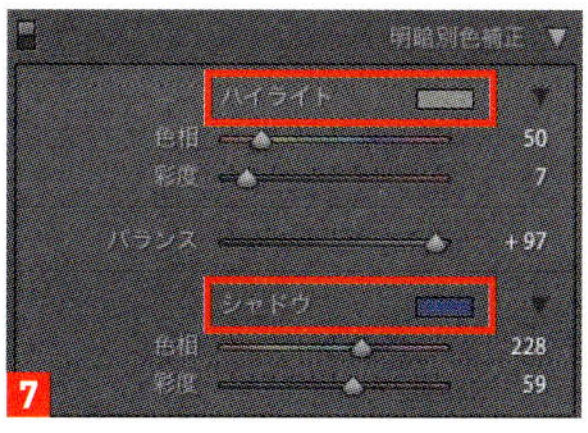

7

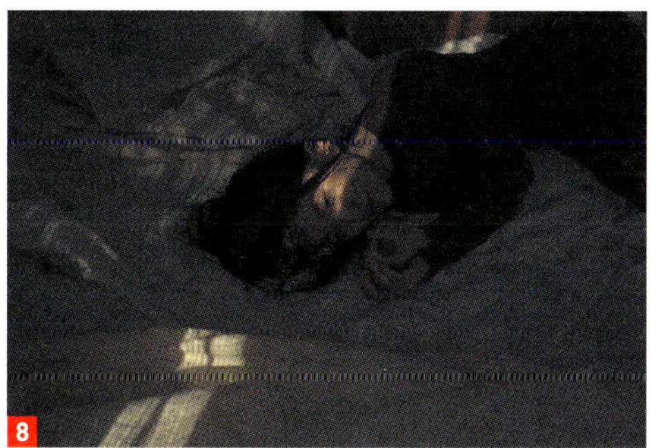
8

ONE POINT

Lightroomでは、複数枚の写真に同じ設定を同時に適用することができます。この機能を利用して、複数のスナップ写真を映画のスチール写真のように現像したり、Photoshopでレタッチを行ったりするための素材作りを行うと便利です。

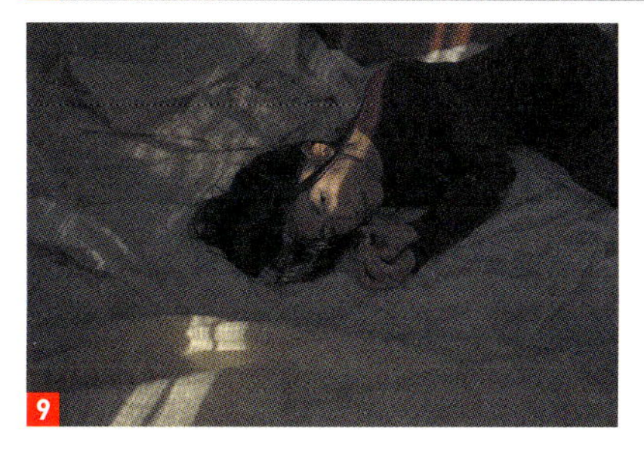
9

061

映画のような雰囲気のある色合い①

グラデーションマップを使用して、映画やミュージックビデオなどに見られる独特な配色を作り出します。

Ps CC　Akiomi Kuroda

01 グラデーションマップを追加する

元画像を開きます 1。新規調整レイヤーを［グラデーションマップ］で追加します 2。調整レイヤーの描画モードを［ソフトライト］か［オーバーレイ］に設定し 3、中間域を境に透過します 4。

1

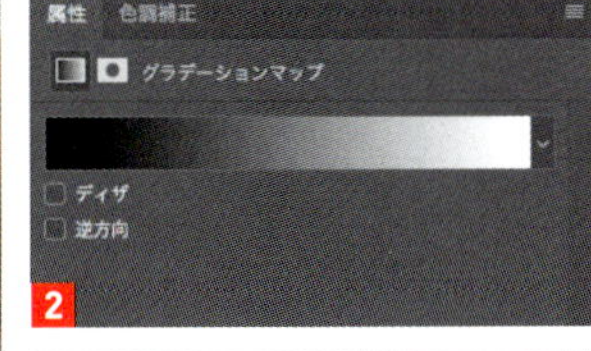

2

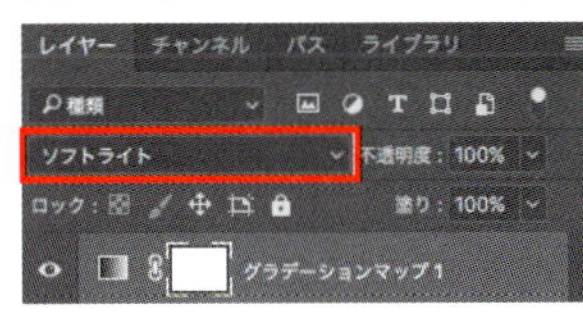

3

4

02 グラデーションエディターで配色を決める

［属性］パネルでグラデーション部分を選択し、［グラデーションエディター］ダイアログを開きます。デフォルトのプリセットから好みの配色を選択するか、スライダーを操作して好みのグラデーションを作成します 5 6。

5

6

03 グラデーションの配色を変える

［グラデーションエディター］のスライダーは、左側がシャドウ領域、右側がハイライト領域の配色を表しています。それぞれに異なる色を設定することで、任意のカラーグラデーションが作成できます。配色はセンスが問われるところですが、基本的には色相環図で補色関係にある色を選ぶとうまくまとまります。たとえば、シャドウ部分に青を入れた場合は、ハイライト部分にイエローやオレンジなどを入れるとよいでしょう 7 8。

7

8

ONE POINT

映画やミュージックビデオでは、その作品性を高めるために、カラーグレーディングに独特な配色がなされていることがよくあります。写真においても同様に、色相を変えることでさまざまな色表現が可能になります。

062 映画のような雰囲気のある色合い②

レベル補正の調整レイヤーを追加して、任意のカラーに調整していきます。

Ps CC　Akiomi Kuroda

01 調整レイヤーを追加する

元画像を開きます 1 。新規調整レイヤーを［レベル補正］で追加し 2 、レイヤーの描画モードを［カラー］に変更します。

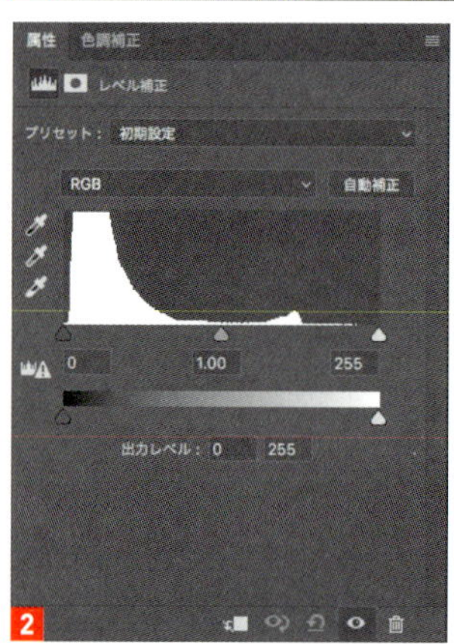

02 チャンネルごとに調整を行う

［レッド］**3**［グリーン］**4**［ブルー］**5**のチャンネルごとに調整していきます。カラーグレーディングは、基本的に色相環図上の補色関係にある色合いを強調するとまとまりやすいでしょう。例えば、シャドウ部分のブルーを上げる場合には、合わせてハイライト部分のブルーを下げる（結果としてイエローが追加される）とバランスがよくなります**6**。

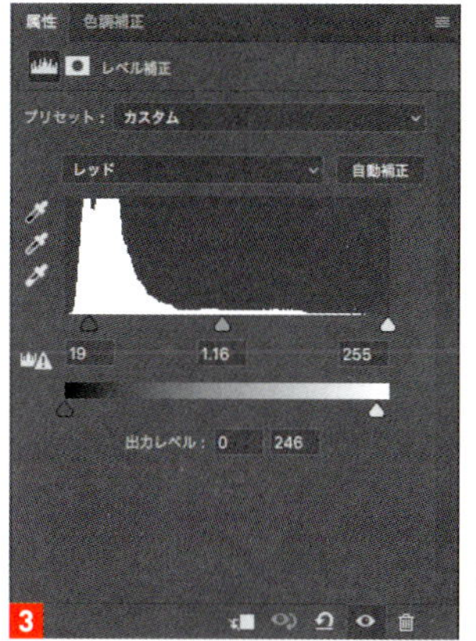

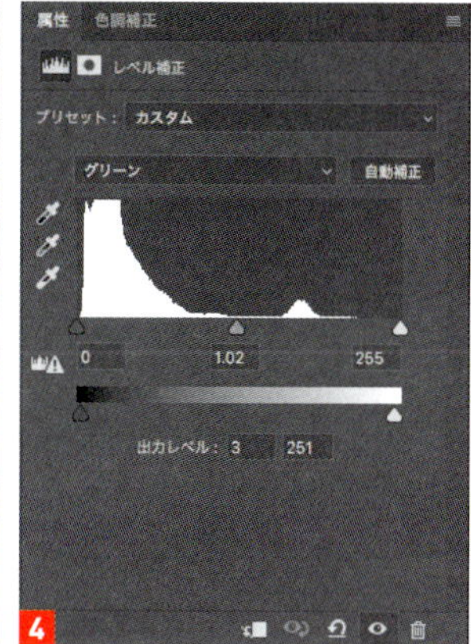

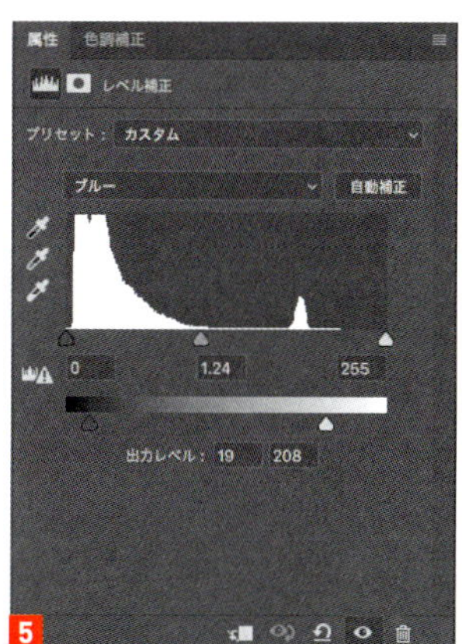

03 トーンカーブを使って調整する

［トーンカーブ］でも同様の効果が得られます。どちらで調整するかは好みで決めてしまってかまいません。筆者の場合は［トーンカーブ］は階調ごとの出力を増減したいとき、［レベル補正］は画像全体のトーンを調整したいときに使用することが多いです。タイトル横の完成画像は［トーンカーブ］で色合いを変更し**7**、全体のトーンの調整には［レベル補正］を使用しました**8**。もちろん素材や目的によってはこの限りではありません。

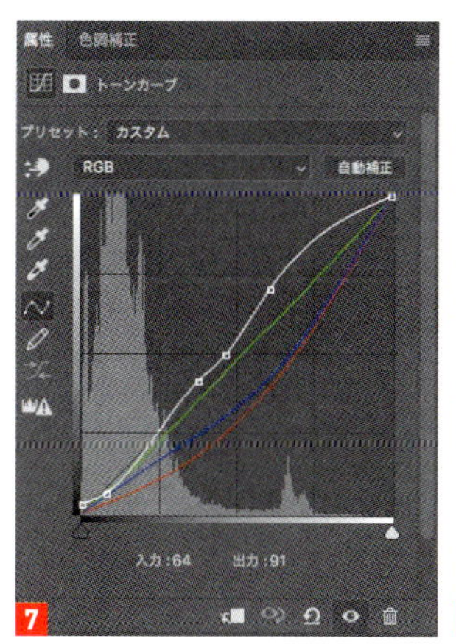

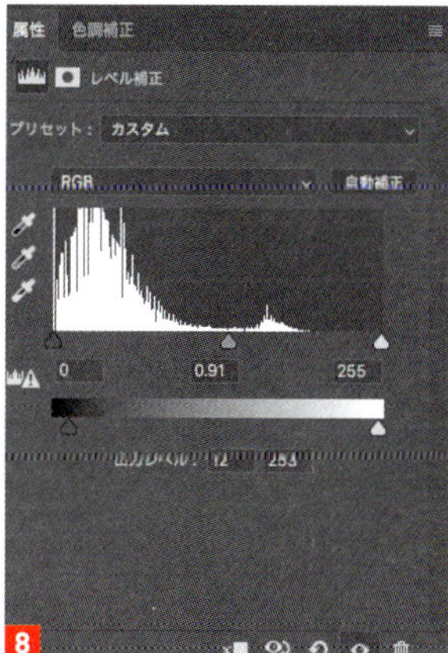

ONE POINT

作成したカラーは、その他の写真でも応用できるようにプリセットとして保存しておくと便利です。［属性］パネルの右上にあるオプションメニューから［レベル補正プリセットを保存］を実行します。プリセットを保存することで、いつでも同じ色合いを簡単に再現できます。

063 強くなり過ぎた色を落ち着かせる

肌の階調や写真全体のトーンなど、コントラストや彩度が強く出すぎてしまうことがあります。そのようなときは、過度なカラーを抑え、洗練された色調に落ち着かせます。

Ps CC　Akiomi Kuroda

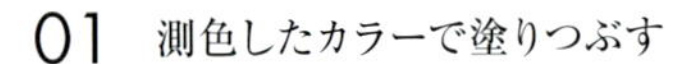

01 測色したカラーで塗りつぶす

元画像を開きます 1。この画像は、写真としてはほぼ完成していますが、若干、全体的に肌色のピンクが強いように感じられます。それを自然なカラーで落ち着かせます。まず、主題の中で色が行き過ぎてしまっている部分を［スポイトツール］で測色し 2、測色したカラーで全体を塗りつぶします 3。

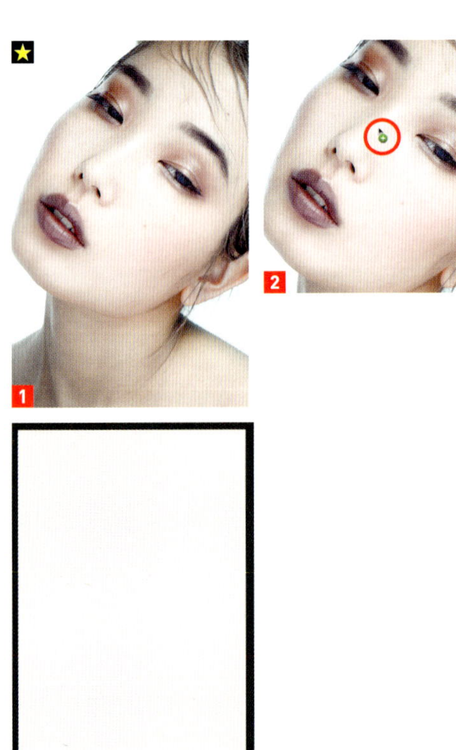

02 測色したカラーの補色に変換する

塗りつぶしたレイヤーの色を補色に変換します。目的のレイヤーを選択して、⌘（Ctrl）+ I キーを押します。これで塗りつぶされた色の補色に変換されます 4 。さらにレイヤーの描画モードを［カラー］に変更します 5 6 。

4

5

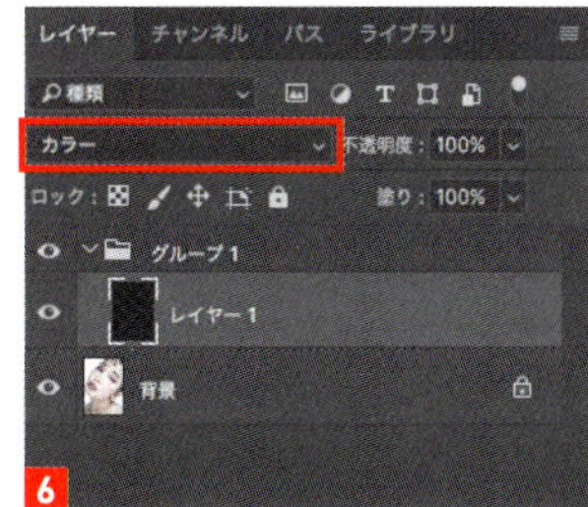

6

03 不透明度を調整して仕上げる

補色で塗りつぶされたレイヤーの［不透明度］を 2 ~ 10% の間で、元画像に合わせて変更しましょう 7 。行き過ぎているカラーが部分的に残っているようでしたら 8 、マスクを作成してもよいでしょう 9 。これで完成です 10 。

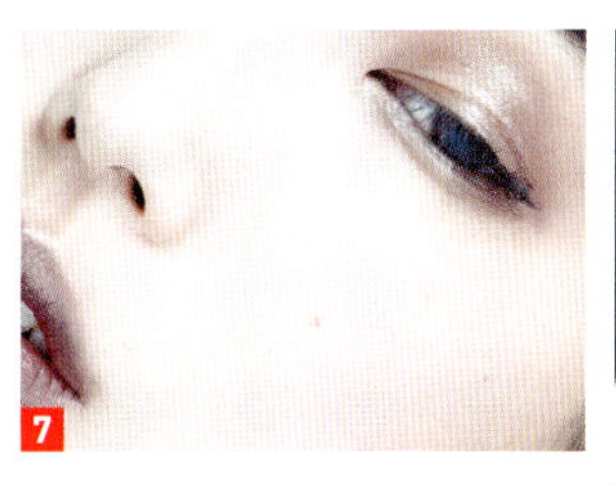

7

8

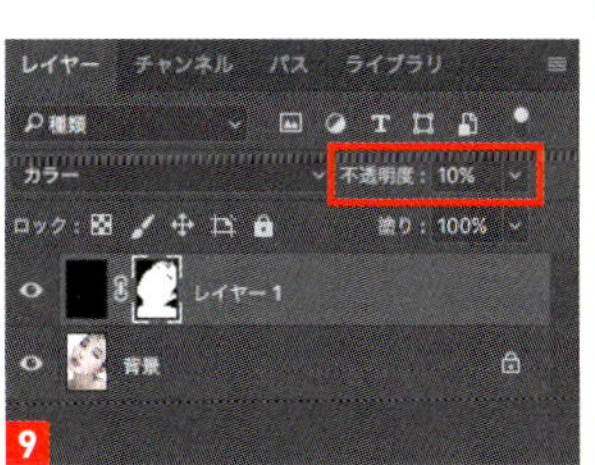

9

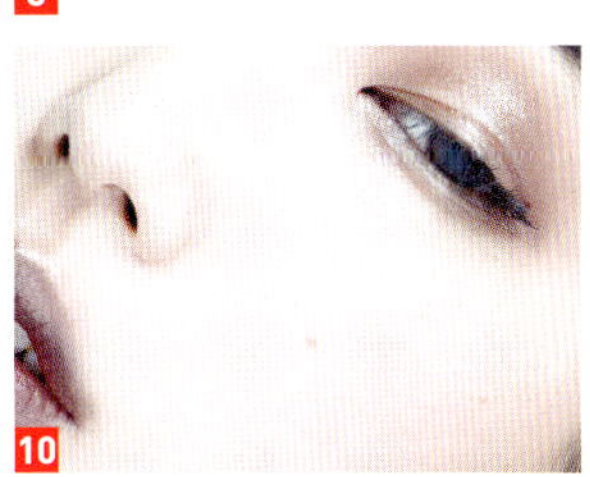

10

ONE POINT

写真内に複数、カラーコレクションが必要な場合もあります。そのようなときはポイントごとに調整レイヤーを用意して細かく調整しましょう。ごくわずかな違いに思えるかもしれませんが、全体の仕上がりが違ってきます。

064

自然なトーンを維持したままコントラストだけを調整する

高彩度・高コントラストの写真は一見とても鮮やかですが、不自然なトーンになっていることがよくあります。そうした問題は、レイヤーの描画モードで簡単に解決できます。

Ps CC　Akiomi Kuroda

01 トーンカーブを調整する

元画像を開き **1**、新規調整レイヤーを［トーンカーブ］で作成します。コントラストを上げるときは、一般的にS字カーブにすることが多いのですが **2**、トーンカーブをS字にするということは、シャドウ部分のカーブを下げることでシャドウ部分をさらに暗く、ハイライト部分のカーブを上げることでハイライト部分をさらに明るくします。これにより、コントラストが上がるわけですが、同時にRGBそれぞれの輝度が生じ、彩度まで上がってしまいます **3**。

1

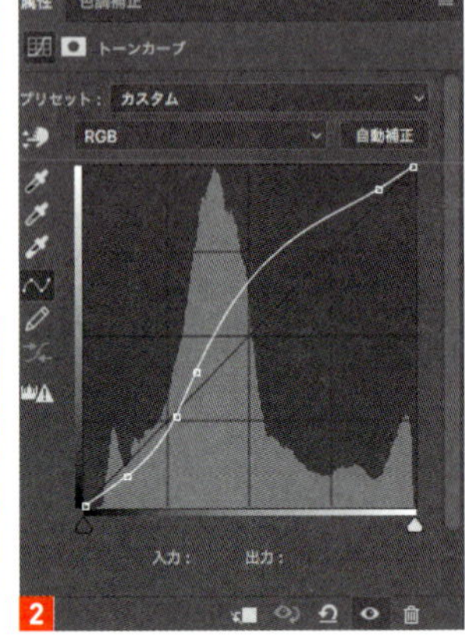

2

3

02 描画モードを輝度にして明るさの情報だけを変更する

画像のカラーは変えずに、コントラストだけを変えたい場合は描画モードを利用するとよいでしょう。調整レイヤーの描画モードを［輝度］に変更することで **4**、カラーに影響をおよぼすことなく、輝度情報だけを変更することができます。たとえば **5** は、［トーンカーブ］の調整によって不自然になってしまったカラーは元に戻り、明るさだけが変更されています。

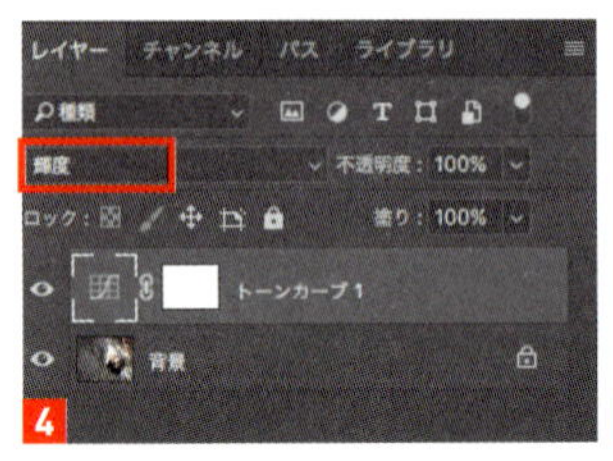

4

5

03 描画モードをカラーにしてカラーの情報だけを変更する

変更したい情報に合わせて描画モードを変えるだけの、とてもシンプルなテクニックですが、覚えておくといろいろな場面で役立ちます。たとえば［トーンカーブ］を調整した後に **6**、描画モードを［カラー］に変更すると、調整結果を色情報にのみ反映することができます **7**。

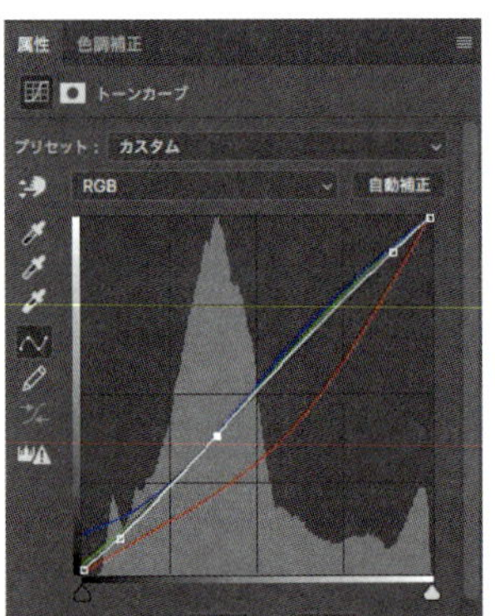

6

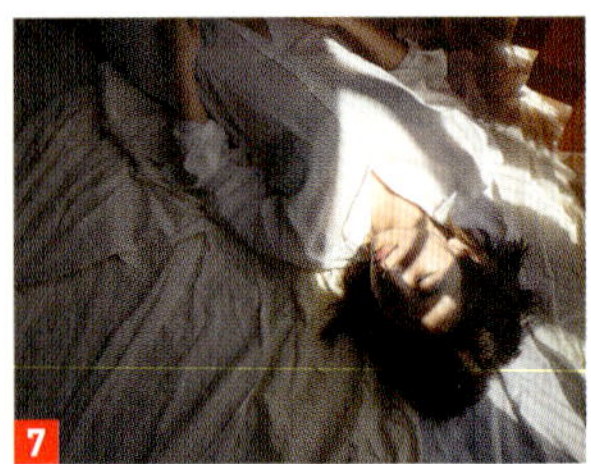

7

3

日常的に扱うことの多い花や風景、建築写真など、
実践的なレタッチ方法を紹介していきます。

065 全体をハイキーにして明るい空気感を演出する

Camera Rawフィルターを使って、ハイライト領域を保護しながら、露出やシャドウを明るく補正します。

Ps CC Toshiyuki Takahashi [Graphic Arts Unit]

01 スマートオブジェクトに変換する

今回使用する写真は 1 、特に明るさに問題があるわけではありませんが、全体をさらに補正して明るい空気感を出してみます。まず、[フィルター] → [スマートフィルター用に変換]を実行してスマートオブジェクトに変換しておきます 2 。

1

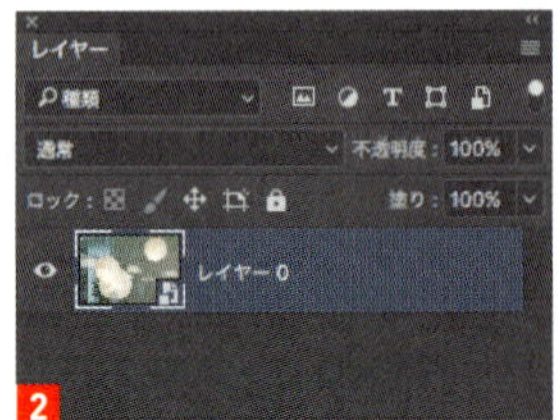

2

02 Camera Raw フィルターで露光量を調整する

[フィルター] → [Camera Raw フィルター]を選択します。[露光量] のスライダーを右方向へ移動し、[+1.65] 程度とします 3 。これによって全体が明るくなりましたが、天井からぶら下がる丸いライトなど、もともと明るい範囲のディティールが飛び気味です。次にこれを調整していきます。

3

03 ハイライトと白レベルで明るい範囲だけを調整する

[ハイライト] と [白レベル] のスライダーを左方向に移動します。ここでは、それぞれ[−70]まで下げました 4 。[ハイライト]と[白レベル] では、画像の中で明るい範囲だけを限定して調整できます。ハイライトが明るくなりすぎるのを防ぎ、もともとのディティールを保護したい場合に役立ちます。[OK] をクリックしてフィルターを実行すれば完了です。

4

066

夕方の雰囲気を強調する

トーンカーブを使ってチャンネルごとの濃度を補正し、
夕日の赤みを強くします。

Ps CC Toshiyuki Takahashi [Graphic Arts Unit]

01 写真を開いて状態を確認する

今回利用するのは、水平線に沈む前の夕日を撮影した写真です 1 。太陽の周りは若干赤みがかっていますが、全体の色味がややグレーっぽくなっており、夕方の印象があまり出ていません。

02 レッドチャンネルで赤みを強める

［レイヤー］→［新規調整レイヤー］→［トーンカーブ］を選択し、調整レイヤーを追加します 2 3 。［属性］パネルでチャンネルを［レッド］に変更し、トーンカーブが山形になるように調整します 4 。これで全体の赤みが強くなります 5 。

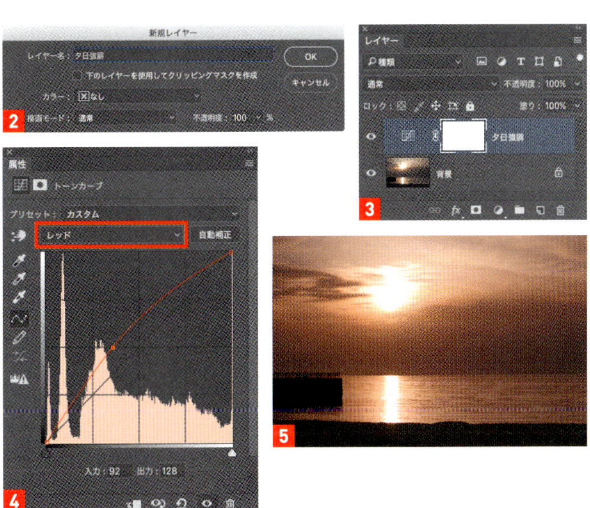

03 ブルーチャンネルで青みを弱める

このままでは不自然な赤みになっていますので、色味を調整しましょう。チャンネルを［ブルー］に変更し、トーンカーブが谷型になるように調整します 6 。全体の黄色みが強くなり、ナチュラルな色合いになります。色調補正のかかり具合は、調整レイヤーの［不透明度］で調整できます。ここでは［80%］に下げました 7 。これで完成です。

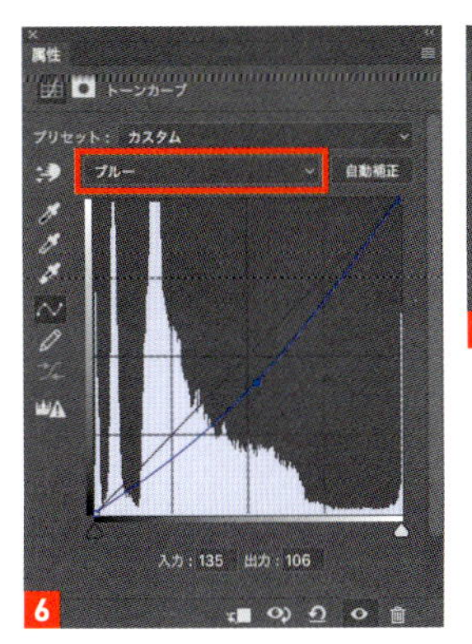

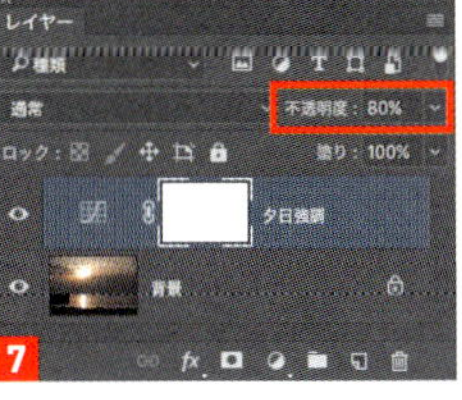

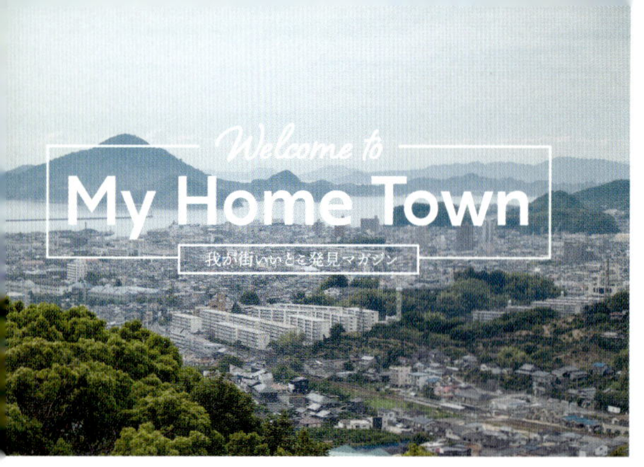

067

霞がかかった遠景をクリアな印象に変える

Camera Rawフィルターに搭載された、かすみの除去機能を使って遠景の色調を調整します。

Ps CC　Toshiyuki Takahashi [Graphic Arts Unit]

01　背景レイヤーを複製する

今回の写真は遠景に霞がかかった、全体のトーンが眠たい印象になっています 1。まず、⌘（Ctrl）＋ J キーを押して、背景をレイヤーとして複製します。複製したレイヤーの名前を［彩度調整用］に変更して、いったん非表示にしておきます 2。

02　Camera Raw フィルターでかすみを除去する

［背景］レイヤーを選択し 2、［フィルター］→［Camera Raw フィルター］を実行します。［効果］のタブをクリックし、［かすみの除去］のスライダーを右方向へ移動します 3。ここでは［＋60］にしました 4。やりすぎると不自然な色調になるので注意しましょう。なお、新しいバージョンでは［かすみの除去］が［基本補正］のタブに移動しています。

03　オリジナルの画像を使って彩度を調整する

かすみの除去を行うと、補正部分の彩度が少し高めになることがあります。これを、最初に複製したレイヤーを使って調整します。［彩度調整用］レイヤーを表示し、描画モードを［彩度］に変更します。［不透明度］を変更して彩度を微調整すれば完成です 5 6。ここでは［35%］にしています。必要に応じて［トーンカーブ］などの調整レイヤーを追加し、全体のトーンを整えるとよいでしょう 7 8。

1

2

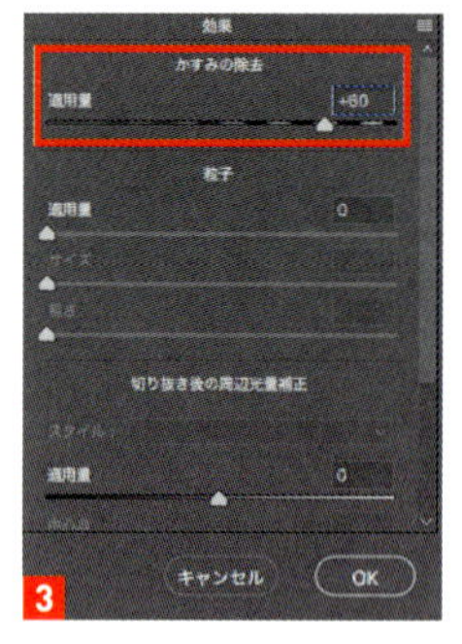

3

4

5

6

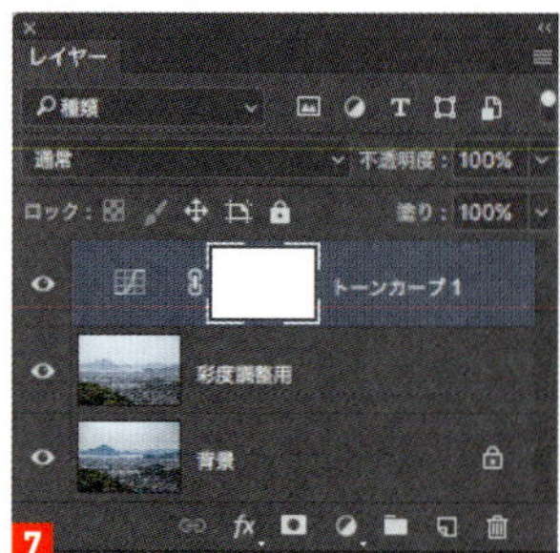

7

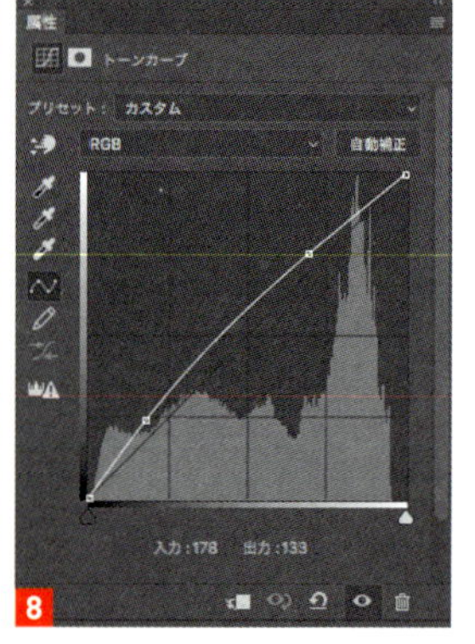

8

068 逆光を合成して情緒的に仕上げる

逆光フィルターとトーンカーブによる色調補正を組み合わせて、雰囲気のあるビジュアルに加工します。

Ps CC　Toshiyuki Takahashi [Graphic Arts Unit]

01 スマートオブジェクトに変換する

今回使用するのは、暗い森の中を撮影した写真です 1 。まず、色調補正やフィルターなどをあとから調整できるようにするため、[フィルター] → [スマートフィルター用に変換] を実行してスマートオブジェクトに変換しておきます 2 。

02 逆光フィルターで太陽の光を追加する

[フィルター] → [描画] → [逆光] を選択し、[明るさ：120%] [レンズの種類：50-300mm ズーム] に設定します。プレビューの光源をドラッグして適当な場所へ移動したら [OK] をクリックします 3 。これで写真に逆光の太陽が合成されます 4 。

03 全体の色調を調整して幻想的な雰囲気を出す

[イメージ] → [色調補正] → [トーンカーブ] を選択し、各チャンネルのカーブを調整していきます。ポイントは [RGB] 5 と [レッド] 6 において、左端のポイントを上へ移動させていることです。こうすることで全体のシャドウ部分が淡くなり、さらに赤みが増します。元写真の色味や仕上がりの好みに合わせて各チャンネルのカーブを微調整していきましょう 7 8 。[OK] をクリックしてトーンカーブを適用すれば完成です。

1

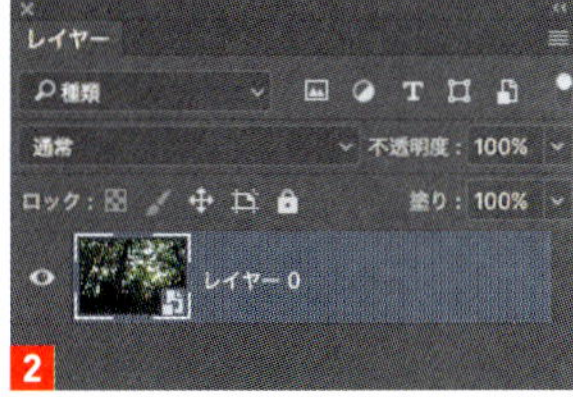

2

3

4

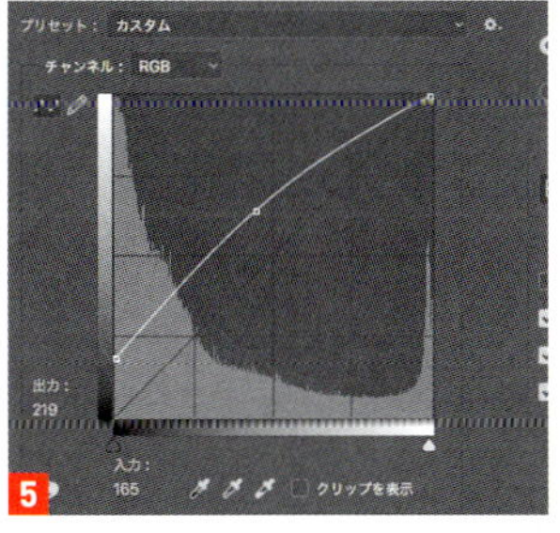

5

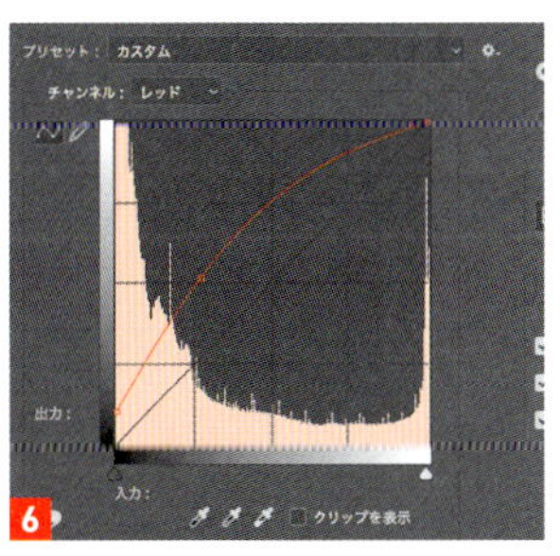

6

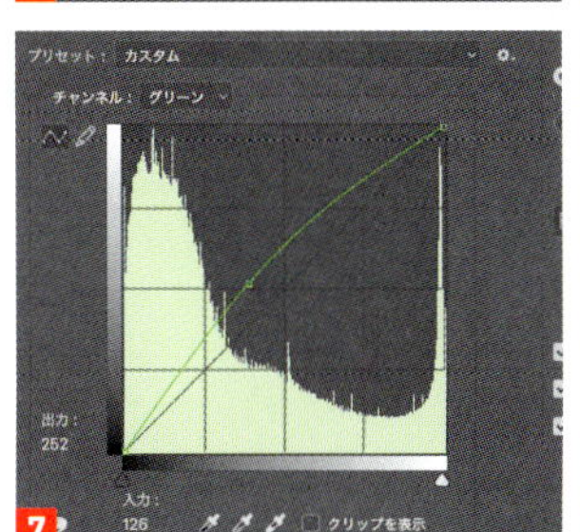

7

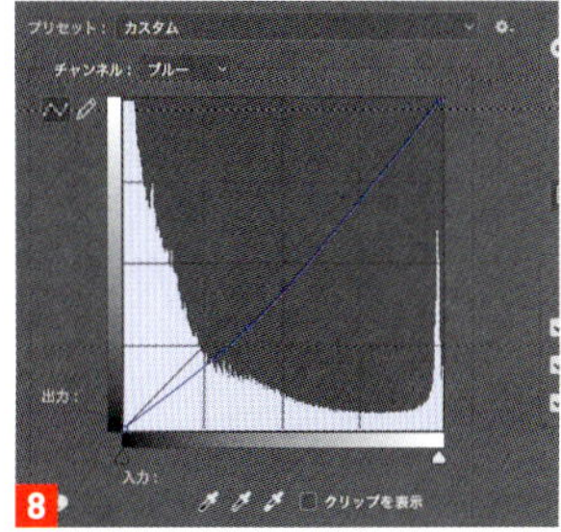

8

3 SCENE

069 ふんわりと紗をかけてメルヘンチックにする

ぼかした画像を重ねていくことで、レンズに布をかぶせて撮影したようなエッジのやわらかい仕上がりにします。

Ps CC　Toshiyuki Takahashi [Graphic Arts Unit]

01 ぼかし用のレイヤーを用意する

写真を開き 1 、[レイヤー] → [新規] → [レイヤーを複製] を選択します。複製した [ぼかし] レイヤーを選択し、[フィルター] → [スマートフィルター用に変換] を実行してスマートオブジェクトに変換しておきます 2 。

1

2

02 複製したレイヤーの写真をぼかす

[ぼかし]レイヤーの描画モードを[スクリーン]に変更し 3 4 、[フィルター]→[ぼかし]→[ぼかし（ガウス）] を [半径：10pixel] で実行します 5 6 。

3

4

5

6

03 ぼかしの濃度を調整する

今のままでは効果が少し強すぎるため、[ぼかし] レイヤーの [不透明度] で調整します。ここでは [70%] とします 7 。また、レイヤー右端のV字アイコンをクリックして内容を展開し、[スマートフィルター] の下にある [ぼかし（ガウス）] をダブルクリックして、ぼかしの強さを変えることもできます。それぞれを調整して、好みの状態に仕上げて完成です 8 。

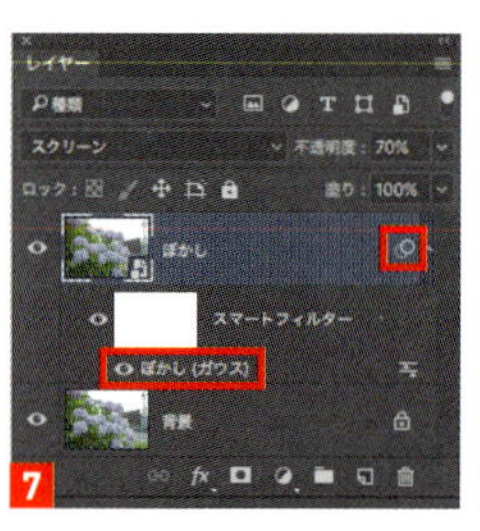

7

8

風に舞う桜吹雪を演出する

ブラシとレイヤースタイルで作った桜吹雪のイメージを合成していきます。
大きさの異なる花びらを散りばめて、遠近感を表現しましょう。

070

Ps CC　Toshiyuki Takahashi [Graphic Arts Unit]

01　花びらの形をブラシに登録する

切り抜きした桜の花びらの写真を用意します。地面に落ちた花びらをデジカメで撮影し、必要な範囲だけを切り抜いたものです 1 。[編集]→［塗りつぶし］を選択し、[内容：ブラック]［透明部分の保持］にチェックを入れて［OK］します 2 。これで花びらが黒一色で塗りつぶされます 3 。続いて［編集］→［ブラシを定義］を選択し、塗りつぶした画像を［名前：桜の花びら］としてブラシに登録します 4 。

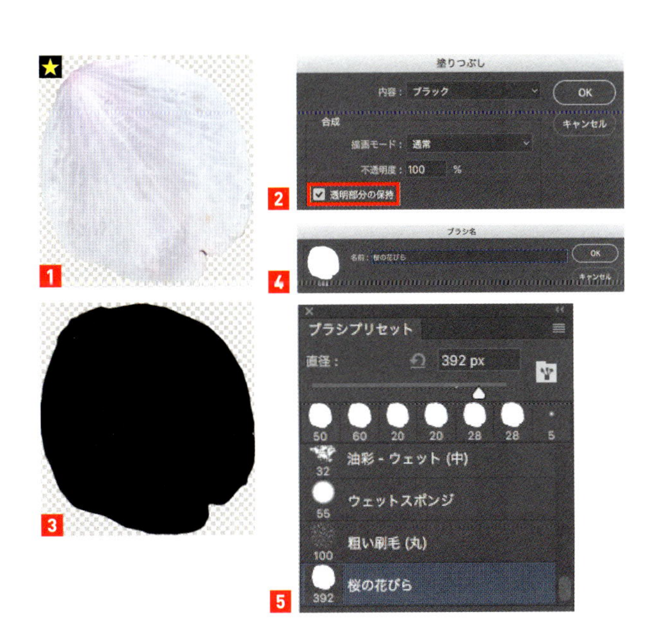

02 花びらブラシの大きさや角度などを設定する

［ブラシツール］を選択します。［ブラシプリセット］パネルを開き、先ほど登録した［桜の花びら］を選択します 5 。続けて［ブラシ］パネルを開き 6 、パネル左列から［シェイプ］を選択し、［サイズのジッター：70%］［角度のジッター：100%］［真円率のジッター：70%］［最小の真円率：25%］にします。［コントロール］はすべて［オフ］です。［左右に反転のジッター］と［上下に反転のジッター］もオンにしておきます。

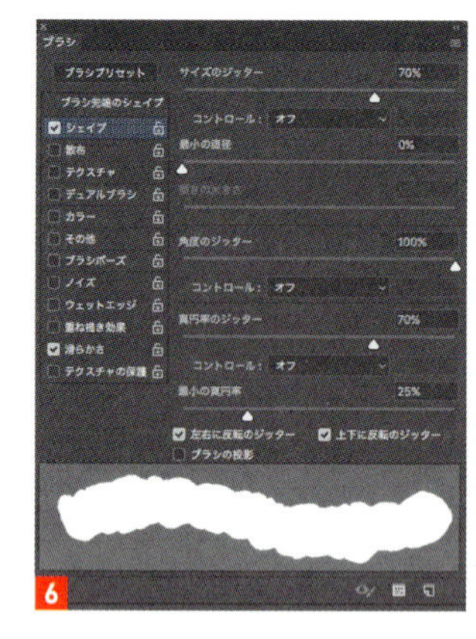

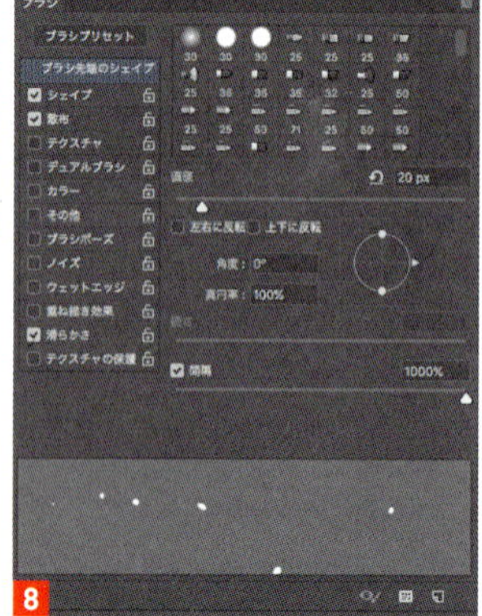

03 花びらブラシの散らし具合を決めプリセットに登録する

パネル左列から［散布］を選択し、［散布：1000%］［両軸］をオンにします 7 。続いて、パネル左列から［ブラシ先端のシェイプ］を選択し、［直径：20px］［間隔：1000%］とします 8 。最後にパネル下部の［新規ブラシを作成］をクリックして、［名前：花びらブラシ］に設定して［OK］します。これで、先ほど設定したブラシが［ブラシプリセット］パネルに登録されます 9 。

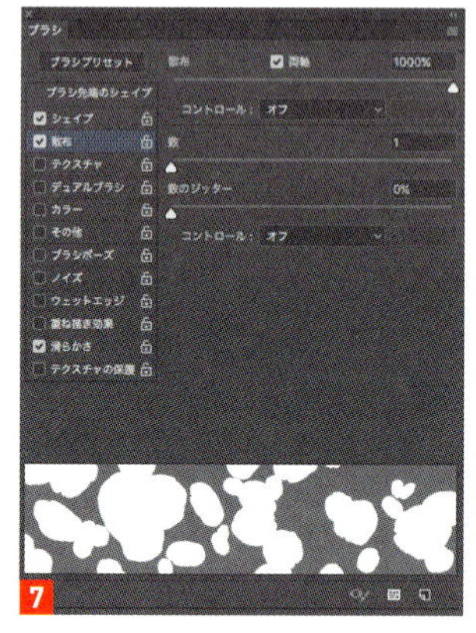

04 写真に花びらを追加していく

桜の写真を開きます 10 。今回使う写真は、左半分に桜の木、右半分が空という構図になっています。［ブラシツール］を選択し、［ブラシプリセット］から［花びらブラシ］を選択します 9 。［描画色］を［R：225／G：200／B：225］に設定したあと 11 、新規レイヤーを作成し 12 、ブラシでドラッグしたり、クリックしたりしながら右側の空の範囲を中心に花びらを追加していきます 13 。

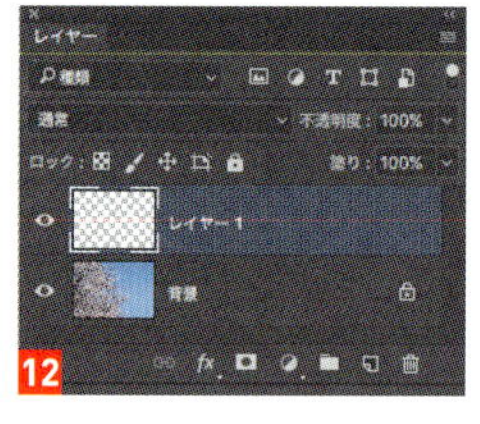

05 パターンオーバーレイで花びらに質感を加えていく

花びらのレイヤーを選択し、[レイヤー] → [レイヤースタイル] → [パターンオーバーレイ] を実行します。[パターン] をクリックしてパターンピッカーを開き、[蟻の巣] のパターンを選択します 14。目的のパターンが見つからないときは、左上の歯車アイコンをクリックしてメニューを開き、[パターン] → [追加] の順にクリックします。パターン選択後、[描画モード：ソフトライト] [比率：50%] で [OK] をクリックしましょう 15。花びらにわずかな質感が加わります 16。

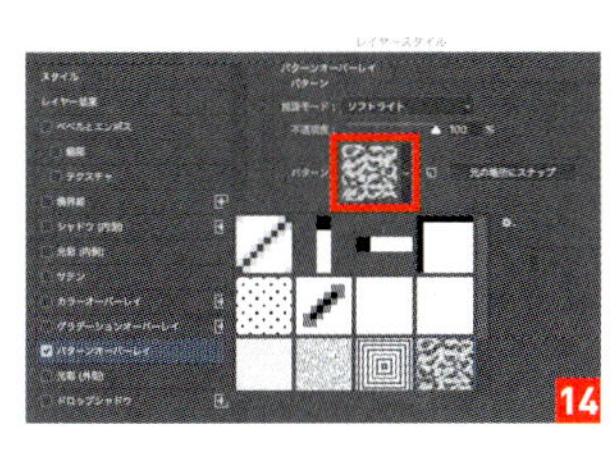
14

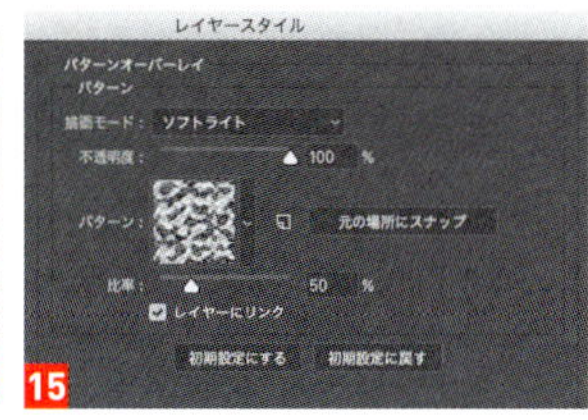

15

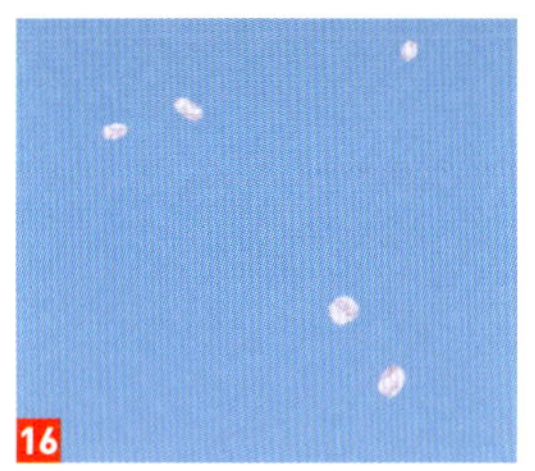
16

06 画面手前に花びらを追加していく

再び [ブラシツール] を選択し、[直径：50px] とします 17。新規レイヤーを作成し 18、[描画色] を [R：225 ／ G：200 ／ B：225] に変更して 19、全体に花びらを追加していきます 20。あまり多いと煩雑な印象になるので、先ほどよりも少なめにしておくのがポイントです。追加ができたら、同じようにパターンオーバーレイで質感を追加します 21 22。ただし、今度は花びらが大きいので [比率：150%] にしておきます。あとの設定は同じで OK です。

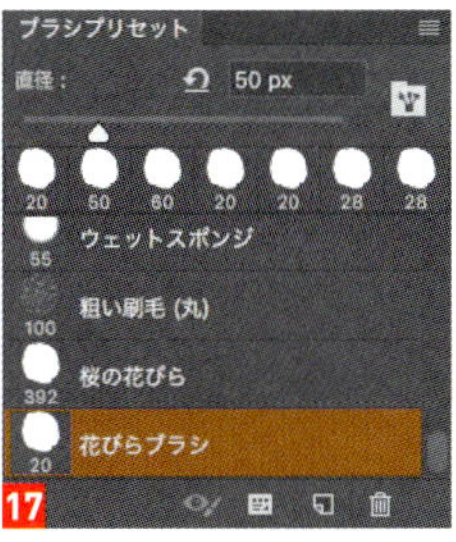

17

18

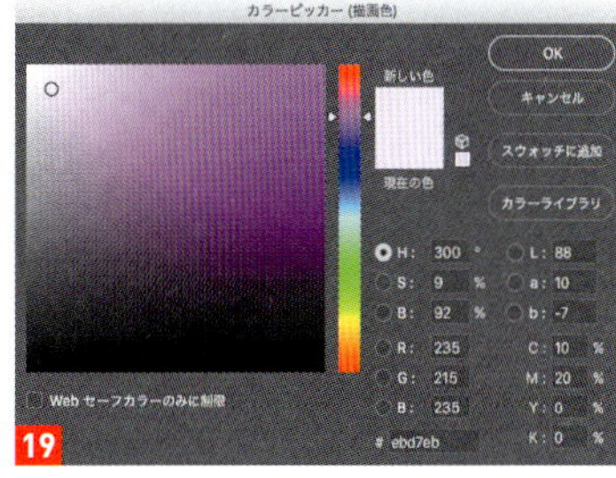

19

20

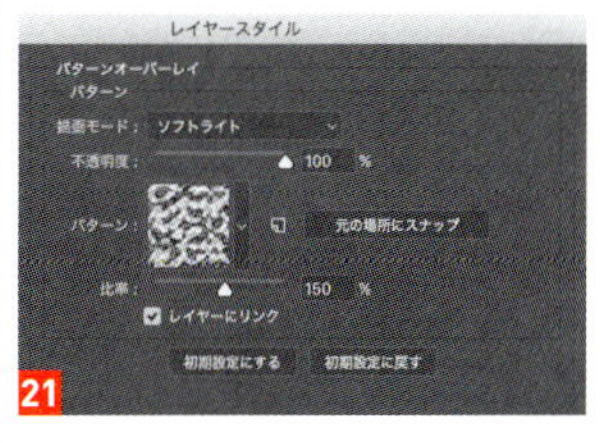

21

22

07 手前の花びらにぼかしをかける

大きい方の花びらのレイヤーを選択し、[レイヤー] → [ラスタライズ] → [レイヤースタイル] を実行して、レイヤースタイルをピクセルに反映します 23。最後に、[フィルター] → [ぼかし] → [ぼかし (ガウス)] を実行します 24。ぼかしの半径は写真に合わせて調整しましょう。ここでは [6pixel] としました。ぼかしにより、遠近感が表現できました。これで完成です 25。

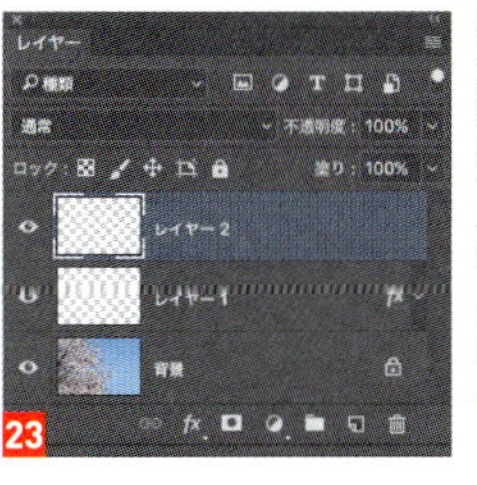

23

24

25

3 SCENE

晴天の空に雲を追加して表情を出す

晴天に撮影された写真は爽快な印象ですが、少し単調です。
そこで雲のある空に差替えてみることにします。

071

Ps CC　Toshiyuki Takahashi [Graphic Arts Unit]

01　空を範囲選択する

写真を開きます 1 。今回の青空のように単色に近い範囲を選択するときは、色域指定による選択が簡単です。[選択範囲] → [色域指定] を選び、[選択：指定色域] [選択範囲のプレビュー：グレースケール] に設定します 2 。[カラークラスタ指定] をオンにし、ダイアログ右にある [スポイトツール] で空のどこかをクリックします 3 。[許容量] や [範囲] のスライダーで範囲を調整して、プレビューの空がすべて白くなるようにします 4 。スライダーで調整しきれないときは、白くしきれない範囲を Shift キーを押しながらクリックして、指定色域を追加していきます。すべての空が白くなったら [OK] をクリックします。これで [色域指定] のプレビューで白くなっていた部分が選択されます 5 。

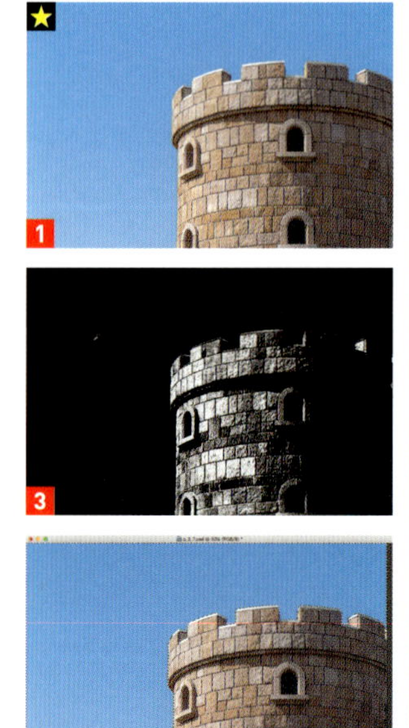

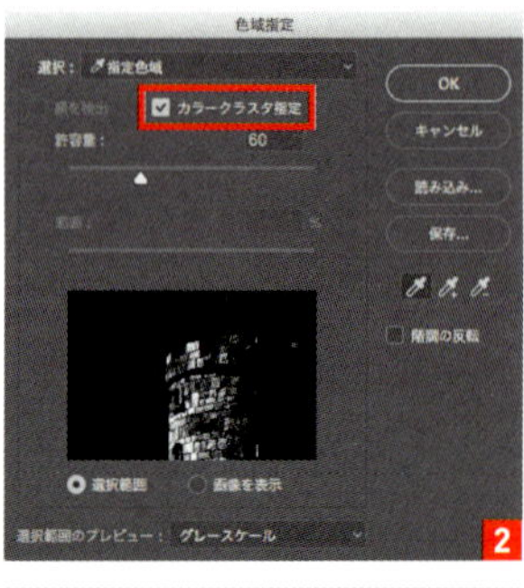

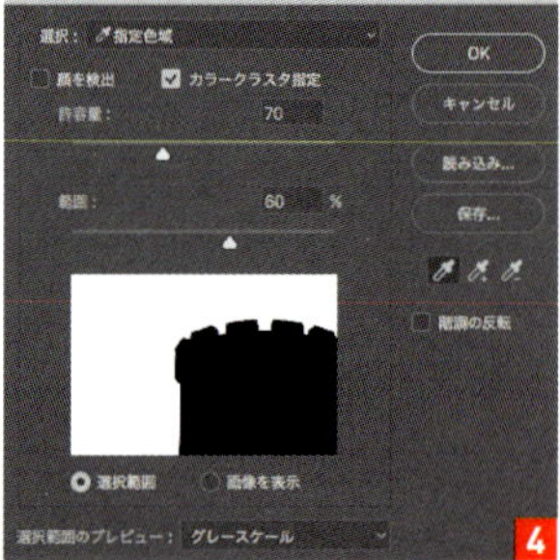

02 空を選択範囲内にペースト位置や大きさを調整する

合成したい空の画像を開き 6 、すべてを選択してコピー、元の画像に戻って［編集］→［特殊ペースト］→［選択範囲内にペースト］を実行します。画像がレイヤーとしてペーストされ、選択範囲の形のレイヤーマスクが自動的に作成されます 7 8 。［編集］→［変形］→［拡大・縮小］を選択し、空の大きさや位置を合わせます 9 。

6

7

8

9

03 調整レイヤーを追加してチャンネルごとに色味を調整する

合成したのはもともと別に撮影した空なので、色味に若干の違和感があります。これを調整してなじませましょう。空のレイヤーを選択した状態で、［レイヤー］→［新規調整レイヤー］→［トーンカーブ］を選択します。［下のレイヤーを使用してクリッピングマスクを作成］をオンにして［OK］をクリックします 10 。このチェックをオンにしておくことで調整レイヤーが自動的にクリッピングマスクになり 11 、トーンカーブの影響が及ぶ範囲をひとつ下のレイヤーのみに限定できます。［属性］パネルで各チャンネルのカーブを 12 ～ 15 のように調整して完成です。

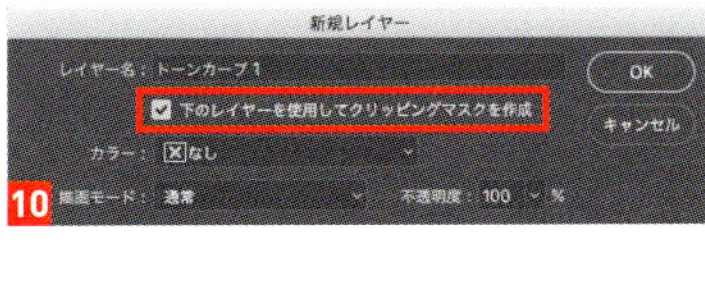

10

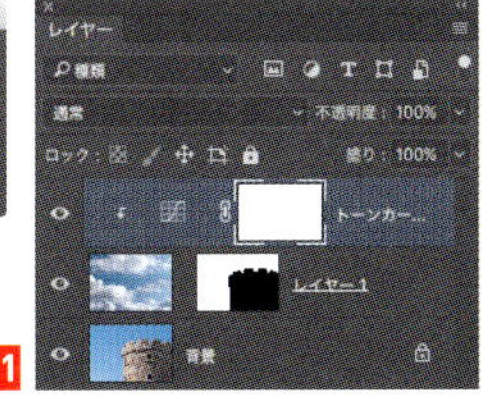

11

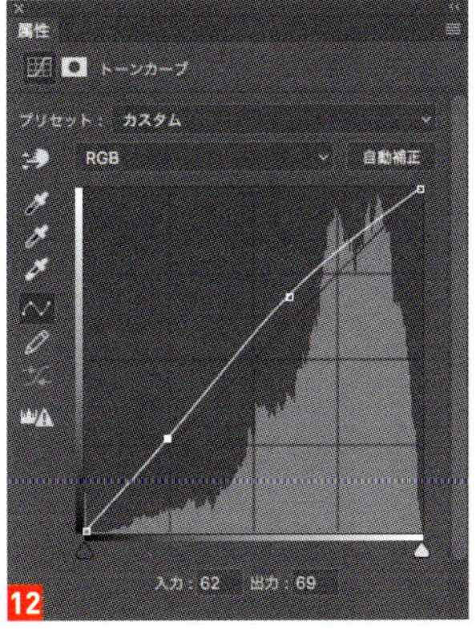

12

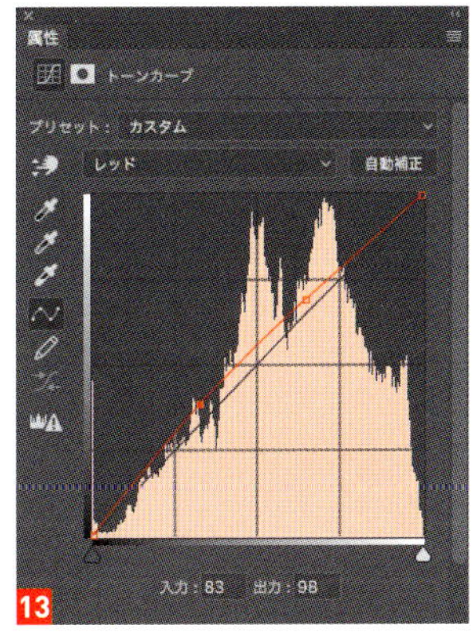

13

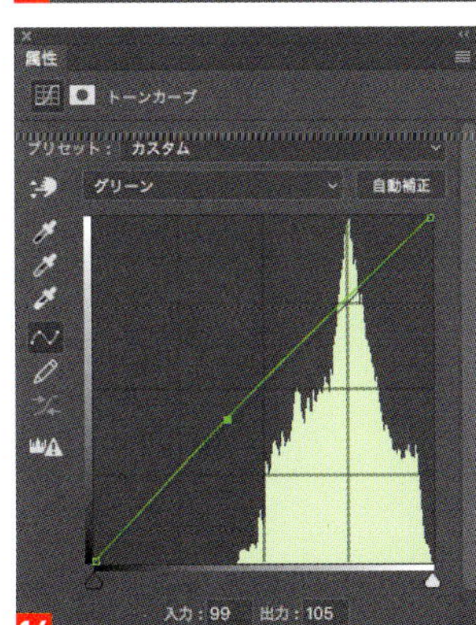

14

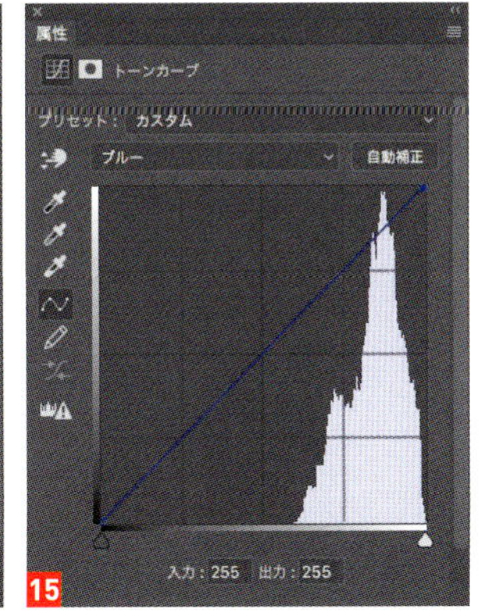

15

072 くすんだ空や草木の緑を明るく鮮やかな印象にする

空の色や草木の緑がくすんでいると、きれいな風景の魅力が伝わりません。Camera Rawフィルターで補正しましょう。

Ps CC　Toshiyuki Takahashi [Graphic Arts Unit]

01 空の色調を補正する

写真を開き 1 、[フィルター] → [Camera Raw フィルター] を選択します。[HLS ／グレースケール] → [彩度] タブの順にクリックし、上部のツール類から [ターゲット調整] ツールを選択、プレビュー画面の空の青い部分を左右にドラッグします。すると青い部分の彩度が変化します。このときドラッグに合わせて [彩度] パネルのスライダーも変化するので、[ブルー] が [+60] 程度になるように調整します 2 。続けて、[輝度] タブを選択し、同じように空をドラッグします。今度は [ブルー] を [−15] 程度にし、若干濃度を上げてやります 3 。

02 草原の色調を補正する

続いて草原です。同じように [彩度] タブをクリックしてから、草原の部分を左右にドラッグしてイエローやグリーンを高めます 4 。続けて [輝度] タブをクリックし、同じ要領でイエローやグリーンを少し高めます 5 。さらに、青みを少し加えて若々しい印象にしてみましょう。[色相] タブをクリックし、草原の部分をドラッグして [グリーン：+10] 前後にします 6 。

03 全体のトーンを整えて完成させる

[基本補正] タブをクリックします。全体のトーンを軽くするために 7 のように各パラメーターを調整します。全体を明るくしたときにハイライトが飛んで白くなるのを避けるため、[ハイライト] の項目だけ少し低めにするのがポイントです。設定ができたら [OK] をクリックして完成です。

1

2

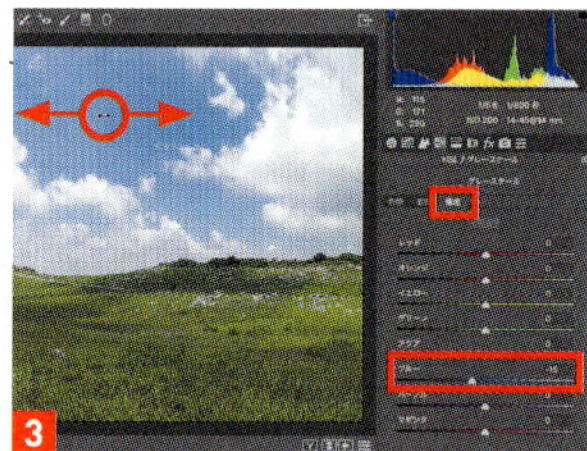
3

5

4

6

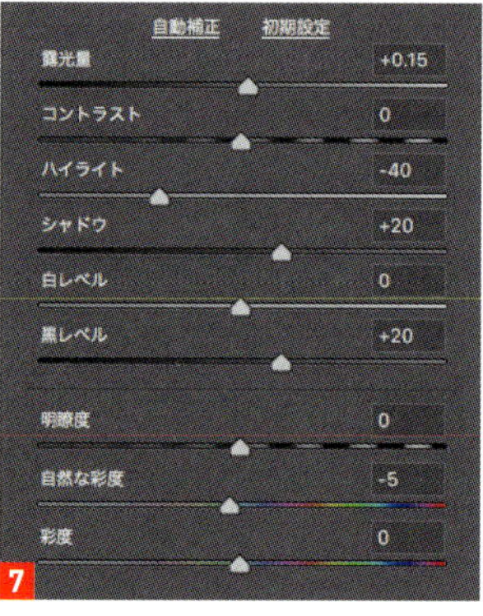

7

073

明け方の薄暗いイメージにして静寂さを演出する

全体の色味や明るさを調整して、昼間撮影した風景写真を明け方のような薄暗いイメージに仕上げます。

Ps CC　Toshiyuki Takahashi [Graphic Arts Unit]

01 色温度を調整して全体の青みを強くする

写真を開き 1 、スマートオブジェクトに変換します 2 。今回のように直射日光がない素材を選ぶのがポイントです。[フィルター] → [Camera Raw フィルター] を開き、[色温度] と [色かぶり補正] の値を少し下げて全体の青みを強くします 3 。

02 露光量と彩度を下げて全体の明るさを調整する

[露光量：−2.00] にして、全体を暗くします。さらに、[コントラスト：−30] [シャドウ：+30] にしてディティールをフラットに、[自然な彩度：−30] にして不自然な鮮やかさを緩和します 4 。

1

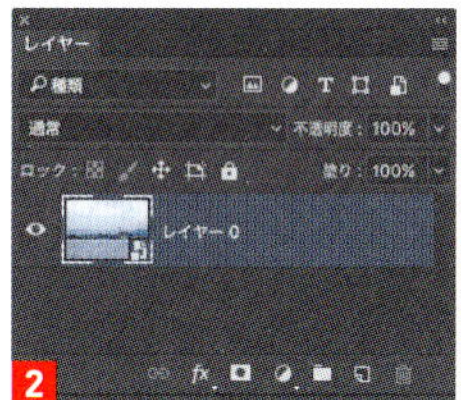

2

3

4

03 朝方の印象を強めるために写真周辺を少しだけ暗くする

[効果] タブをクリックし、[切り抜き後の周辺光量] の [適用量] を [−20] にします。写真の周辺が暗くなり、雰囲気が高まりました。最後に [OK] をクリックしてフィルターを実行します 5 。

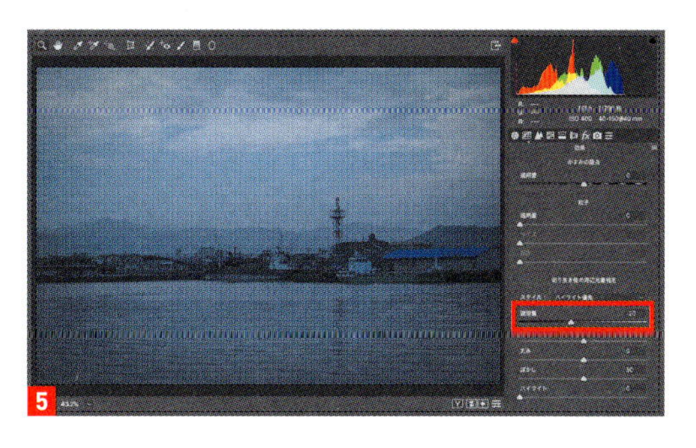
5

04 レイヤーを複製して全体のトーンを調整する

レイヤーを複製し、複製したレイヤーの描画モードを [スクリーン] に変更します 6 。全体のトーンがほどよく明るくなり、ナチュラルな印象になります 7 。[不透明度] で強さをコントロールできるので、好みに合わせて調整するとよいでしょう。これで完成です。

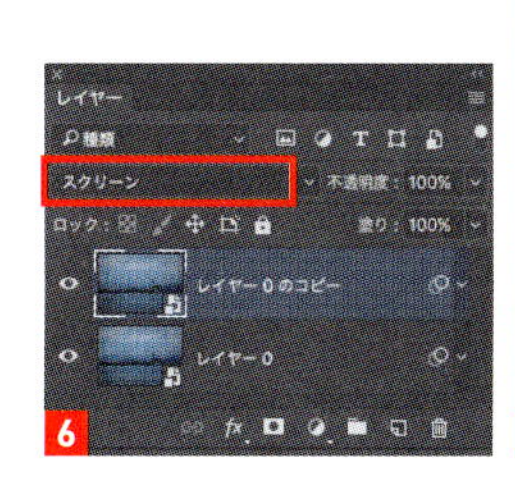

6

7

074

HDR風のイメージに仕上げる

Camera Rawフィルターで画像の明瞭度を操作してHDR風のイメージに仕上げます。

Ps CC　Toshiyuki Takahashi [Graphic Arts Unit]

01 写真を開いて内容を確認する

今回使用するような夜景の写真は、シャドウとハイライトの差が大きいため、暗部はつぶれ気味に、明部は飛び気味になります 1。これらのディティールが両方表現されるように合成するのが HDR（ハイダイナミックレンジ）画像です。通常の写真補正としても使われる HDR ですが、演出のひとつとして用いられることも少なくありません。今回は、HDR 風の画像に仕上げるために Camera Raw フィルターを使います。

1

02 Camera Raw フィルターで明瞭度を調整する

［フィルター］→［Camera Raw フィルター］を選択し、［明瞭度］のスライダーを右に動かして限界値の［+100］まで高めます 2。これだけで、HDR 風のイメージになります 3。

3

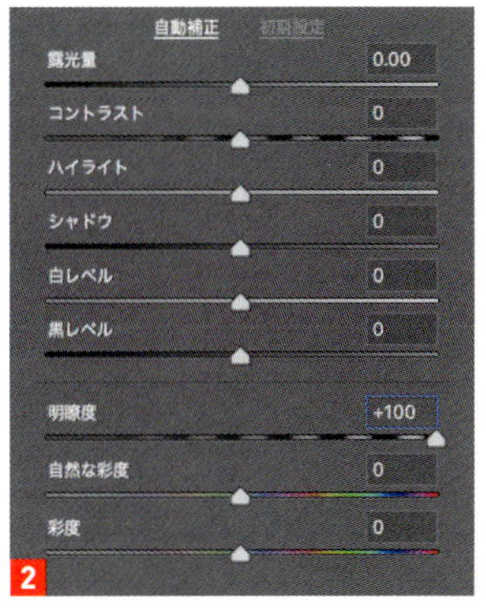

2

03 同様に他のパラメーターを調整する

4 を参考に、他のパラメーターも少し動かして全体的なバランスを整えましょう 5。［自然な彩度］で全体の彩度を少し下げるのもポイントです。

5

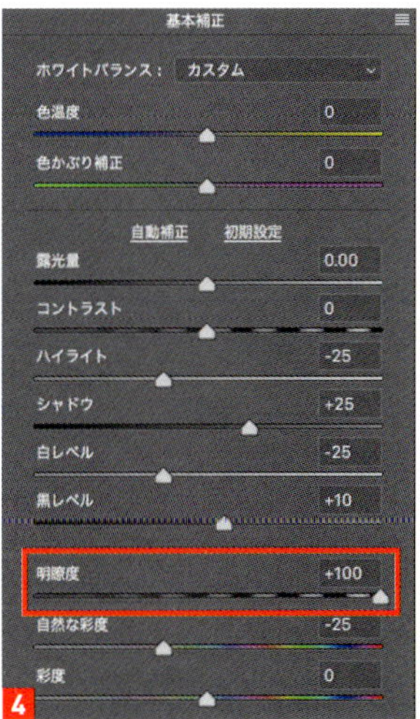

4

04 全体にノイズを追加する

［効果］タブをクリックして、［粒子］で［適用量:30］［サイズ:25］［荒さ:60］にして、［OK］をクリックします 6。粒子を加えることで、全体がザラザラとして雰囲気が高まります。これで写真が HDR 風に加工され、非現実的な印象のビジュアルが完成です 7。

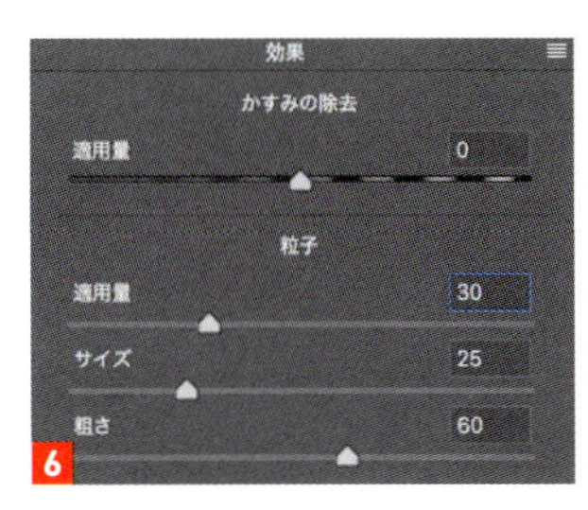

6

7

高層ビル群に巨大な文字を合成する

Vanishing Pointを使ってパースを合わせ、レイヤーマスクでビル群の中に巨大な文字を組み込んだ、個性的なビジュアルを作成します。

075

Ps CC　Toshiyuki Takahashi [Graphic Arts Unit]

01　新規ドキュメントに文字を作成する

新規ドキュメントを［幅：2000pixel］［高さ：1333pixel］［解像度：72pixel/inch］［カラーモード：RGB カラー］、［カンバスカラー：透明］で作成します。［横書き文字ツール］を選択し、1 の設定で［HELLO］という文字を作成します 2。ここで使った［Aachen D Bold］は、CC ユーザーであれば Adobe のフォントサービス「Typekit」を通じて導入可能です。すべてを選択し、［編集］→［結合部分をコピー］を実行してクリップボードにコピーしておきます。

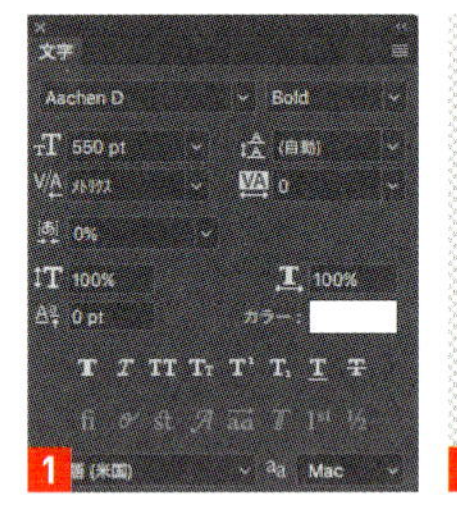

1

2

02　Vanishing Point で合成に必要な面を作成する

写真を開き 3、［テキスト］という名前で新規レイヤーを追加します 4。レイヤーを選択した状態で、［フィルター］→［Vanishing Point］を実行します。画面上でクリックすると、メッシュと呼ばれる「面」を作成できます。まずは適当な大きさのメッシュを作成し、四隅のハンドルをドラッグして4辺の角度をビルのパースに合わせます 5。一度どこかの角度を合わせれば、パースを維持しながらメッシュを拡大できます。ほぼ画面いっぱいになるように少し広めに設定しておいてください 6。拡大したときに角度がずれてしまう場合は、その都度、微調整していきます。

★ 3

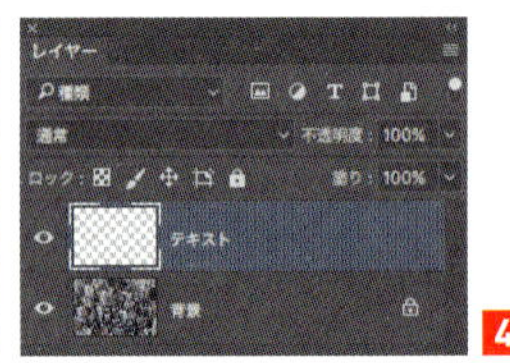

4

5

6

03 テキストをペーストして位置や大きさを決める

⌘（Ctrl）＋V にするキーを押して、先ほどコピーした文字をペーストします 7。ペーストした選択範囲をドラッグしてメッシュの内部に入れると、角度がメッシュに沿った形になります。ダイアログ左にある［変形ツール］を選択し、四隅のハンドルを Shift を押しながらドラッグすれば大きさを調整できます。8 を参考に、だいたいの位置と大きさを決めて［OK］をクリックします。［テキスト］レイヤーに先ほどペーストした画像が追加されます。

7

8

04 テキストレイヤーにマスクを作成する

［テキスト］レイヤーを選択し、［不透明度：50%］程度にして、文字とビルが両方見えるようにしておきます 9。［レイヤーマスクを追加］をクリックして、［テキスト］レイヤーにレイヤーマスクを追加します。続いて［多角形選択ツール］を使ってビルと文字が重なっている範囲を選択し 10、［編集］→［塗りつぶし］を［内容:ブラック］で実行します。こうすることで、文字の手前にあるビルが正しく合成されます 11。同様の処理をすべての文字に対して行いましょう。すべて終わったら、［不透明度：100%］に戻しておきます 12。

9

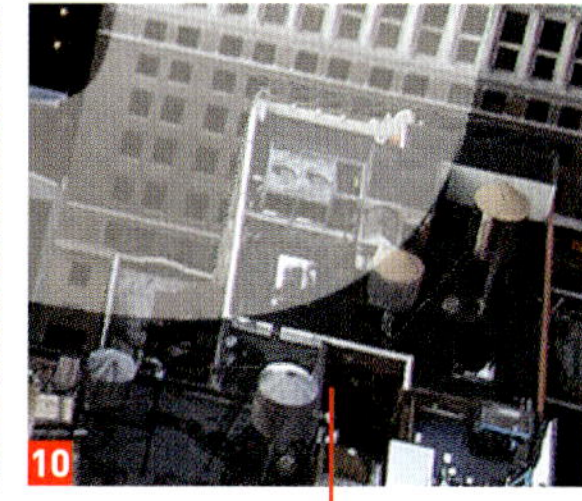
10

12

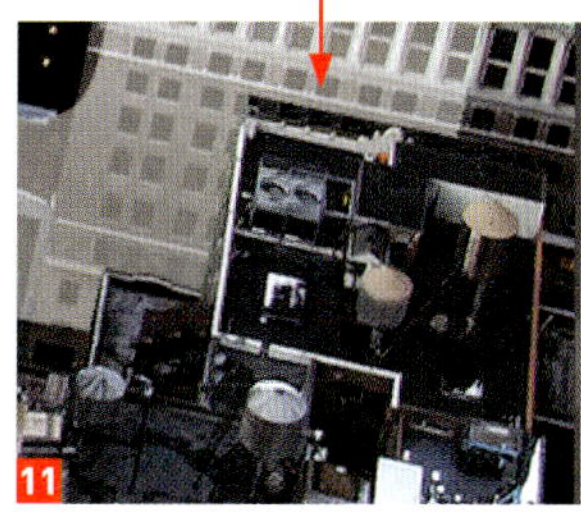
11

05 ビルが文字に落とす影をつける

［テキスト］レイヤーの上に［シャドウ］という名前で新規レイヤーを作成し、［レイヤー］→［クリッピングマスクを作成］を実行します 13。［ブラシツール］を選択し、［ブラシプリセット］パネルで［ソフト円ブラシ］を選択します。［直径］は［200px］程度にしておきます 14。描画色を黒に設定し、ビルと文字の重なったあたりをドラッグして影を描いていきます。すべての影が追加できたら、レイヤーを［不透明度：40%］程度に調整して完成です 15 16。

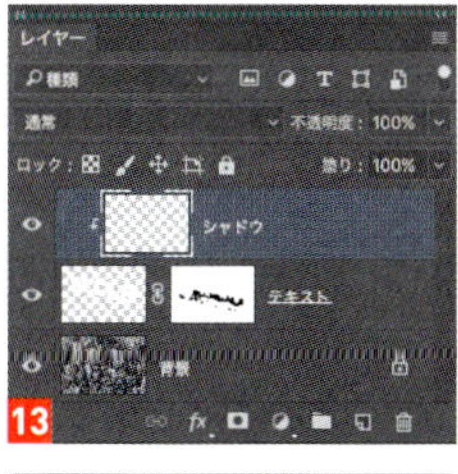

13

15

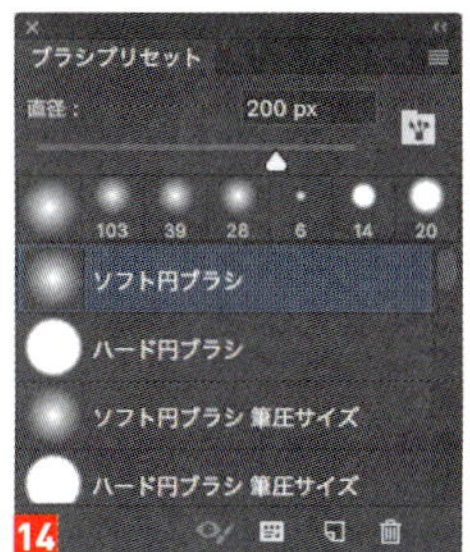

14

16

076

霧が立ち込めるミステリアスな森にする

雲模様フィルターで作った霧のイメージを合成し、全体のトーンをCamera Rawフィルターで補正します。

Ps CC　Toshiyuki Takahashi [Graphic Arts Unit]

01 雲模様フィルターで霧のベースを作成する

森の写真を開き 1 、新規レイヤーを作成します。描画色と背景色を初期設定の黒と白にし、[フィルター] → [描画] → [雲模様 1] を実行します。続いて [編集] → [変形] → [拡大・縮小] を選択し、[オプションバー] で [W：500%]、[H：100%] で実行します。これで雲模様が横に引き伸ばされます 2 。

02 霧を仕上げて写真と合成する

[フィルター] → [描画] → [雲模様 2] を実行します 3 。続けて [編集] → [「雲模様 2」をフェード] を選択し、[描画モード：ソフトライト] で実行します 4 。これで霧のイメージは完成です。[レイヤー] パネルで描画モードを [スクリーン] [不透明度：45%] にして 5 、森の写真に合成します 6 7 。

1

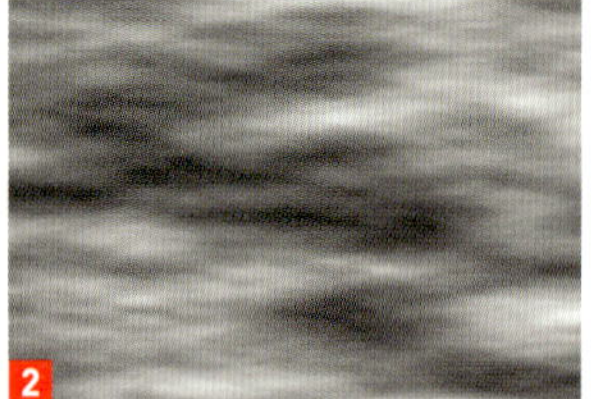
2

3

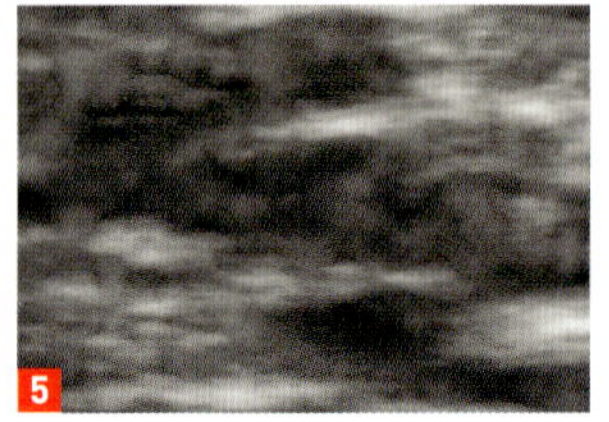
5

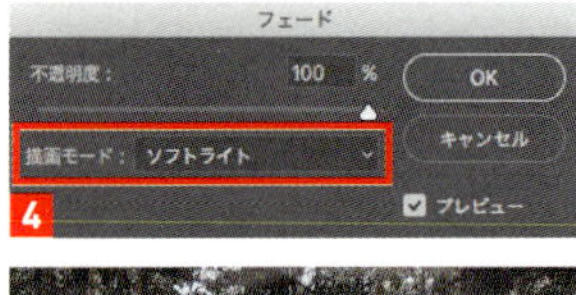

4

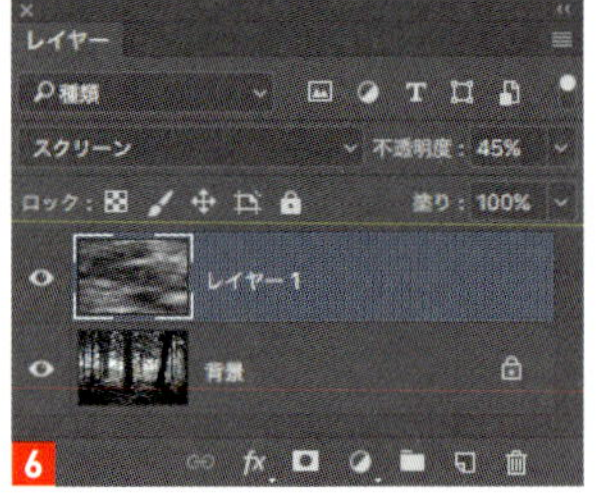

6

7

03 全体をグレートーンにする

［レイヤー］パネルで背景と雲模様のレイヤーを選択し、［レイヤー］→［スマートフィルター用に変換］を実行してスマートオブジェクトに変換します。続いて、［イメージ］→［色調補正］→［白黒］をデフォルトの設定で実行します。これで全体がグレースケールになり、雲模様のレイヤー下に［スマートフィルター］と［白黒］の項目が追加されます 8 。最後に［白黒］の右端にあるパラメーターのアイコンをダブルクリックし、［不透明度：60%］で［OK］します 9 。これにより全体がグレーに近いトーンになります 10 。

04 森のトーンをブルー系にする

［フィルター］→［Camera Raw フィルター］を選択します。［色温度］と［色かぶり補正］のスライダーを左へ移動し、全体の青みを強くしていきます。さらに［露光量］［ハイライト］［シャドウ］［白レベル］も調整します。ポイントは［ハイライト］と［白レベル］を最小まで下げ、ハイライトの範囲を暗めにすることです 11 12 。

05 ディティールを甘くして かすんだイメージにする

［明瞭度］のスライダーを左へ移動します。［明瞭度］は細部をどのくらい強調して表示するかを調整する項目です。高くするとエッジがシャープになってディティールが強調され、低くするとふわっとした甘めの表現になります。今回は霧に包まれた森を演出するため［−50］程度にし、あえてディティールを甘くします 13 14 。

06 全体の色調を整えて 雰囲気を高める

［イメージ］→［色調補正］→［カラールックアップ］を選択し、［3D LUT ファイル］のメニューから［LateSunset.3DL］を選択して［OK］をクリックします 15 。これで全体が紫っぽく補正されます 16 。続いて［レイヤー］パネルで［スマートフィルター］下の［カラールックアップ］の右端にあるパラメーターアイコンをダブルクリックし、［不透明度：50%］に変更すれば完成です 17 18 。

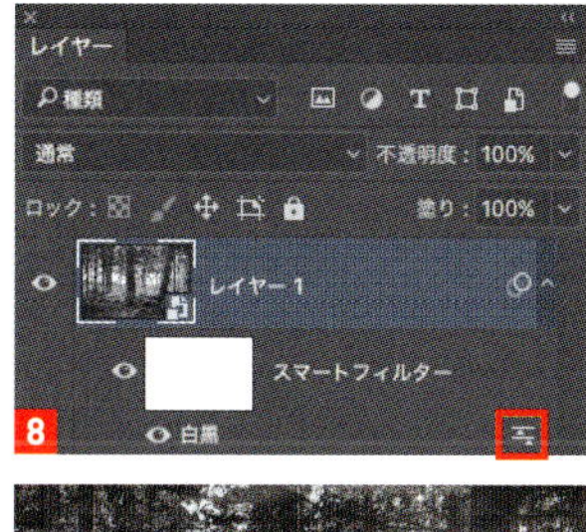

8

9

10

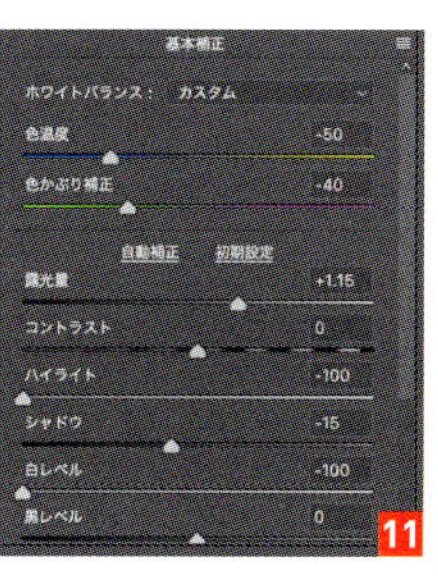

11

12

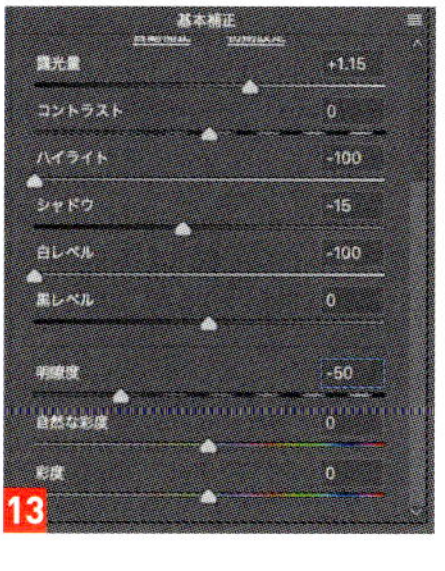

13

14

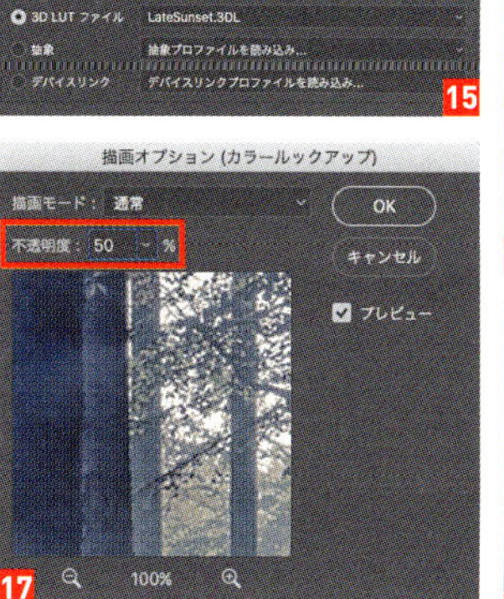

15
17

16

18

3 SCENE

077 ミニチュア風の写真にする

チルトシフトぼかしの機能で風景の手前と奥側をぼかし、被写界深度の浅い小さなスケール感を演出します。

Ps CC　Toshiyuki Takahashi [Graphic Arts Unit]

01 スマートオブジェクトに変換する

写真を開き 1 、[フィルター] → [スマートフィルター用に変換] を実行して、スマートオブジェクトに変換しておきます 2 。ミニチュア風に加工する写真は、なるべく建物が垂直に映っているものがいいでしょう。広角レンズによるパースの広がりがあるものなどは向きません。

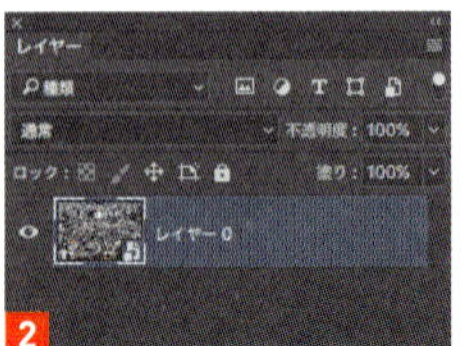

02 チルトシフトぼかしで風景の前後をぼかす

[フィルター] → [ぼかしギャラリー] → [チルトシフト] を選択します。右側に表示された [ぼかしツール] パネルでぼかしの強さを調整できます。ここでは [ぼかし：15px] とします 3 。ぼかしの範囲は、ぼかしの基準を示す、サークルの上下にある実線と点線で調整します 4 。実線と点線の間は徐々にぼかしが変化するので、それぞれのラインを移動して範囲を調整しましょう。調整できたら、[オプションバー] の [OK] をクリックして実行します。

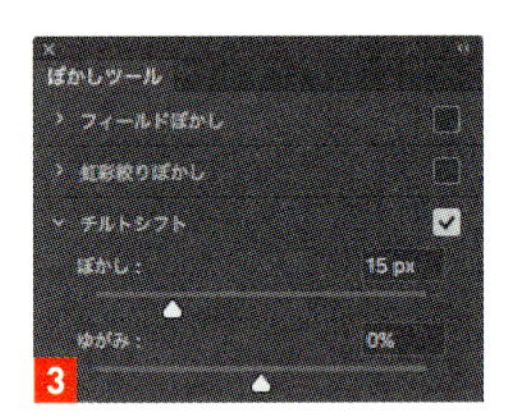

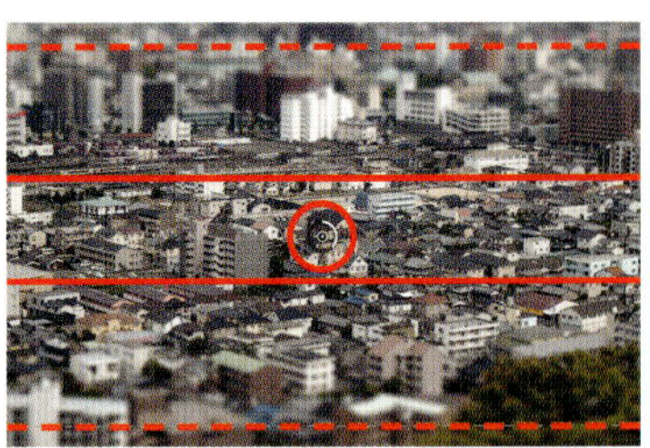

03 全体のトーンを調整してミニチュア感を強調する

[レイヤー] → [新規調整レイヤー] → [トーンカーブ] を実行したあと、[属性] パネルを開き、カーブが 5 のような山形になるようにポイントを追加しながら調整します。これで全体が明るく、軽い色調になります 6 。続けて、[レイヤー] → [新規調整レイヤー] → [色相・彩度] を実行 7 。[属性] パネルで [彩度：+30] [明度：+10] に設定します 8 。彩度が高まることでポップなイメージになり、よりミニチュア感が増します。これで完成です 9 。

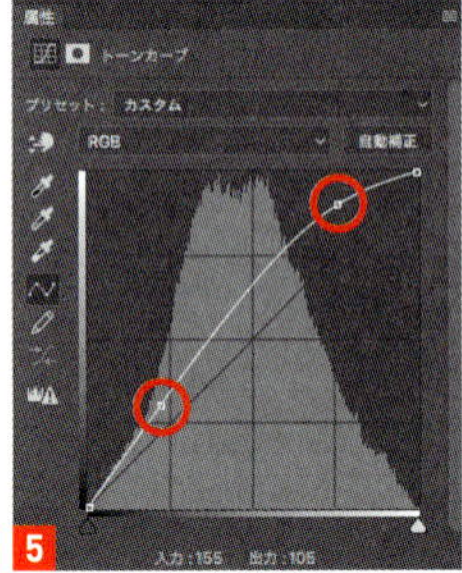

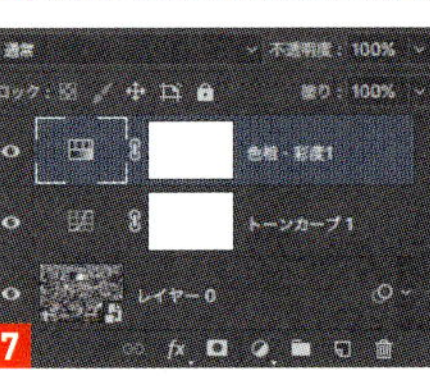

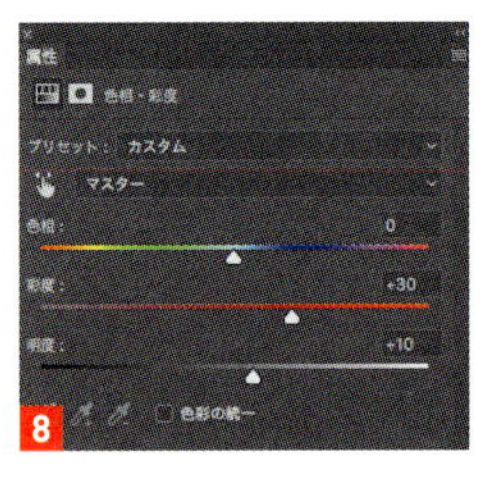

078 コピースタンプで木を複製する

コピースタンプツールを使って、風景写真の木を移動したり、複製したりしてレイアウトを変更します。

Ps CC　Satoshi Kusuda

01 木を選択して移動する

元画像を開きます 1 。[コンテンツに応じた移動ツール] を選択し、移動したい木を大まかに選択します 2 。そのまま、右側にドラッグし位置を整え、Return（Enter）キーを押します。これで自然な印象で木を移動させることができました 3 。

1

2

3

02 コピースタンプツールで木を複製する

最前面に新規レイヤーを追加し、選択します。[コピースタンプツール] を選択し、オプションバーを 4 のように設定します。画面右側の木の先端あたりを Option（Alt）キーを押しながら選択し 5 、画像の左上にコピーしていきます 6 。

4

5

6

03 複製した部分の背景を削除する

[自動選択ツール] を選択します。[許容値：30] に設定し 7 、複製した木の背景部分を選択して削除します 8 9 。同じ要領で新規レイヤーを作成し、ベンチを複製して完成です 10 。

7

8

9

10

3 SCENE

079

冬の風景に雪を降らせる

雪を描くための専用ブラシを作成し、画面の奥、手前の順にブラシのサイズを変えて雪を描き加えていきます。

Ps CC　Satoshi Kusuda

01 ブラシを設定する

元画像を開きます 1 。［ブラシツール］を選択し、［ブラシ設定］パネルを表示します。［ブラシ先端のシェイプ］を選択し、［間隔：300%］にします 2 。［シェイプ］を選択し、［サイズのジッター：100%］にします 3 。［散布］を選択し、［散布：750%］にします 4 。

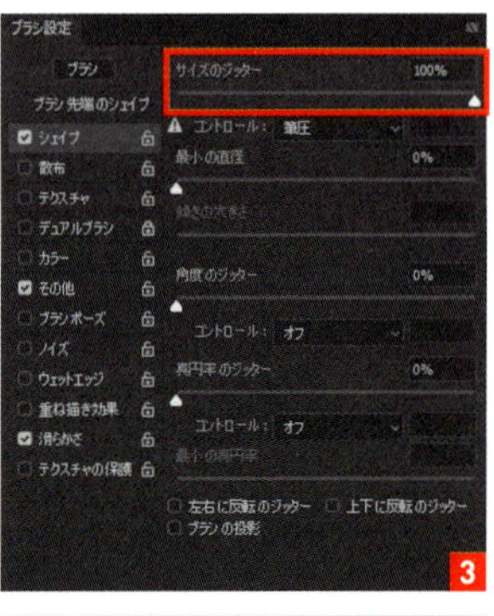

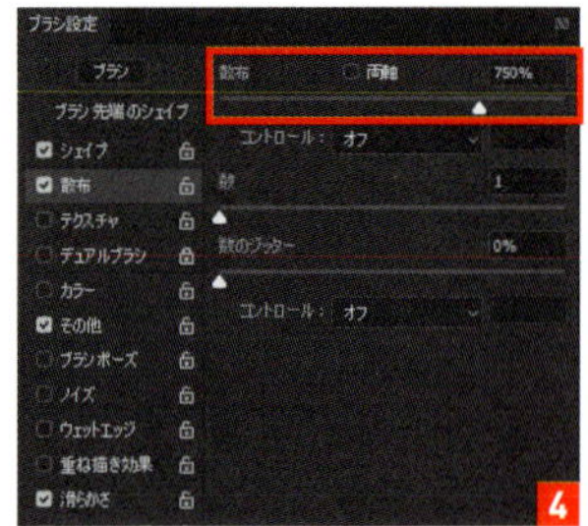

02 ブラシツールで雪を描く

新規レイヤーを作成します。先ほど設定したブラシを選択し、［直径：30px］で上から下にストロークしながら雪を描きます。レイヤーの［不透明度］を［35%］にして、画面奥で雪が降っているようにし、背景となじませます 5 。さらに新規レイヤーを作成し、最前面に配置します。ブラシの設定を［直径：100px］に変更し、画面手前に降る雪を描きます。［フィルター］→［ぼかし］→［ぼかし（ガウス）］を［半径：15pixel］で適用し、手前の雪をぼかし、柔らかな印象にします 6 。最後にレイヤーの［不透明度］を［70%］にします 7 。

03 画面手前の雪を描く

さらに最前面に新規レイヤーを追加し、［直径：400px］のブラシを使って、点を置くように手前の雪を描きます。手前の雪が描けたら、先ほどと同じ要領で［ぼかし（ガウス）］を［半径：15pixel］で適用して完成です 8 。

ONE POINT

同様の手順でさまざまな風景に応用することができます。なお、ブラシのサイズは、写真や仕上がりのイメージに合わせて変更してください。

被写体をぼかして距離感を演出する

画面の手前と奥に素材を配置し、場所ごとに明度を変え、
ぼかしを変えることで画像の奥行感を強調します。

080

Ps CC Satoshi Kusuda

01 背景に素材をレイアウトする

元画像を開きます 1。続いて、フォークやナイフやリンゴなどを写した素材画像を開き 2、元画像にレイヤーを分けてレイアウトしていきます 3。

02 配置場所に合わせて明度を変える

配置した場所に合わせて、素材の明度を整えていきます。[林檎 1] レイヤーを選択し、[イメージ] → [色調補正] → [レベル補正] を **4** のように適用します。続いて [フィルター] → [ぼかし] → [ぼかし (ガウス)] を [半径：6.2pixel] で適用します **5** **6**。同様にして、[林檎 2] レイヤーを選択し、[レベル補正] を **7** のように、[ぼかし (ガウス)] を [半径：15.0pixel] 適用します **8** **9**。

4

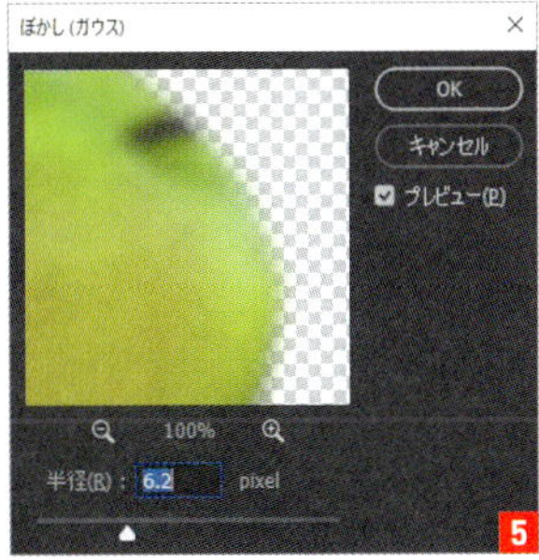

5

6

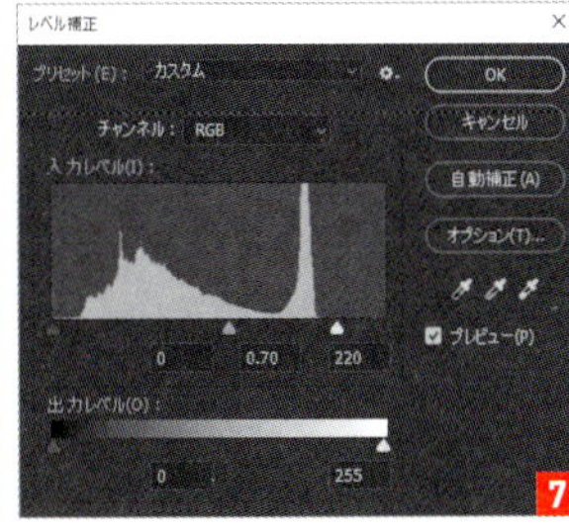

7

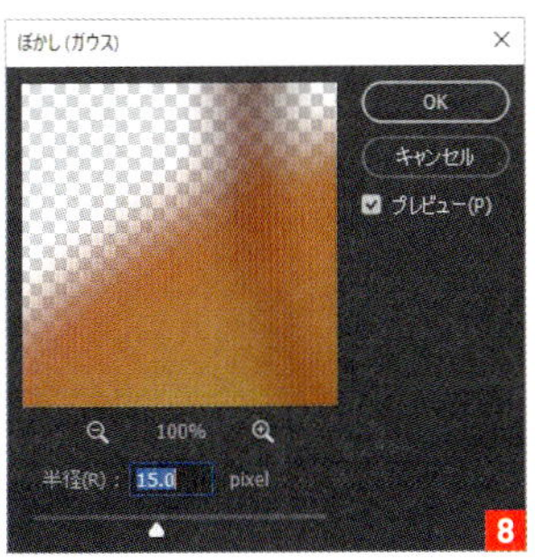

8

9

03 ナイフとフォークをぼかして仕上げる

[ナイフ] レイヤーを選択し、[ぼかし (ガウス)] を [半径：8.4pixel] で適用します **10**。続いて、[フォーク] レイヤーを選択し、[ぼかし (ガウス)] を [半径：15.0pixel] で適用します **11**。配置した場所によって明度とぼかしの具合を変えることで距離感が演出できます **12**。これで完成です。

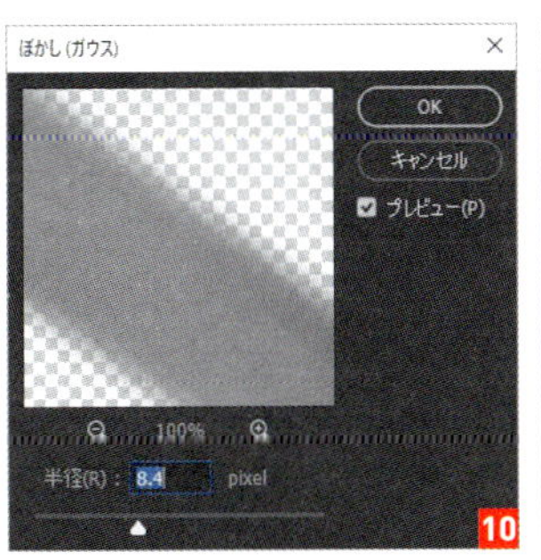

10

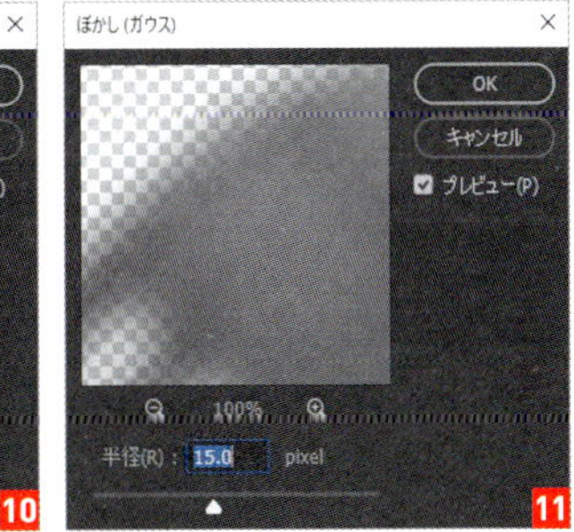

11

12

水たまりへの映り込みを表現する　081

建物の画像を水たまりでマスクして、映り込みを表現します。

Ps CC　Satoshi Kusuda

01　水たまりの部分をコピーする

水たまりの画像を開きます 1 。［ペンツール］を選択し、水たまり部分のパスを作成します 2 。カンバス上で Control キーを押しながらクリック（右クリック）して［選択範囲をコピーしたレイヤー］を選択します 3 。作成したレイヤーを［水たまり］という名前にします。

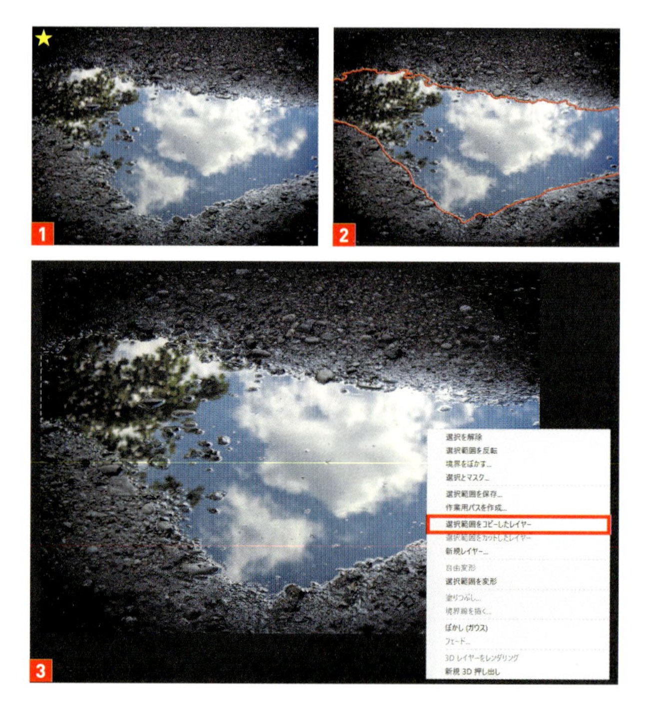

02 レベル補正とぼかしフィルターでフラットな印象にする

［水たまり］レイヤーを選択し、［イメージ］→［色調補正］→［レベル補正］を 4 のように適用します。続いて、［フィルター］→［ぼかし］→［ぼかし（ガウス）］を［半径：5pixel］で適用し 5 、フラットな感じにします 6 。

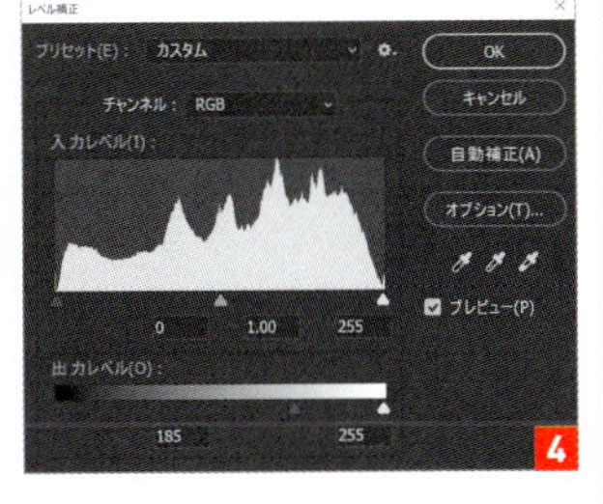

4

5

6

03 水たまりに風景を合成する

建物の画像を開き 7 、水たまりのレイヤーの上に配置します。水たまりへの映り込みを意識して、建物のレイヤーに［編集］→［変形］→［垂直方向に反転］を実行しておきます 8 。［レイヤー］パネル上で建物のレイヤーを選択し、Control キーを押しながらクリック（右クリック）して［クリッピングマスクを作成］を選択します 9 。最後にレイヤーの［不透明度］を［90%］ 10 、描画モードを［乗算］に設定してなじませたら完成です 11 。

7

8

9

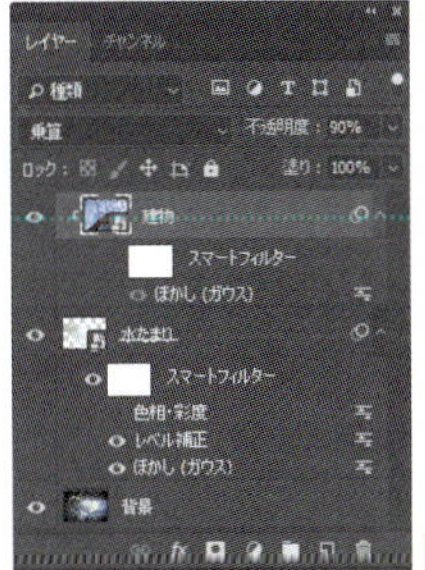

10

11

082 夜空に星を追加する

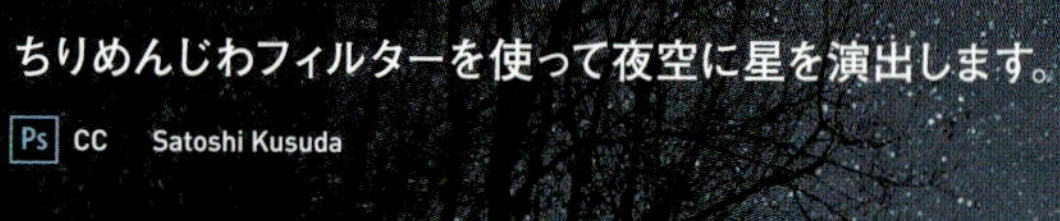

ちりめんじわフィルターを使って夜空に星を演出します。

Ps CC Satoshi Kusuda

RETICULATION EFFECT

01 黒で塗りつぶしたレイヤーを作成する

元画像を開きます 1 。ツールバーで［描画色と背景色を初期設定に戻す］をクリックして、描画色を黒［#000000］、背景を白［#ffffff］にしておきます 2 。新規レイヤーを作成して、［塗りつぶしツール］を選択し、黒［#000000］で塗りつぶします 3 。

02 ちりめんじわフィルターを適用する

塗りつぶしたレイヤーに［フィルター］→［フィルターギャラリー］を適用し、［スケッチ］→［ちりめんじわ］を［密度：5］で適用します 4。続いて［イメージ］→［色調補正］→［レベル補正］を 5 のように適用してコントラストを上げます。最後にレイヤーの描画モードを［スクリーン］にします 6。

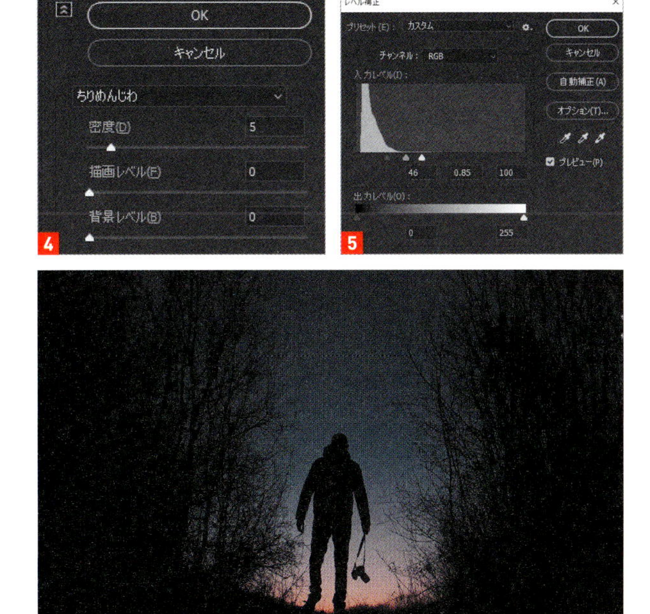

03 画面手前の人物と木々をマスクする

［自動選択ツール］を使って、人物のシルエットとその両側に広がる手前の木々（画面奥の木々は除く）を含む選択範囲を作成し、［選択範囲］→［選択範囲を反転］を実行します 7。選択範囲作成後、［レイヤー］パネルでちりめんじわを適用したレイヤーを選択し、［レイヤーマスクを追加］します 8。

04 星の大きさに強弱をつける

ちりめんじわのレイヤーを複製し、［レイヤーマスクのレイヤーへのリンク］をクリックしてオフにしておきます 9。［編集］→［自由変形］を実行して、中心から［250%］程度拡大します 10。拡大したことにより、画像がぼやけるので、［フィルター］→［シャープ］→［アンシャープマスク］を［量：120%］［半径：1.5pixel］で適用します 11。これにより強弱のある星空ができます 12。これで完成です。

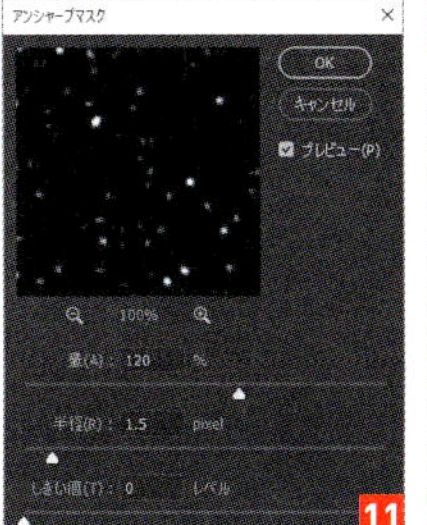

083 多重露光を取り入れた複雑なビジュアルにする

異なる写真を重ねた「多重露光」を描画モードで再現します。さらに全体の色味も調整して雰囲気を高めていきます。

Ps CC　Toshiyuki Takahashi [Graphic Arts Unit]

01 2枚の写真をソフトライトで合成する

今回は2枚の写真を使います。まず鳥の写真 1 を開き、[ファイル] → [埋め込みを配置] を選択します。次に、街の写真 2 を選んで [配置] をクリックし、そのまま確定します。レイヤー名を [街1] とし、描画モードを [ソフトライト] に変更します 3。これで2枚の写真が合成されましたが、鳥の内側が暗くつぶれてしまっています 4。次にこれを調整します。

1

2

3

4

02 レイヤーを複製して異なる描画モードで合成する

街の写真のレイヤーを複製し、レイヤー名を[街2]、描画モードを [スクリーン] に変更します 5。これで全体が明るくなり、鳥の内側に街の景色がはっきりと見えるようになります。全体の濃度は、これら2枚のレイヤーの [不透明度] で調整できます。ここでは、[街2] を [85%] 5、[街1] を [70%] にしています 6 7。

5

7

6

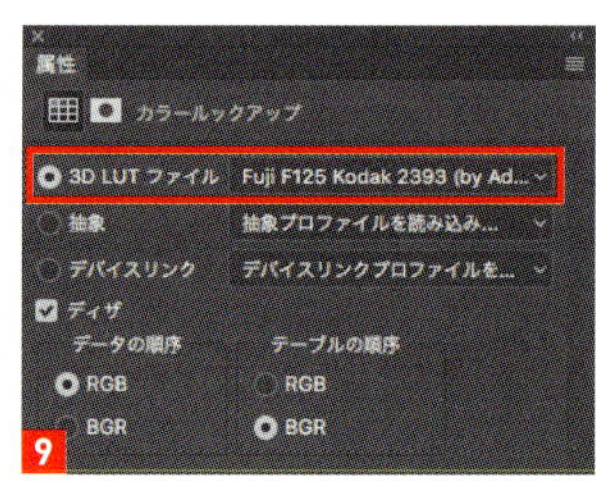

9

03 雰囲気を出すため全体の色味を補正する

[街2] レイヤーを選択し、[レイヤー] → [新規調整レイヤー] → [カラールックアップ] を選択します 8。[属性] パネルで [3D LUT ファイル：Fuji F125 Kodak 2393 (by Adobe).cube] を選択すれば完成です 9 10。

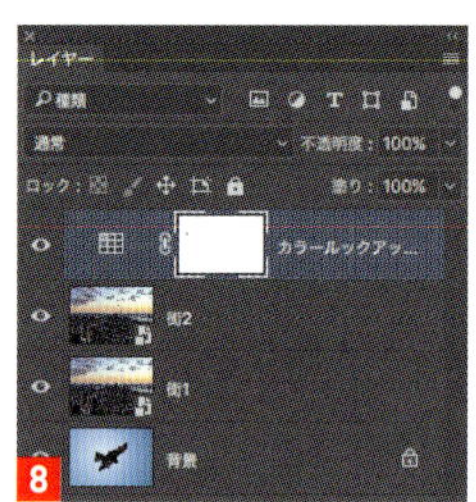

8

10

4

文字やロゴを使いたいときの、
レタッチ・加工のアイデアを集めました。
クールなタイポグラフィからアナログ表現まで、
便利なテクニックが満載です。

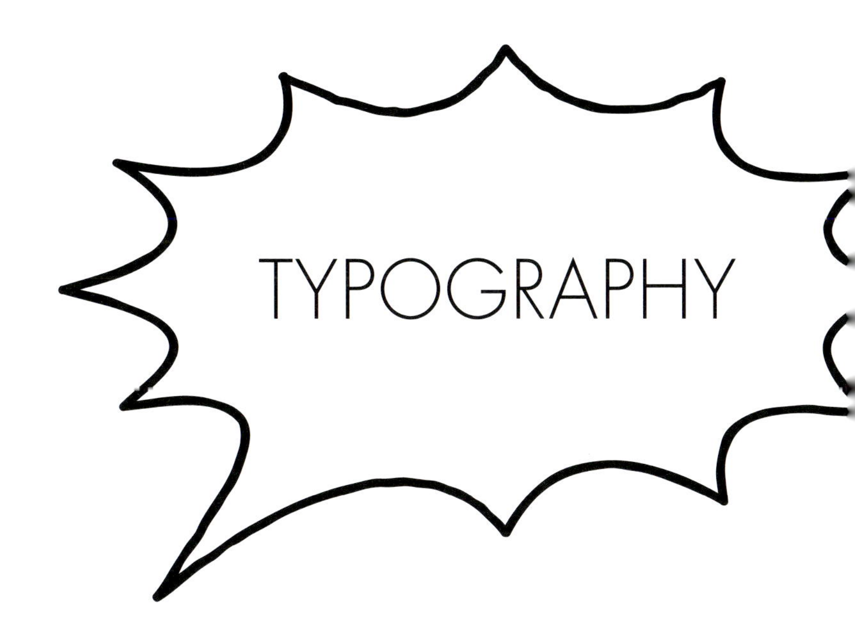

コーヒーの湯気で文字を描く

084

フリーハンドで描いた文字を湯気や煙のように加工します。
ブラシを使って作業するので他の文字にも簡単に応用できます。

Ps CC　Satoshi Kusuda

01 文字ツールで入力した文字をガイドに作業する

背景の画像を開きます 1 。［横書き文字ツール］を選択し、好みのフォントで［Smoke］と入力し、［不透明度：10%］に設定します 2 。テキストレイヤーの上に新規レイヤーを［煙］という名前で作成します。［ブラシツール］を選択し、描画色を白［#ffffff］［ソフト円ブラシ］［直径：20pixel］に設定し、先ほど作成したテキストレイヤーの文字をガイドにフリーハンドで文字を描いていきます 3 。

1

2

3

02 太さを変えてラインを描く

［Smoke］テキストレイヤーを非表示にするか削除します。ブラシを［直径:50pixel］に変更し、先ほどと同じように文字を描きます。両サイドにラインを伸ばすなどの装飾も入れてみましょう 4 。続いて［直径：10pixel］に変更して、文字にからめるようにラインを描きます 5 。

4

5

03 ぼかしフィルターで湯気や煙のように加工する

［煙］レイヤーを選択し、［フィルター］→［ぼかし］→［ぼかし（ガウス）］を［半径：8pixel］で適用します 6 7 。続いて、［フィルター］→［その他］→［明るさの最大値］を［半径：10pixel］で適用します 8 9 。最後にレイヤーの［不透明度］を［50%］に設定してなじませると完成です 10 11 。

6

7

8

9

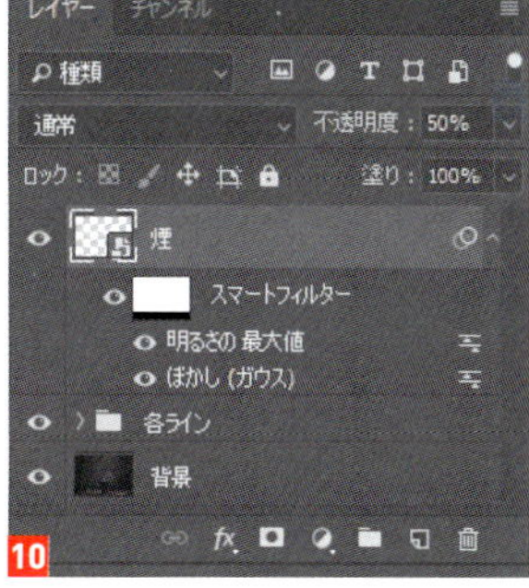

10

11

サーチライトで照らし出されたような文字にする

085

レベル補正とレンズフィルターで写真を暗く加工して、サーチライト風の光で壁に描かれた文字を照らし出します。

Ps CC　Satoshi Kusuda

01 画像全体を均一に暗くする

レンガの画像を開き 1 、[イメージ] → [色調補正] → [レベル補正] を 2 のように適用します。[出力レベル] を調整することで、全体が均一に暗くなります 3 。

1

3

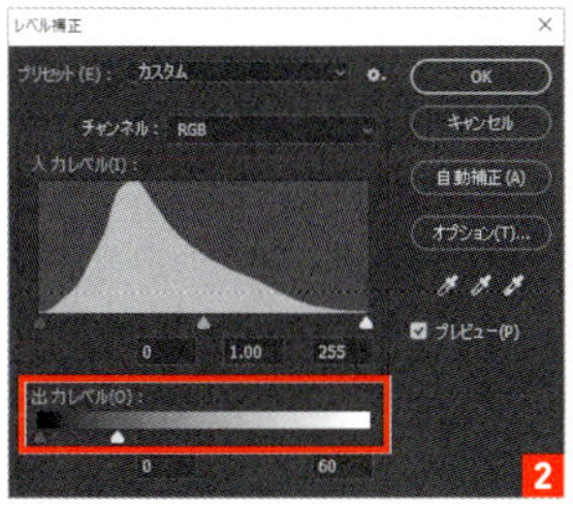

2

02 レンズフィルターで夜の色味を再現する

[イメージ] → [色調補正] → [レンズフィルター] を選択し、[フィルター：フィルター寒色系 (80)] [適用量：50%] で適用します 4 。これにより、夜をイメージさせる青い色味が加わります 5 。

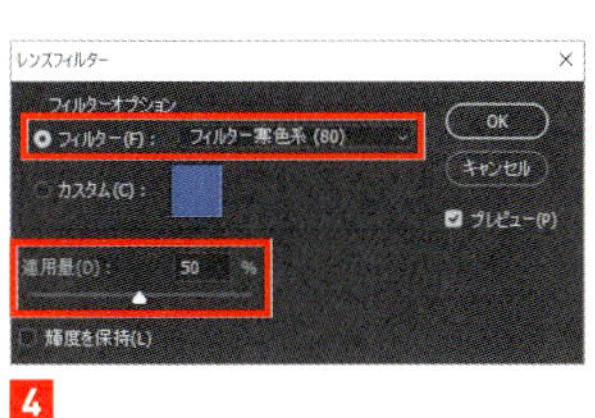

4

5

03 ロゴを配置してぼかす

あらかじめ用意しておいたロゴの画像を開き 6 、[レンガ] レイヤーの上に配置します。ロゴレイヤーに [フィルター] → [ぼかし] → [ぼかし (ガウス)] を [半径：2pixel] で適用します 7 。これにより、光の輪郭がぼやけたような印象になります 8 。

6

7

8

04 描画モードを変更してなじませる

[ロゴ] レイヤーの描画モードを [オーバーレイ] に変更します 9 。このままでは光が弱いので、[ロゴ] レイヤーを複製して明るくしたら完成です 10 11 。

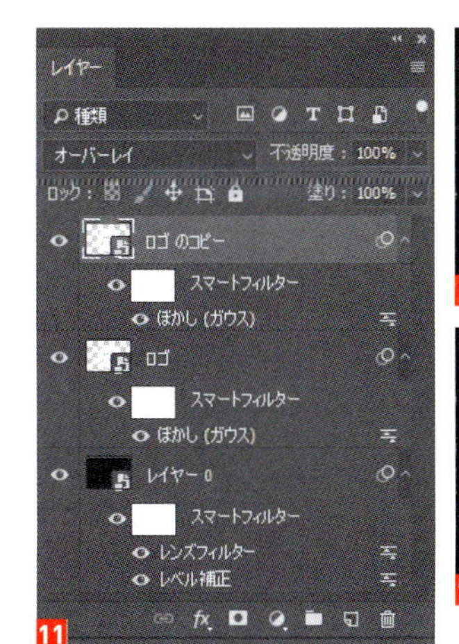

11

9

10

動物の体に模様風の文字を描く 086

文字ツールで入力したテキストをパスコンポーネント選択ツールで並び替え、フィルターとレイヤースタイルを適用してなじませます。

Ps CC Satoshi Kusuda

01 ブラシで黒い部分を塗りつぶす

元画像を開き 1 、新規レイヤーを最前面に追加します。レイヤー名は［塗り］とします。［ブラシツール］を選択し、［ソフト円ブラシ］［不透明度：100%］に設定します 2 。［ブラシサイズ］は塗る場所に応じて変えてください。まず、シマウマの模様を塗りつぶします。［ブラシツール］を選択した状態で Option （Alt）キーを押すと一時的に［スポイトツール］に切り替わるので、模様のすぐ近くの体の白い部分の色を抽出し、すぐ近くの黒い模様を塗りつぶすように消していきます。体の面を意識して、大まかに塗りつぶしていきましょう 3 4 。

1

2

3 4

02 上塗りをしてなじませる

［スポイトツール］を使って、大まかに塗りつぶした色を抽出し、さらに塗ることでなじませます 5 。その際、ブラシの［不透明度］は［25%］前後に設定して作業します 6 。

03 動物の体に文字を配置する

［横書き文字ツール］を選択し、［フォント：Azo Sans Uber］（Adobe Typekit に収録）、［カラー：#041c1f］に設定します。同じフォントが使えない場合は、好みのフォントでかまいません。その他の設定を 7 のようにし、［ZEBRA］と入力します 8 。［レイヤー］パネルで、［zebra］テキストレイヤーを選択し、Control キーを押しながらクリック（右クリック）して、［シェイプに変換］を実行します。［パスコンポーネント選択ツール］を選択し、１文字ずつレイアウトしていきます 9 。テキストレイヤーの下に新規レイヤーを作成し、白［#ffffff］で塗りつぶします。塗りつぶしたレイヤーとシェイプ化した［zebra］レイヤーを結合します 9 。レイヤー名は［zebra］にします。最後にこのレイヤーの描画モードを［乗算］に変更します 10 。

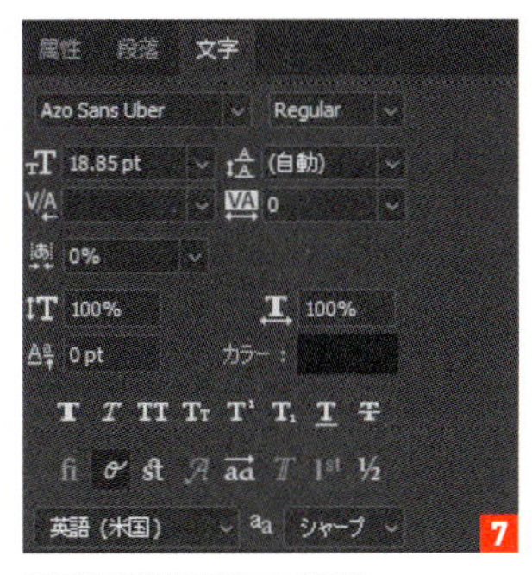

04 文字の輪郭を歪ませて質感を加える

［zebra］レイヤーを選択し、［フィルター］→［フィルターギャラリー］→［ブラシストローク］→［はね］を［スプレー半径：3］［滑らかさ：5］で適用します 11 。［塗り］レイヤーを選択し、［フィルター］→［ノイズ］→［ノイズを加える］を［量：3.8%］［分布方法：均等に分布］で適用して、背景の写真のノイズ感に近づけます 12 。

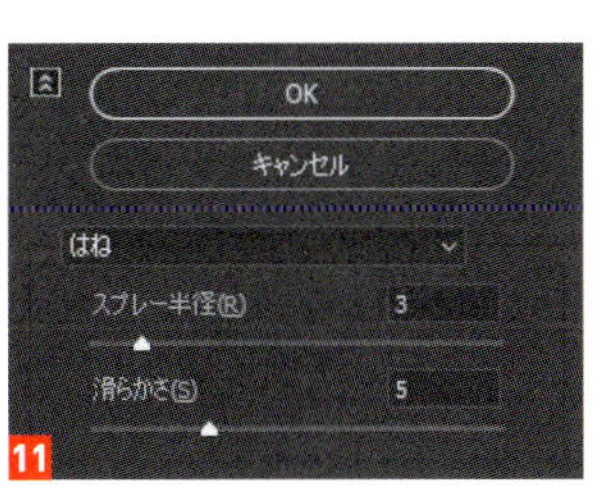

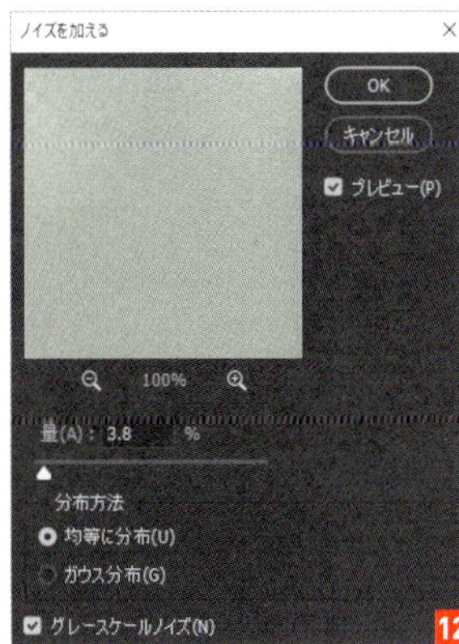

05 レイヤースタイルを適用してなじませる

［zebra］レイヤーを選択し、［レイヤースタイル］を表示します。［レイヤー効果］の［描画モード］を［乗算］、［ブレンド条件］の［下になっているレイヤー］を 13 のように設定し、背景となじませて完成です。

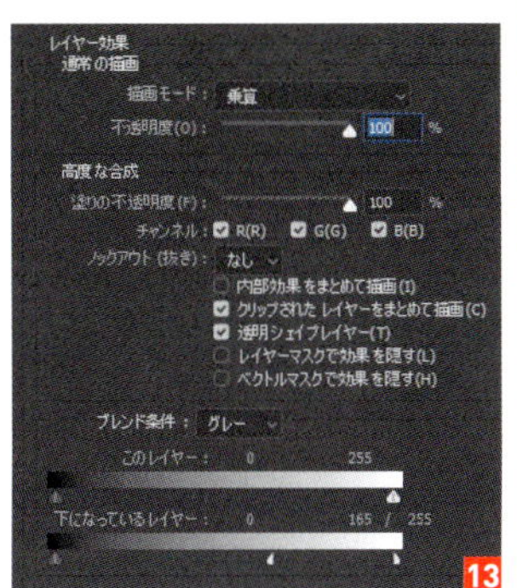

レンガの背景にロゴを合成する

レイヤースタイルのブレンド効果をうまく調整することで、ロゴを背景の凹凸に自然になじませることができます。

087

Ps CC　Masaya Eiraku

01 レイヤースタイルで背景とロゴをなじませる

背景に使用する画像を開き 1 、ロゴを配置します 2 。[レイヤー] → [レイヤースタイル] → [レイヤー効果] を選択して、ロゴの [レイヤースタイル] を開き、[ブレンド条件] を 3 のように変更します。これにより、背景のレンガの溝や細かい凹凸とロゴのなじみ具合が調整されます 4 。調整結果はリアルタイムで確認できるので、少しずつ値を動かしてベストな状態を見つけ出しましょう。

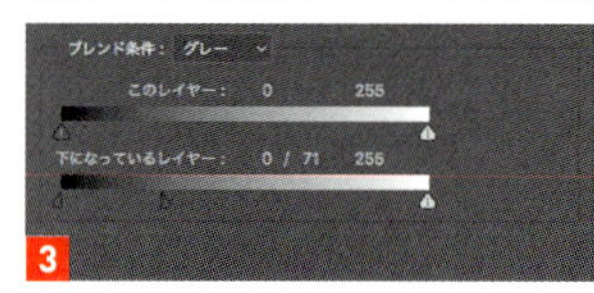

02 波紋フィルターでロゴの輪郭をゆがませる

さらに自然になじませるため、ロゴを加工していきます。まず［フィルター］→［変形］→［波紋］を［量：60%］［振幅数：中］で適用し 5 、ロゴの輪郭をランダムにゆがませます 6 。

5

6

03 ノイズを加えるフィルターでロゴに質感を加える

続いて、［フィルター］→［ノイズ］→［ノイズを加える］を［量：15%］［分布方法：ガウス分布］、［グレースケールノイズ］にチェックを入れて適用します 7 。これにより、背景画像に合わせた質感が加わります 8 。

7

8

04 トーンカーブでロゴの白色を赤黄方向に調整する

最後に［レイヤー］→［新規調整レイヤー］→［トーンカーブ］で新規調整レイヤーを追加。［レッド］ 9 ［グリーン］ 10 ［RGB］ 11 チャンネルを調整して、ロゴの白色を背景の色味に合わせて赤黄方向に調整して完成です 12 。

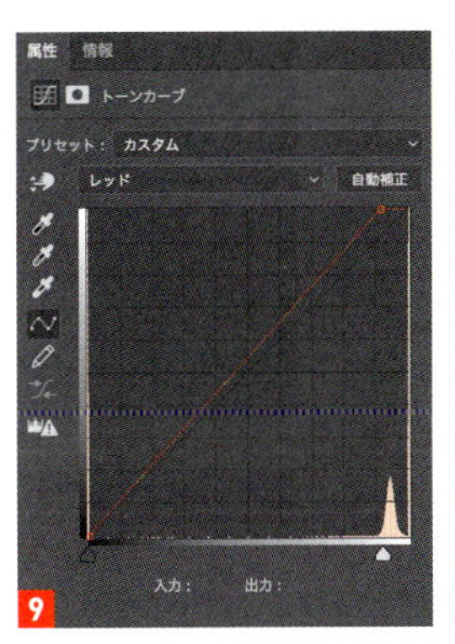

9

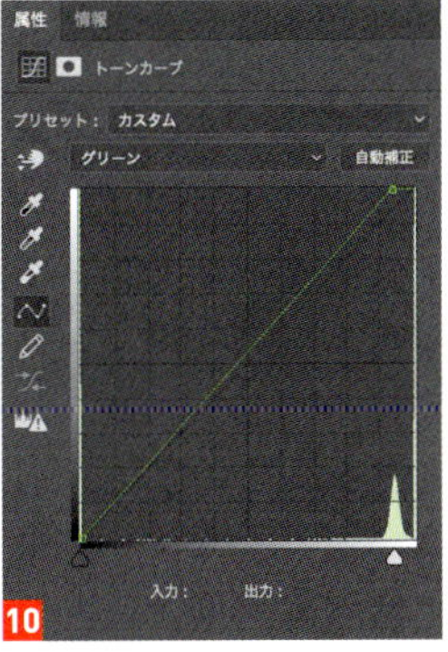

10

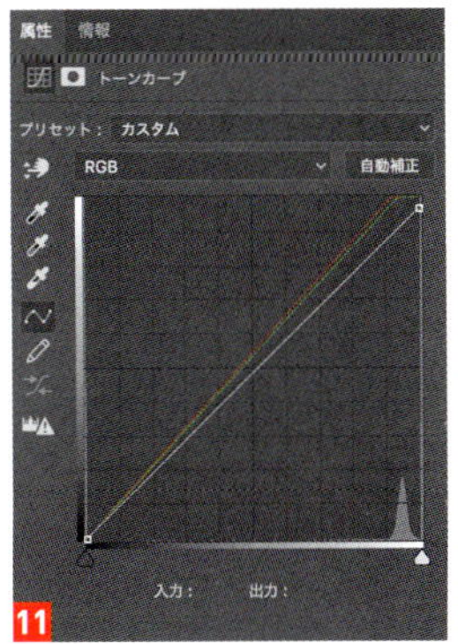

11

12

ONE POINT

さらにレンガの表面を細かく拾っていったり、かすれた部分を追加したりすると、よりリアルな印象に近づけることができます。

クレヨン風の手描きロゴを作る 088

ブラシツールで描いた文字に、複数のフィルター効果を重ねて適用し、クレヨン風の少し粗いながらも丸みのあるタッチを表現します。

Ps CC　Masaya Eiraku

01 ロゴに白色のノイズを加える

ベースとなるロゴを用意します 1。1ストロークごとにグラデーションで塗りつぶされ、それぞれの重なりが表現されているのがポイントです。ロゴと背景（白色）を統合し、[フィルター] → [フィルターギャラリー] → [テクスチャ] → [粒状] を [密度：30] [コントラスト：85] [粒子の種類：スプリンクル] で適用し 2、ランダムに白色のノイズを加えます 3。

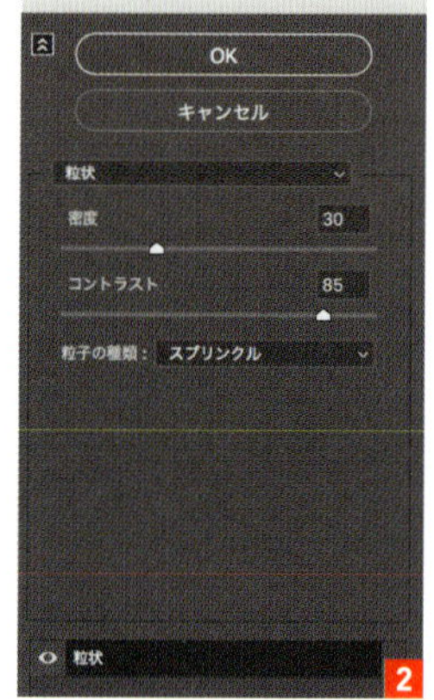

02　輪郭をランダムに粗くする

[フィルター]→[フィルターギャラリー]→[ブラシストローク]→[はね]を[スプレー半径:7][滑らかさ：3]で適用し 4 、輪郭をランダムに粗くします 5 。

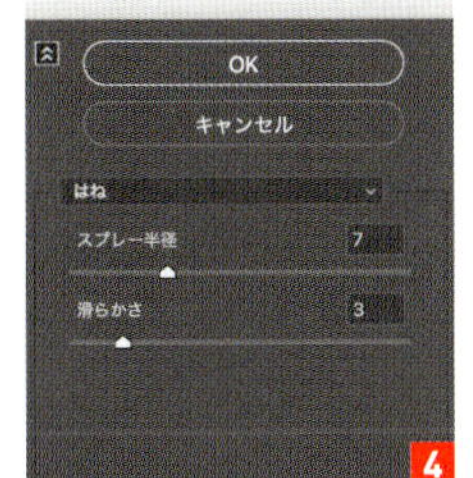

03　筆で描いたような流れをつける

[フィルター]→[フィルターギャラリー]→[ブラシストローク]→[ストローク（スプレー）]を[ストロークの長さ：3][スプレー半径：6][ストロークの方向：横]で適用し 6 、筆の流れを表現します 7 。

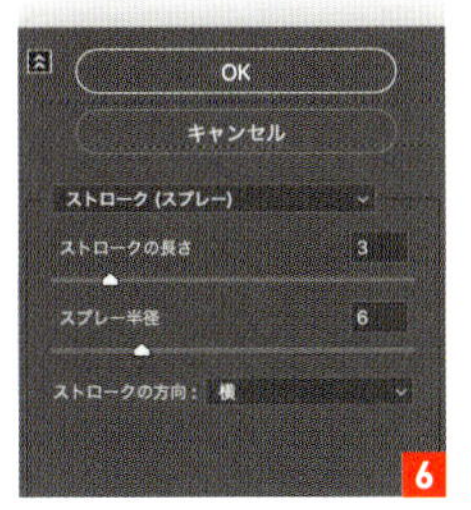

04　ロゴのエッジに丸みをつける

[フィルター]→[フィルターギャラリー]→[ブラシストローク]→[エッジの強調]を[エッジの幅:14][エッジの明るさ:32][滑らかさ:2]で適用し 8 、粗くしたロゴに丸みをプラスします 9 。

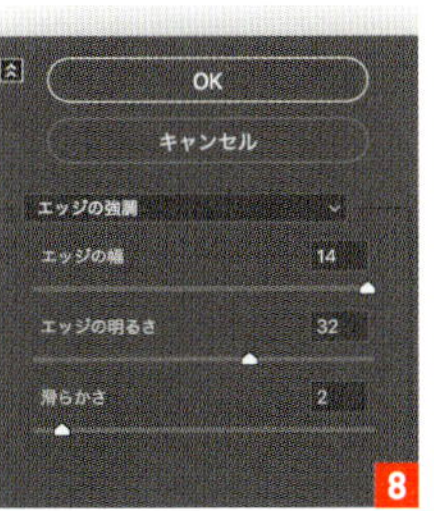

05　背景用の画像と合成する

[選択範囲]→[色域指定]を実行してロゴの背景にあたる白い部分を選択します 10 。[選択範囲]→[選択範囲を反転]でロゴ部分を選択し 11 、[レイヤーマスクを追加]します。あらかじめ用意しておいた背景用のテクスチャ画像を開き、ロゴレイヤーの下に配置します 12 。

06　ロゴと背景をなじませる

ロゴの[レイヤースタイル]を開き、[ブレンド条件：グレー]に設定し、[下になっているレイヤー]のシャドウのポイントを[168][193]とずらし（Option を押しながらのドラッグでひとつずつ動かせます）13 、背景を少し感じさせるように調整して完成です 14 。

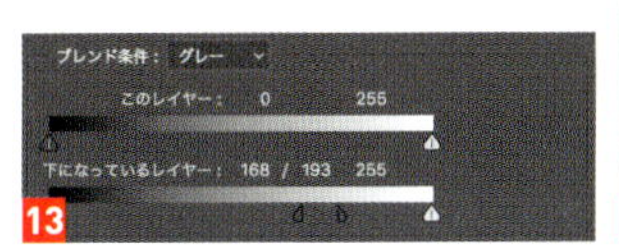

ONE POINT

ロゴの濃淡や各ストロークの終わり、かすれなど加えるとよりリアルな印象に仕上がります。

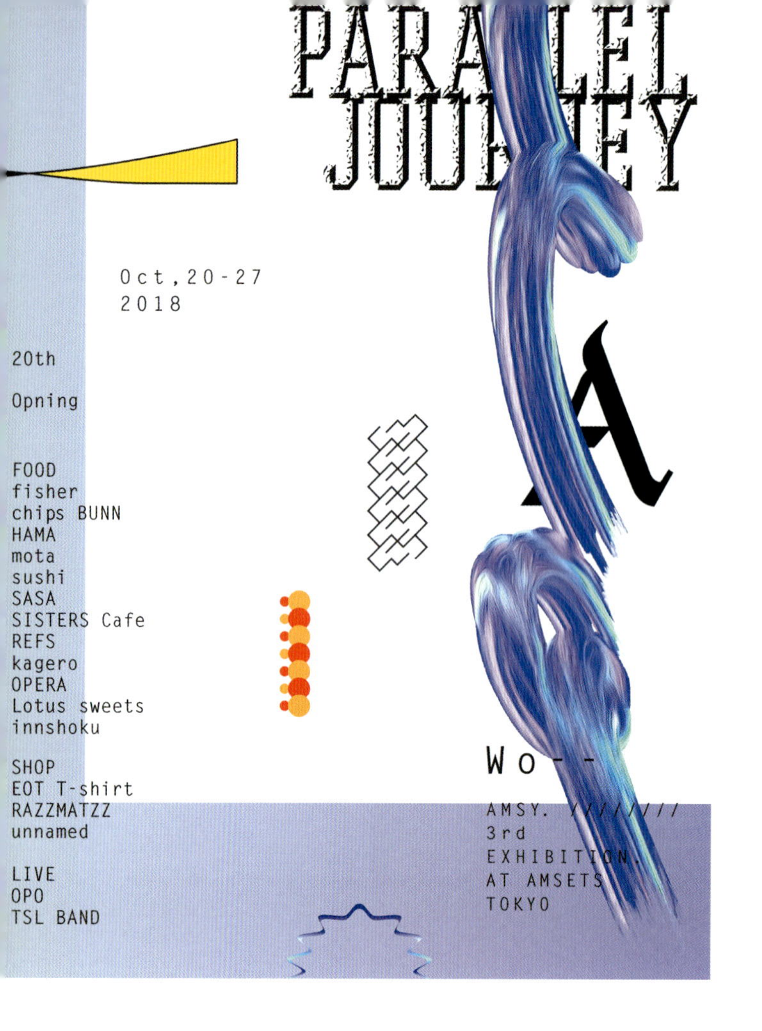

089 油絵の具で描いたようなロゴを作る

混合ブラシツールで描いたラインに油絵フィルターを適用して、油絵の具のような質感を作ります。

Ps CC　Masaya Eiraku

01 素材をサンプリングする

まず、素材を用意します。今回は、たくさんの色が混ざりあった雰囲気にしたいので、同系色のグラデーション（円形）で着色した円形オブジェクトをランダムな大きさと位置で配置しました 1。続いて、[混合ブラシツール] を選択して、[ブラシにカラーを補充] と [単色カラーのみ補充] のチェックをオフ、[にじみ：5%] [補充量：100%] [ミックス：0%] [流量：100%] に設定します 2。円形ブラシのサイズを素材全体が収まる大きさに調整し 3、Option（Alt）キーを押しながらクリックしてサンプリングします。このとき背景は透明です。正常にサンプリングされると、ツールバーにブラシの形状としてサムネイルが表示されます 4。

1

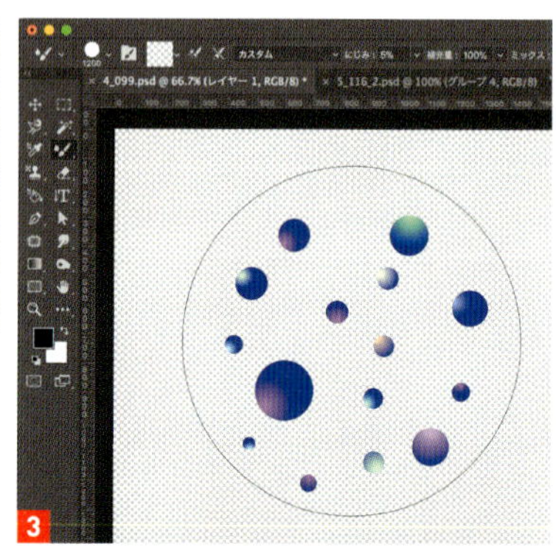
3

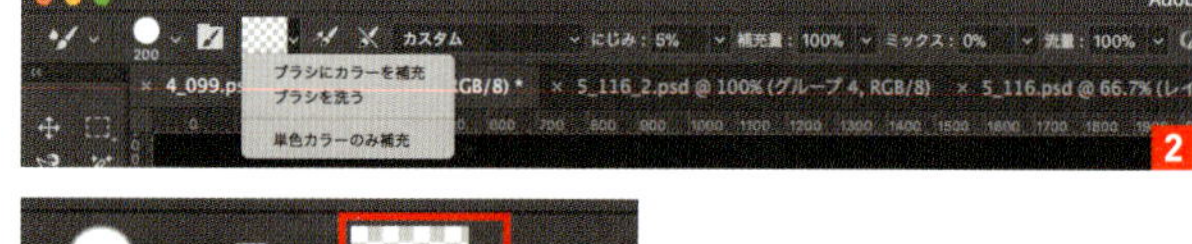

2

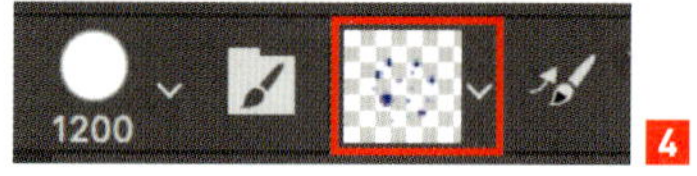

4

02 パスに混合ブラシツールを適用する

［レイヤー］→［新規］→［レイヤー］で新規透明レイヤーを作成し、ロゴのベースになるパスデータを配置します 5。（あるいは［ペンツール］などで描きます）。［パス］パネルを表示し、対象のパスレイヤー上で Control キーを押しながらクリック（右クリック）して［パスの境界線を描く］を選択します 6。［パスの境界線を描く］ダイアログが表示されるので、［ツール：混合ブラシツール］を選択して［OK］します 7。すると、パスに沿ってブラシが適用されます 8。

03 ロゴを立体的にする

ブラシを適用したロゴを複製し、［フィルター］→［表現手法］→［油彩］を適用し 9、ロゴが立体的に見えるようにします 10。さらにレイヤーの描画モードを［スクリーン］に変更して、元のロゴ画像に重ね合わせます 11。

04 ブラシツールでエッジをなじませる

ロゴのエッジ部分を自然な印象にするために［レイヤーマスクを追加］します。［ブラシツール］（［丸筆（ファン）細硬毛］など）を使ってマスクを塗りつぶし 12 13、エッジの形状を整えて完成です 14 15。

ONE POINT

よりリアルな質感に仕上げたい場合は、［混合ブラシツール］の設定を細かく調整しながら描いたり、パーツごとに描き分けて重ねていく、などするとよいでしょう。

5

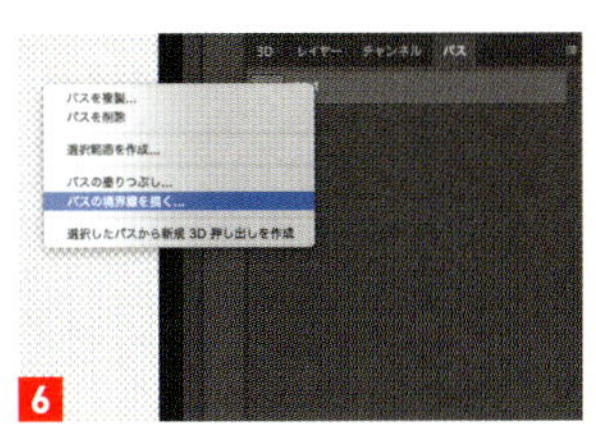

6

7

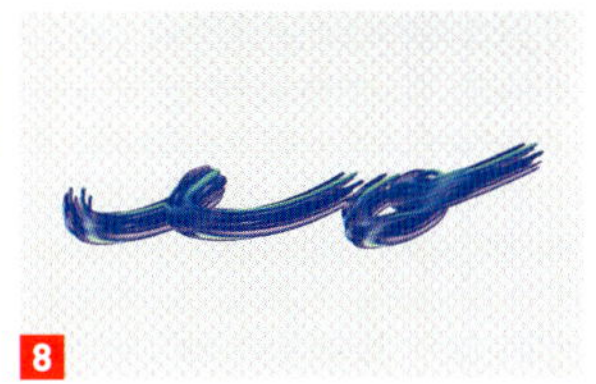
8

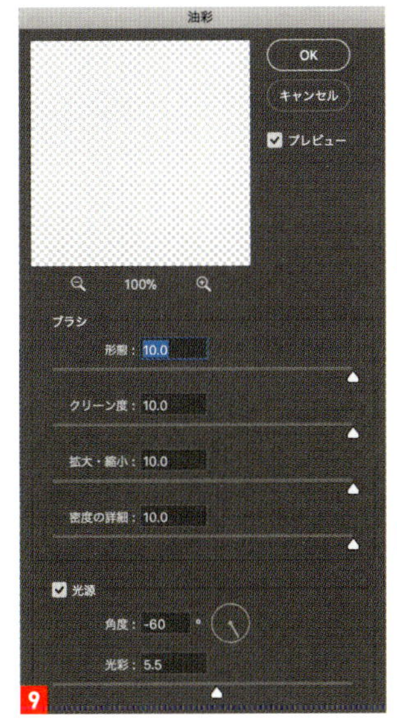

9

10

11

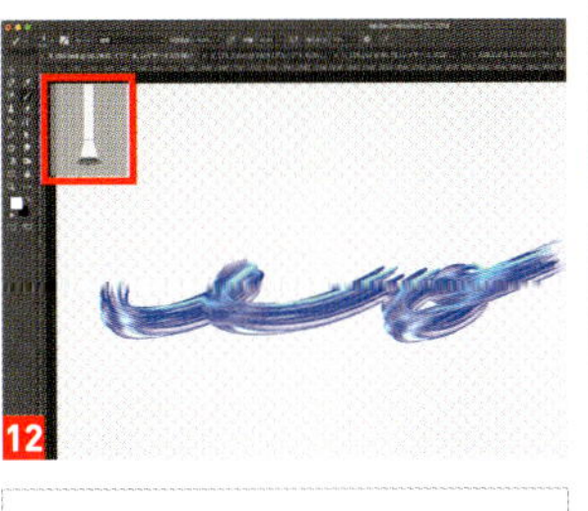
12

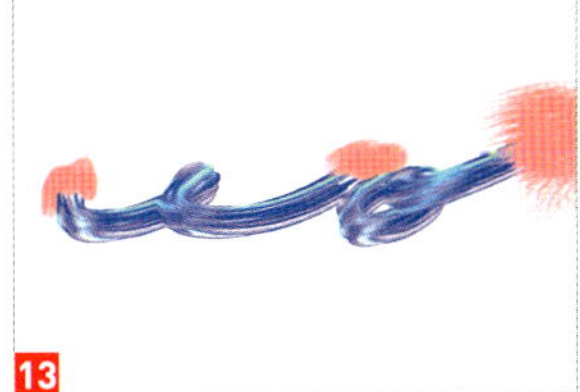
13

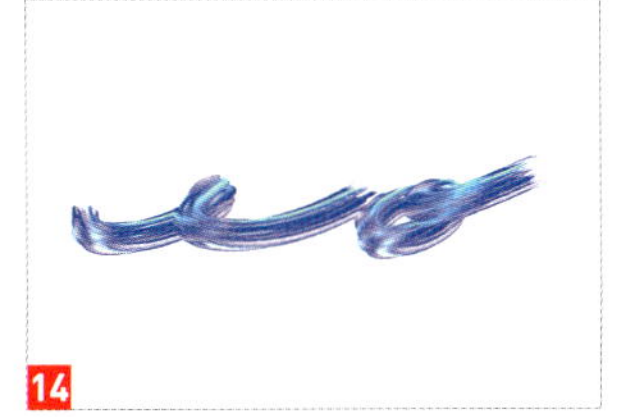
14

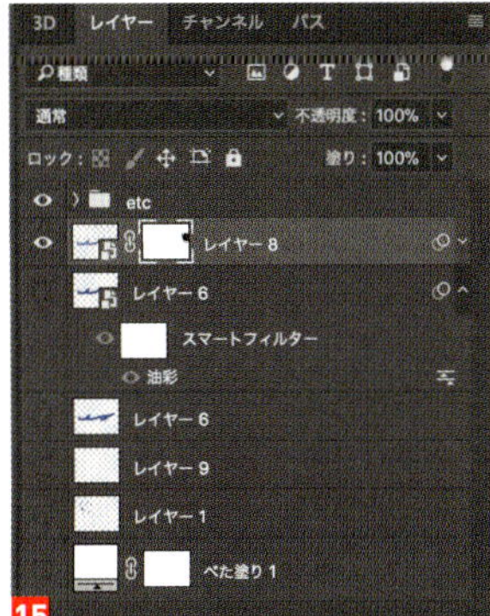

15

090

厚みのある立体的な文字を作る

文字を一定方向に数十回複製し、文字に厚みを出していきます。アクションで同じ動作を繰り返すのがポイントです。

Ps CC　Toshiyuki Takahashi [Graphic Arts Unit]

01 ベースとなる文字を作成する

新規ドキュメントを［幅：2000pixel］［高さ：1333pixel］［解像度：72pixel/inch］［カラーモード：RGB カラー］で作成、［横書き文字ツール］でベースとなる文字を用意します。ここでは 1 の設定で「THREE DIMENSIONS」という文字を中央揃えの 2 行で作成しました 2。カラーは［R：255 ／ G：190 ／ B：0］です。作例では[Bourbon Regular]を使用していますが、それに近いフォントを選んでも OK です。

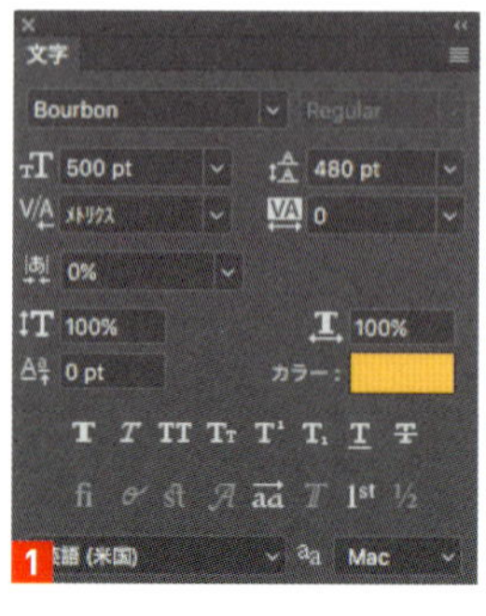

1

2

02 スマートオブジェクトに変換、複製してからグループ化する

文字のレイヤーをスマートオブジェクトに変換します。そのレイヤーを複製し、名前を上から［ベース文字］、［厚み文字］に変更します 3。［厚み文字］レイヤーを選択し、［レイヤー］→［新規］→［レイヤーからのグループ］を実行して、［厚みセット］という名前でグループ化します 4。

3

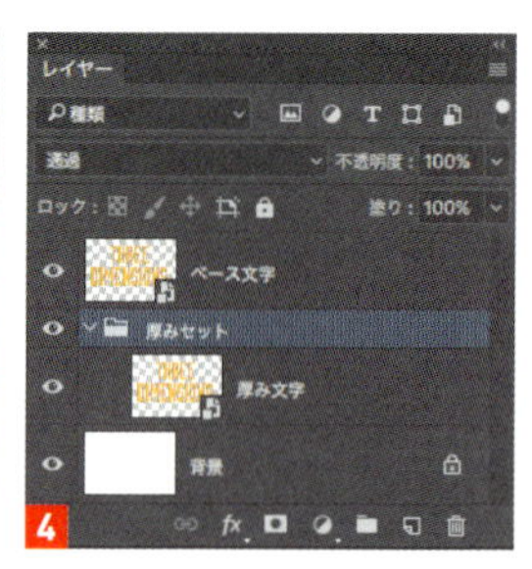

4

03 レイヤースタイルを適用して文字に縁取りをつける

［厚みセット］グループを選択します。［レイヤー］→［レイヤースタイル］→［境界線］を実行し、［サイズ：10px］［位置：外側］、カラーを［R：95 ／ G：60 ／ B：125］に設定します 5 6。続けて、左列の効果一覧から［カラーオーバーレイ］を選択し、境界線と同じカラーに設定します 7。カラーオーバーレイの［描画モード］は［通常］としておきましょう。最後に［OK］をクリックしてレイヤースタイルを適用します 8。

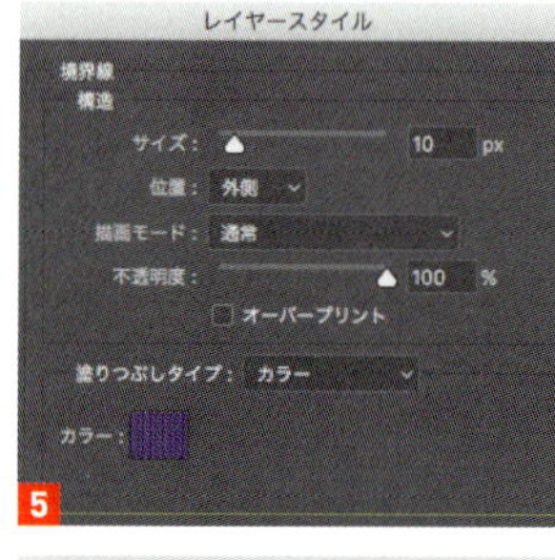

5

6

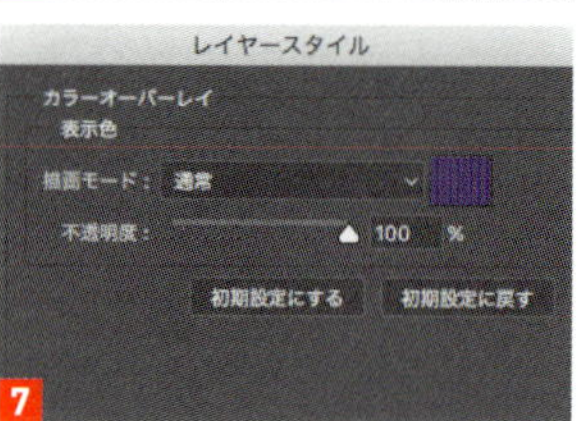

7

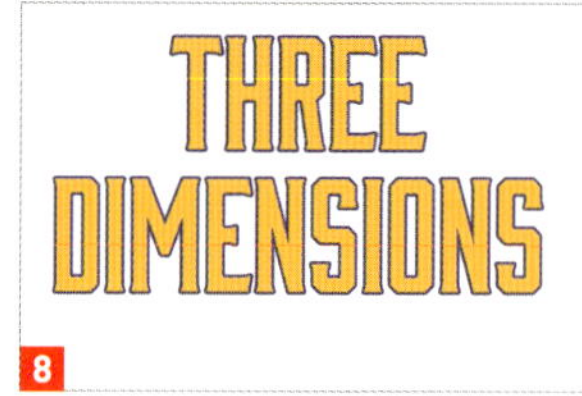

8

04　アクションの記録を開始する

［厚みセット］グループの中の［厚み文字］レイヤーを選択します 9。［アクション］パネルを開き、［新規セットを作成］をクリックして［アクションセット名：マイアクションセット］で［OK］します。続けて［新規アクションを作成］をクリックし 10、［アクション名：移動複製］［セット：マイアクションセット］で［OK］をクリックします。これでアクションの記録が始まります。

05　レイヤーの移動と複製をアクションに記録する

ここからの操作はアクションとして記録されていくので、余分な操作をしないように注意しながら進めます。まず、［レイヤー］→［新規］→［選択範囲をコピーしたレイヤー］を選択してレイヤーを複製します 11。続けて、［表示］メニュー→［100%］で表示を等倍にしたあと、［移動ツール］に切り替えて、キーボードの → キーと ↓ キーを1回ずつ押します。最後に［アクション］パネルの［再生／記録を停止］ボタンを押してアクションの記録を終了します。［マイアクションセット］の中に［移動複製］が追加されたことがわかります 12。

06　アクションを繰り返し実行して文字に厚みをつけていく

複製した［厚み文字］レイヤーを選択します。［アクション］パネルで［移動複製］を選び、［選択項目を再生］をクリックします。アクションを実行するごとにレイヤーがひとつ複製されて厚みが増していきます 13。繰り返し［選択項目を再生］をクリックし、厚みをどんどん追加していきましょう。40〜45個の複製を作るとよいでしょう 14。

07　ベースの文字にハイライトを追加して完成させる

［レイヤー］パネルで［ベース文字］レイヤーを選択します。［レイヤー］→［レイヤースタイル］→［シャドウ（内側）］を選択し、15 のように設定して［OK］をクリックします。文字にハイライトが追加されます。これで完成です 16。

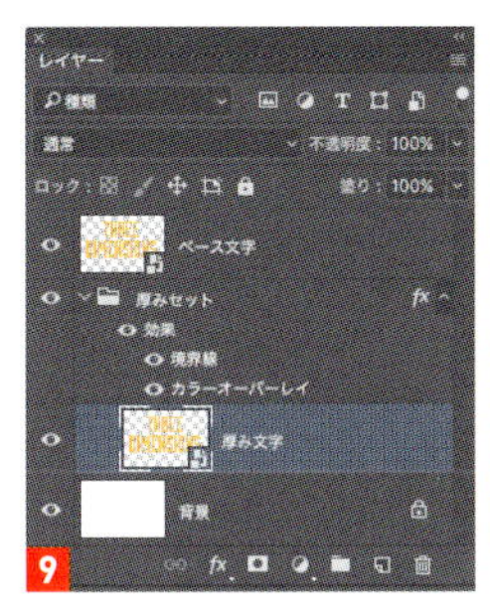

9

10

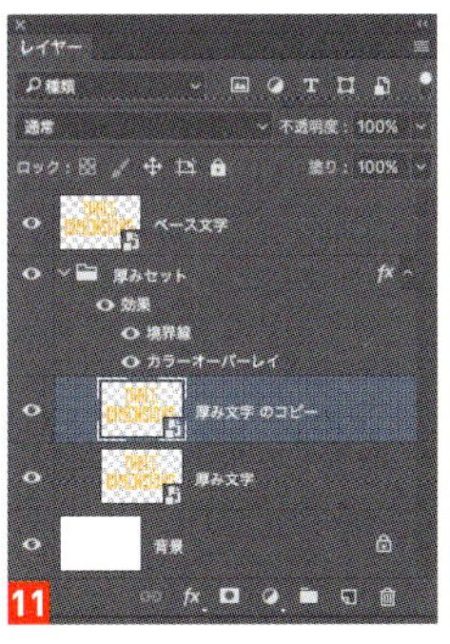

11

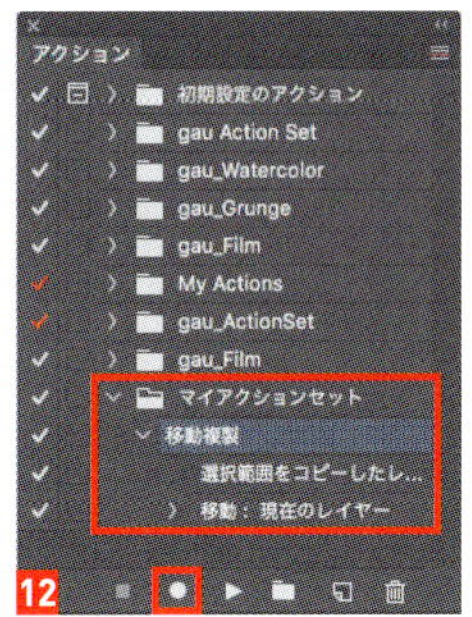

12

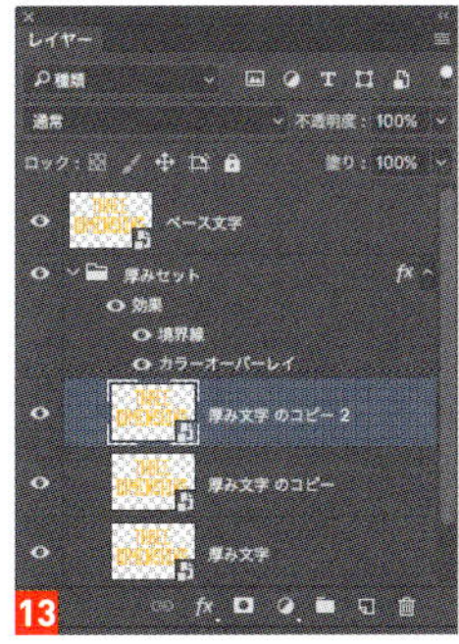

13

14

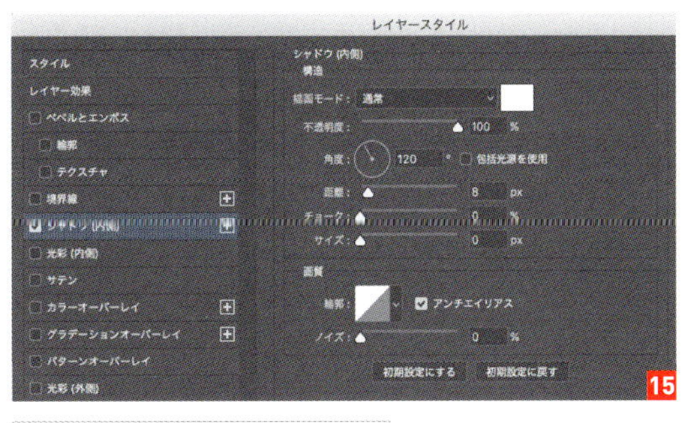

15

16

ESTD GHOSTLY ATMOSPHERE 2018

クラックが入ったグランジ風の文字を作る

フィルターを使って、ひび割れやノイズのテクスチャを作成し、テキストに合成します。

Ps CC Toshiyuki Takahashi [Graphic Arts Unit]

091

01 ベースとなる文字を作成する

新規ドキュメントを［幅：2000pixel］［高さ：1333pixel］［解像度：72pixel/inch］［カラーモード：RGB カラー］で作成し、［横書き文字ツール］でベースとなる文字を用意します。ここでは「GHOSTLY ATMOSPHERE」という文字を、中央揃えの2行で作成しました 1 2 。文字色は黒です。同じフォントがないときは、好きなものを使ってもかまいません。作例で使っている［Prohibition Regular］は、CC ユーザーであれば Adobe のフォントサービス「Typekit」を通じて導入可能です。

GHOSTLY ATMOSPHERE

1

2

02 クラックのベースとなる模様を作成する

新規レイヤーを［クラック］という名前で作成します。描画色と背景色は初期設定の黒白に戻し、まず［フィルター］→［描画］→［雲模様1］を実行 3 。続けて、［フィルター］→［描画］→［雲模様 2］を適用します 4 。さらに［イメージ］→［色調補正］→［レベル補正］を選択し、［入力レベル］の3つのスライダーを動かして画像のコントラストを高めます 5 6 。ここでは［3］［1.00］［25］とします。

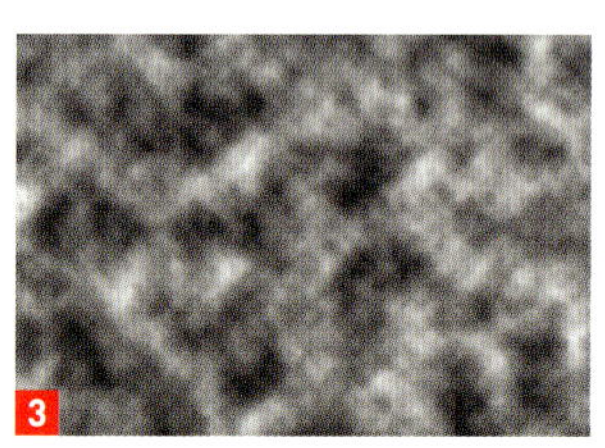

3

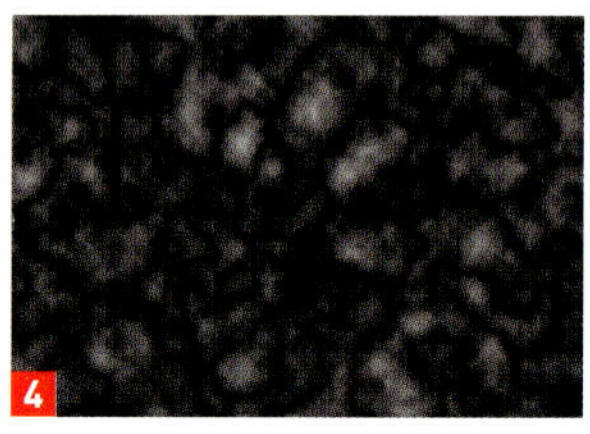

4

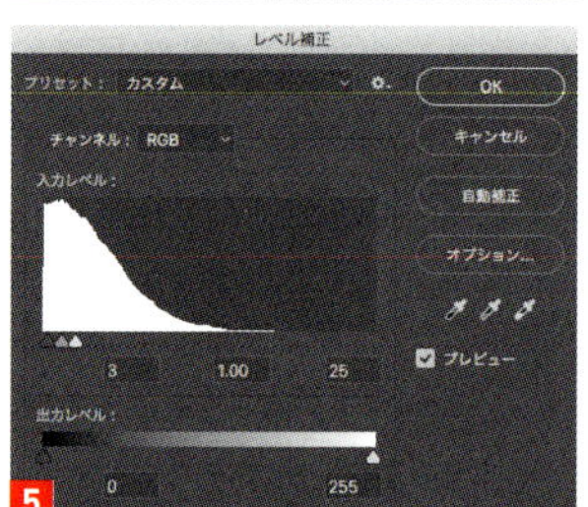

5

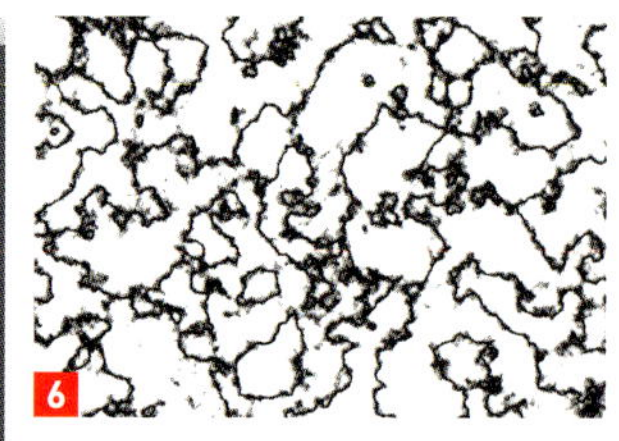

6

03 クラックのテクスチャを仕上げ文字と合成する

［フィルター］→［フィルターギャラリー］を実行し、［スケッチ］→［スタンプ］を選択します。［明るさ・暗さのバランス］［滑らかさ］をともに［1］で［OK］します 7 8。続いて［イメージ］→［色調補正］→［階調を反転］で白黒を反転し 9、レイヤーの描画モードを［スクリーン］に変更して、文字とクラックを合成します 10。最後に［レイヤー］→［画像を統合］でレイヤーと文字を統合します。

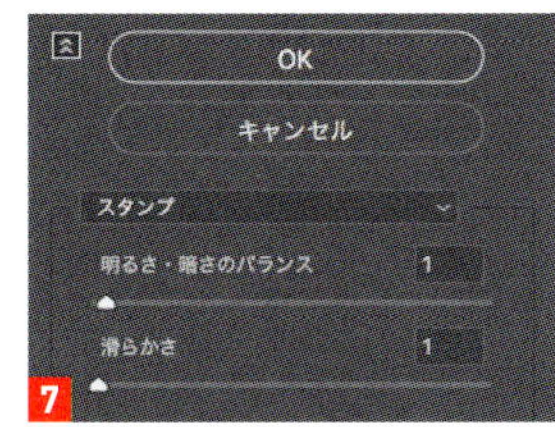

7

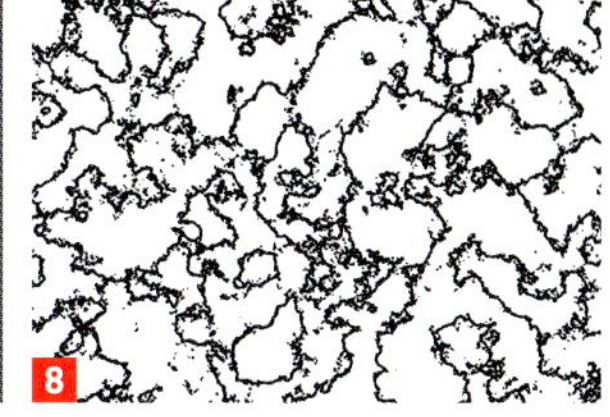

8

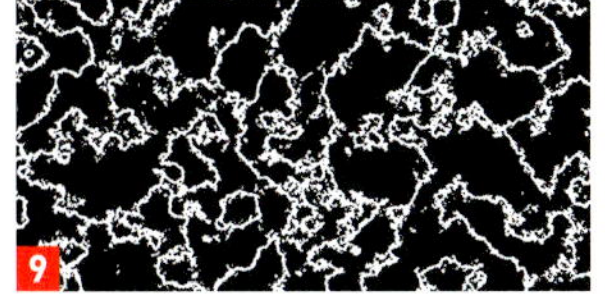

9

10

04 クラックのラインを細くする

クラックのラインが少し太いので、［フィルター］→［その他］→［明るさの最小値］を実行し、［半径：2.0pixel］、［保持：真円率］で適用します 11。これによりクラックが少しだけ細くなります 12。

11

12

05 ノイズのテクスチャを作成する

再び新規レイヤーを作成し、レイヤー名を［ノイズ］にします。［フィルター］→［描画］→［雲模様 1］を実行したあと、［フィルター］→［フィルターギャラリー］を選択し、エフェクトレイヤーを2つに増やします。上を［スタンプ］、下を［ちりめんじわ］にし、それぞれを 13 と 14 のように設定して適用します 15。レイヤーの描画モードを［スクリーン］に変更して文字とクラックを合成したら、［レイヤー］→［画像を統合］を実行します 16。

15

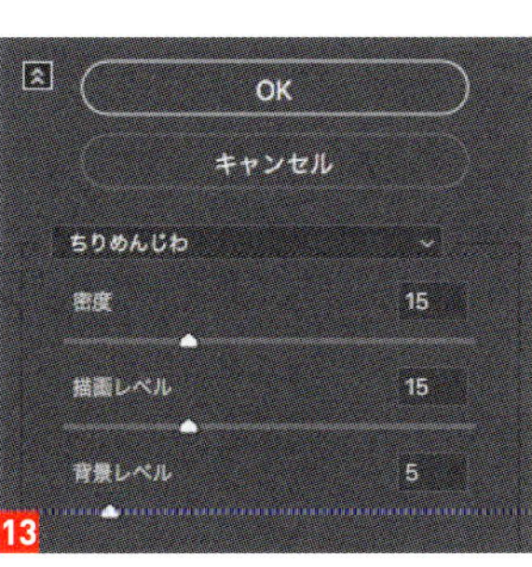

13

16

14

06 文字以外の不要な要素を透明にする

［レイヤー］→［新規塗りつぶしレイヤー］→［べた塗り］を選択します。［名前：ロゴ］で［OK］し、カラーピッカーで好きな色を選択して再度［OK］します 17。［レイヤー］パネルで［背景］を非表示にしたあと 18、追加した［ロゴ］レイヤーのレイヤーマスクサムネイルをクリックして選択し、［イメージ］→［画像操作］を選択します。［レイヤー：背景］［階調の反転］をオン、［描画モード：通常］で［OK］し、背景の画像をレイヤーマスクに転写します。これで不要な範囲が透明化されます。完成です 19。

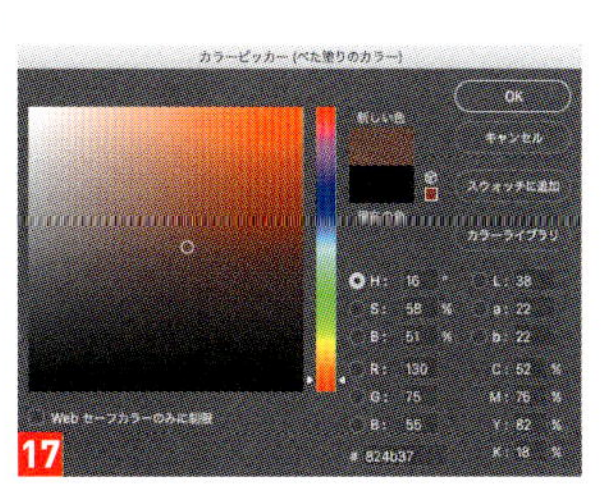

17

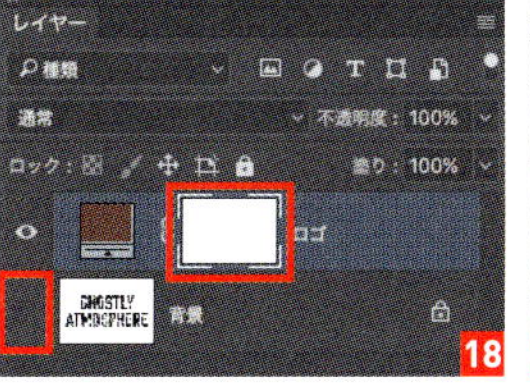

18

19

レトロゲーム風のドット文字を作る

小さなサイズで作成したドット文字をそのままの形で拡大して使用します。
ピクセル補完方式をニアレストネイバー法にするのがポイントです。

092

Ps CC　Toshiyuki Takahashi [Graphic Arts Unit]

01　作業用のドキュメントを用意する

ベースのドキュメントを開きます 1 。今回は、ピクセル柄のパターンが入った［幅：2000pixel］［高さ：1333pixel］［解像度：72pixel/inch］［カラーモード：RGB カラー］のドキュメントを使います。次のステップで細かな作業を行うので、画面の表示サイズを 2000～3000%程度まで拡大しておきましょう。続いて、新規レイヤーを［ドット文字］という名前で追加します 2 。

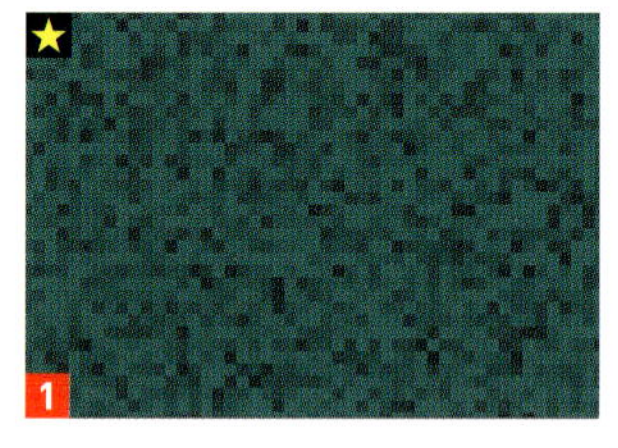

1

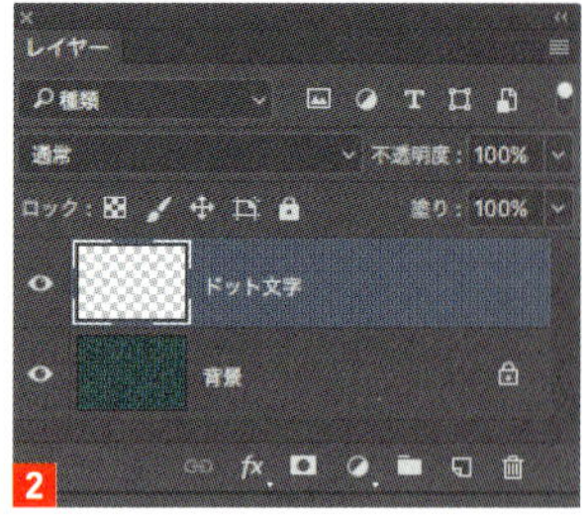

2

02　ドットで文字を作成する

［鉛筆ツール］を選択し、［半径：1px］にします 3 4 。この状態でカンバスをクリックすると 1 ドットの点を作成できます。描画色を白にして、「RETRO GAME CRISIS」というドットの文字を 3 行で描きます。縦画 3 ドット、横画 1 ドットを基本に、 5 のような文字を作成してください。まちがえたときは、［消しゴムツール］を［半径：1px］［モード：鉛筆］にしてドットを消します 6 。［表示］→［表示・非表示］→［ピクセルグリッド］を選択すると、600%以上に拡大表示したときに、ピクセルの境界を示す細いラインが表示され、ピクセル数が確認しやすくなります。

3 4 5 6

03 拡大時の補間方法を変更する

カンバス全体が画面に収まるまで表示を縮小すると、作成した文字が、カンバスに対してかなり小さいサイズであることがわかります 7 。これを適当な大きさまで拡大してみましょう。［編集］→［変形］→［拡大・縮小］を選択し、［オプションバー］で［W:4800%］［H:4800%］［補間:ニアレストネイバー法］に設定して［○］をクリックします 8 。これで輪郭にピクセルが補完されることなく、そのままの形で拡大できるようになります 9 。

04 文字の外側に光彩を追加する

［レイヤー］→［レイヤースタイル］→［レイヤー効果］を選択し、［内部効果をまとめて描画］をオンにします 10 。続けて、左列の効果一覧から［光彩（外側）］を選択し 11 、光彩のカラーを［R:35／G:195／B:185］に変更 12 。［不透明度：90%］［テクニック：さらにソフトに］［サイズ：50px］に設定して、［アンチエイリアス］のチェックをオンにします。まだ［OK］はクリックしません。

05 文字の内側に光彩を追加する

左列の効果一覧から［光彩（内側）］を選択します。光彩のカラーを外側と同じ［R:35／G:195／B:185］に変更し、［不透明度:60%］［テクニック：さらにソフトに］［サイズ：40px］に設定して、［アンチエイリアス］のチェックをオンにします 13 。最後に［OK］をクリックして効果を確定しましょう 14 。

06 インターレースのラインを追加する

描画色を［R：200／G：200／B：200］、背景色を白に変更し 15 、［フィルター］→［フィルターギャラリー］を選択します。［スケッチ］の項目から［ハーフトーンパターン］を選択し、［サイズ：2］［コントラスト：0］［パターンタイプ：線］で実行します 16 。最後に、レイヤーの描画モードを［スクリーン］ 17 に変更すれば完成です。

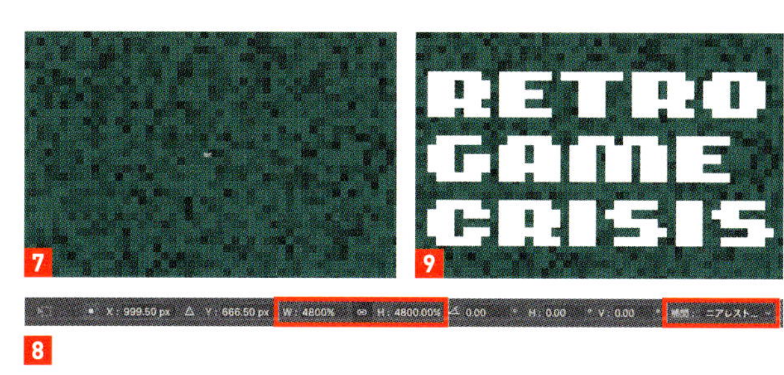

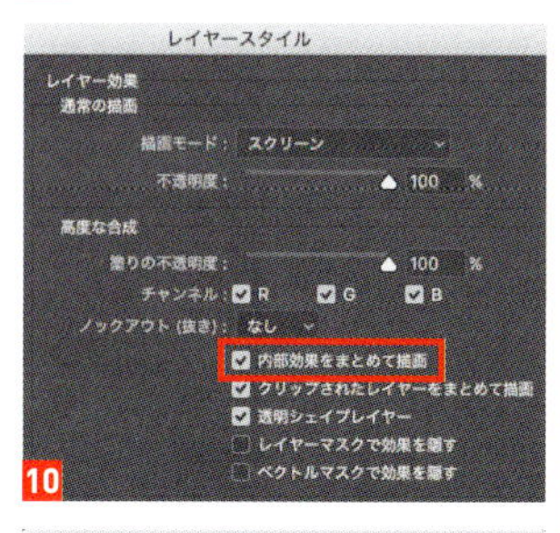

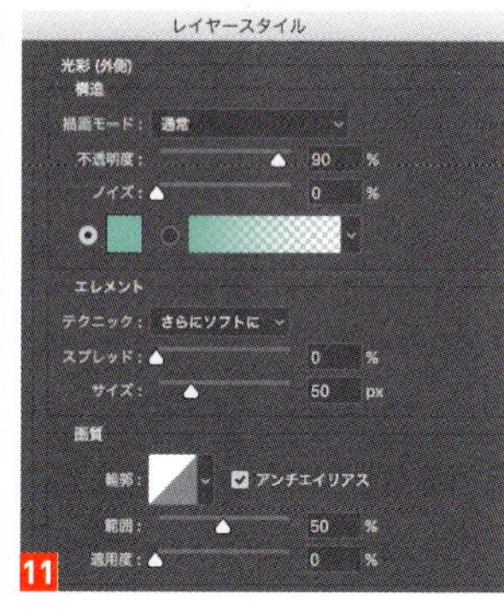

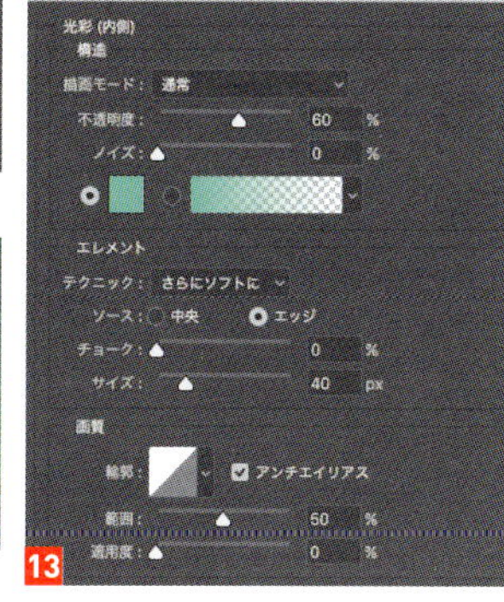

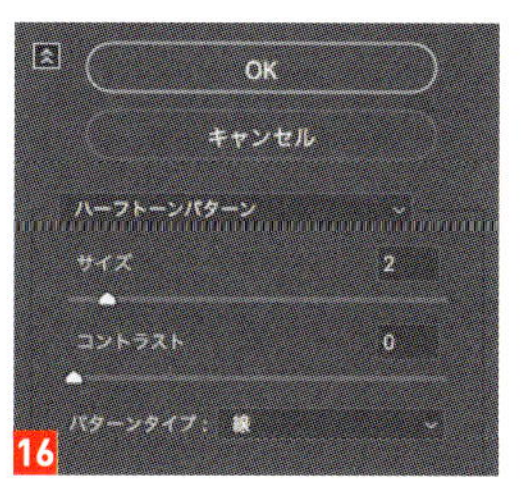

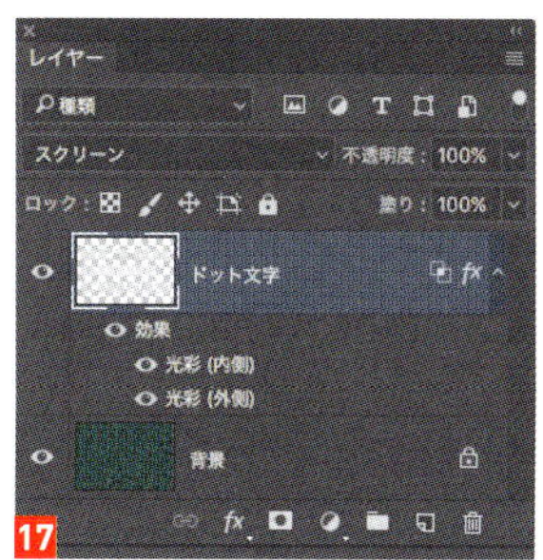

革に型押ししたような文字にする

レイヤースタイルを使って、エンボス加工を再現します。

093

Ps CC　Satoshi Kusuda

01 背景にロゴを配置する

背景の画像を開き 1 、あらかじめ用意しておいたロゴのシェイプを配置します 2 。[レイヤー] パネルで [ロゴ] レイヤーを選択し、描画モードを [乗算] に変更します 3 。これで、カンバス上には背景の画像だけが表示されるようになります。

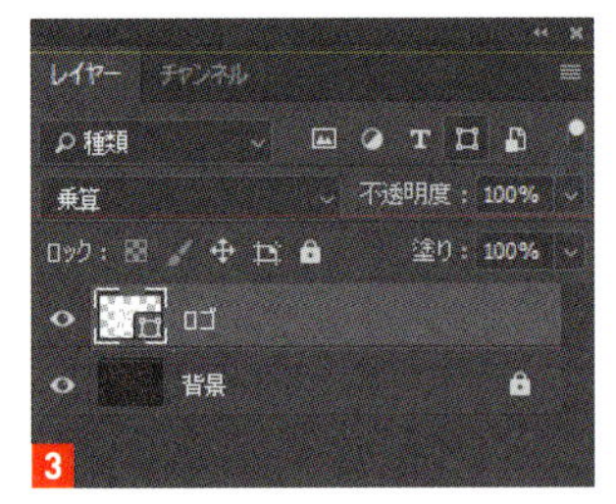

02 ロゴにレイヤースタイルを適用する

［ロゴ］レイヤーを選択し、［レイヤー］→［レイヤースタイル］→［ベベルとエンボス］を 4 のように設定します 5。続いて［シャドウ（内側）］を 6 のように 7、［ドロップシャドウ］を 8 のように設定します 9。これで革に型押ししたようなロゴになります。

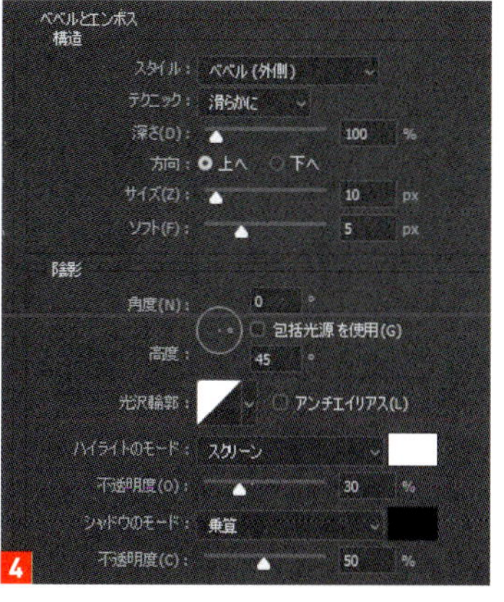

4

5

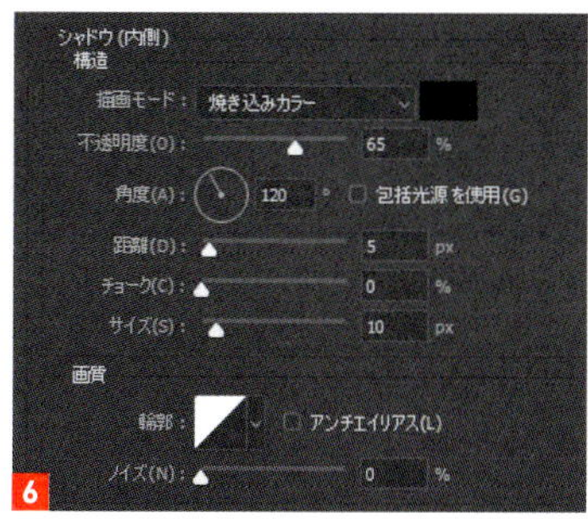

6

7

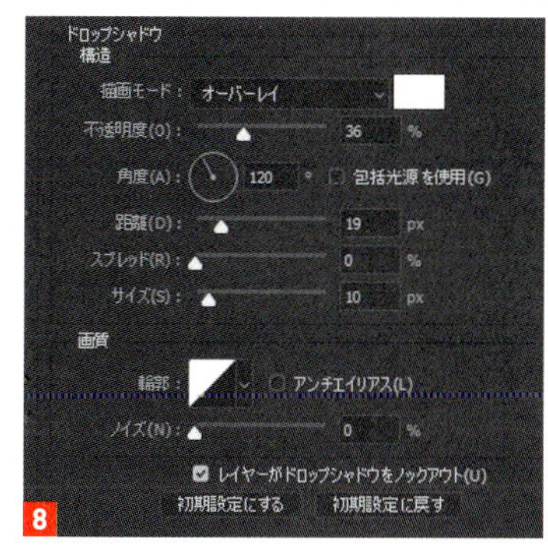

8

9

03 型押しされた部分を着色する

［ロゴ］レイヤーのレイヤーサムネイルをダブルクリックして［カラーピッカー］ダイアログを開き、ブルー系［#84b7d4］に変更します 10。これにより凹部分が着色されます。これで完成です 11。

10

11

曇ったガラスに文字や絵を描く 094

**窓の写真に風景写真を合成し、
オーバーレイで重ね合わせます。
文字はハード円ブラシで描き、
不透明度で見え方を調整します。**

Ps CC　Satoshi Kusuda

01 ベースとなる画像を作成する

ガラスの画像を開きます 1 。続いて自転車の画像 2 を［ガラス］のレイヤーの上に配置します。［自転車］のレイヤーを選択し、［フィルター］→［ぼかし］→［ぼかし（ガウス）］を［半径：20pixel］で適用し 3 4 、レイヤーの描画モードを［オーバーレイ］に変更します 5 6 。

1

2

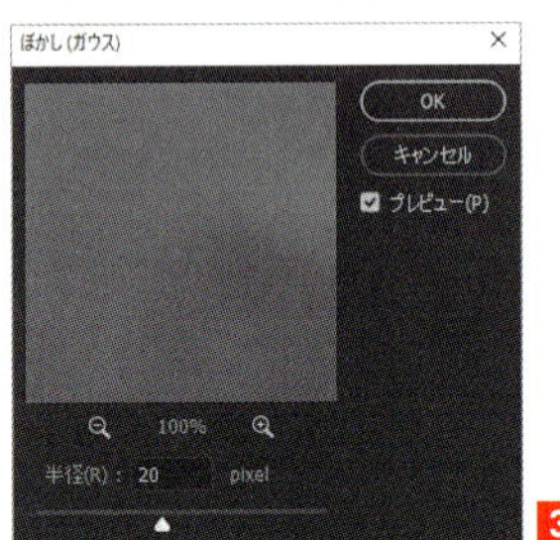

3

4

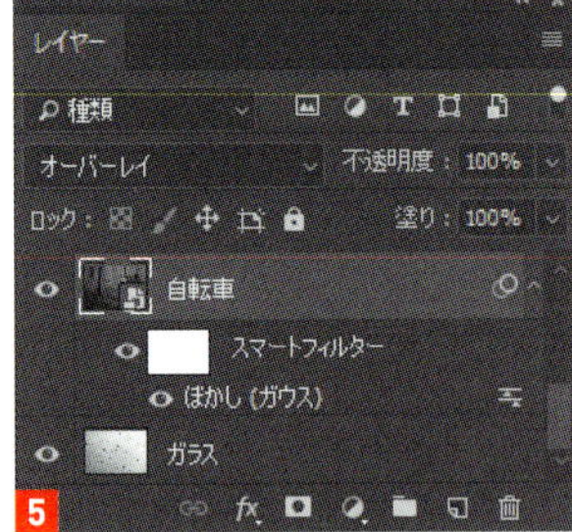

5

6

02 レイヤーを複製して印象を強める

このままではガラスに映り込む背景の印象が弱いので、［自転車］レイヤーを上に複製し、［不透明度：50%］に設定します 7 8 。

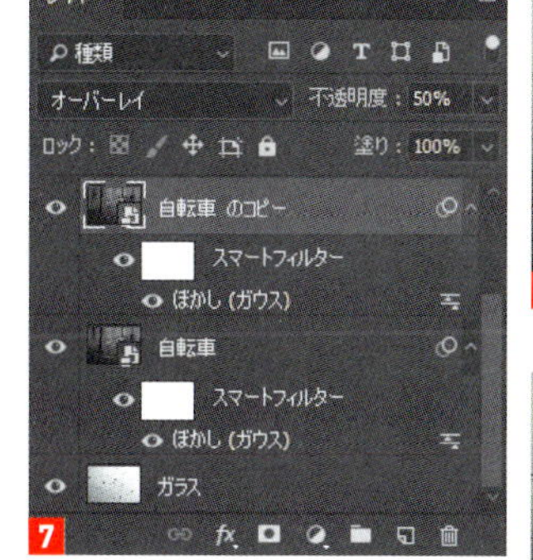

03 フリーハンドで文字やイラストを描く

最前面に新規レイヤーを作成します。［ブラシツール］を選択し、描画色を黒［#000000］［ハード円ブラシ 筆圧不透明度］［直径：50px］に設定します 9 。フリーハンドで［rainy day］と描き、好みのイラストも追加します 10 。文字は［フォント：Chauncy Pro］をベースにしています。文字とイラストが描けたら、レイヤーの描画モードを［オーバーレイ］に変更します 11 。

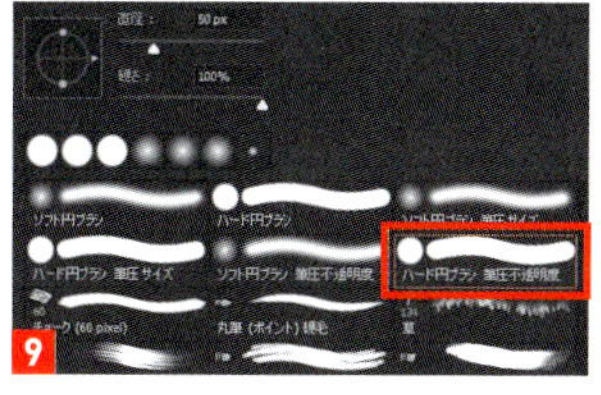

04 レイヤー複製して印象を強める

このままでは映り込みの印象が薄いので、文字やイラストを描いたレイヤーを上に複製し、［不透明度：30%］に設定します 12 13 。

05 水滴が流れた様子を描き加える

文字を追加したときと同じ要領で、新規レイヤーを作成し、［自転車］のレイヤーの上に配置します。［ブラシツール］を選択し、描画色を黒［#000000］［ハード円ブラシ 筆圧不透明度］［直径：25px］程度に設定。水滴が流れた様子を描き加え、描画モードを［オーバーレイ］に変更します 14 15 。水滴の印象が弱いようでしたら、これまでと同様にレイヤーを複製し、［不透明度］を調整しましょう。これで完成です。

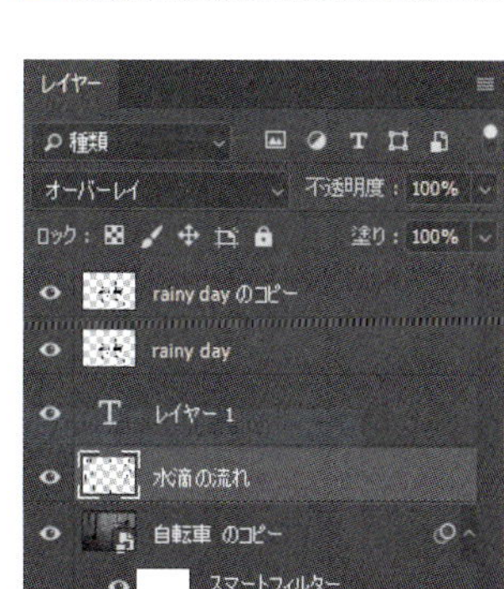

ミシンで縫ったようなロゴにする

縫い目の画像から専用のブラシを作成し、文字ツールで入力したテキストをガイドにブラシツールでなぞっていきます。

095

Ps CC　Satoshi Kusuda

01 文字を入力する

背景の画像を開きます 1 。[横書き文字ツール] を選択し、[文字] パネルを 2 のように設定し、[JEANS] と入力します 3 。この文字はガイドとして使用するだけですので、好みのフォントや色でかまいません。ここでは [小塚ゴシック Pro] に設定しています。

1

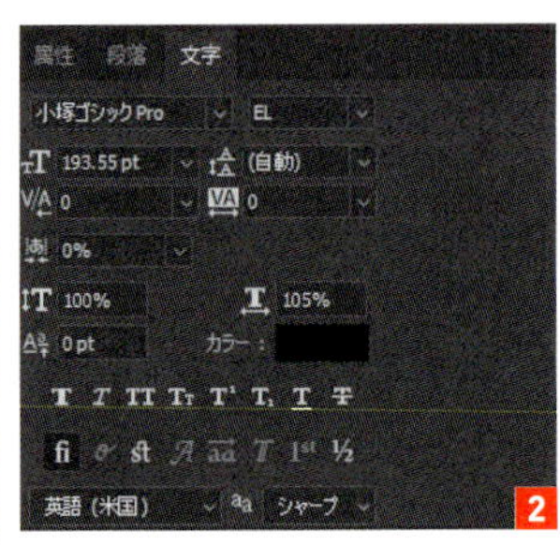

2

3

02 縫い目の画像からブラシを作成する

縫い目の画像を開き 4、ブラシとして登録します。まず［イメージ］→［モード］→［グレースケール］を選択します。グレースケールにすることで、ブラシの完成形に近い状態で画像を調整できます 5。続いて［イメージ］→［色調補正］→［レベル補正］を選択し、6 のように設定します 7。最後に［編集］→［ブラシを定義］を選択し、［名前］を入力して［OK］で登録します。ここでは［縫い目］という名前にしました 8。

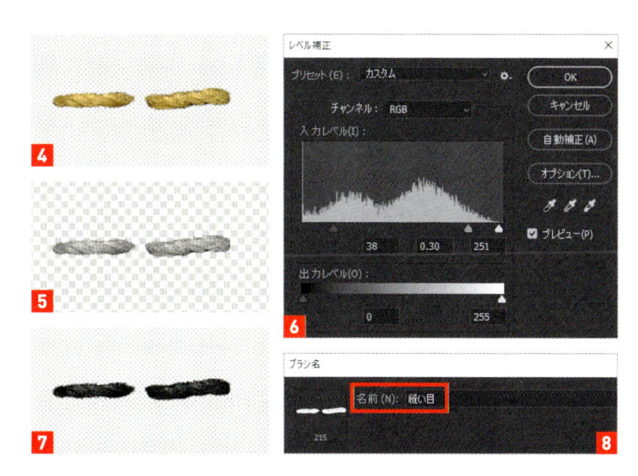

03 ブラシの詳細を設定する

最前面に新規レイヤーを作成します。［ブラシツール］を選択し、先ほど作成したブラシ［縫い目］を選択します。［ブラシ設定］パネルを開き、［シェイプ］→［角度のジッター］→［コントロール：進行方向］ 9、［ブラシ先端のシェイプ］→［間隔：750%］に設定します 10。この設定で進行方向に向かってなぞっていくと、縫い目が再現されます。

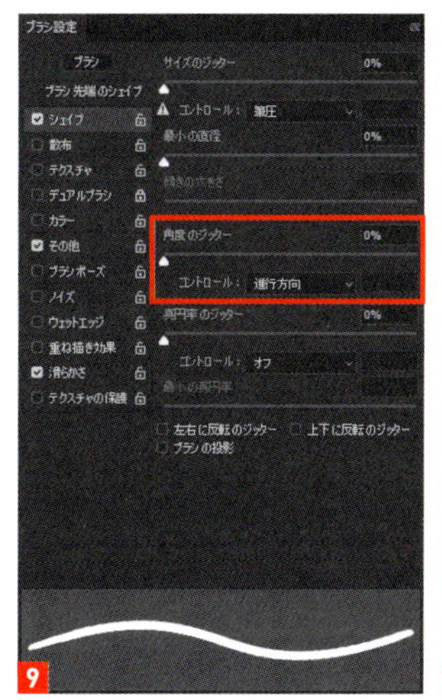

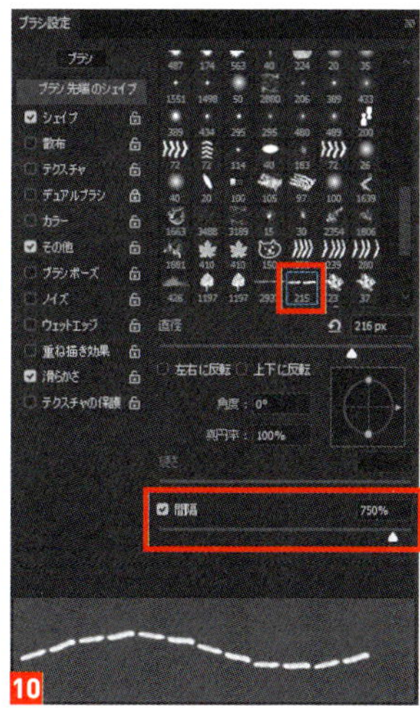

04 ブラシツールで縫い目を描く

［ブラシツール］が選択されているのを確認し、描画色をイエロー系［#eee0b5］［ブラシ：縫い目］に設定し、最初に作成した［JEANS］の文字をガイドに縫い目を描いていきます。文字が描けたら、文字の上下にラインを追加します 11。［縫い目］のレイヤーの［レイヤースタイル］を表示して、［境界線］を 12 のように、［ドロップシャドウ］を 13 のように設定して立体感を出して完成です 14。

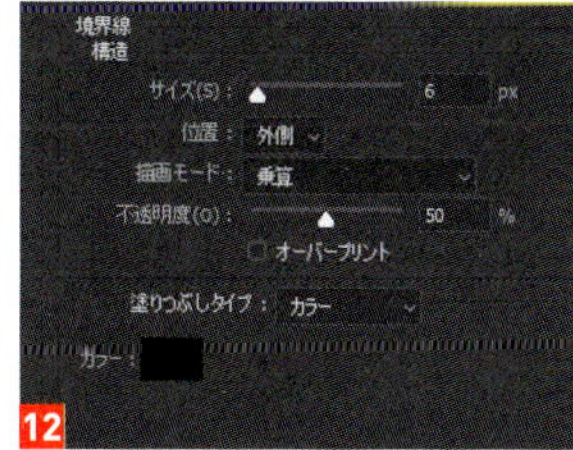

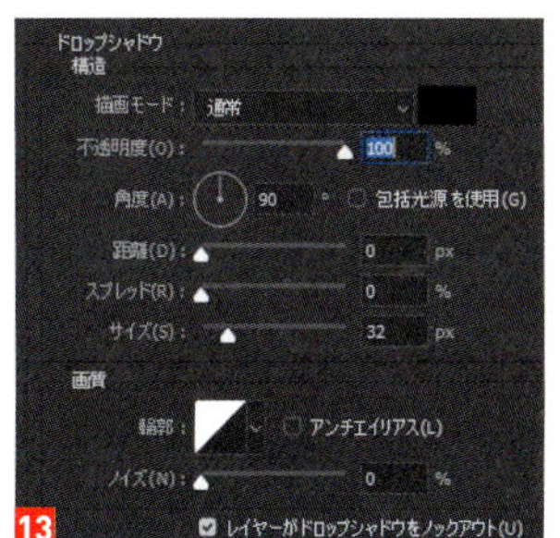

木の枝などをコラージュしてロゴにする

096

文字ツールで入力したテキストをガイドに、枝と蔦の画像を使ってロゴを作成します。

Ps CC　Satoshi Kusuda

01 文字を入力する

背景の画像を開きます 1。[横書き文字ツール] を選択します。[文字] パネルで 2 のように設定し、[PLANT] と入力します。レイヤーの [不透明度] を [20%] に変更します。3 は大まかなガイドとして使用するだけですので、フォントや色は好みで選んでかまいません。

02 枝の画像をレイアウトする

枝、蔦、鳥の切り抜き画像を開きます 4。[枝] のレイヤーをコピーして、[PLANT] テキストレイヤーの上に配置します 5。先ほど入力したテキストをガイドに作業していきましょう。[P] の文字に配置できたら 6、レイヤーを複製して、今度は同じ長さの直線でできた部分に配置していきます 7。

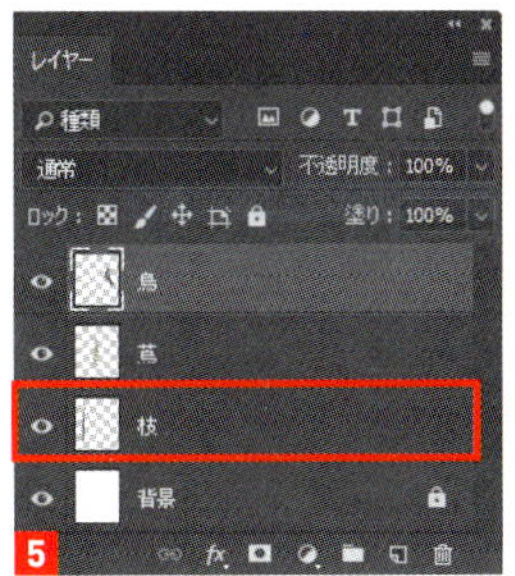

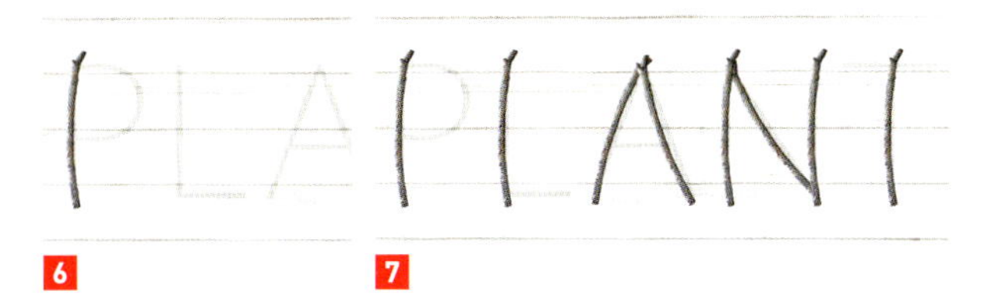

03 短い枝を配置する

同じ要領で [L] の短い部分などにも配置していきます。まず [枝] レイヤーを複製し 8、[編集] → [コンテンツに応じて拡大・縮小] を実行。枝の太さや質感を保ったまま短くします 9。同様にして [A] と [T] の短いラインを作成、配置します 10。

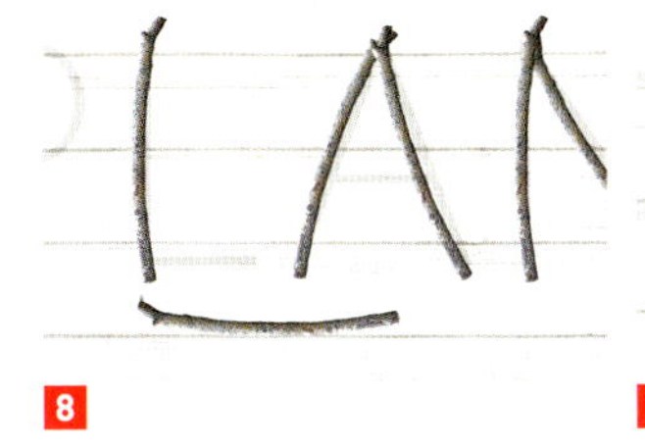

04 ［P］の曲線部分を作成する

［枝］レイヤーを複製し 11、［編集］→［パペットワープ］を選択します。枝の上、中央、下の3点に変形ピンを設定します 12。上下の変形ピンを移動して 13 のようにします。続いて、下の変形ピンを選択し、変形ピンの近くで Option （Alt）キーを押します。これで角度が調整できるようになります 14。同じ要領で上の変形ピンの角度を調整します 15。これで文字のベースができました。ガイドとして使用したテキストレイヤーは削除または非表示にしておきましょう 16。

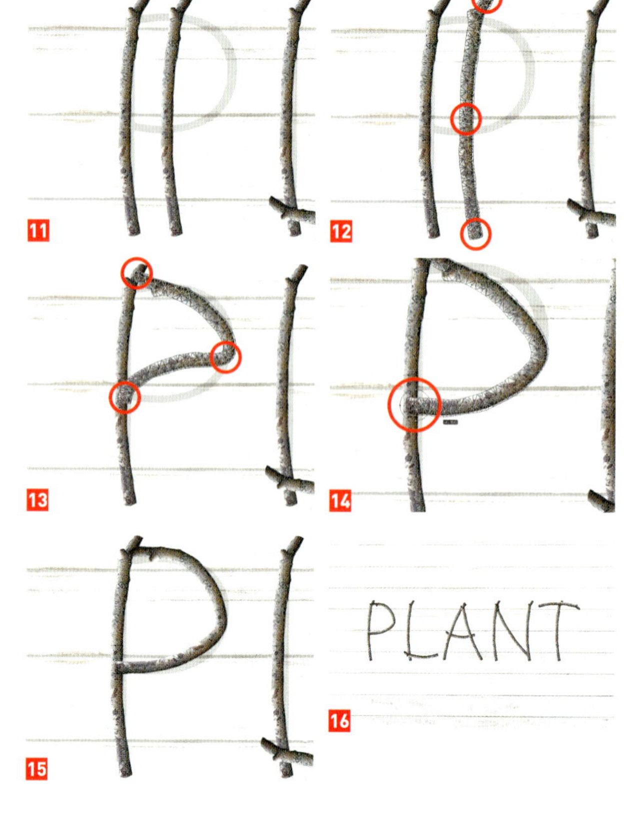

05 蔦の画像をレイアウトする

素材の画像から［蔦］レイヤーを移動し、［枝］レイヤーの上に配置していきます。蔦の形状は、［パペットワープ］を適用して好みの形に変形、配置していきましょう 17。続いて、［枝］レイヤーの下にも［蔦］レイヤーを配置し、枝の前後で重なっている様子を表現します 18。

06 鳥の画像をレイアウトする

［レイヤー］パネル上で、枝と蔦のレイヤーをすべて選択し、Control キーを押しながらクリック（右クリック）して、［レイヤーを結合］を選択します。結合したレイヤーの［レイヤースタイル］を開き、［ドロップシャドウ］を 19 のように設定します 20。最後に素材の画像から［鳥］レイヤーを移動して結合した枝と蔦のレイヤーの下に配置し、［レイヤースタイル：ドロップシャドウ］をコピー・ペーストして完成です 21。

097

3Dツールで立体的なロゴを作る

Photoshopの3Dツールを使って、2Dで作成したロゴを立体的に加工していきます。

Ps CC　Masaya Eiraku

01　3D 押し出し機能でロゴとラインを立体的にする

新規ファイルを［幅：2865pixel］［高さ：2042pixel］［解像度：300dp］で作成し、ロゴのベースとなる文字を中央にレイアウトします 1 。その際、黒い部分（logo_base）とゴールドの部分（line）を別々のレイヤーに配置します 2 。［レイヤー］パネルで黒い部分のレイヤーを Control キーを押しながらクリック（右クリック）して［選択したレイヤーから新規 3D 押し出しを作成］を選択します。同様にゴールドの部分のレイヤーでも［選択したレイヤーから新規 3D 押し出しを作成］を実行します。これにより黒い部分とゴールド部分が奥行きを持ったロゴに変換されます 3 。

02　ロゴの厚みを薄くしてより立体感を高める

［3D］パネルで黒い部分（logo_base）のマテリアルを選択し 4 、［押し出しの深さ：200px］にしてロゴの厚みを減らします 5 。続いて［シェイププリセット］を［ベベル］に変更します。パネルの表示を［キャップ］に切り替え、［ベベル］を［幅：20%］に変更し 6 、黒い部分がより立体的に見えるようにします 7 。

03　ゴールドのラインの厚みを変更する

同様にして、［3D］パネルでゴールドのライン（line）のマテリアルを選択し 8 、［属性］パネルで［押し出しの深さ：25px］にし、黒いロゴにめり込み過ぎていた部分を調整します 9 。

★

1

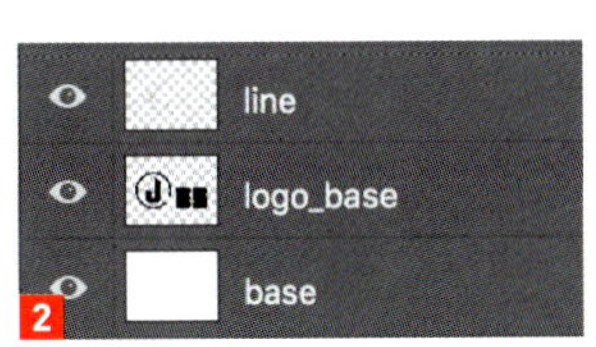

2

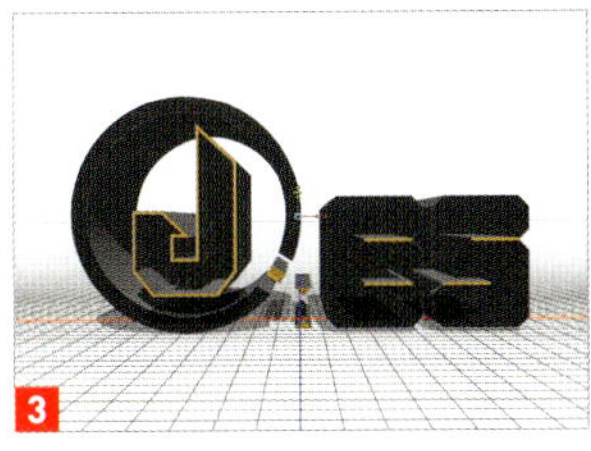
3

5

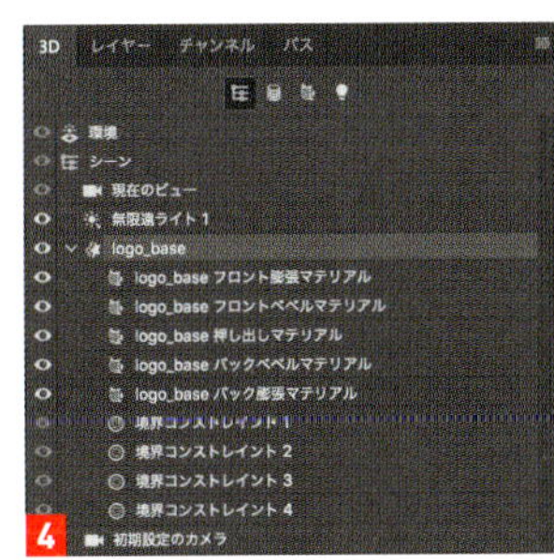

4

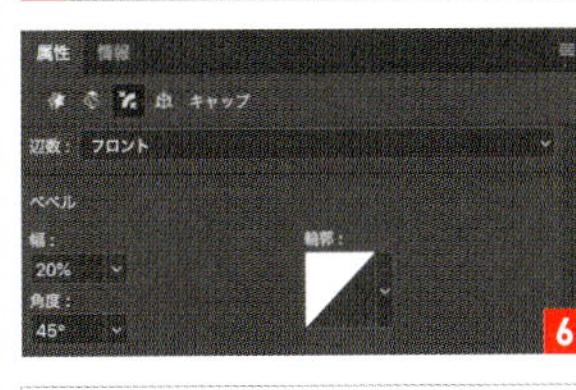

6

7

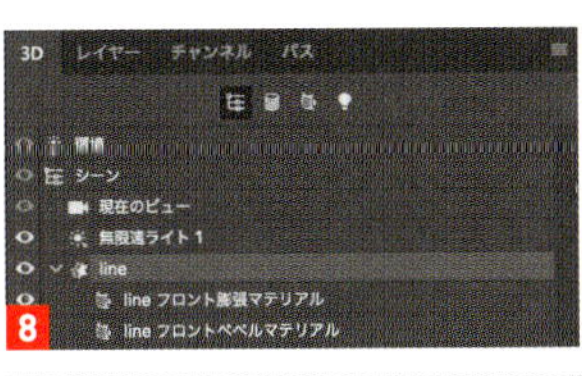

8

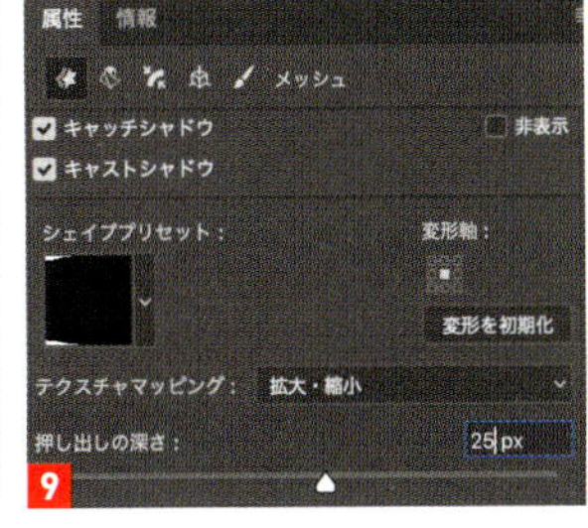

9

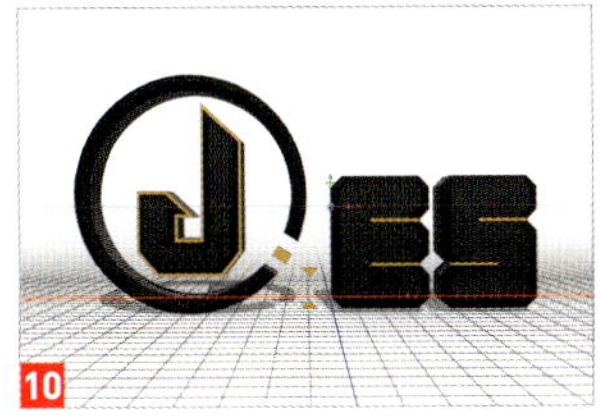
10

04 ロゴの背面に壁面を配置する

［レイヤー］パネルで［背景］の白べた 11 を選択し（新規ファイル作成時に背景を透明に設定している場合は、新規レイヤーで白べたのレイヤーを作成）、Control キーを押しながらクリック（右クリック）して［ポストカード］を選択します。これにより、ロゴの背面に設置する壁面ができます。続いて、黒いロゴ、ゴールドのパーツ、背景の白べたをすべて選択した状態で 12、［3D］→［3D レイヤーを結合］を実行し、3D レイヤーをグループ化します。［3D レイヤーを結合］すると、XYZ 軸のそれぞれの原点合わせで各オブジェクトが再配置されます 13。そのままでは困るので、意図した場所に配置し直していきます。

05 ロゴとラインを移動する

［3D］パネルで［現在のビュー］を選択し、［3D カメラの回り込みツール］を使って、オブジェクトの真横が見える位置まで画面をドラッグしていきます。すると、Z 軸も中心揃えになっているため、背景の壁面にロゴとラインがめり込んでいることがわかります 14。そこで、これを修正します。ロゴとラインを選択し、壁面の前に移動してください。2D のときと同様、［移動ツール］を選択するとツールバーに整列ボタンが表示されるので、それを利用して整列し直すとよいでしょう 15。

06 壁面のカラーと質感を設定する

各オブジェクトのカラーと質感設定に移ります。［3D］パネルで壁面のメッシュを選択し、［属性］パネルの［マテリアルピッカー］から［テクスチャなし］を選びます。次に［拡散］をクリックして茶色系［R：210／G：189／B：148］に変更 16。［光彩］は［0%］に設定しておきます 17。これにより、背景の色が白から茶系に変わります 18。

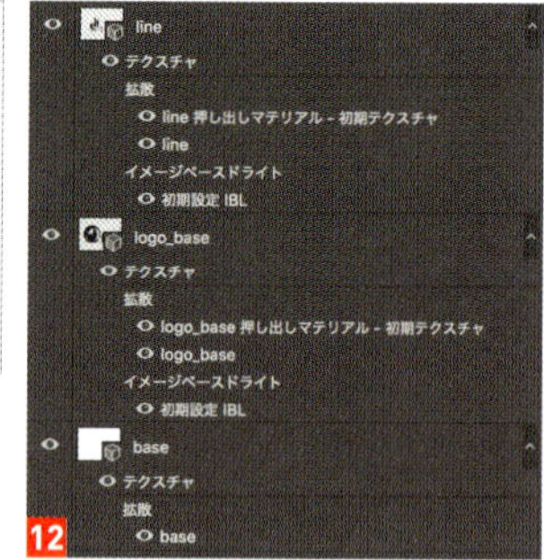

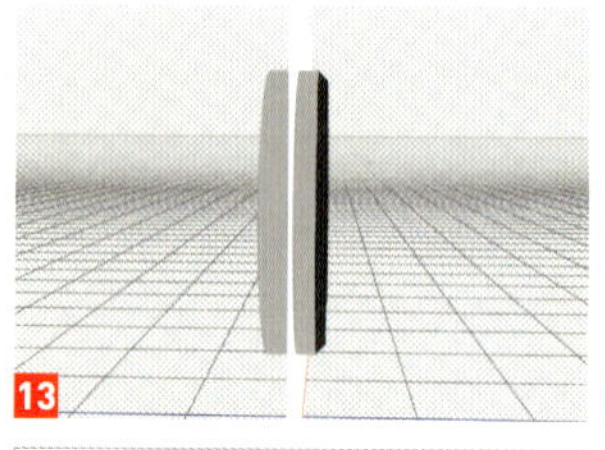

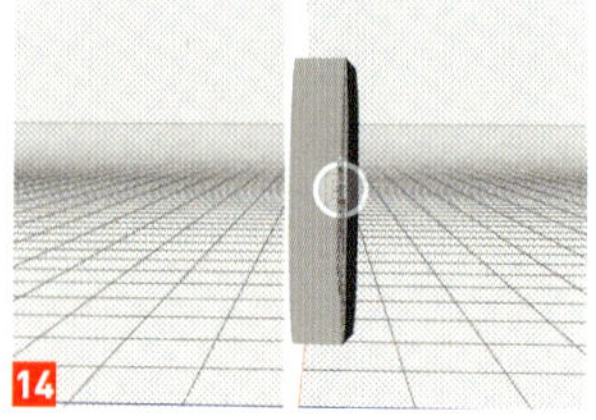

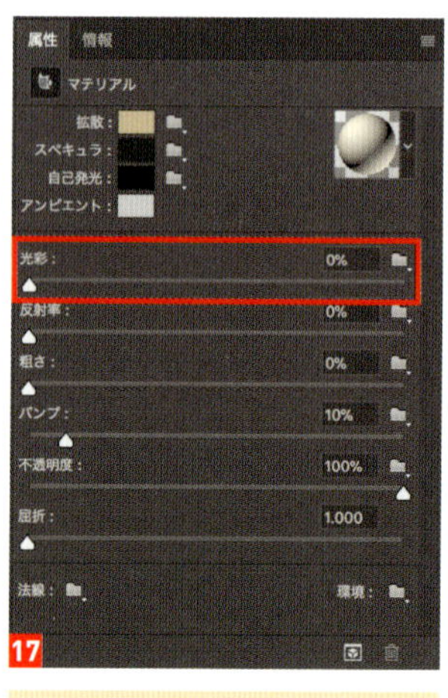

07 黒いロゴのカラーと質感を設定する

［3D］パネルで黒いロゴの［押出しマテリアル］を選択し、先ほどと同じように［属性］パネルで［拡散］をピンク系［R：254／G：154／B：154］に変更 19。その他の設定はデフォルトのままにしておきます。これにより、ロゴの側面がピンク色に変わります 20。

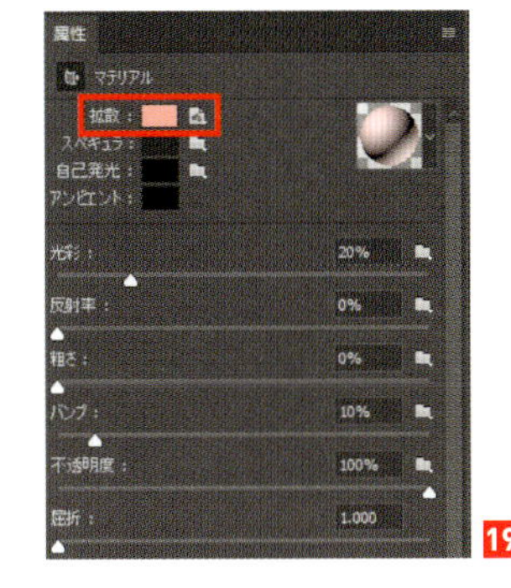

08 ゴールドのライン質感を設定する

続いて、ゴールドの［フロント膨張マテリアル］を選択し、［属性］パネルで［マテリアルピッカー］をクリックし、［金属 真鍮（ソリッド）］を選択 21。［光彩：15%］に変更し 22、明るくします。同様にして［押出しマテリアル］の［マテリアルピッカー］を［金属 真鍮（ソリッド）］にし、他の数値はデフォルトのままにします。すると 23 のような状態になります。

09 3Dカメラの回り込みツールでロゴの見え方を変える

［3D］パネルで［現在のビュー］を選択し、画面を［3Dカメラの回り込みツール］でドラッグして、24 のようパースの付いた見え方にします。移動後、［3D］→［3Dレイヤーをレンダリング］を実行。レンダリング完了後に 25、ラスタライズもしくはスマートオブジェクトに変換し、最後に最背面に［新規塗りつぶしレイヤー］を［べた塗り］で追加､青系のカラー［R：116／G：102／B：254］で塗りつぶして完成です 26。

ONE POINT

Photoshopの3Dツールは、オブジェクトをゼロから作成するのはあまり得意ではありませんが、多彩な質感設定ができる点が大きな魅力です。また、今回は使用しませんでしたが、ライトを追加することでよりリアルな質感を表現することもできます。

098

立体的な メタリックロゴを作る

3Dツールの機能として用意されているマテリアルや環境光設定で、ロゴの質感をメタリックな印象に変えていきます。

Ps CC　Masaya Eiraku

01　3D機能でロゴを立体的にする

ベースとなるロゴの画像を開きます 1。新規レイヤーを作成し、［ブラシツール］でアクセントとなる円を描きます 2。ロゴに重なった部分は削除しておきます 3。続いて、ベースのロゴと円形の素材、それぞれのレイヤーで［3D］→［選択したレイヤーから新規押し出しを作成］を選択して3D化します。ロゴと円を同じ空間に配置するために、［レイヤー］パネルで両者を選択し、［3D］→［3Dレイヤーを結合］を実行。2つの3Dオブジェクトが同一座標に描画されるようになります 4。

1

2

3

4

02　ロゴの質感を設定する

［3D］パネルでベースとなるロゴのマテリアルレイヤーを選択し、［属性］パネルの［シェイププリセット］を［ベベル］に設定 5、前面の角が削られた形に変えます 6。続いて、［キャップ］の設定画面で［幅：20%］に変更して 7、ベベルの幅を狭めます。同様にして、円形オブジェクトのマテリアルレイヤーを選択し、［属性］パネルの［シェイププリセット］で［膨張］を選択します 8。

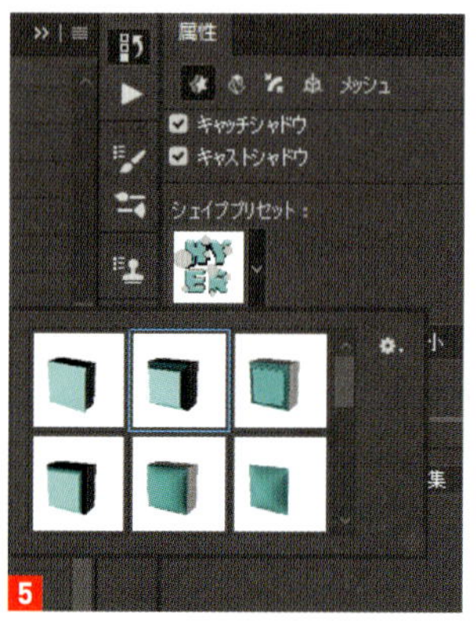

5

7

6

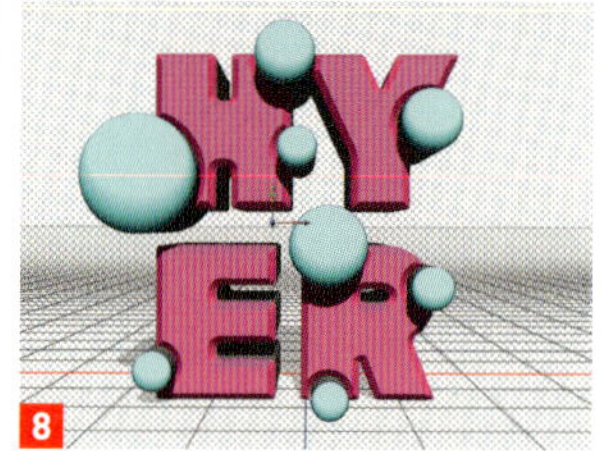
8

03 ロゴの輪郭を修正する

［3D カメラの回り込み］ツールを使って、ロゴを 90°水平方向に回転させます。すると、先ほど調整した円形オブジェクトのキャップ面が球体になっていないことがわかります 9。真横から見た際に半球に見えるよう、［キャップ］の設定画面で［輪郭］を半円に、［膨張：90°］［強さ：20%］に変更します 10 11。

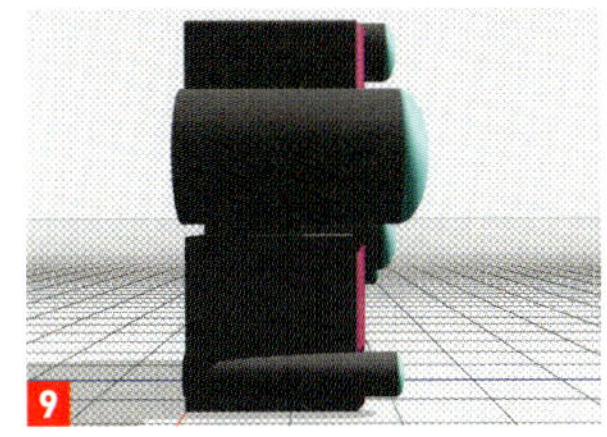
9

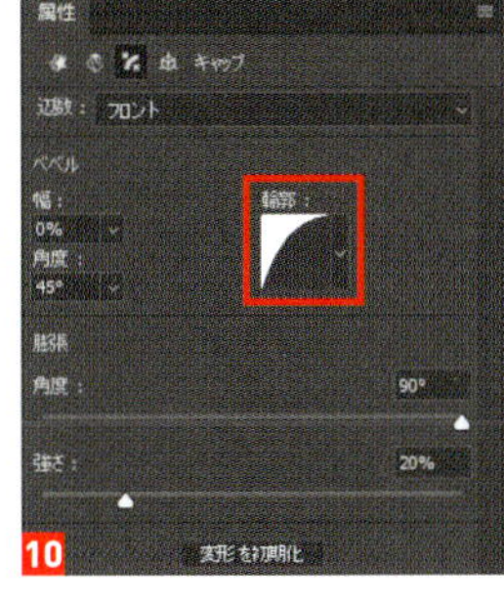

10

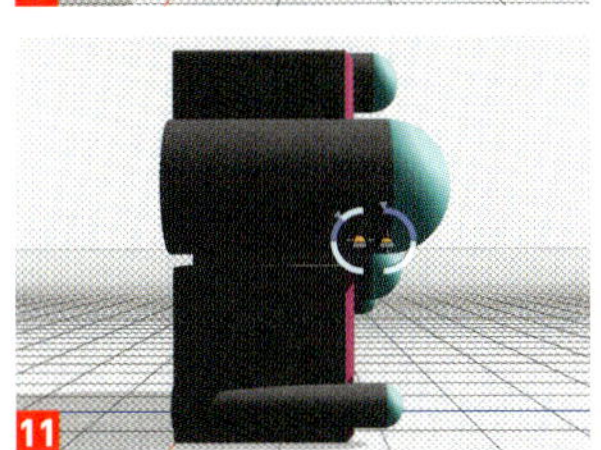
11

04 オブジェクトの奥行を調整する

2 つのオブジェクトの奥行きを揃えます。ベースのロゴのマテリアルレイヤーを選択し、［属性］パネルで［押し出しの強さ：800px］に変更します 12。同様に円形オブジェクトの［押し出しの強さ］も同じ数値にします 13。Z 方向の位置もずれているのでこれも修正します 14。2 つのオブジェクトを選択した状態で、ツールバーの整列ツール［左揃え］を適用します 15。視点を正面に戻して確認してみると、2 つのオブジェクトがきちんとレイアウトされていることがわかります 16。

12

13

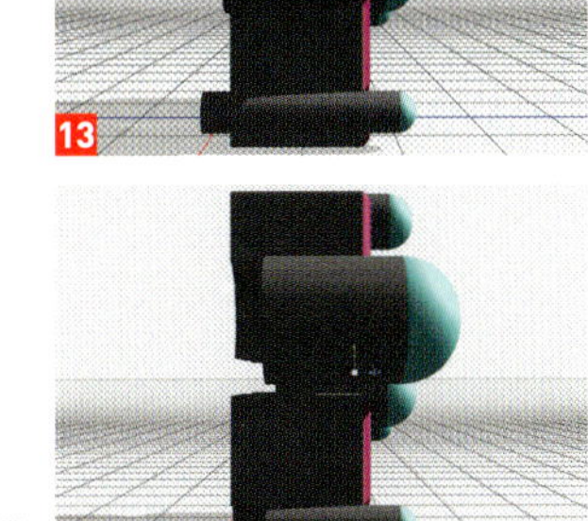
14

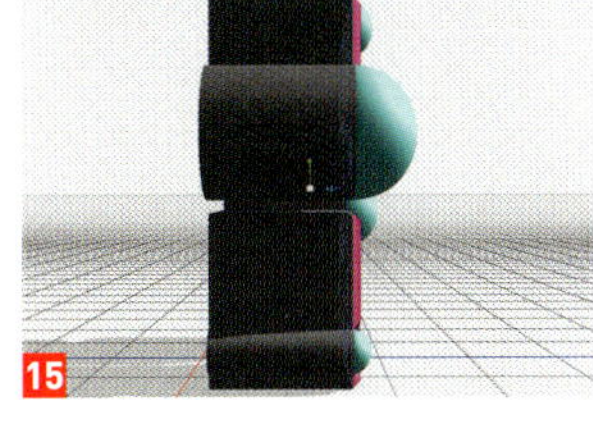
15

16

05 ロゴの背景を作成する

［レイヤー］パネルに戻ります。［新規塗りつぶしレイヤー］を［グラデーション］で追加し、パープル系［R：109／G：8／B：233］からブルー系［R：2／G：11／B：96］の［線形］グラデーションで塗りつぶします 17。このレイヤーを最背面に移動して背景とします 18。

17

18

06 ロゴの質感を設定する

オブジェクトの質感を設定していきます。［3D］パネルでベースロゴのマテリアルを全て選択した状態で、［属性］パネルの［マテリアル］で［金属　鉄］を選択します 19。続いて、円形オブジェクトのマテリアルを全て選択した状態で、［マテリアル］を「金属　金」に設定します 20。

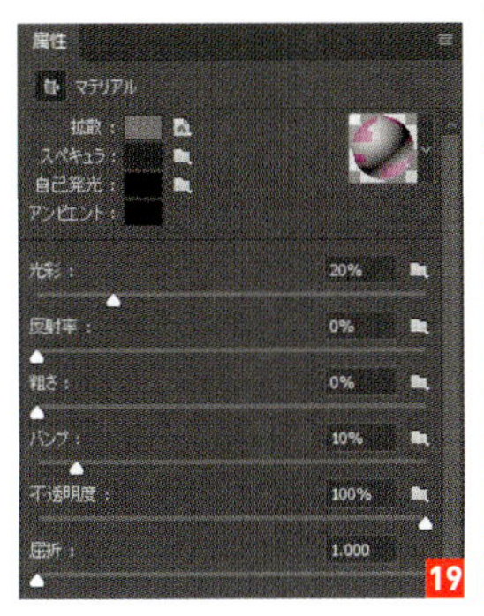

19

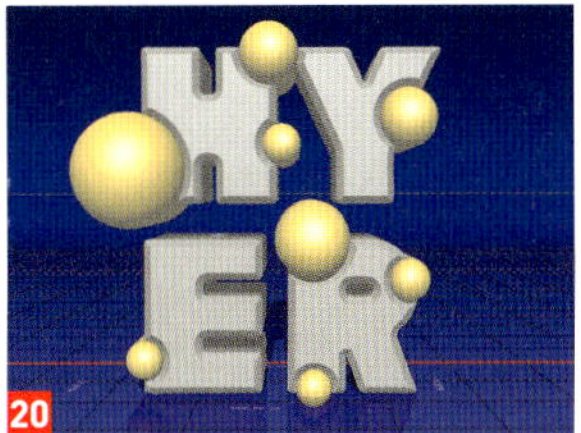
20

4 TYPOGRAPHY

07 環境光と映り込みの調整をする

環境光と写り込みを調整していきます。まず［3D］パネルで［環境］レイヤーを選び、［属性］パネルで［IBL］のサムネイルをクリックし 21、［テクスチャを置き換える］を選択。［開く］ダイアログであらかじめ用意しておいた素材（「IMG_2278.jpg」）を設定します 22。続いて、［3D］パネルで［無限遠ライト］レイヤーを選択し、画面に表示された軸をドラッグして光の当たり方を「右上から左下」の方向に調整します 23。

08 ゴールドの反射を加える

今度は［3D］パネルで円形オブジェクトのマテリアルを選択し、［属性］パネルのマテリアル［拡散］のカラーを濃い色に変更、［光沢：30%］［反射率：25%］に変更します 24 25。これによりゴールドに反射が加わり、色味が落ちてより自然な印象になりました 26。

09 ロゴにも反射を加える

ロゴのオブジェクトも同様に［光彩］と［反射率］を調整 27。さらに［キャップ］設定で［ベベル］の［幅］を狭め、［膨張］の［強さ］を［2%］に設定して 28、オブジェクトの曲面を増やして反射しやすいようにします。最後に［3D］パネルで［環境］レイヤーを選択し 29、ロゴの反射具合を見ながら、［IBL］テクスチャをドラッグして位置を決めて 30、完成です。

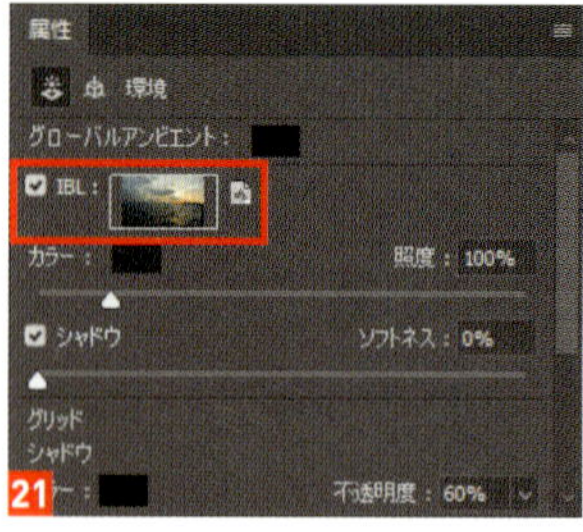

21

22

23

24

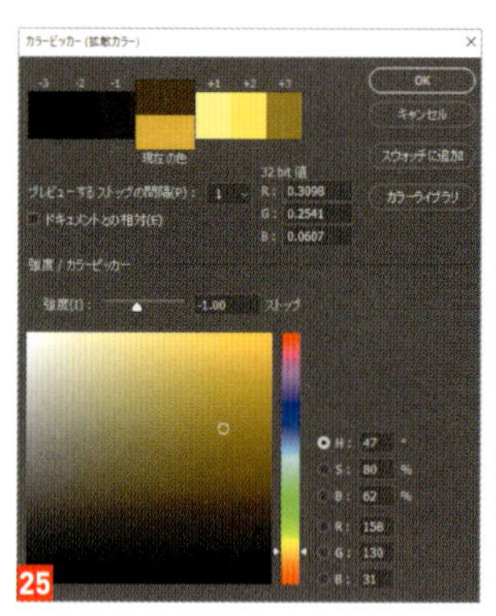

25

26

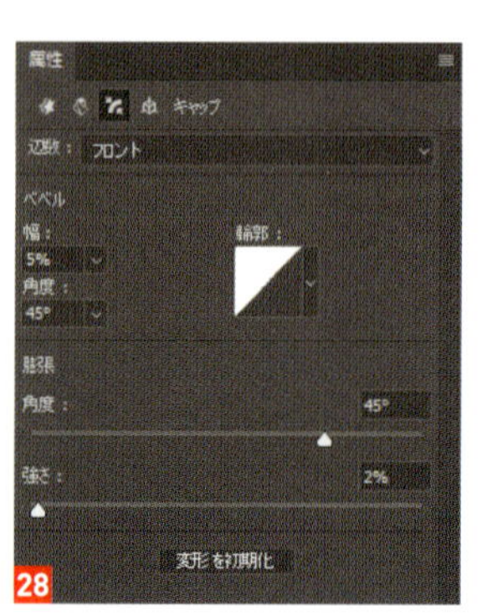

28

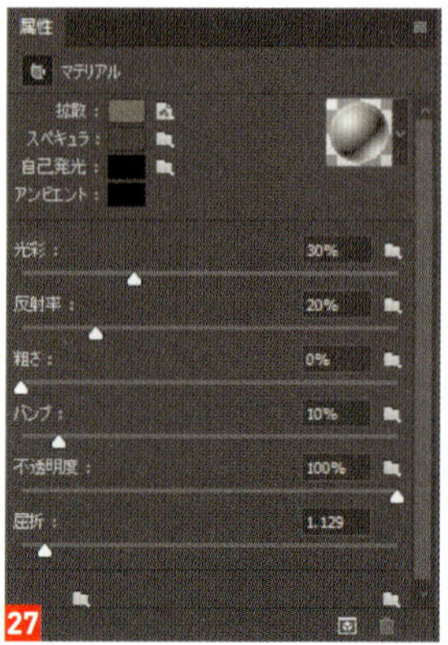

27

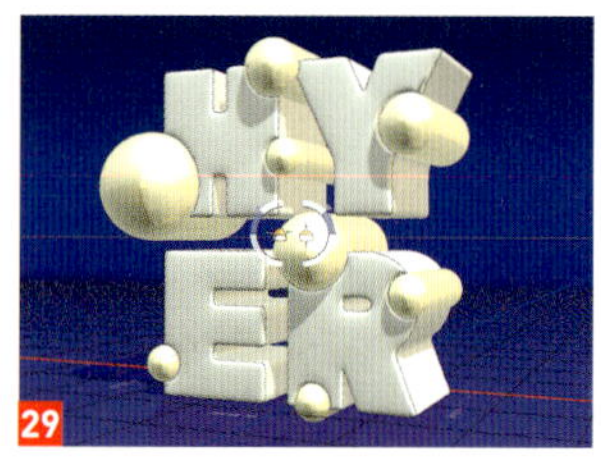

29

30

ONE POINT

IBLに設定する画像は、シンプルで光が鮮やかで、なおかつ階調が豊かなものを選ぶとよいでしょう。よりきれいな反射を表現することができます。

099 サイバーパンク風なロゴを作成する

レンズフレアで光沢のあるテクスチャを作成し、置き換え機能によって立体的なロゴに変換します。

Ps CC　Masaya Eiraku

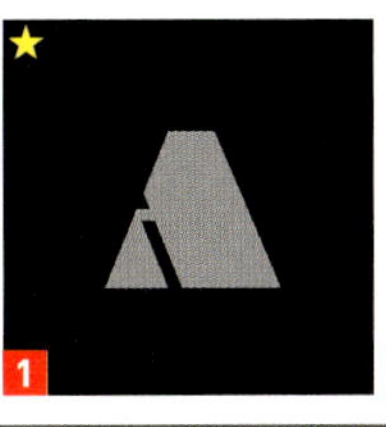
1

3

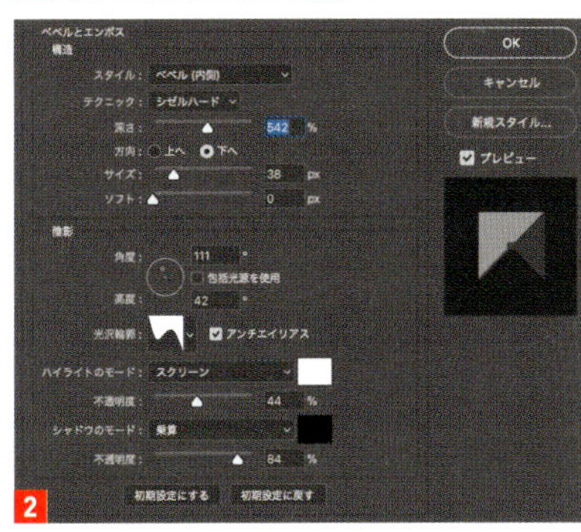

2

01 ロゴを作成する

新規ファイルを［幅：4000pixel］［高さ：4000pixel］［解像度：72dp］の正方形で作成し、ロゴのベースとなる図形をカンバスの中心に配置します 1 。［レイヤースタイル］の［ベベルとエンボス］を適用して 2 、ロゴに少し厚みを持たせ、いったん保存しておきます 3 。

02 逆光フィルターで4種類のレンズフレアを作成する

先ほどと同サイズで新規ファイルを作成し、黒色で塗りつぶします。［フィルター］→［描画］→［逆光］を［レンズの種類：50-300mm ズーム］で適用して 4 、レンズフレアを作成します 5 。同様にして、今度は新規レイヤーにレンズフレアを作成します。今回は［レンズの種類］を［35mm］ 6 ［105mm］ 7 ［ムービープライム］ 8 に設定して、計4つのレンズフレアを作成しました。作成の際、光の位置はすべて水平真横に揃えておきます。

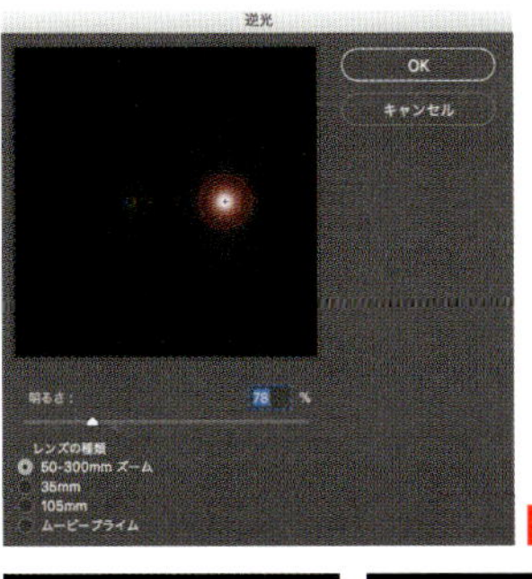

4

5

6

7

8

03 極座標フィルターで光を湾曲させる

最初に作成した［50-300mm ズーム］のレンズフレアを複製し、複製したレイヤーに［フィルター］→［変形］→［極座標］を［直交座標を極座標に］で適用し 9 、光を湾曲させます 10。同様にして、残りのレンズフレアも複製と［極座標］フィルターの適用を繰り返し 11、すべてのレイヤーの描画モードを［覆い焼きカラー］に変更して重ねます 12。

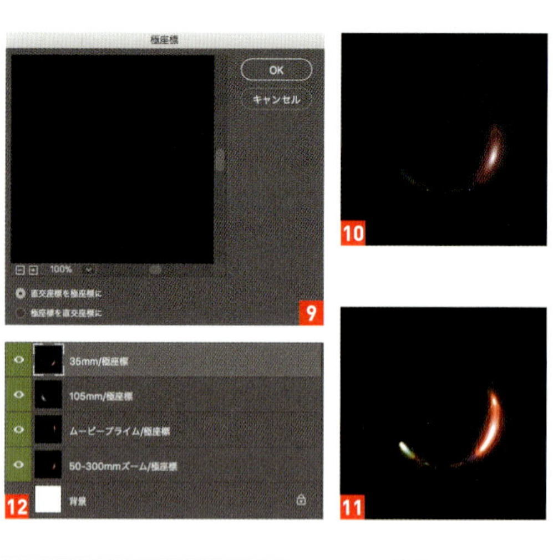

04 レンズフレアを複製して回転させる

こうして作成した4つのレンズフレアを再度複製し 13、複製したそれぞれのレイヤーに［編集］→［自由変形］を適用して回転します 14 15。

05 4つのレンズフレアの画像を結合する

［極座標］フィルターを適用していない4種類のレンズフレアのうち、［50-300mm ズーム］以外のレイヤーの描画モードを［覆い焼きカラー］に変更し 16、4枚のレイヤーを結合します 17。結合したレイヤーに［フィルター］→［ぼかし（放射状）］を［方法：回転］で適用し 18、円形にぼかします 19。続いて画像を 90° 反時計方向に回転させ、最前面に移動し、描画モード［スクリーン］で重ね合わせます。最後に結合したレイヤーを複製し、描画モード［覆い焼きカラー］で重ね、全体の彩度を上げます 20。

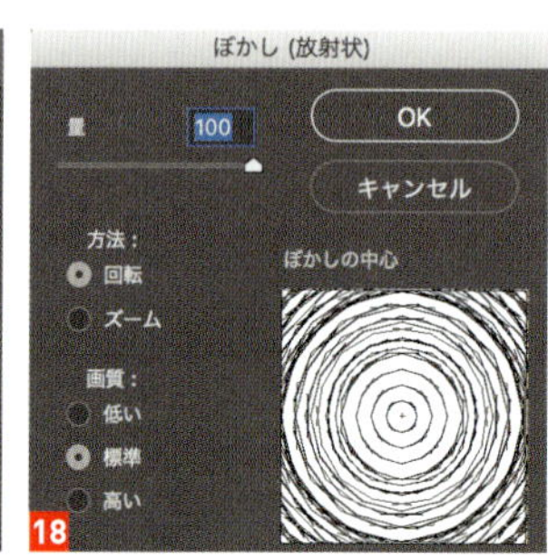

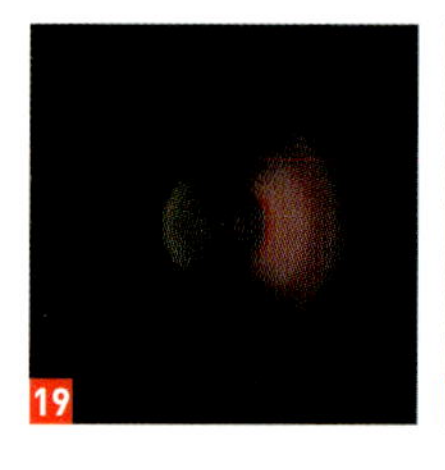

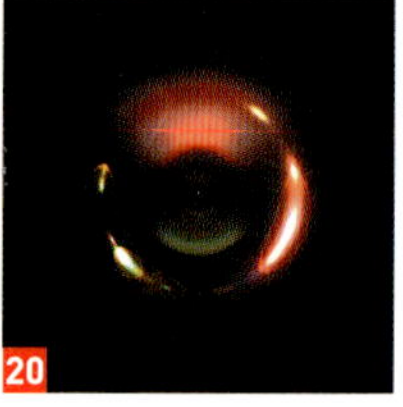

06 ロゴデータに置き換える

⌘（Ctrl）+ Option（Alt）+ Shift + E キーを押して、表示レイヤー複製、新規レイヤーとして結合し、1枚の画像にしておきます 21。結合したレイヤーに［フィルター］→［変形］→［置き換え］を実行し 22、次に表示される［置き換えマップデータを選択］ダイアログで最初に作成したロゴ画像を選択して開きます。すると先ほど作成したテクスチャでロゴが生成されますので 23、ロゴの輪郭に合わせて不要な部分を切り抜き、テクスチャの真ん中に配置します 24。

21

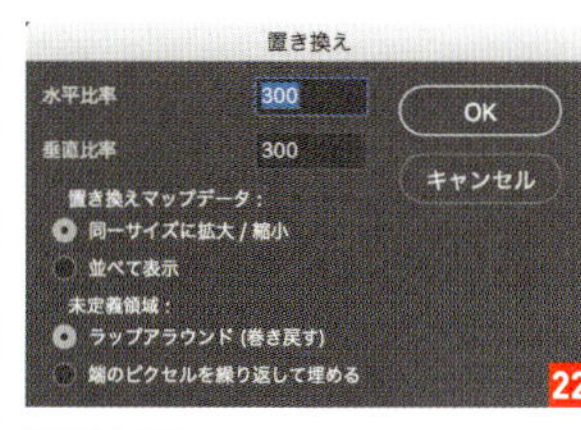

22

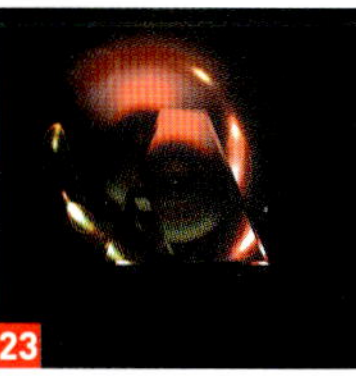

23

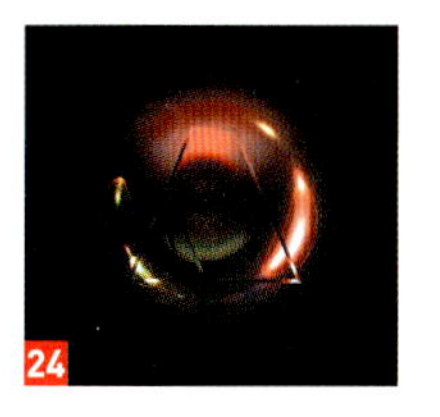

24

07 背景画像を作成する

ロゴの背面に［新規塗りつぶしレイヤー］を［グラデーション］で作成し、背景にします 25 26。グラデーションのカラーはパープル系［R:19／G:1／B:44］とグリーン系［R:7／G:230／B:2］、グラデーションの［スタイル］は［線形］です。さらに、最前面に［新規調整レイヤー］を［トーンカーブ］で追加し、ハイライトを少し強めます 27 28。

25

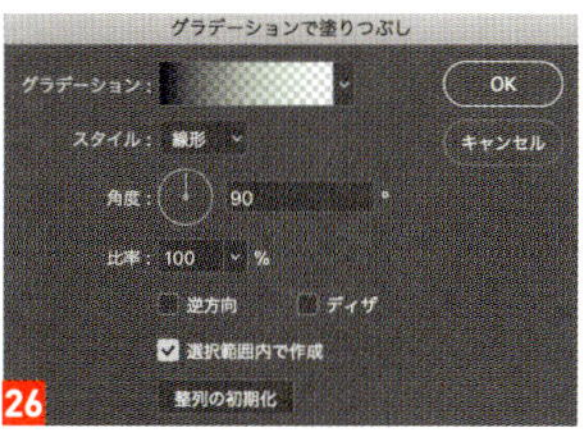

26

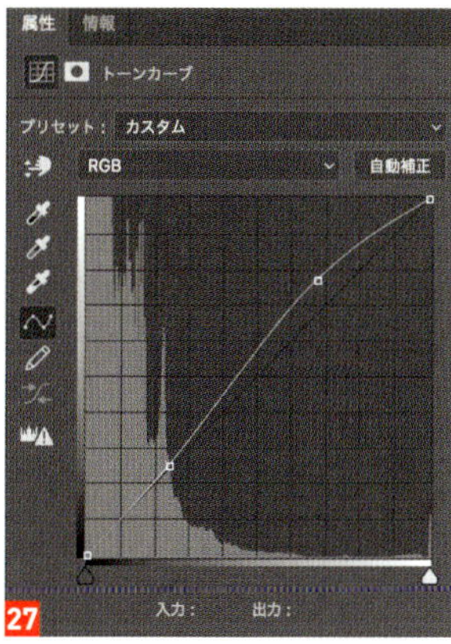

27

28

08 ロゴをハイライトさせる

［新規塗りつぶしレイヤー］を［べた塗り］の黒色で作成し 29、［フィルター］→［描画］→［逆光］を［明るさ：64%］［レンズの種類：ムービープライム］で適用します 30。レイヤーの描画モードを［スクリーン］に変更し、［自由変形］で大きさと位置を調整し、ロゴの右肩をハイライトさせます 31。これで完成です。

29

30

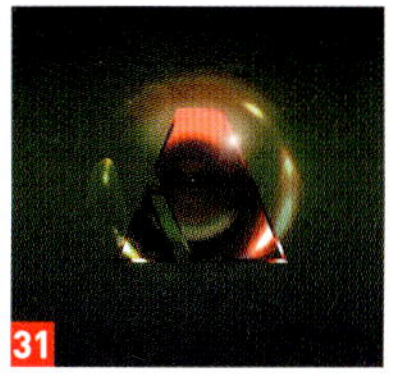

31

ONE POINT

［置き換え］フィルターは、置き換える画像の色の濃淡を自動的に拾ってくれます。立体的なロゴを作るときは、そのことを念頭において作業していくとスムーズに進められます。

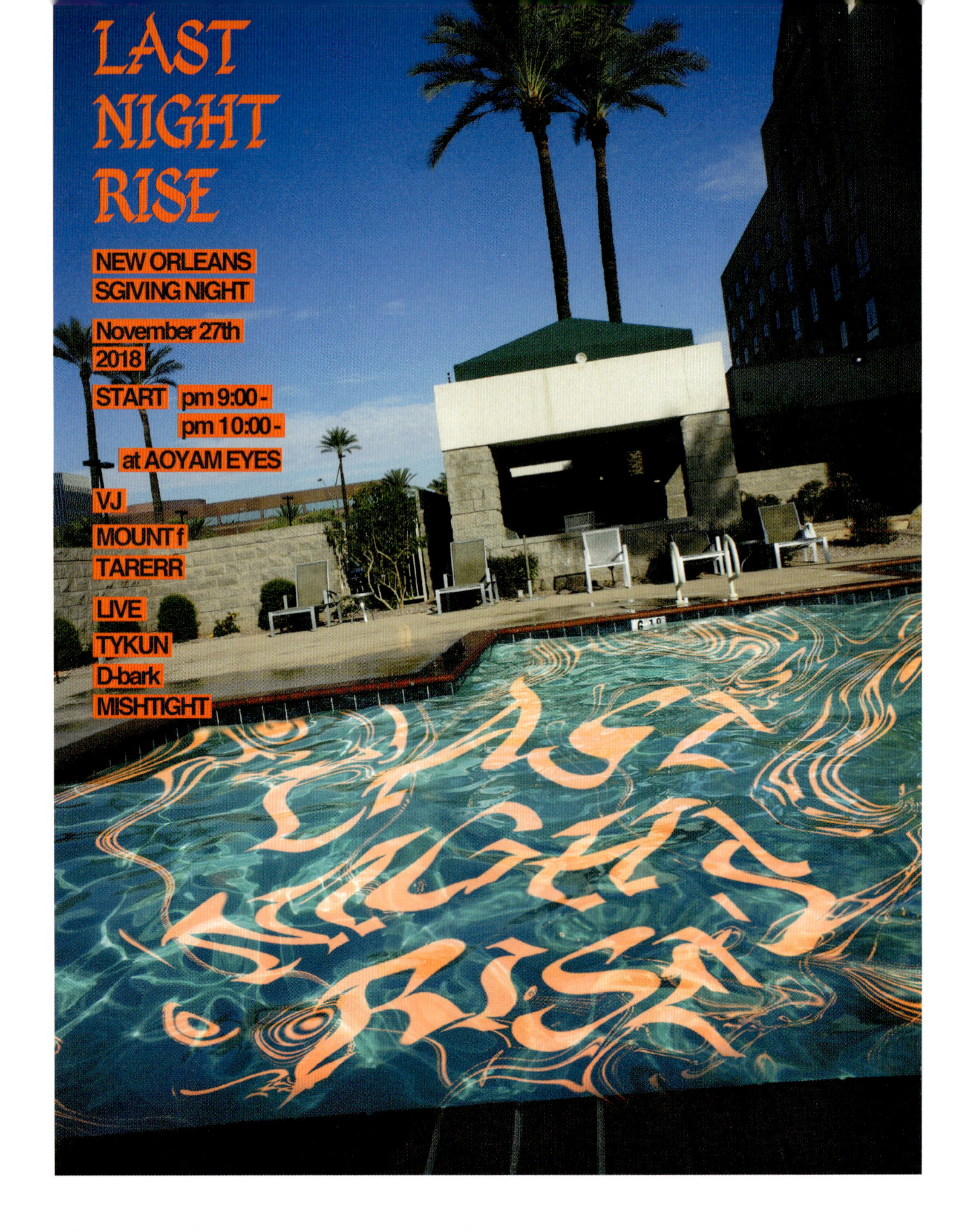

水面に揺らぐロゴを作る

100

波形フィルターを適用してロゴを変形させたあと、自動変形と色調補正ツールを使って水面になじませます。

Ps CC　Masaya Eiraku

01 波形フィルターでロゴを歪ませる

ロゴデータを新規レイヤーとして読み込みます 1（見やすいように背景は黒色にしてあります)。［フィルター］→［変形］→［波形］を適用し、揺らいだ雰囲気に変形します 2 3。

1

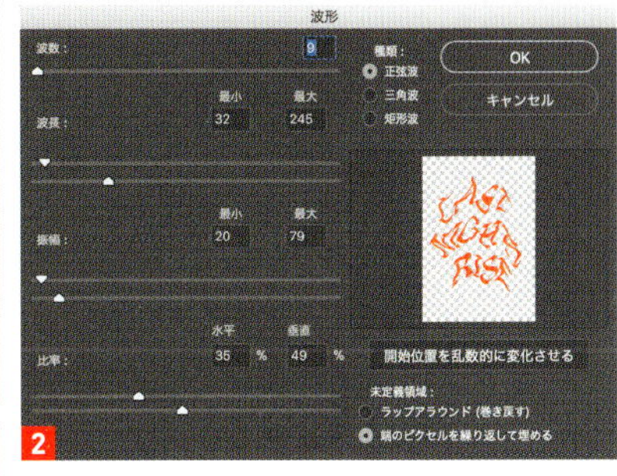

2

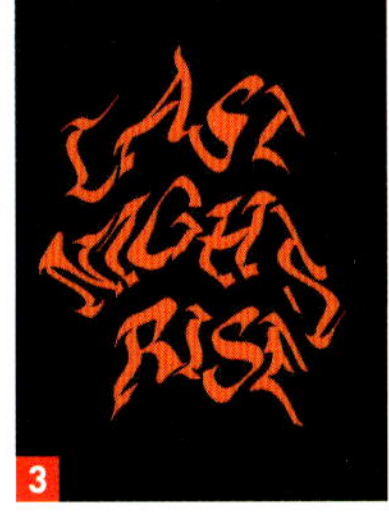
3

02 波形フィルターでロゴが溶け出している風にする

ロゴを複製し、再度、［波形］フィルターを適用します。先ほどよりも少し激しく変化するように、［波長］［振幅］［比率］の数値を大きめに設定しましょう 4 5。同様にして、さらに何度か［波形］フィルターを繰り返し適用して（ここでは計4回)、液体に溶け出しているような感じにします 6。

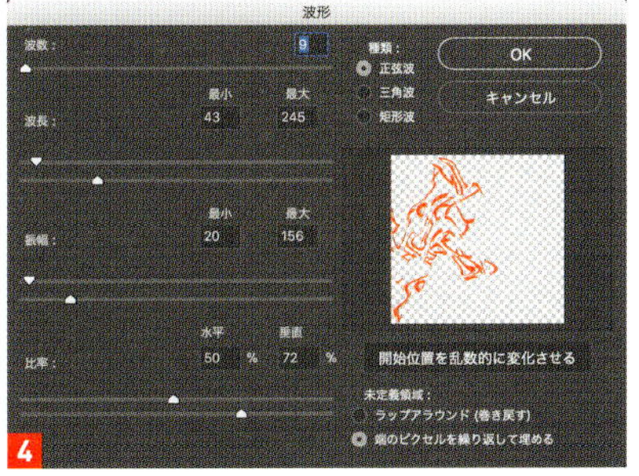

4

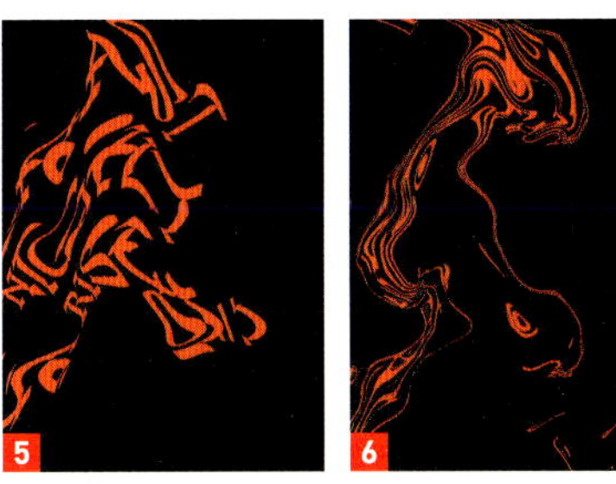
5 6

03 ロゴをレイアウトする

［波形］フィルターを適用したロゴを、3 のロゴとつながるようにレイアウトします。これを何度か繰り返し、ロゴの周囲を［波形］のグラフィックとつなげていきます 7 8。この際、レイヤーマスクを用いて、ロゴと重なりすぎてしまった部分を消しておきましょう 9。

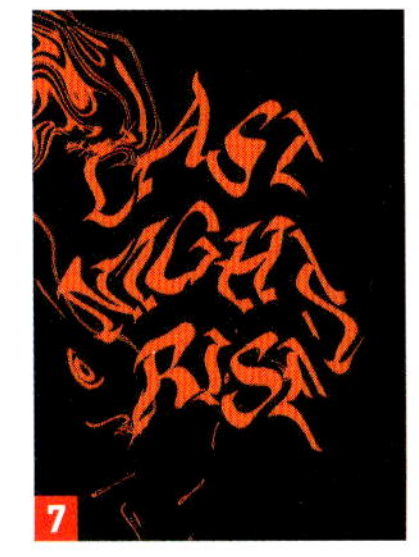
7

8

9

04 ロゴを水面に合成する

合成先のプールの画像を開き 10、先ほど作成した素材をペーストします 11。［編集］→［自動変形］を実行して、ロゴと水面のパースを合わせます 12。ロゴのレイヤーの描画モードを［スクリーン］に変更し、背景となじませます 13。最後に［レイヤーマスクを追加］して必要のない部分を消していきます 14 15。

05 色相・彩度とトーンカーブで色味を整える

ロゴに［イメージ］→［色調補正］→［色相・彩度］を適用し 16、色味を背景の画像に近づけます。最後に［イメージ］→［色調補正］→［トーンカーブ］を適用して 17 18 19、全体を好みの色に整えて完成です 20。

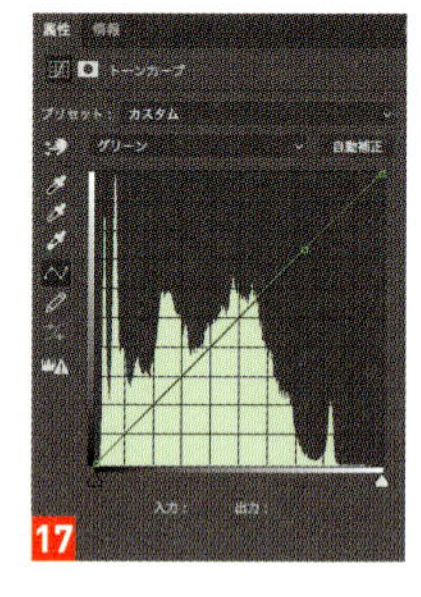

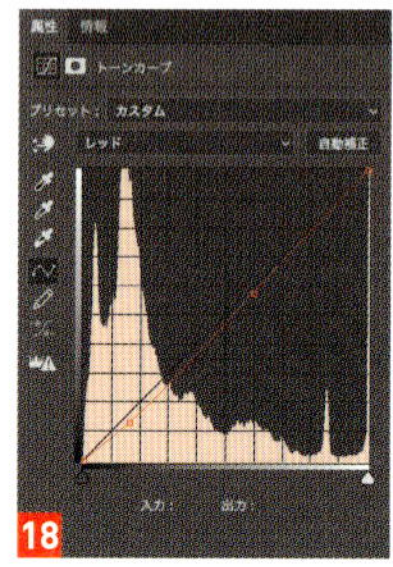

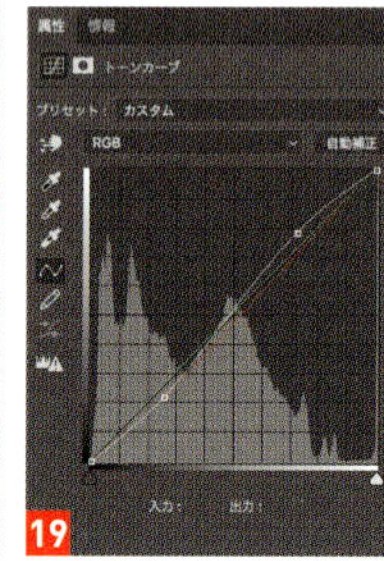

ONE POINT

今回は、文字の読みやすさを優先してロゴを作成しました。よりリアルに仕上げたい場合は、ロゴを合成する際に、水面のハイライトやシャドウをしっかりと反映していくとよいでしょう。

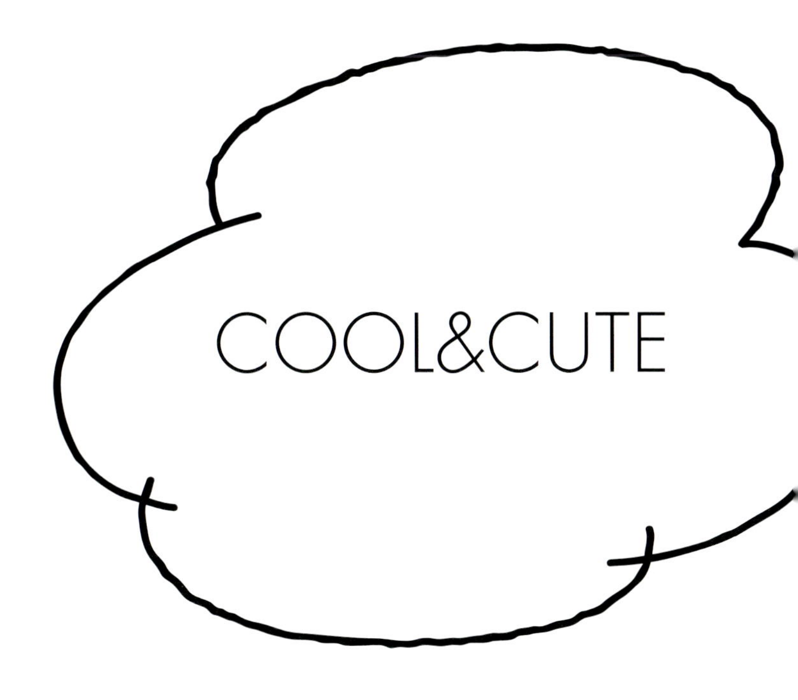

5

「かわいらしさ」が求められるシーンや
「かっこよさ」が求められるシーンで使える
レタッチ・加工のアイデアを集めました。
テイストをプラスしたいときに
便利なテクニックです。

カラフルなドットをちりばめてキュートに飾る

3色のランダムな大きさの円を配置して写真に彩りを添えます。
そのうち1色はストライプ柄にしてみましょう。

101

Ps CC　Toshiyuki Takahashi [Graphic Arts Unit]

01　円形シェイプを作成する

写真を開きます 1 。[楕円形ツール]を選択し、[オプションバー]で[ツールモード:シェイプ][塗り:R:230／G:180／B:195][線:なし]に設定します 2 3 。続いて、歯車のアイコンをクリックして［正円］を選んでおきます 4 。新規レイヤーを［ピンク系］という名前で作成し、カンバス上でドラッグします。これで正円が1つ作成できました 5 。

02　円形のシェイプをランダムに追加していく

続けて正円を作成してもいいのですが、このままだと正円を作成するごとに新しいレイヤーが追加されてしまいます。そこで2つめ以降は Shift キーを押しながらドラッグします。こうすることで、ひとつのレイヤーに複数のシェイプを追加していくことが可能です。写真の上下を中心に、ランダムに正円をちりばめていきましょう 6 7 。

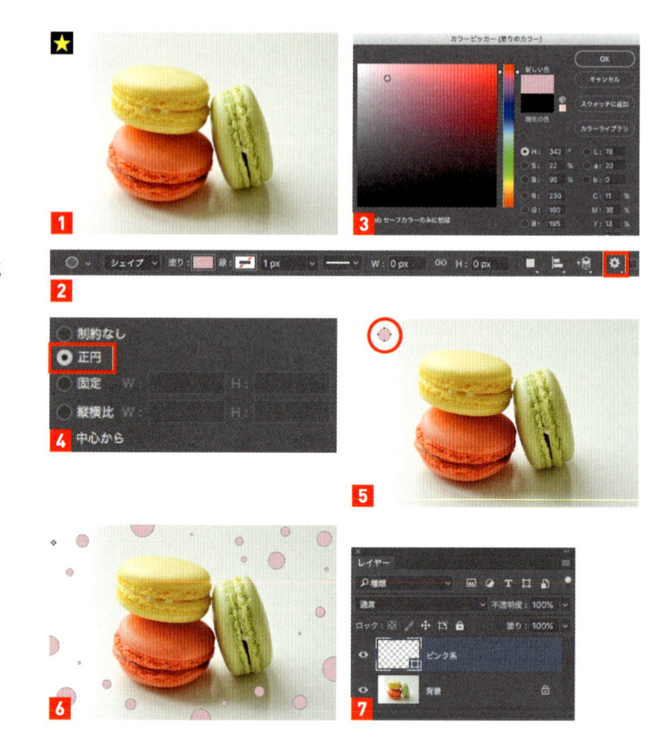

03 ブルー系とイエロー系の円形シェイプを追加する

新規レイヤーを［ブルー系］という名前で作成し 8、［オプションバー］で［塗り：R：150 ／ G：185 ／ B：225］に変更して 9 シェイプを追加していきます。先ほど同様に、最初だけ通常のドラッグ、2つめ以降は Shift キーを押しながらのドラッグです。全体の分布を見ながらバランスよく配置してください。さらに同じ要領で［イエロー系］という名前のレイヤーを追加し、［R：230 ／ G：215 ／ B：155］のカラーで円形シェイプを作成しましょう 10 11。

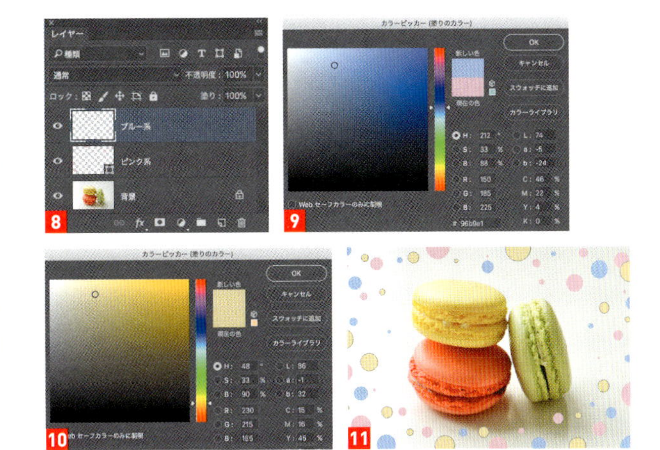

04 シェイプのエッジをぼかして写真と合成する

［ピンク系］レイヤーを選択し、［属性］パネルの［マスク］をクリックします。［ぼかし：2.0px］に設定すると、エッジが少しだけ柔らかくなります 12 13。同じ要領で［ブルー系］と［イエロー系］レイヤーもぼかしておきます。ぼかし後、3色のシェイプレイヤーの描画モードをすべて［オーバーレイ］に変更して写真と合成します 14。

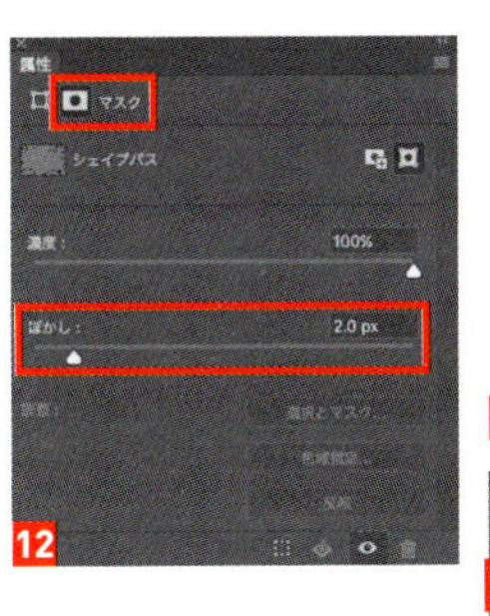

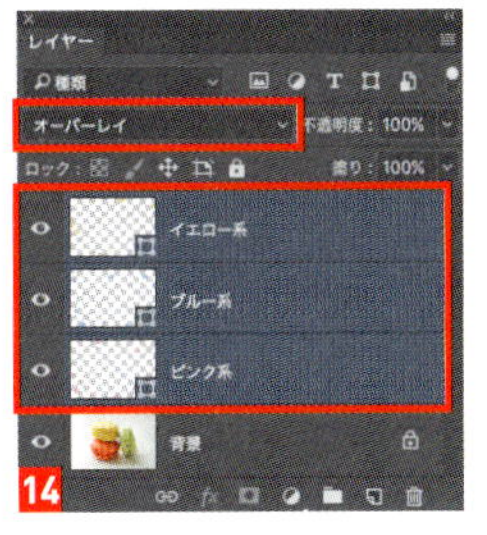

05 イエローのシェイプにストライプのパターンを適用する

あらかじめ用意してあるストライプのパターン画像を開き 15、［編集］→［パターンを定義］を選択して［グレーストライプ］という名前で登録します。登録が完了したら、パターン画像は閉じてかまいません。作業中のドキュメントに戻り、［イエロー系］レイヤーを選択して［レイヤー］→［レイヤースタイル］→［パターンオーバーレイ］を選択します。［パターン］のボックスをクリックして［パターンピッカー］を開き、先ほど登録した［グレーストライプ］のパターンを選択します 16。左列の一覧から［レイヤー効果］を選択し、［内部効果をまとめて描画］のチェックをオンにしてから 17、［OK］をクリックすれば完成です。

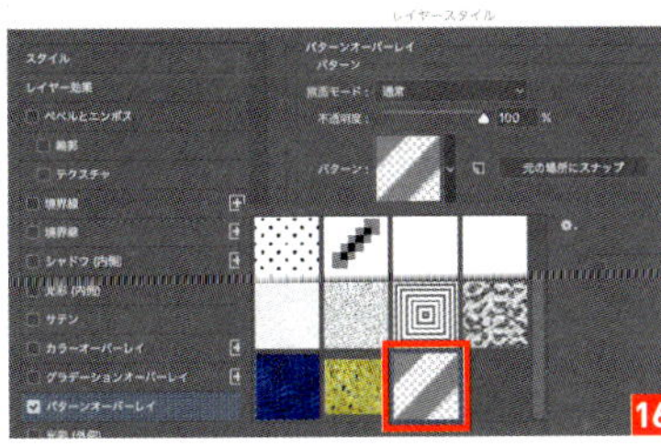

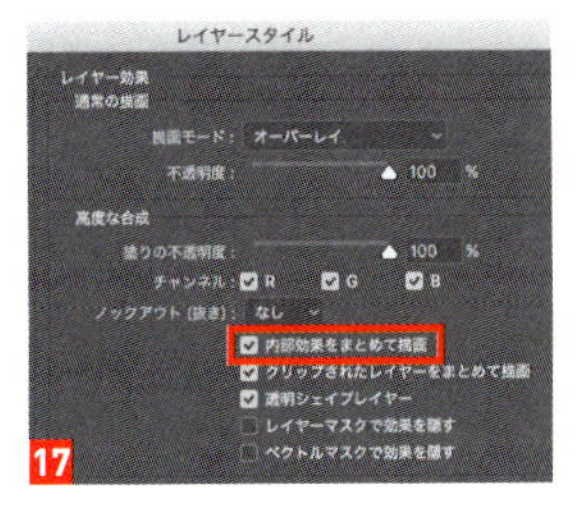

写真をネオンカラーで染める

102

色の違うグラデーションを組み合わせて、全体の色調をネオンカラーに染めます。ウェブサイトなど、RGBのまま画像が使えるメディアでは特に有効です。

Ps CC　Toshiyuki Takahashi [Graphic Arts Unit]

01 モノクロに変換する

写真を開きます 1 。[レイヤー] → [新規調整レイヤー] → [白黒] を選択して、新規調整レイヤーを追加します。これで写真全体がモノクロになります 2 。

1

2

02 グラデーションマップで全体を着色する

[レイヤー] → [新規調整レイヤー] → [グラデーションマップ] を選択し、調整レイヤーを追加します 3 。[属性] パネルでグラデーションのボックスをクリックして 4 グラデーションエディターを開きます。カラー分岐点を操作し、[位置：0%] [カラー：R：240 ／ G：75 ／ B：250] 〜 [位置：100%] [カラー：R：175 ／ G：255 ／ B：95] のグラデーションに変更して [OK] をクリックします 5 。これで色調がピンクとイエローの蛍光色になります 6 。

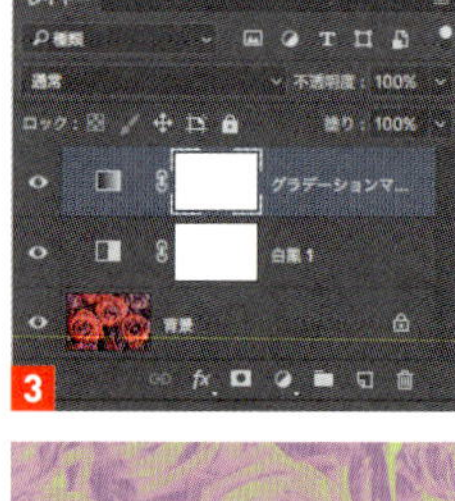

3

4

6

5

03 グラデーションを合成して色味に変化をつける

[レイヤー] → [新規塗りつぶしレイヤー] → [グラデーション] を選択し、[レイヤー名：追加グラデーション] [描画モード：ソフトライト] で [OK] をクリックします **7**。グラデーションのボックスをクリックしてグラデーションエディターを開き、カラー分岐点を操作して [位置：100%] [カラー：R：240 ／ G：75 ／ B：250] ～ [位置：50%] [カラー：R：175 ／ G：255 ／ B：95] ～ [位置：100%] [カラー：R：95 ／ G：200 ／ B：255] に設定して [OK] をクリックします **8**。塗りつぶしレイヤーを **9** のように設定して [OK] をクリックします。

7

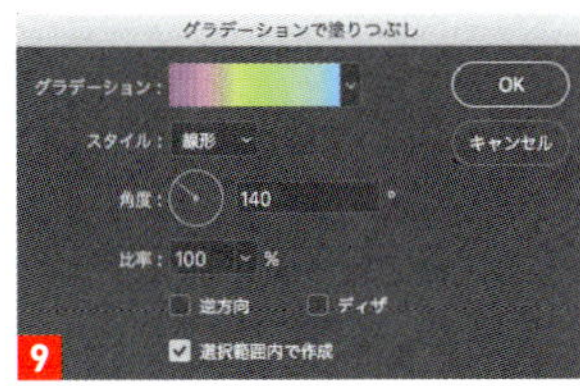

9

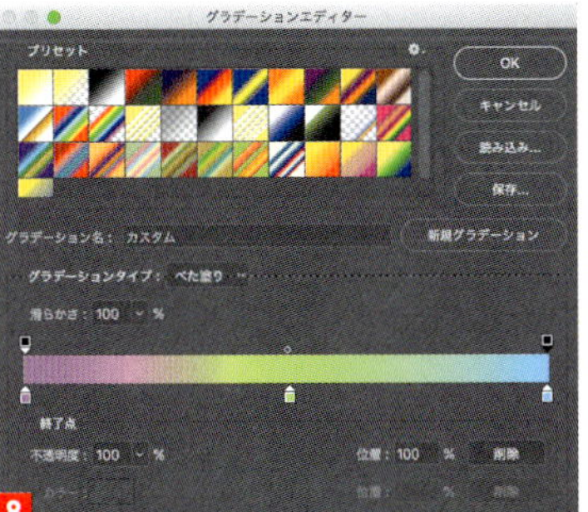

8

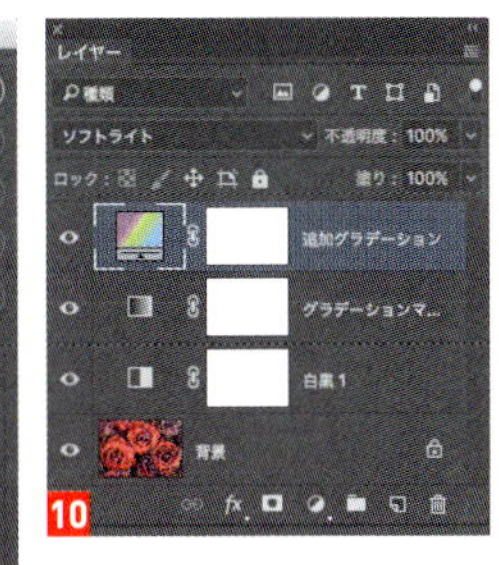

10

04 さらにグラデーションを合成して深みを出す

[追加グラデーション] レイヤーを選択した状態で **10**、[レイヤー] → [新規] → [選択範囲をコピーしたレイヤー] を実行してレイヤーを複製し、[追加グラデーション 2] という名前にします。[描画モード：カラー] に変更すると **11**、全体の色合いが追加グラデーションのカラーに変化します **12**。このままだと、ベースのピンクとイエローが見えません。[不透明度：25%] 程度にしてカラーを弱くします **13** **14**。

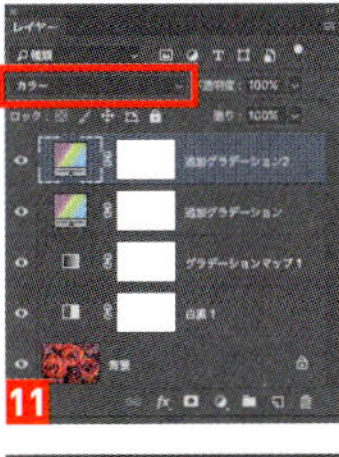
11

12

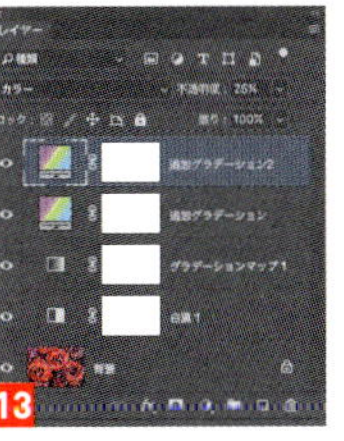
13

14

05 ディティールを補正してくっきりとした印象にする

写真全体のディティールが弱くなっているので補正しましょう。[レイヤー] パネルで [背景] を選択し、[レイヤー] → [新規] → [選択範囲をコピーしたレイヤー] を実行し、レイヤーとして複製します。複製したレイヤーは [ディティール] という名前にします。[ディティール] レイヤーを選択して、[レイヤー] → [重ね順] → [最前面へ] で最上部に移動し、描画モードを [ソフトライト] に変更します **15**。これで弱かったディティールが補正されてくっきりとした印象になります **16**。[白黒 1] の調整レイヤーを選択し、[属性] パネルの各スライダーを移動すると **17**、ピンクとイエローの範囲を調整できます。好みに応じてバランスを調整しましょう。これで完成です **18**。

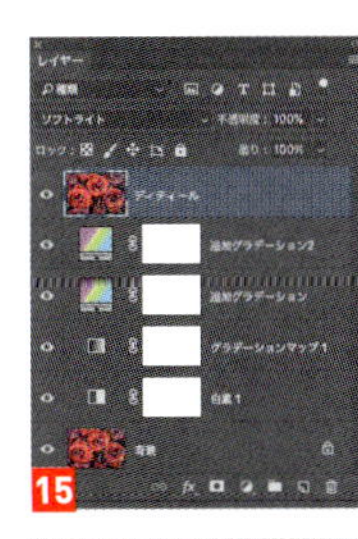
15

16

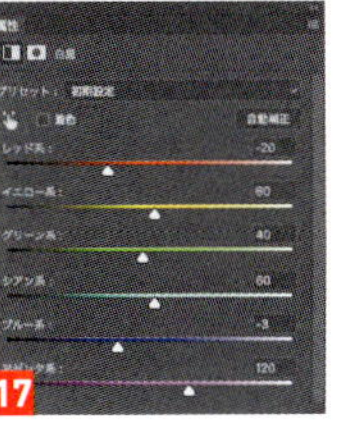
17

18

103 スタンプのかすれた アンティーク調フレーム

境界線とドットのストロークを利用して、
アンティーク調フレームを作ります。

Ps CC　Toshiyuki Takahashi [Graphic Arts Unit]

01 フレームのベースとなるシェイプを用意する

新規ドキュメントを［幅：2000pixel］［高さ：1333pixel］［解像度：72pixel/inch］［カラーモード：RGBカラー］で用意し、フレームのベースとなるシェイプを作成します。形は好きなものでかまいません。今回は、1のような六角形の幅を広げたものを使用します。なお、以降の手順ではシェイプの形を見やすくするため、背景を薄いグレーにしています。

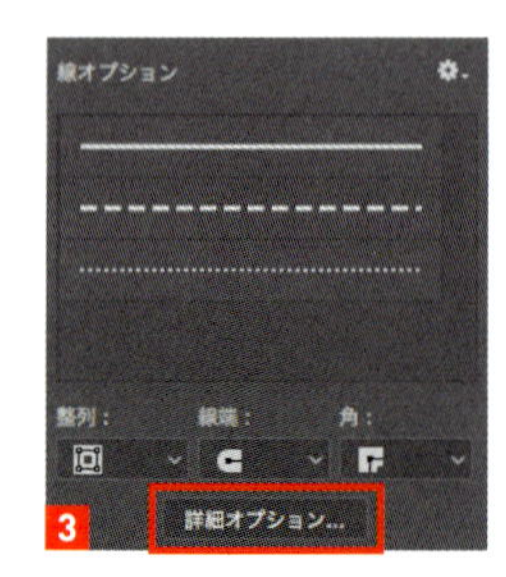

02 シェイプのストロークを破線にする

［パスコンポーネント選択ツール］でシェイプを選択し、［オプションバー］で［塗り：白］［線：黒］［線幅：25px］に設定します2。［シェイプの線の種類を設定］をクリックしてメニューを開き、［詳細オプション］をクリックします。設定を3のように変更し、［OK］します4。これでシェイプのストロークが破線になります5。

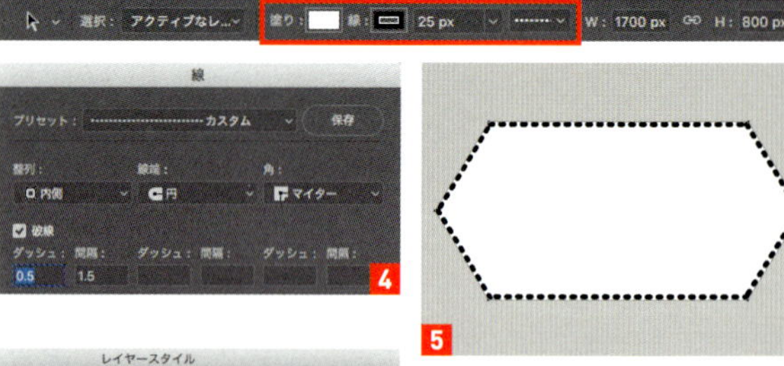

03 グラデーションの境界線を追加する

［レイヤー］→［レイヤースタイル］→［境界線］を選択し、6のように設定します。［グラデーション］は、7のようにカラー分岐点が白と黒を交互に繰り返すように設定します8。左から［0%］［16%］［19%］［31%］［42%］［47%］［67%］［85%］［100%］となっています。

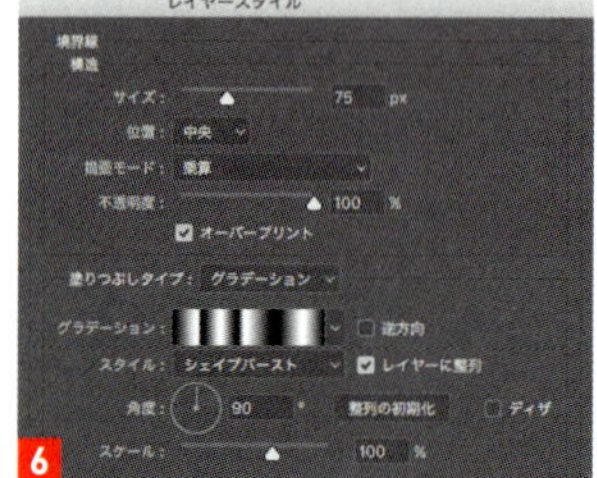

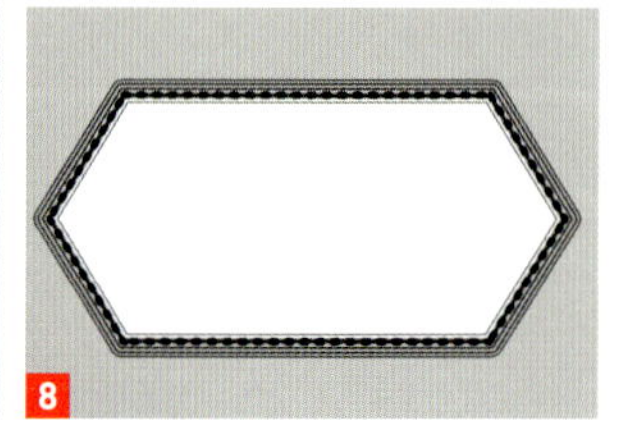

04　光沢のグラデーションを追加する

左列の効果一覧で［境界線］の［+］アイコンをクリックします。上側の［境界線］を選択し、9 のような設定に変更します。［グラデーション］のカラー分岐点は、先ほどと同じく、白と黒を交互に繰り返します。ここでは､左から［0%］［16%］［31%］［45%］［62%］［85%］［100%］としました 10。設定ができたら［OK］をクリックしてレイヤー効果を確定します 11。

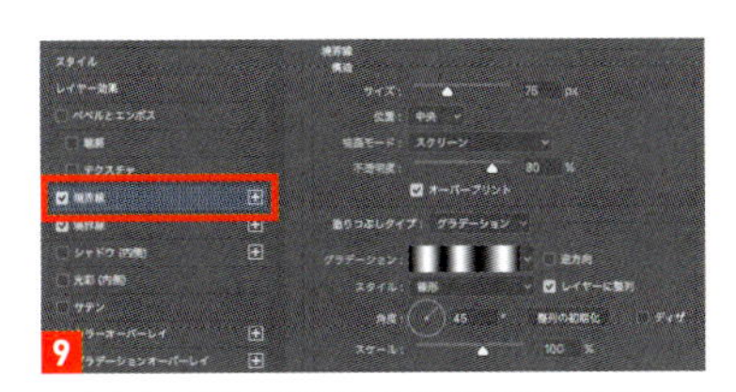
9

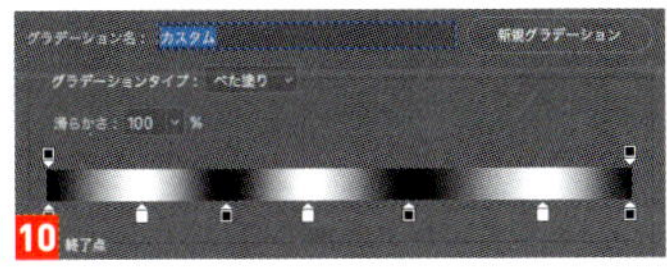

10

11

05　シェイプをシルエットに変換する

シェイプのレイヤーを選択し、スマートオブジェクトに変換します。描画色と背景色を初期設定の黒白に戻し、［フィルター］→［フィルターギャラリー］を選択します。［スケッチ］の項目から［スタンプ］を選択し、［明るさ・暗さのバランス：48］［滑らかさ：7］で実行します 12 13。

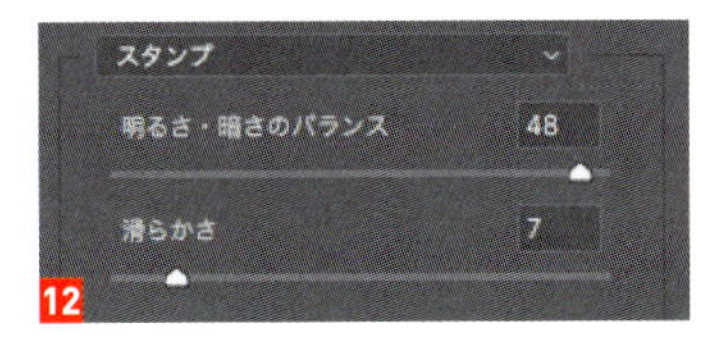

12

13

06　文字を配置してレイヤーを統合する

［横書き文字ツール］を使ってフレーム内部に必要な文字を配置します 14。文字の内容やフォントは自由に設定してかまいません。配置ができたら、背景を白で塗りつぶして 15 16、［レイヤー］→［画像を統合］を実行します 17。

14

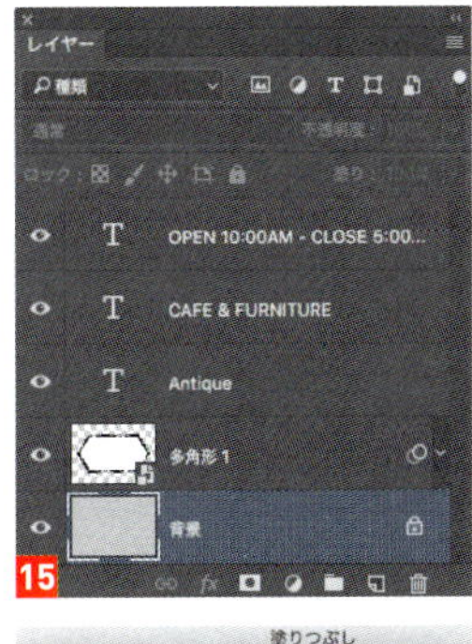

15

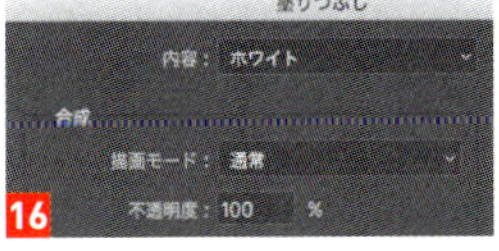

16

17

07　水彩テクスチャを合成する

［ファイル］→［埋め込みを配置］を選択し、水彩絵の具のテクスチャ画像を選択して［配置］します 18。［レイヤー］パネルで［背景］を非表示にしたあと、配置した水彩テクスチャのレイヤーを選択し、［レイヤーマスクを追加］をクリックします 19。

18

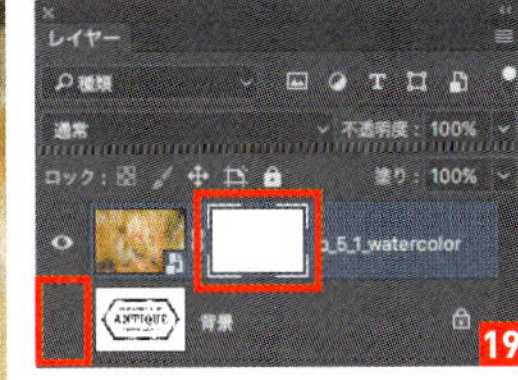

19

08　インターレースのラインを追加する

追加したレイヤーマスクのサムネイルを選択し、［イメージ］→［画像操作］を選択します。［レイヤー：背景］［描画モード：通常］とし、［階調の反転］をオンにして実行すると 20、不要な範囲が透明になります 21。あとは、用紙のテクスチャーなどに描画モード［乗算］で重ねれば完成です。

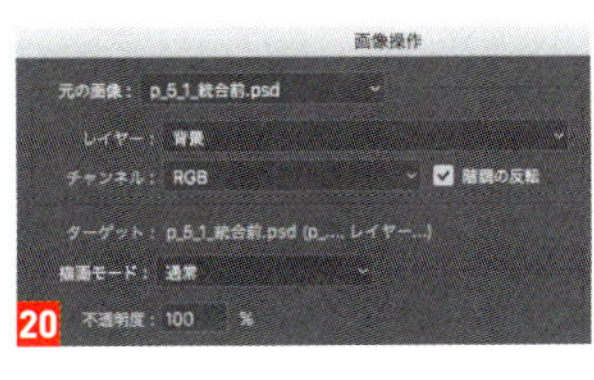

20

21

104 インスタントカメラ風のフレームにする

シェイプとパターンを使った簡単なフレームで、
インスタントカメラ風のプリントを再現します。

Ps CC　Toshiyuki Takahashi [Graphic Arts Unit]

01 フレームのベースとなるシェイプを準備する

新規ドキュメントを［幅：1300pixel］［高さ：1500pixel］［解像度：72pixel/inch］［カラーモード：RGBカラー］で作成します。［長方形ツール］を選択し、［オプションバー］で［ツールモード：シェイプ］［塗り：R：245／G：245／B：235］［線：なし］に設定します 1 2 。カンバスサイズよりひと回り小さい長方形のシェイプを作成し、［属性］パネルでわずかな角丸にしておきます 3 4 。

02 シェイプにパターンを追加する

［レイヤー］→［レイヤースタイル］→［パターンオーバーレイ］を選択します。［パターン］のサンプル画像をクリックして、パターンピッカーで［麻布］を選択します 5 。［麻布］が見つからない場合は、パターンピッカー右上の歯車アイコンをクリックし、［アーティスト］を選択してパターンを読み込みましょう。その他の設定を［描画モード：オーバーレイ］［不透明度：100%］［比率：150%］に変更したら、［OK］してレイヤースタイルを確定します 6 。

03 質感を出すためムラを追加する

新規レイヤーを作成し、［ムラ］という名前にします。描画色と背景色を初期設定の黒白にし、［ムラ］レイヤーを選択した状態で［フィルター］→［描画］→［雲模様1］を実行します 7 。続いて［レイヤー］→［クリッピングマスクを作成］を実行し、長方形の形にマスキングします。レイヤーを［描画モード：ソフトライト］に変更して 8 、用紙のベースが完成です 9 。

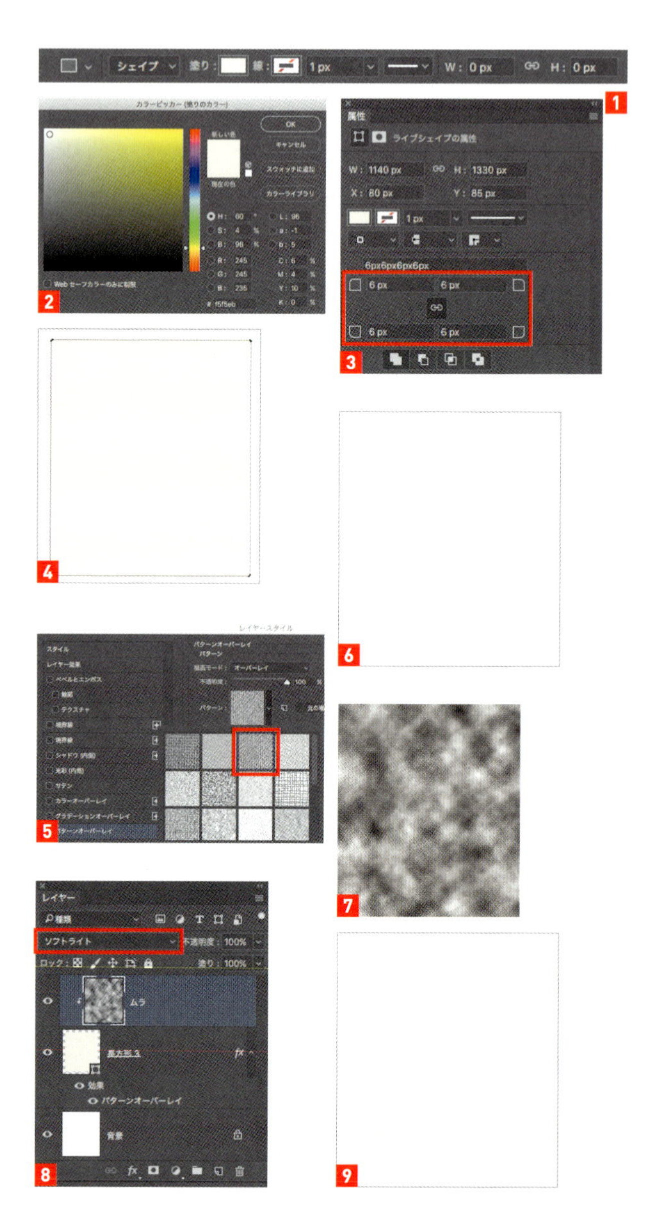

04 フレームに写真を配置する

フレーム内に入れたい写真を開き、正方形のサイズにトリミングします。写真をコピーし、先ほど作成した用紙ベースのドキュメントにペーストします。ペーストしたレイヤーの名前を［写真］に変更し、ベース用紙の左右中央上寄りに配置します 10 11 。

10

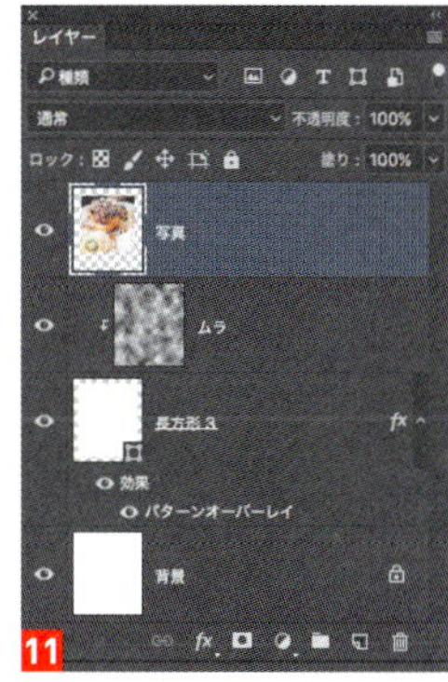

11

05 文字を追加してスマートオブジェクトに変換する

［横書き文字ツール］で好きな文字を作成し、［編集］→［変形］→［回転］で斜めに傾けて下側の空きスペースに配置すると、雰囲気がより高まります。ここでは「My Favorite Sweets!」という文字を筆記体のフォントで作成して配置しています 12 。文字を配置したあと、［背景］以外のレイヤーをすべて選択し 13 、［フィルター］→［スマートフィルター用に変換］を実行します。

12

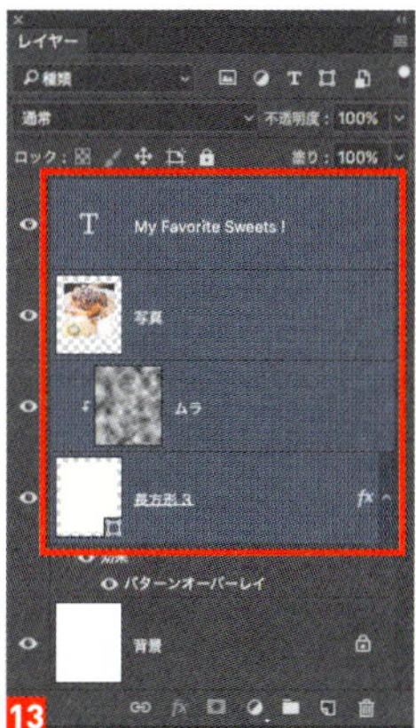

13

06 背景に写真を配置して立体感を出す

背景となる写真を開き、先ほど作成したインスタント写真のスマートオブジェクトをドラッグ＆ドロップします。バウンディングボックスを操作して、大きさや角度などを調整し、背景写真の上にレイアウトします 14 。最後に、スマートオブジェクトのレイヤーに対して［ベベルとエンボス］と［ドロップシャドウ］のレイヤースタイルをそれぞれ 15 16 のような設定で追加して完成です 17 。

14

17

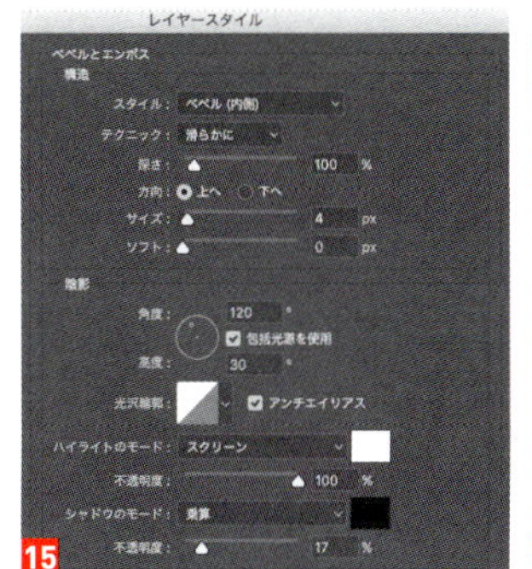

15

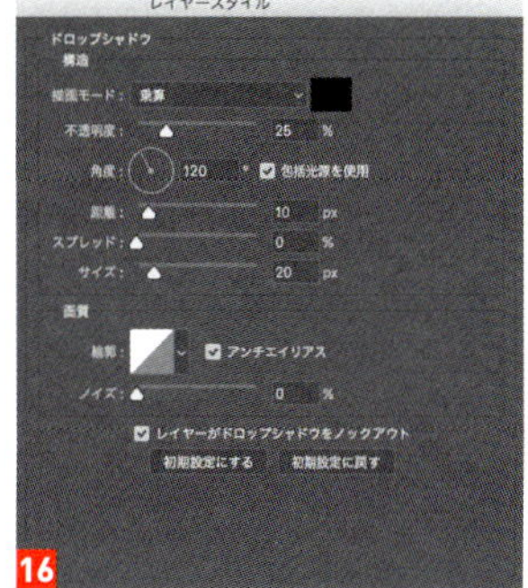

16

105

色鉛筆で描いたイラスト風にする

エッジの強調や輪郭検出フィルターで、元画像の輪郭を浮かび上がらせ、油彩や塗料フィルターでイラスト風にします。

Ps CC　Masaya Eiraku

01 コントラストを下げて生っぽさを消す

元画像を開きます 1 。［イメージ］→［色調補正］→［シャドウ・ハイライト］でコントラストを調整して 2 、生っぽさを軽減させます 3 。

1

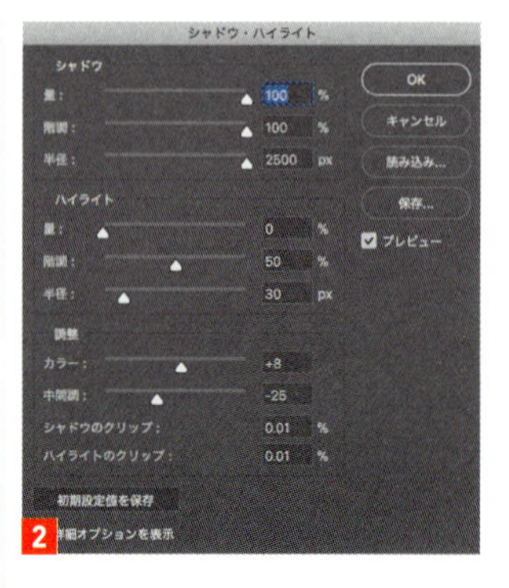

2

3

02 エッジを強調フィルターで画像の輪郭を浮き上がらせる

［フィルター］→［フィルターギャラリー］→［ブラシストローク］→［エッジの強調］を［エッジの幅：14］［エッジの明るさ：30］［滑らかさ：15］で適用し 4 、輪郭を描いてぼかします 5 。

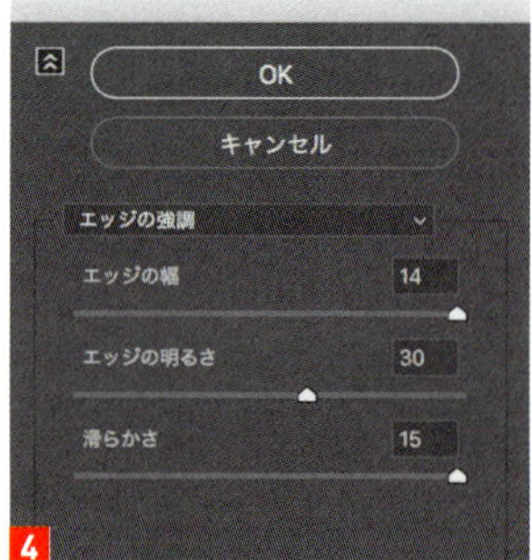

4

5

03 輪郭検出フィルターを適用して元画像と重ね合わせる

レイヤーを複製し、複製したレイヤーに［フィルター］→［表現手法］→［輪郭検出］を適用して、輪郭を描画します 6 。レイヤーの描画モードを［焼き込み（リニア）］に変更して 7 、複製元の画像となじませます 8 。

6

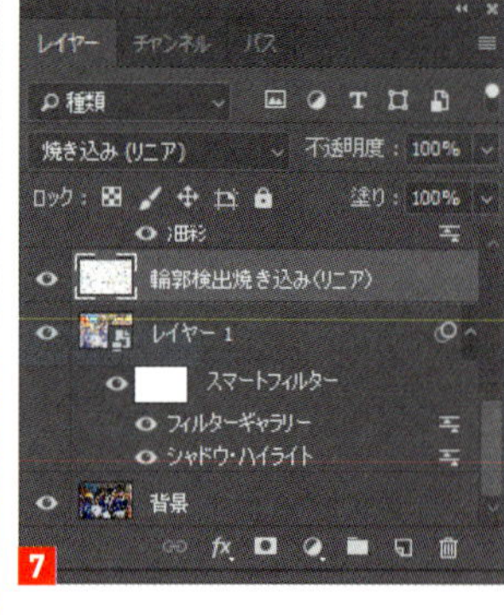

7

8

04 油彩フィルターで油絵風にする

ここまでに作成したレイヤーを複製し、複製したレイヤーを結合します。結合したレイヤーに［フィルター］→［表現手法］→［油彩］を適用して 9 、ストロークの質感をプラスします。さらにレイヤーの描画モードを［オーバーレイ］に変更して重ね合わせ、自然な印象にします 10 。

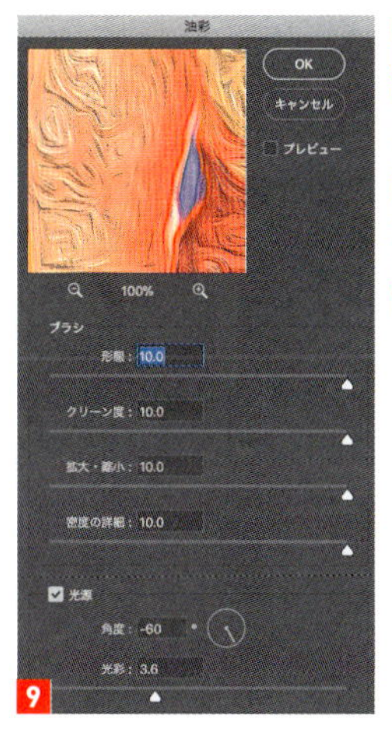

9

10

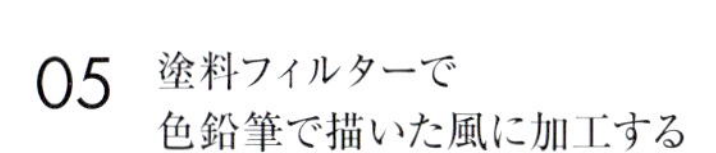

05 塗料フィルターで色鉛筆で描いた風に加工する

ここまでに作成したレイヤーを結合し、結合したレイヤーに［フィルター］→［フィルターギャラリー］→［アーティスティック］→［塗料］を［ブラシサイズ：10］［シャープ：40］［ブラシの種類：幅広（ぼかし）］で適用し 11 、色鉛筆で描いたような質感にします。続いて、［イメージ］→［色調補正］→［色相・彩度］で全体の色味を淡くします 12 13 。

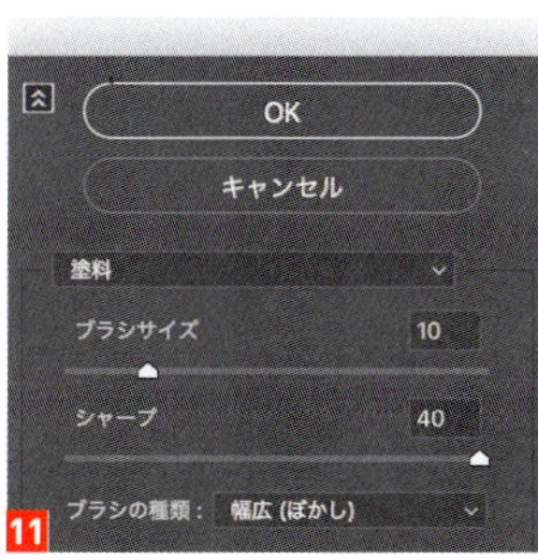

11

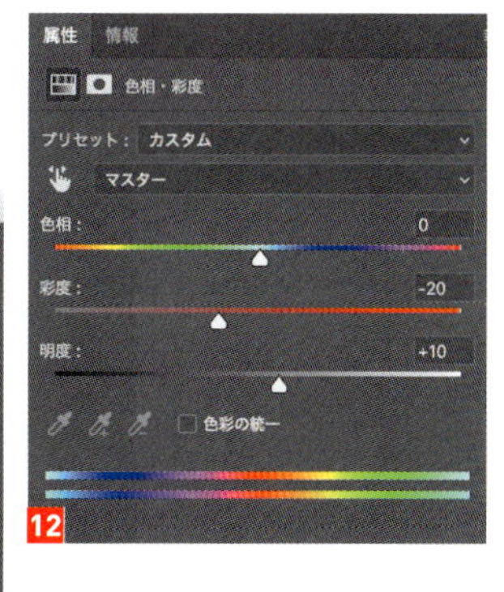

12

13

06 メゾティントフィルターで画像全体にノイズを加える

新規塗りつぶしレイヤーを黒色で作成し、［フィルター］→［ピクセレート］→［メゾティント］を［種類：粗いドット（強）］で適用 14 。［イメージ］→［色調補正］→［トーンカーブ］ 15 で粒子を目立たせ 16 、レイヤーの描画モードを［スクリーン］に設定して背景画像となじませます。最後にメゾティントを適用したレイヤーにレイヤーマスクを作成して 17 、ノイズにムラを出して完成です 18 。

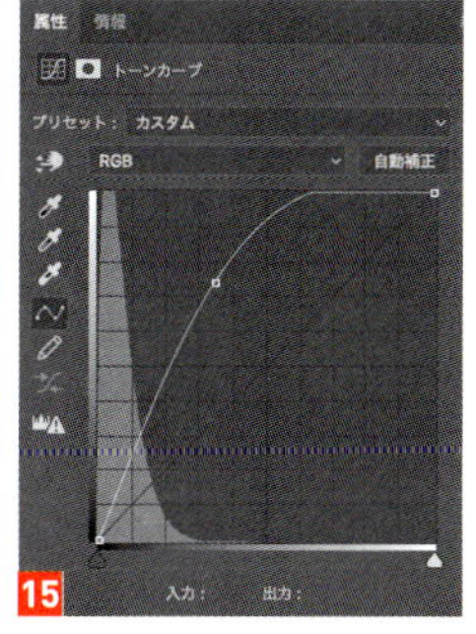

15

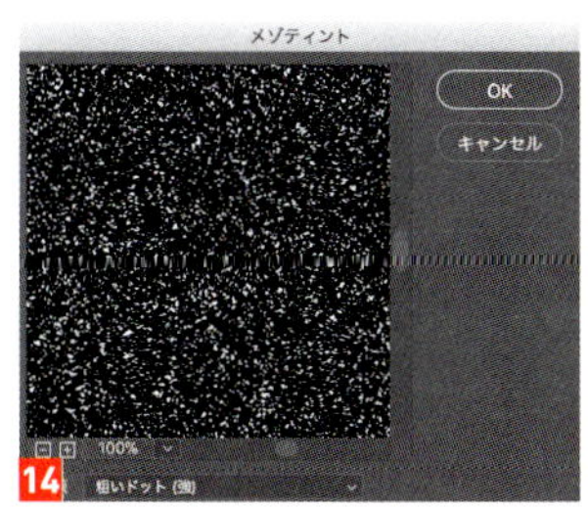

14

16

17

18

5 COOL & CUTE

106 写真を水彩画風に加工する

色調補正系のフィルターで写真の生っぽさを取り除き、フィルターギャラリーのブラシストローク系フィルターで水彩の柔らかさを加えていきます。

Ps CC　Masaya Eiraku

01　雲模様フィルターで模様を作成する

元画像を開きます 1。新規塗りつぶしレイヤーを［べた塗り］で作成し、白で塗りつぶします。描画色を黒、背景色を黒に設定して、［フィルター］→［描画］→［雲模様 2］を適用します。画像のサイズなどによって［雲模様］フィルターで描かれる模様は違ってきます。意図する形になるまで複数回フィルターを適用したり、任意の場所を切り取って拡大して使ったりするなどの工夫をしましょう。続いて、［選択範囲］→［色域指定］を実行し 2、雲模様の黒い部分に選択範囲を作成します 3。選択範囲で新規調整レイヤーの［トーンカーブ］を作成し 4、元画像に重ねることで色むらを表現します 5。

1

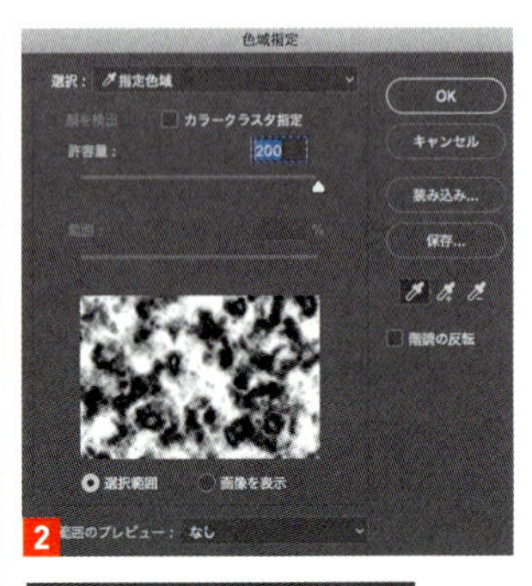

2

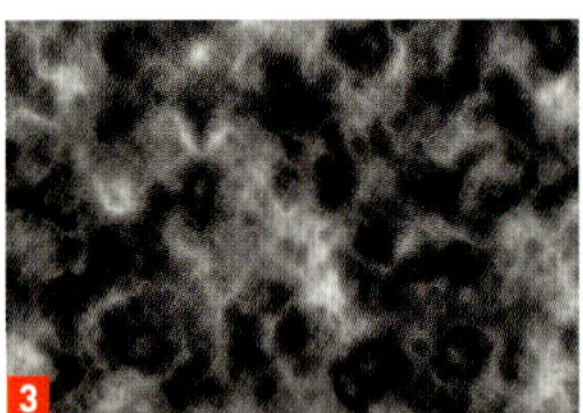
3

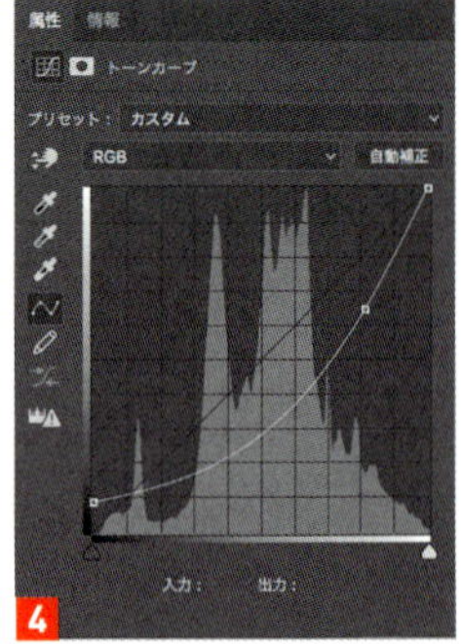

4

5

02　元画像のコントラストと輪郭を弱める

これまでのレイヤーを結合し、［イメージ］→［色調補正］→［シャドウ・ハイライト］を適用し 6、全体のコントラストを弱めます。さらに［フィルター］→［フィルターギャラリー］→［ブラシストローク］→［エッジの強調］を［エッジの幅：14］［エッジの明るさ：30］［滑らかさ：15］で適用し 7、輪郭を弱めます 8。

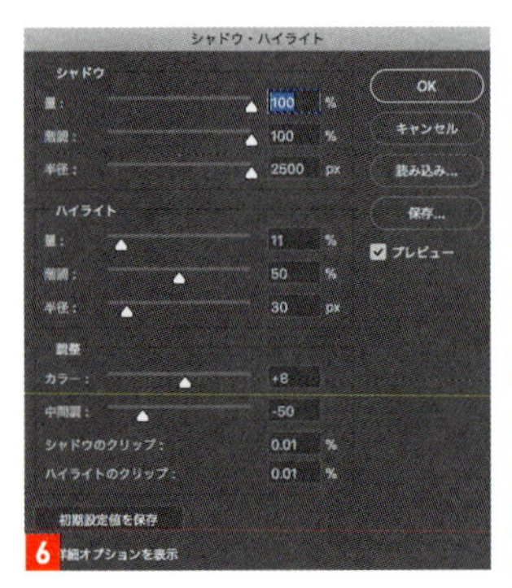

6

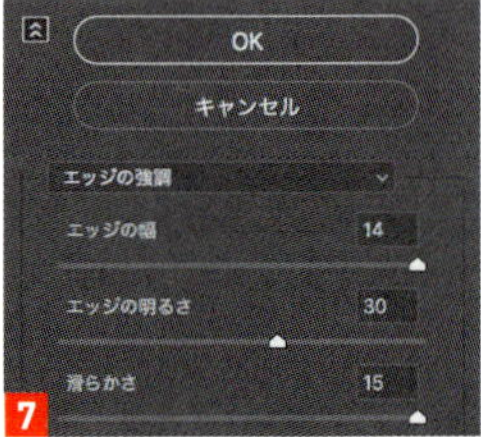

7

8

03 輪郭検出したレイヤーを焼き込みで重ねる

［エッジの強調］を適用したレイヤーを複製し、複製したレイヤーに［フィルター］→［表現手法］→［輪郭検出］を適用して輪郭線を抽出します 9。続いてレイヤーの描画モードを［焼き込み（リニア）］に変更して重ね合わせます 10。

9

10

04 はねフィルターで輪郭をにじませる

ここまでのレイヤーを結合し、［フィルター］→［フィルターギャラリー］→［ブラシストローク］→［はね］を［スプレー半径：20］［滑らかさ：10］で適用し 11、画像の輪郭をランダムににじませます 12。

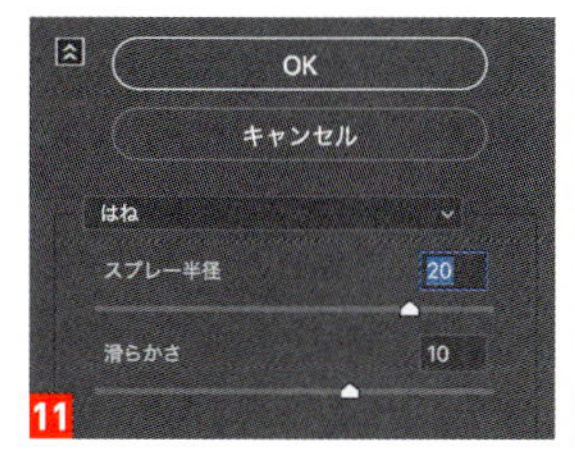

11

12

05 粒状フィルターで質感をプラスする

さらに［フィルター］→［フィルターギャラリー］→［テクスチャ］→［粒状］を［密度:40］［コントラスト：50］［粒子の種類：凝集］で適用し 13、質感をプラスします。最後に［イメージ］→［色調補正］→［トーンカーブ］14 で全体の明るさを調整して完成です 15 16。

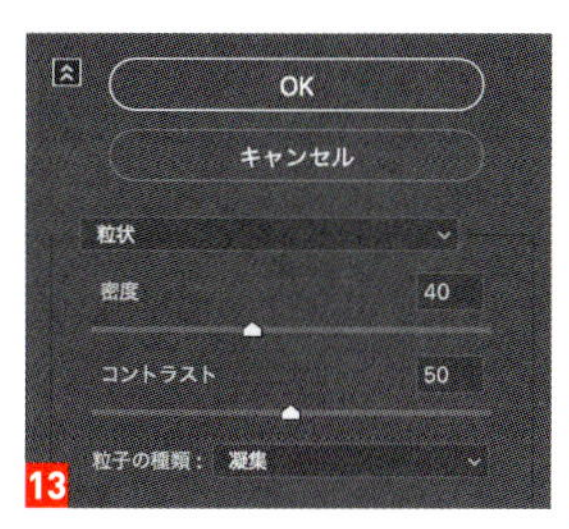

13

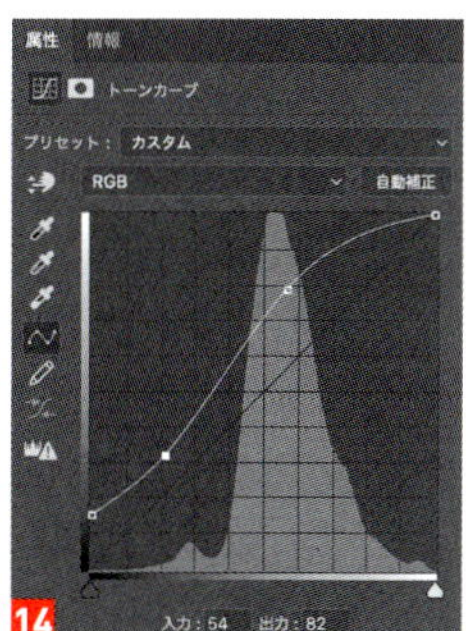

14

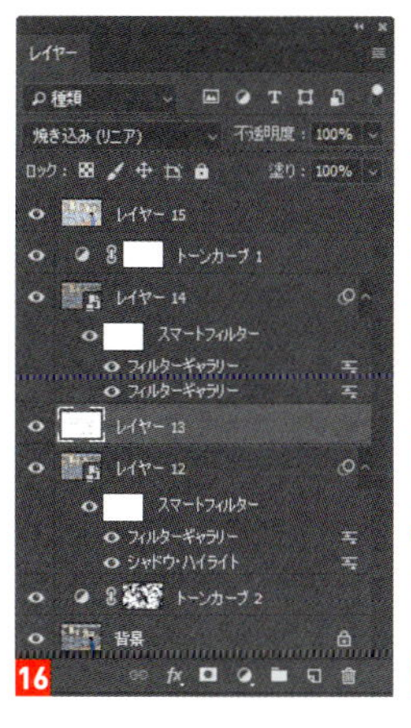

16

15

ONE POINT

水彩画の雰囲気を高めたい場合は次のように作業します。

1 紙素材の画像を雲模様のレイヤーの上に配置します。

2 紙素材のレイヤーにレイヤーマスクを追加し、ブラシのモードを［乗算］に設定して、レイヤーマスクをなぞっていきます。するとなぞった部分にだけ下の画像が現れて、水彩画風の自然なにじみを表現できます。

1

2

107 水彩風ブラシをゼロから作成する

雲模様、はね、塗料フィルターなどを組み合わせて、水彩特有の質感を作り出します。

Ps CC　Masaya Eiraku

01 雲模様フィルターで模様を作成する

新規ファイルを［幅：1000pixel］［高さ：1000pixel］［解像度：300dp］で用意します。新規塗りつぶしレイヤーを白色で作成し、描画色を黒、背景色を白に設定して、［フィルター］→［描画］→［雲模様 2］を2回繰り返し適用して 1 ランダムな模様を作成します 2 。

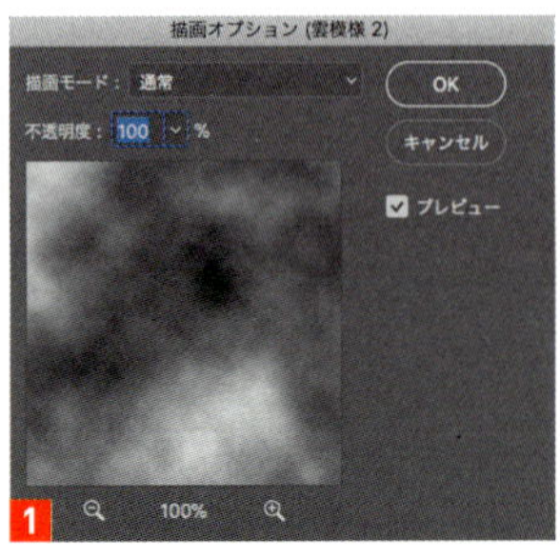

1

2

02 トーンカーブで模様をくっきりさせる

模様をはっきりさせるために、［イメージ］→［色調補正］→［トーンカーブ］を 3 のように適用します 4 。

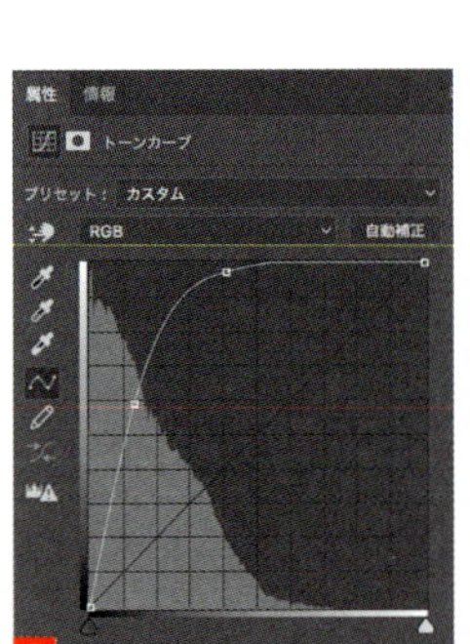

3

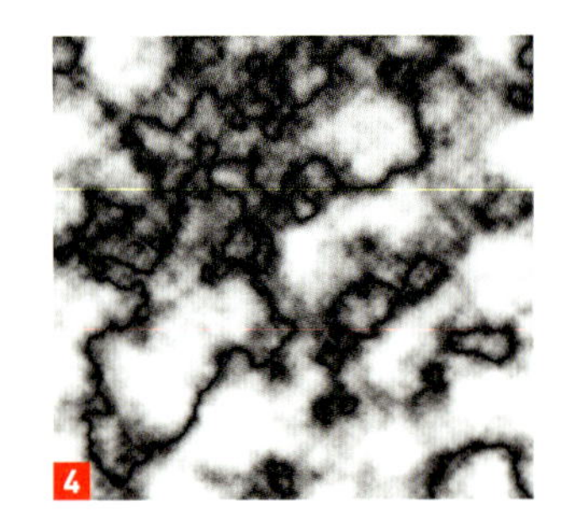

4

03　画像の四隅をマスクする

ブラシとして使用したときを想定して、画像の四隅を隠すようなマスク 5 を作成します 6 。

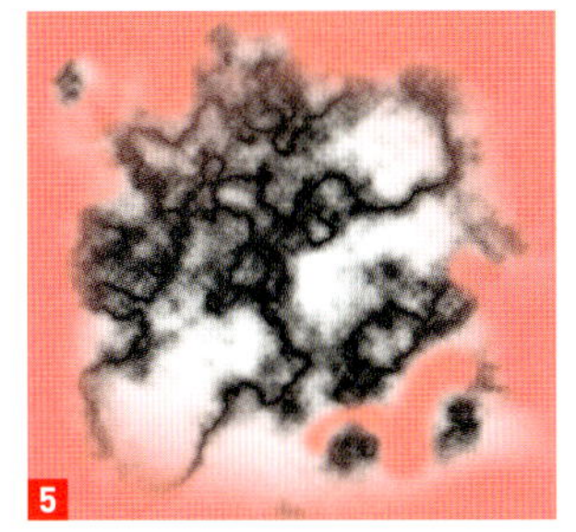

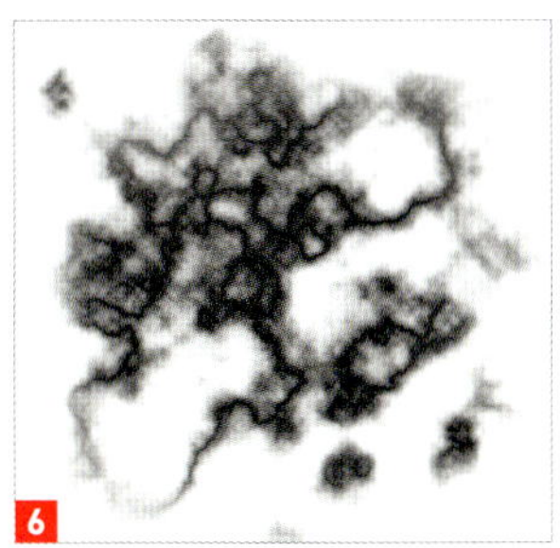

04　はねフィルターで輪郭を歪ませる

ここまでのレイヤーを結合し、[フィルター]→[フィルターギャラリー]→[ブラシストローク]→[はね]を[スプレー半径：12][滑らかさ：7]で適用し 7 、輪郭をランダムに歪ませます 8 。さらに[フィルター]→[ぼかし]→[ぼかし（ガウス）]を[半径：2pixel]で適用してなじませます 9 10 。

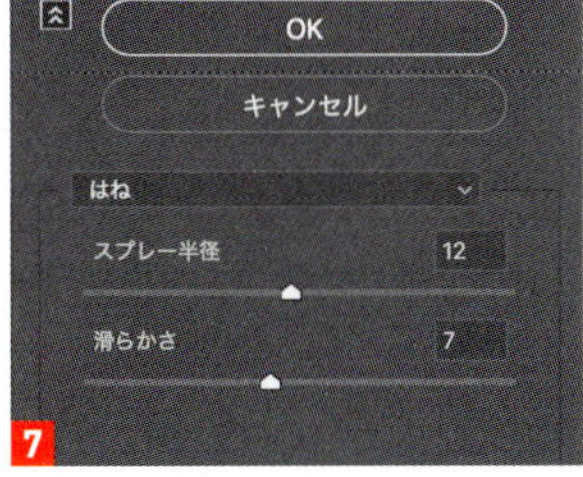

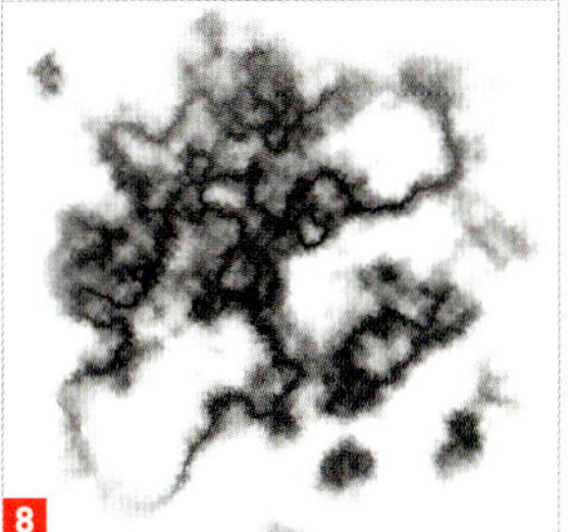

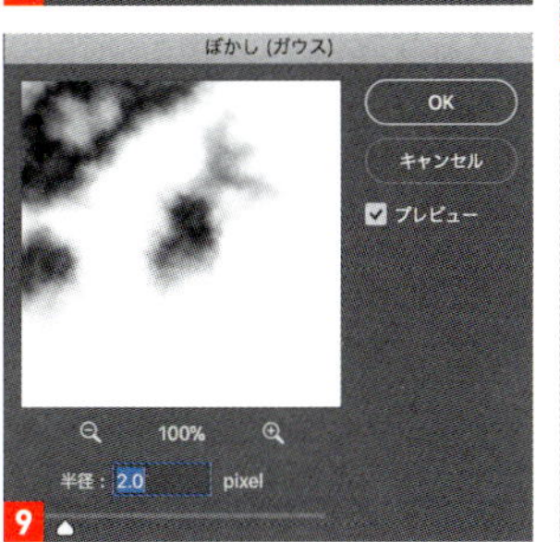

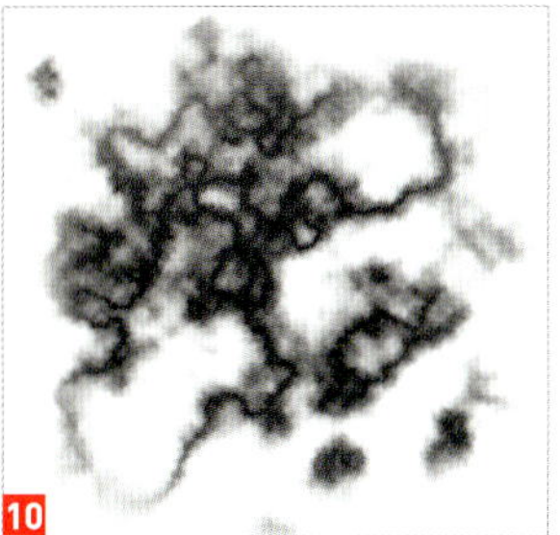

05　塗料フィルターで輪郭を立たせる

模様の輪郭を少し立たせるために、[フィルター]→[フィルターギャラリー]→[アーティスティック]→[塗料]を[ブラシサイズ：1][シャープ：5][ブラシの種類：幅広（ぼかし）]で適用します 11 12 。最後に[イメージ]→[色調補正]→[トーンカーブ]で全体の色味を濃くして完成です 13 14 。

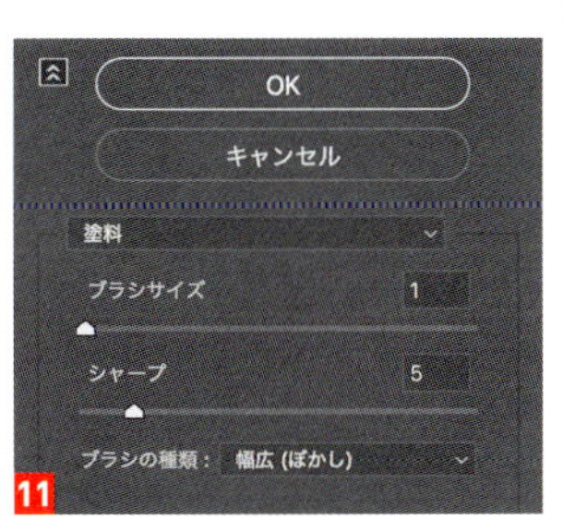

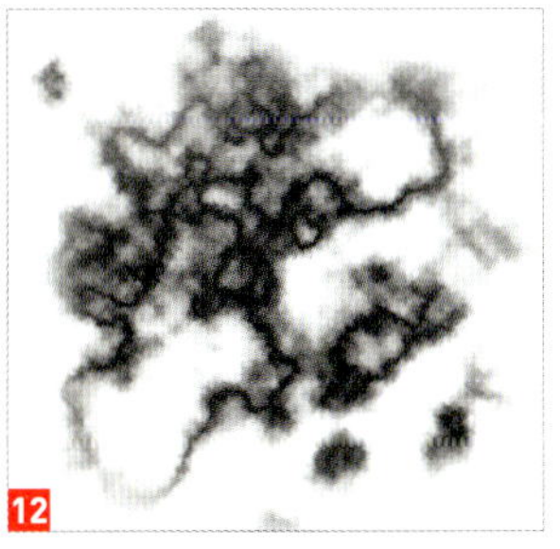

ONE POINT

今回は、水彩っぽい質感を作り出す（ランダムな形を作り出す）ために[雲模様 2]フィルターを用いました。[雲模様 2]は適用するたびに、描画される模様が変化していきます。他の模様にしたい場合は、イメージした形ができるまで何度か繰り返し適用してみるとよいでしょう。

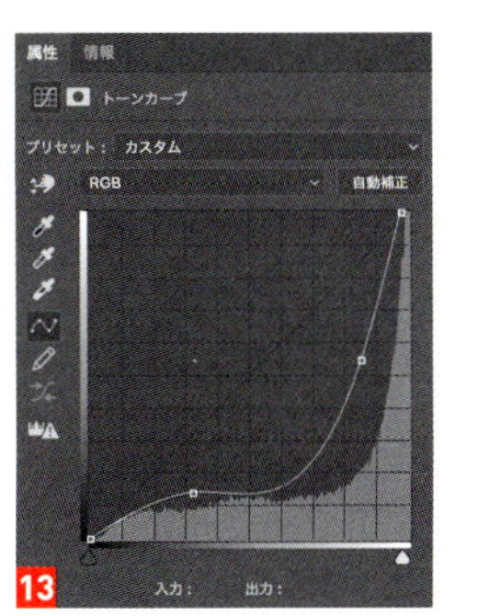

108

ビビットな色味のアミ点で表現する

グラデーションカラーを使用することで、写真を簡単にポップな印象に仕上げます。

Ps CC　Masaya Eiraku

01　グラデーションマップを適用する

元画像を開き 1 、新規調整レイヤーを［グラデーションマップ］で作成します 2 。グラデーションの設定は左から順に［R：0／G：46／B：178］ 3 、［R：255／G：103／B：103］ 4 、［R：222／G：255／B：108］ 5 です 6 。

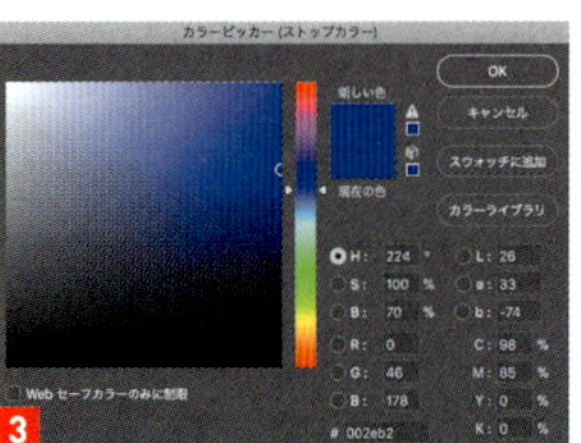

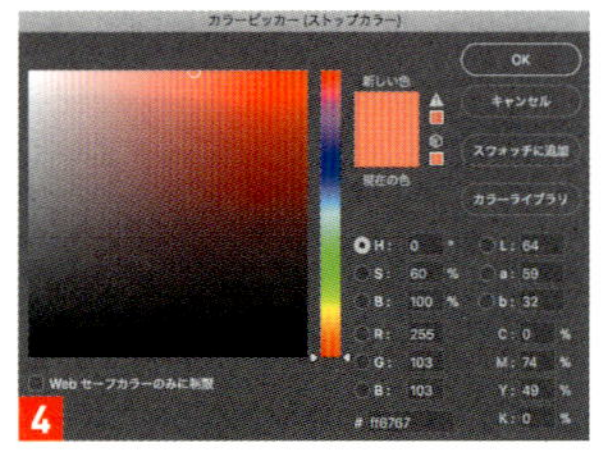

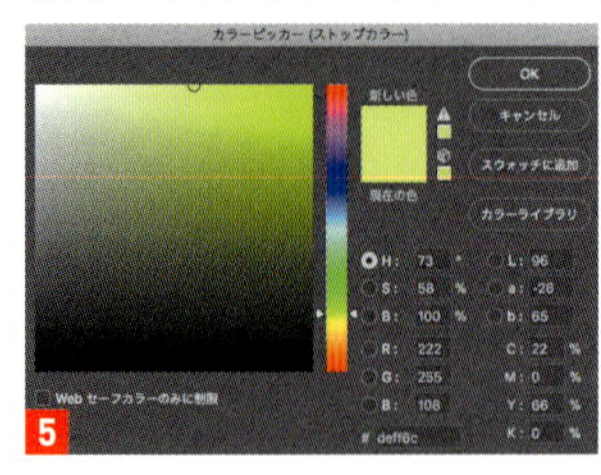

02 グラデーションレイヤーを追加する

新規塗りつぶしレイヤーを［グラデーション］で追加し、［スタイル：線形］、グラデーションを［R：255／G：0／B：102］から透明に設定します 7 8 9 。グラデーションレイヤーの描画モードを［色相］に変更して下の画像となじませ、同時に空に階調を持たせます 10 。

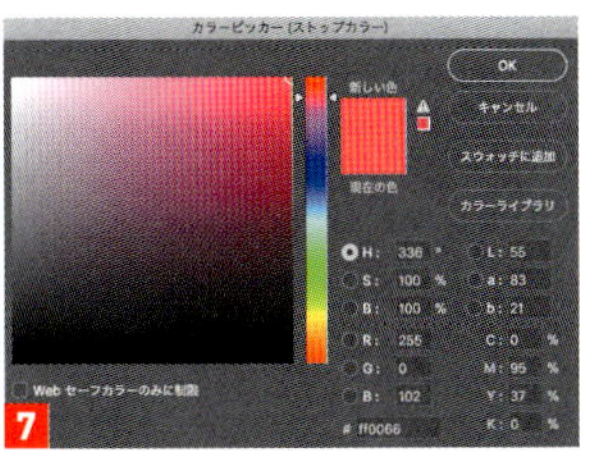

7

8

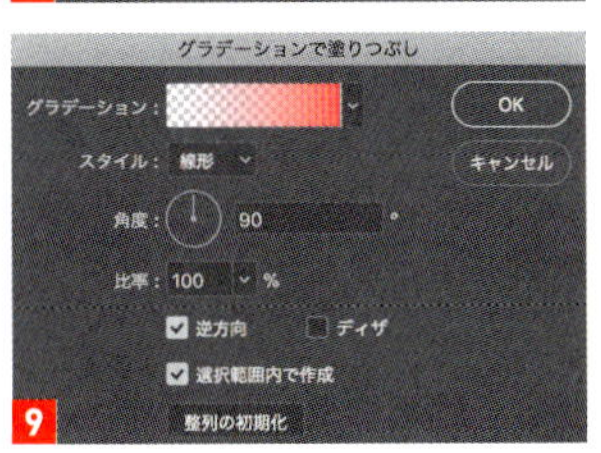

9

10

03 カラーハーフトーンフィルターでモノクロのドット絵にする

⌘（Ctrl）＋ Option（Alt）＋ Shift ＋ E キーを押して、表示レイヤーを結合。新規レイヤーとして複製し、画像全体を選択してコピー。新規ファイルをクリッピングボードのサイズで作成してペーストします。［イメージ］→［モード］→［グレースケール］を実行してモノクロ画像に変換します 11 。続いて［フィルター］→［ピクセレート］→［カラーハーフトーン］を［最大半径：20pixel］で適用して 12 、モノクロのドット絵に変換します。 13

11

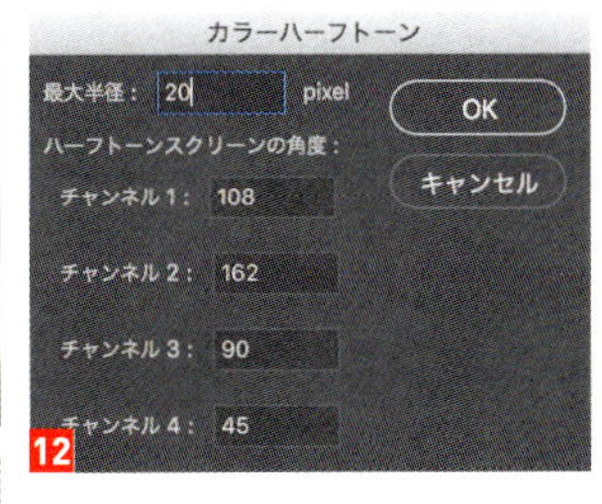

12

13

04 モノクロのドット絵に色を付ける

画像全体を選択してコピー、元のファイルに戻ってペースト。再度、手順01と同じ［グラデーションマップ］を追加し、モノクロのドットに色を付けます 14 。最後にモノクロ画像の描画モードを［ソフトライト］ 15 に変更して完成です 16 。

14

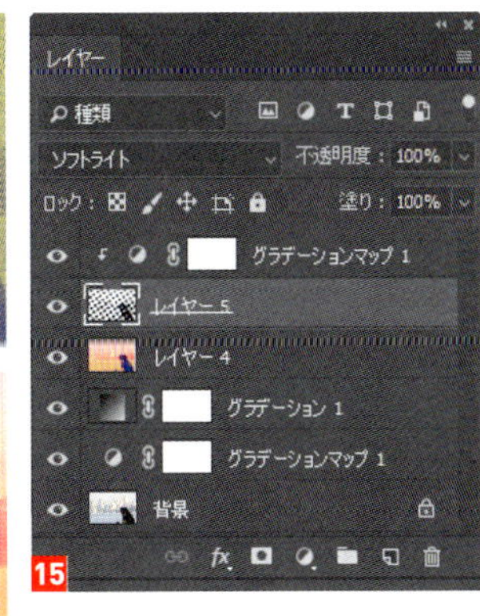

15

16

ONE POINT

カラー画像のまま［カラーハーフトーン］フィルターを適用すると、CMYKまたはRGBの原色カラーのドットがかけ合わされた状態になってしまいますが、今回のように1色（モノクロなど）にしてから処理を行うことで、きれいなドット絵に仕上がります。

109
写真の一部からレース柄を作る

写真の一部を切り取って加工し、パターンに登録して繰り返すことでレース柄にします。

Ps CC　Masaya Eiraku

01 元画像から素材部分を切り出す

元画像を開きます 1。今回はこの写真の窓枠を素材にレース柄を作成していきます。使用したい窓枠を［長方形選択ツール］などで選択して 2、新規レイヤーにコピー＆ペーストします 3。

1

2

3

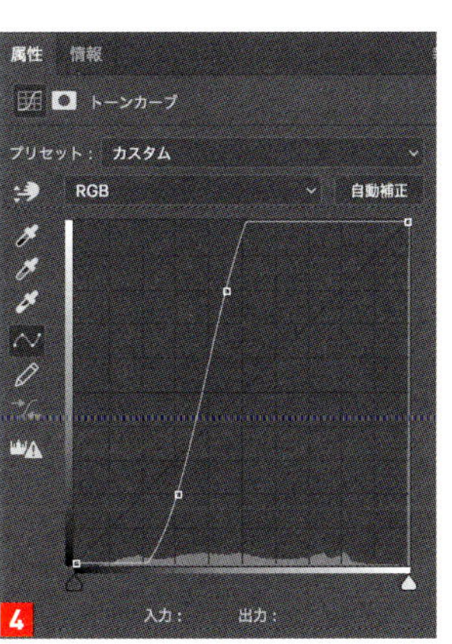

4

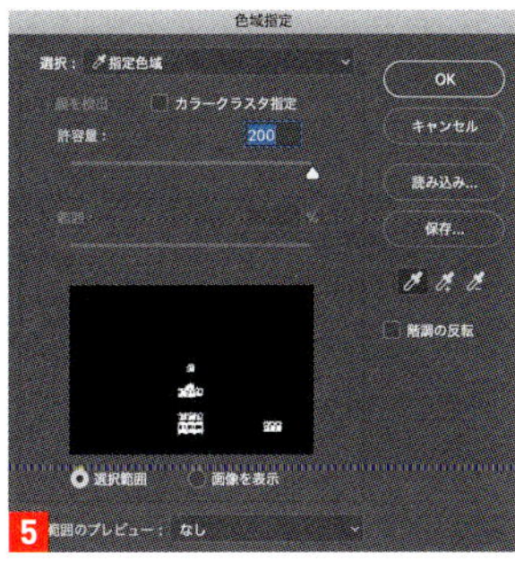

5

02 窓枠部分を白で塗りつぶす

［イメージ］→［色調補正］→［トーンカーブ］を適用して 4、コントラストを高め、窓枠を際立たせます。［選択範囲］→［色域指定］を［許容量：200］で実行して 5、白い部分だけを選択します 6。［レイヤー］→［新規塗りつぶしレイヤー］→［べた塗り］を白色で作成し、選択範囲を白で塗りつぶします。これで白べたの窓枠が用意できました 7。

6

7

03 黒で塗りつぶした窓枠と重ね合わせる

白で塗りつぶしたレイヤーを選択し、［編集］→［変形］→［垂直方向に反転］で上下を逆にしたあと 8 、複製します。複製したレイヤーでカラーを白から黒に変更します 9 。最後に黒べたのレイヤーを白べたの下に移動します 10 。

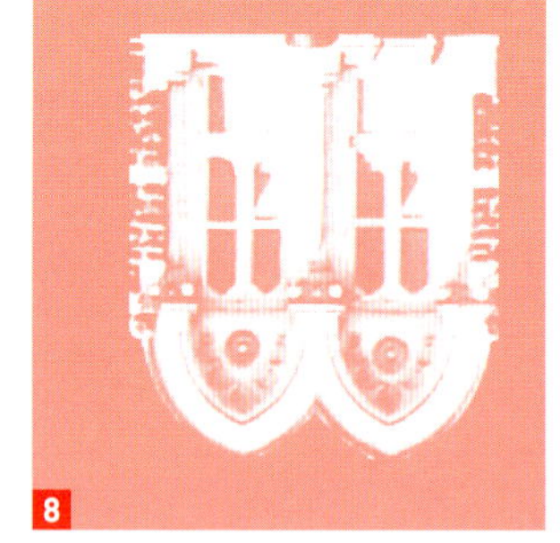

04 窓枠の画像をパターンに登録する

白べたと黒べたのレイヤーを結合し、コピー。新規ファイルをクリップボードサイズで作成し、ペーストします。新規ファイルの背景は透明にしておいてください 11 。続いて、［編集］→［パターンを定義］でペーストした画像をパターンとして登録しておきます。

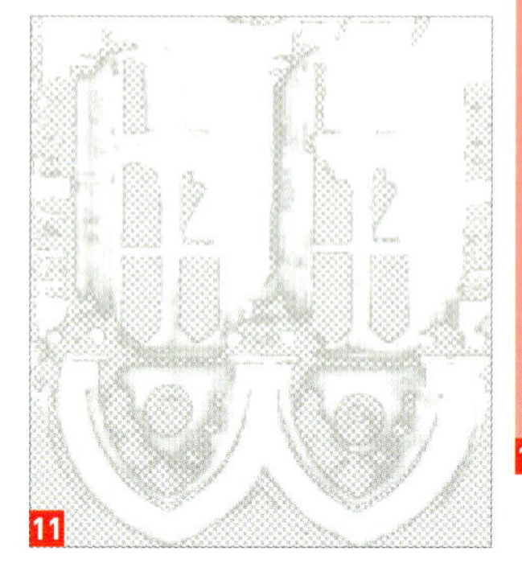

05 登録したパターンで塗りつぶす

新規塗りつぶしレイヤーを［パターン］で作成し、先ほど登録したパターンを選びます 12 。すると選択したパターンが画角いっぱいに柄として適用されます 13 。［長方形選択ツール］で一列だけを選択して、［ベクトルマスクを追加］すればレース柄の完成です 14 。同様にして、他の窓枠などから好きな形を切り出し、いくつかバリエーションを作成すれば、ボリュームを出すこともできます。

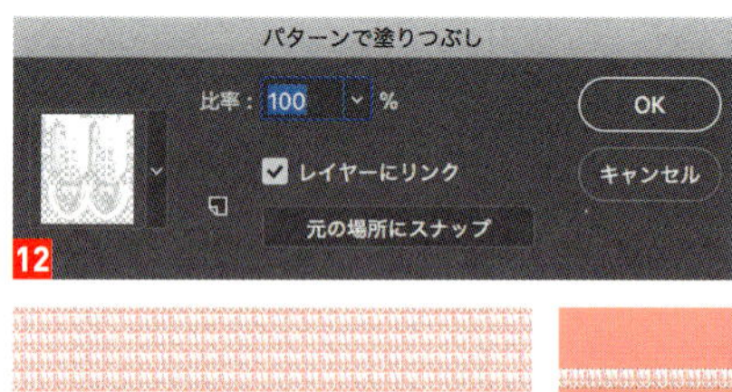

ONE POINT

レース柄を写真から抽出する際に、写真の持つ陰影や立体感もある程度残すことで、より細かい柄にできます。また、今回は窓枠を使用しましたが、そのほかにも、花びらやフェンス、果物の断面など、いろいろな素材からレース柄を作成することができます。

110 グレンチェックを作成する

ひとつのパターンから２種類のバリエーションを作り、交互に配置していくことでグレンチェックに仕上げます。

Ps CC　Masaya Eiraku

01　新規ファイルにガイドを作成する

新規ファイルを［幅：1000pixel］［高さ：1000pixel］［解像度：350dp］で用意します。［表示］→［新規レイアウトガイド］を選択して 1 、画面を縦横３分割にするガイドを作成します 2 。

02　千鳥格子のパターンで塗りつぶす

ガイドの中心にある正方形に合わせて選択範囲を作成し 3 、［レイヤー］→［新規塗りつぶしレイヤー］→［パターン］を［比率：4%］で実行し、用意しておいた千鳥格子のパターンを選択します 4 。こうして作成した画像を「元画像」 5 に複数のバリエーションを作成していきます。

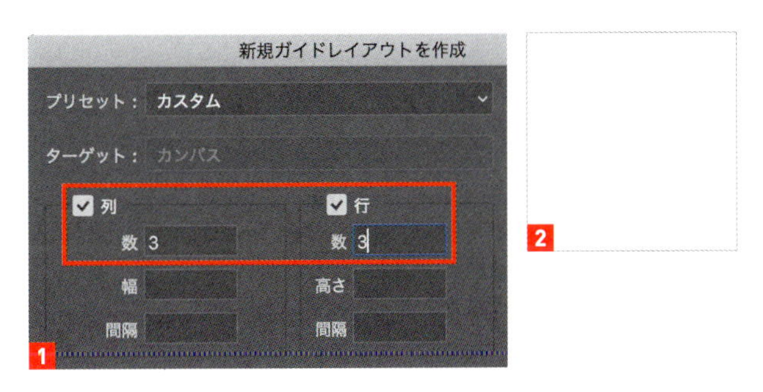

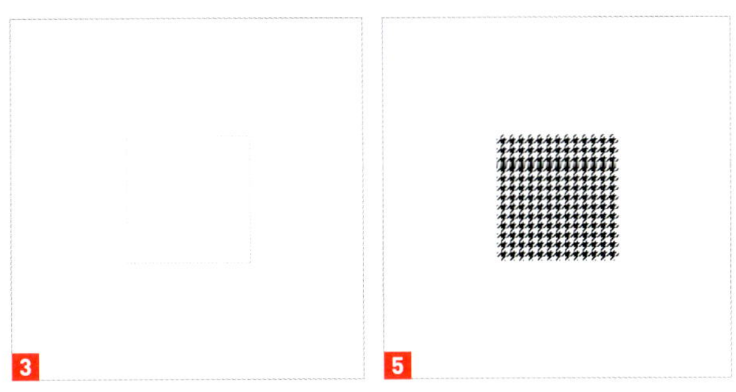

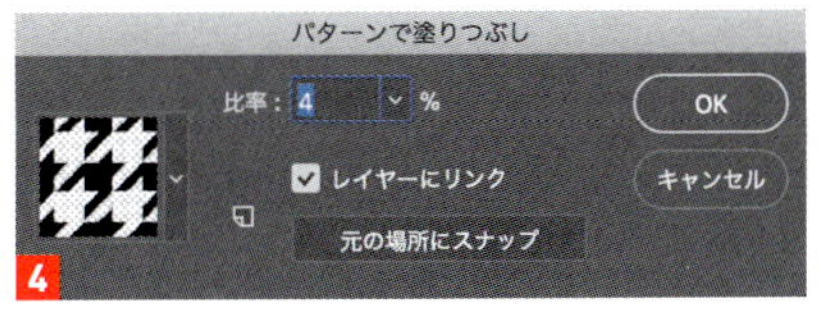

03 ぼかしフィルターで縦方向にぼかす

元画像を複製し、複製したレイヤーに［フィルター］→［ぼかし］→［ぼかし（移動）］を［角度：90°］［距離：30pixel］で適用し 6 、縦方向にぼかしたストライプを作成します 7 。

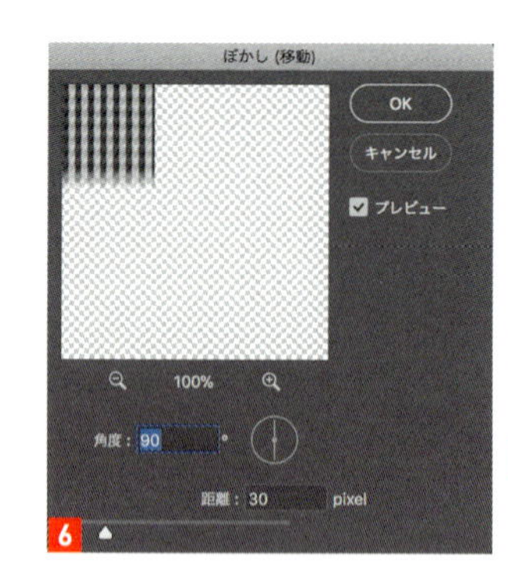

04 シアーフィルターで格子を斜め方向に歪める

再度、元画像を複製し、最前面に移動します 8 。正方形で選択範囲を作成し 9 、［フィルター］→［変形］→［シアー］を適用し 10 、格子を斜めに歪めます 11 。

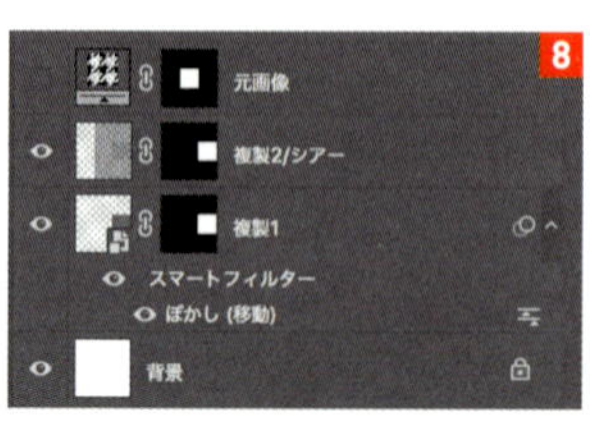

05 ぼかしフィルターでボーダー柄にする

［シアー］で歪めた画像を中央右に移動します（中心の元画像はそのまま）。続いて、先ほどと同様に元画像を複製し 12 、［フィルター］→［ぼかし］→［ぼかし（移動）］を［角度:0°］［距離:30pixel］で適用して 13 ボーダー柄にします 14 （［ストライプ＋シアー］パターン）。

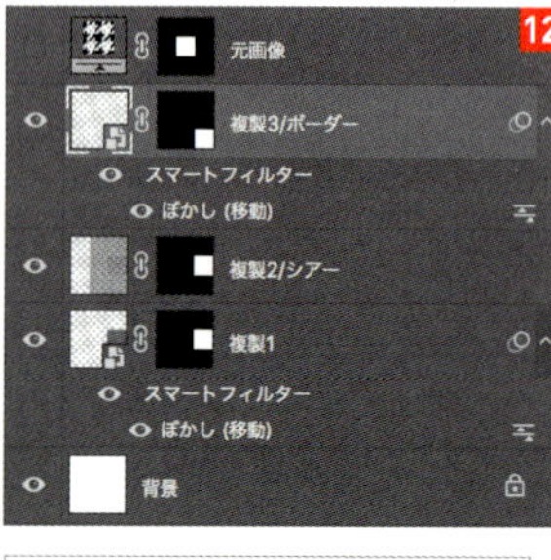

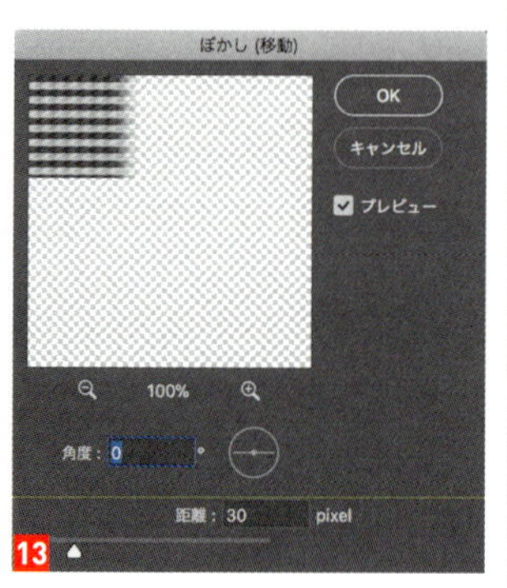

06　90°回転させたパターンを作る

さらに元画像を複製して 15 、レイヤーの最前面へ移動。［シアー］フィルター適用後 16 17 、レイヤーを時計回りに90°回転させます 18 （［ボーダー＋シアー（90度回転 ver.）］パターン）。これで2種類の模様が用意できました。

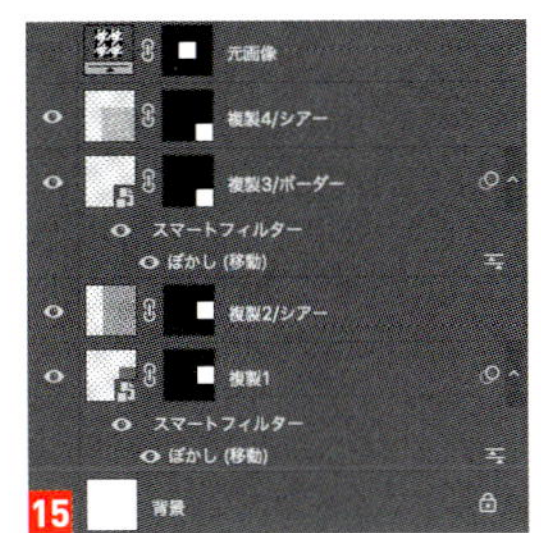

15

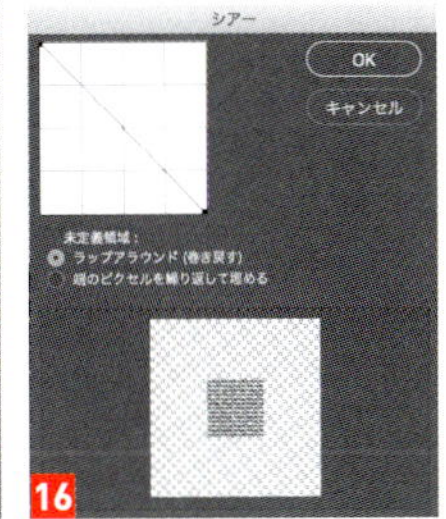

16

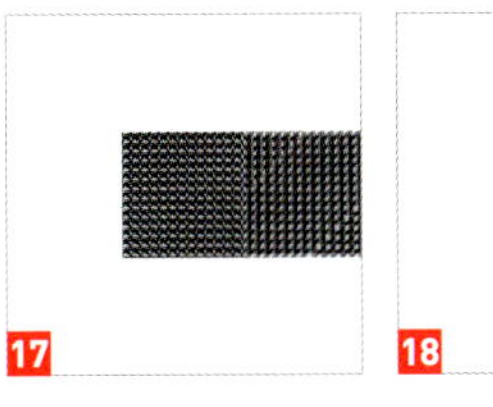
17

18

07　2種類の模様を交互に配置していく

2種類の画像（［ストライプ＋シアー］と［ボーダー＋シアー（90度回転 ver.）パターン］）を必要な分だけ配置しています。今回は画面を9分割しており、なおかつ中心には元画像が配置してあるので、残りの8箇所に2種類の画像を交互に配置していきましょう。これにより、ストライプ柄ができます 19 20 。

19

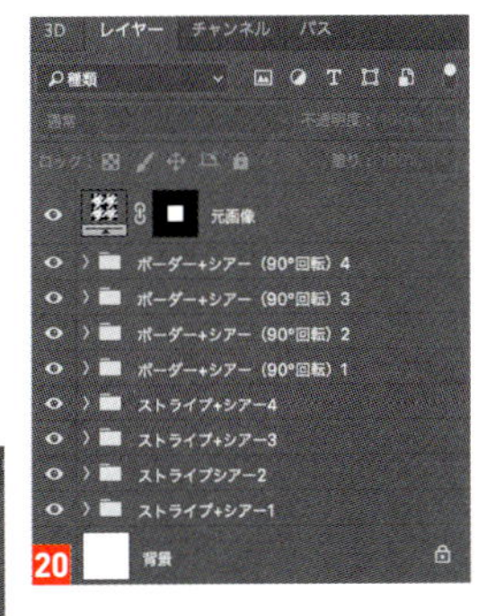

20

08　模様の明るさを合わせる

元画像とそれ以外の模様で明るさに違いが出てしまいました。最後にこれを調整していきます 19 。新規調整レイヤーを［レベル補正］で作成し、中心以外を明るくします 21 。このときに単純に全体を明るくしてしまうと、柄が飛んでしまうので注意しましょう。全体の明るさが整ったところで、中心も含めた全体に［イメージ］→［色調補正］→［トーンカーブ］ 22 を適用し、明るさをグレー方向に調整して完成です 23 。

21

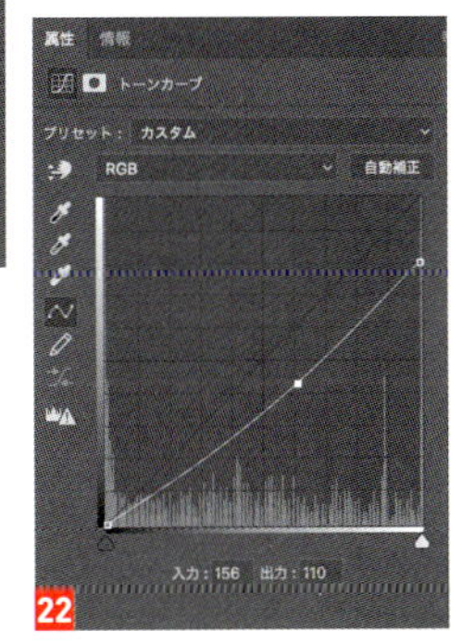

22

23

ONE POINT

千鳥格子のベースとなる形状は、下図のように、正方形と二等辺三角形を組み合わせて作ることができます。

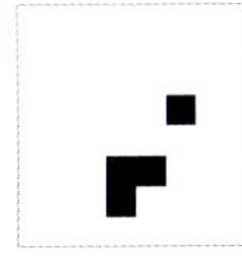
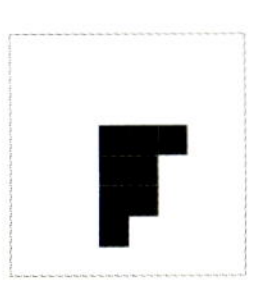

5 COOL & CUTE

111 ひよこに卵の殻を合成する

レイヤーの並び順による見え方の違いを利用して、シンプルな合成を行います。

Ps CC　Satoshi Kusuda

01 新規ファイルに素材を配置する

新規ファイルを［幅：3386pixel］［高さ：2418pixel］［解像度：350pixel ／ inch］で作成します。［塗りつぶしツール］を選択し、黄系［#ffca36］で全体を塗りつぶします 1。これを背景に作業していきます。続いて、素材の画像を開きます 2。［ヒヨコ］レイヤーを背景の上に移動し、カンバスの中央に配置します 3。その上に［卵01］（卵の下部）レイヤーと［卵02］（卵の上部）レイヤーを順に配置していきます 4。

02 卵の殻の必要な部分だけを選択コピーする

卵の殻の画像に不要な部分が含まれているので切り分けていきます。まず［卵01］レイヤーを選択し、［ペンツール］で手前の部分を囲むようにパスを作成します。カンバス上で Control キーを押しながらクリック（右クリック）して、［選択範囲を作成］を実行します 5。選択範囲が作成できたら、再びカンバス上で Control キーを押しながらクリック（右クリック）して、［選択範囲をコピーしたレイヤー］を実行、［卵01］レイヤーの上に配置します。コピーしたレイヤーの名前は［卵01-2］とします 6。

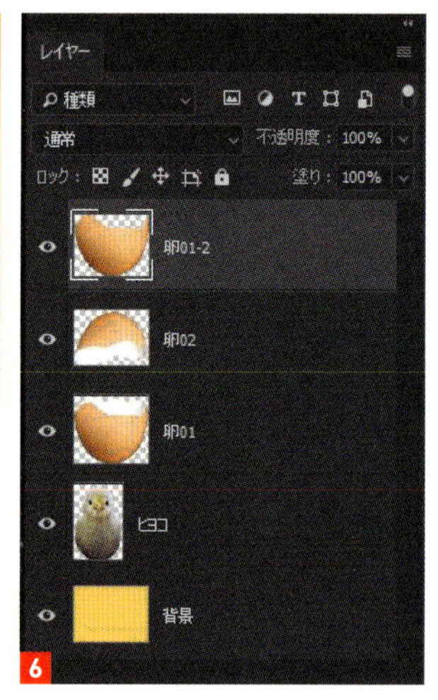

03 殻の内側を暗くする

［卵01］レイヤーを［ヒヨコ］レイヤーの下に移動します。［卵01］レイヤーを選択し、［イメージ］→［色調補正］→［レベル補正］を 7 のように適用します 8。この時点での［レイヤー］パネルは 9 のようになります。

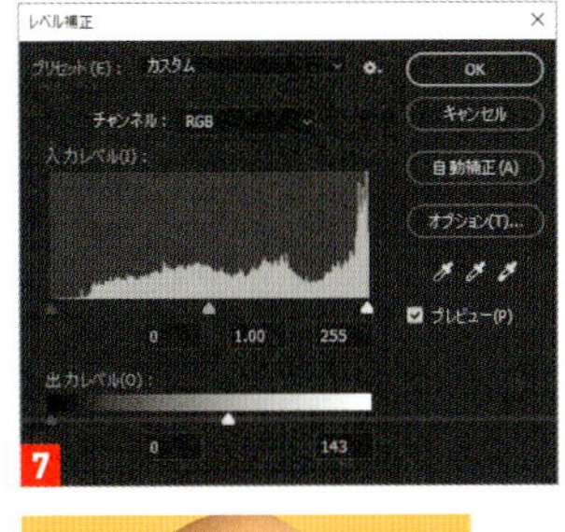

7

8

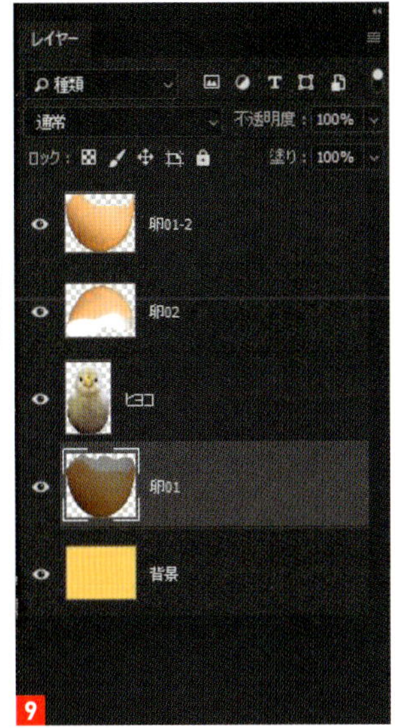

9

04 同じようにして上部の殻を切り分ける

同じ要領で、［卵02］（卵の上部）レイヤーにパスを作成します 10。パスから［選択範囲を作成］し、［選択範囲をコピーしたレイヤー］を作成し、レイヤー名を［卵02-2］とします。そのあと、［卵02］レイヤーを［ヒヨコ］レイヤーの下に移動し、［レベル補正］を先ほどと同じ数値で適用します 11。

10

11

05 ヒヨコに影を付ける

［ヒヨコ］レイヤーの上に新規レイヤーを作成し、［ヒヨコの影］という名前にします。［レイヤー］パネル上で Control キーを押しながらクリック（右クリック）して［クリッピングマスクを作成］を実行します。［ブラシツール］を選択し、描画色を黒［#000000］で卵の殻からヒヨコに落ちる影を描きます 12。影が描けたら、レイヤーの［不透明度］を［10%］にしくなじませます 13。

12

13

06 ヒヨコの足をつけて完成させる

［背景］レイヤーの上に［ヒヨコ＿足］レイヤーを移動、配置します。［ヒヨコ＿足］レイヤーを複製し、［編集］→［変形］→［水平方向に反転］でもう一方の足を用意します 14。最後に［ヒヨコ＿足］レイヤーの下に新規レイヤーを追加し、［ブラシツール］を使ってヒヨコの足元に影を描いて完成です 15。

14

15

淡くぼんやりした印象にする

112

ぼかしフィルターとトーンカーブを使って、写真を淡くぼんやりした印象に仕上げます。

Ps CC　Satoshi Kusuda

01　レイヤーを複製してから マスクを作成する

猫の画像を開き **1**、レイヤーを2つ複製します。複製した下のレイヤーだけを表示し、［フィルター］→［ぼかし］→［ぼかし（ガウス）］を［半径：25pixel］で適用します **2** **3**。続いて上のレイヤーを表示し、［レイヤー］パネルから［レイヤーマスクを追加］を実行。［レイヤー］パネルでマスクのサムネイルを選択し、⌘（Ctrl）＋ I キーを押して、黒［#000000］で塗りつぶします。

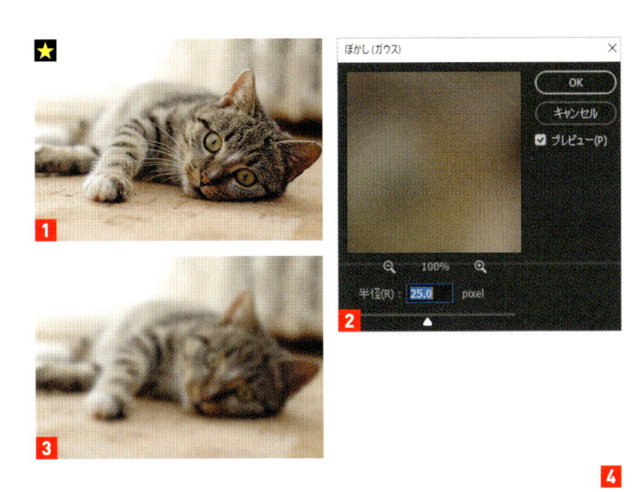

02　猫の顔や手のマスクを削除する

［ブラシツール］を選択し、描画色を白［#ffffff］、［ソフト円ブラシ］［直径：1500px］［不透明度：30%］に設定します **4**。レイヤーマスク上に点を置いていく感じで、猫の顔や手の先のマスクを削除していきます **5**。これによって、猫の顔と足の先が他の箇所よりもくっきりとした印象になります **6**。

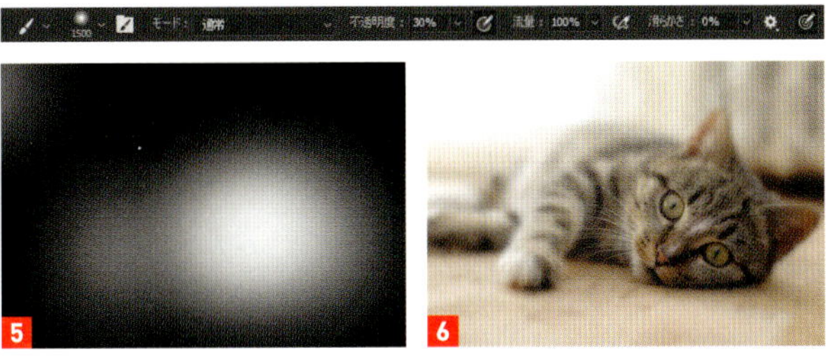

03　トーンカーブで 淡く温かい色味に補正する

［レイヤー］パネルで［塗りつぶしまたは調整レイヤーを新規作成］→［トーンカーブ］を選択し、最前面に配置します。［RGB］チャンネルが選択された状態で、**7** のように色を浅く補正します。次に［レッド］を選択し、中央と右上、左下の3箇所にポイントを追加します。左下は［入力：63 出力：72］、右上は［入力：191：184］です **8**。同様にして［ブルー］を選択し、3箇所にポイントを追加します。左下は［入力：66 出力：77］、右上は［入力：197：185］です **9**。これにより、淡くアナログ感や温かみを感じさせる印象に仕上がります。最終的な［レイヤー］パネルは **10** のようになります。

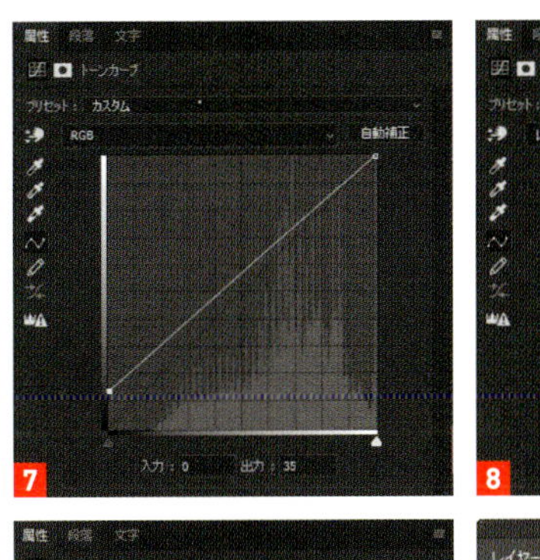

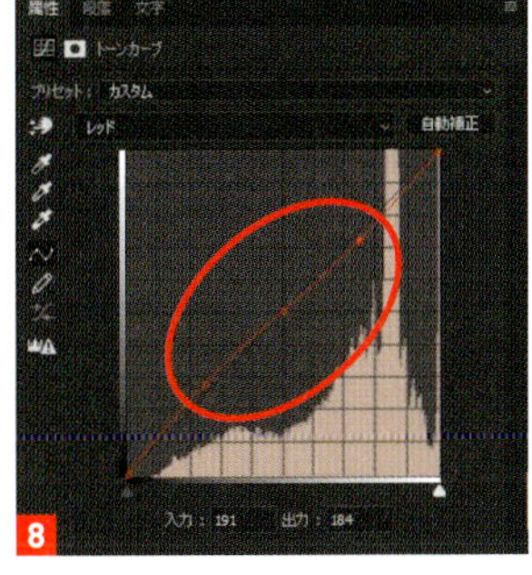

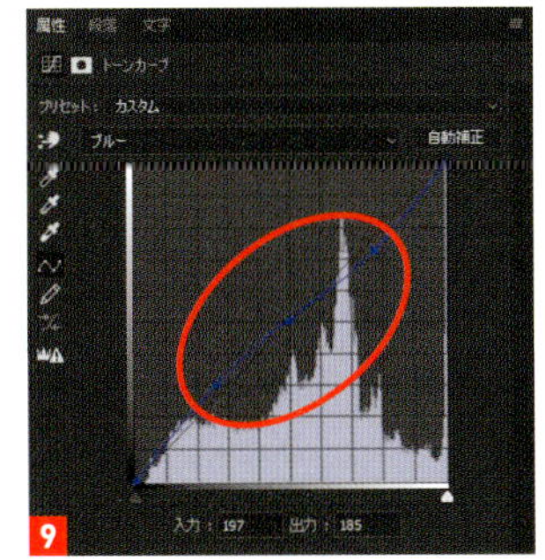

5 COOL & CUTE

スタンプ風に加工する

113

複数のフィルターを組み合わせて、写真をスタンプ風に加工していきます。

Ps CC　Satoshi Kusuda

01 ハイパスフィルターで スタンプに加工しやすくする

犬の画像を開きます 1。この画像は、切り抜いた［犬］と［背景］の2つのレイヤーで構成されています。［犬］レイヤーを選択し、［フィルター］→［その他］→［ハイパス］を［半径：18pixel］で適用します 2 3。

1

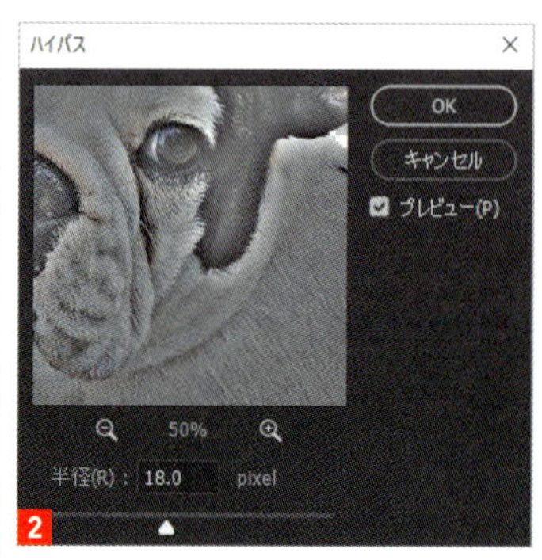

2

3

02 2階調化する

［イメージ］→［色調補正］→［2階調化］を［2階調化する境界のしきい値：131］で適用します 4 5 。

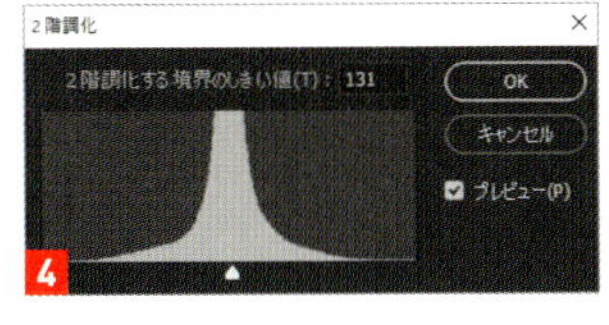

4

5

03 犬の毛並みをぼかす

このままでは犬の毛並みがシャープすぎるので、［フィルター］→［ぼかし］→［ぼかし（ガウス）］を［半径：1pixel］で適用します 6 7 。

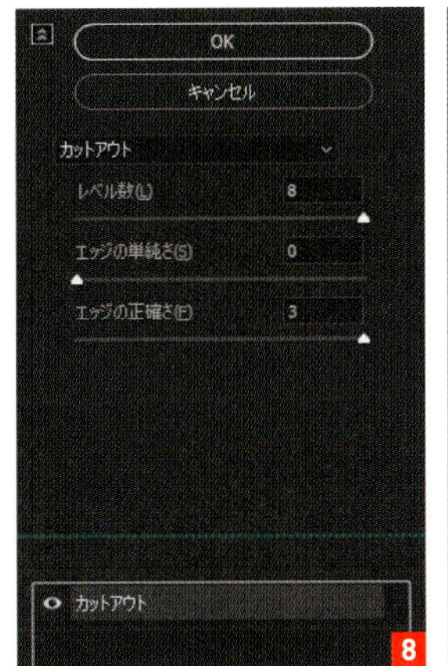

6

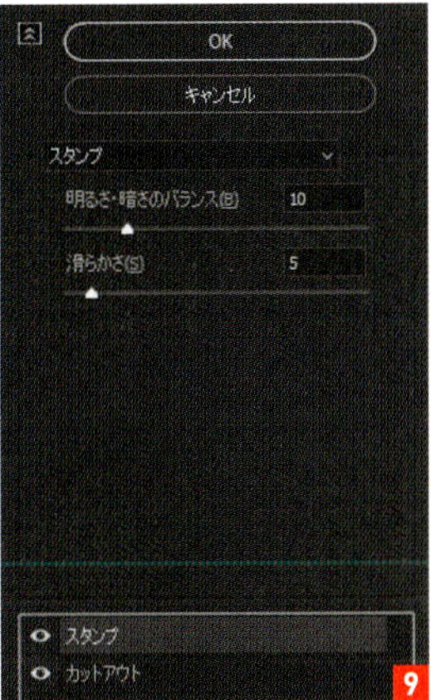
7

04 かすれたスタンプ風に加工する

［フィルター］→［フィルターギャラリー］→［アーティスティック］→［カットアウト］を［レベル数：8］［エッジの正確さ：3］に設定 8 。続いて、ダイアログの右下にある［新しいエフェクトレイヤー］をクリックし、［スケッチ］→［スタンプ］を［明るさ・暗さのバランス：10］［滑らかさ：5］に設定して［OK］をクリックします 9 。最後にレイヤーの描画モードを［比較（暗）］に変更して、背景となじませて完成です 10 。

8

9

10

5 COOL & CUTE

114
クラフト紙を作る

雲模様とエンボスフィルターを組み合わせて、クラフト紙の質感を再現します。

Ps CC Satoshi Kusuda

01 新規ファイルを作成し雲模様フィルターを適用する

新規ファイルを［幅：3528pixel］［高さ：2508pixel］［解像度：350pixel／inch］で作成します。［描画色と背景色を初期設定に戻す］を選択し、描画色を黒［#000000］、背景色を白［#ffffff］にしておきます 1。［フィルター］→［描画］→［雲模様 1］ 2、同［雲模様 2］を順に適用します 3。

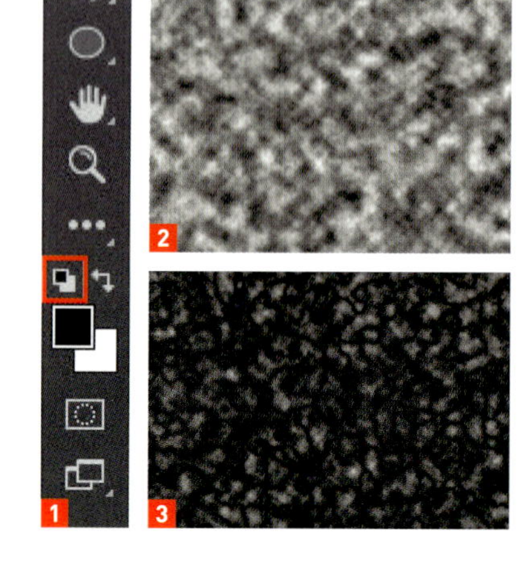

02 エンボスフィルターを適用してクラフト紙の質感を出す

雲模様を適用したレイヤーに［フィルター］→［表現手法］→［エンボス］を［角度:0°］［高さ:6pixel］［量：100%］で適用します 4 5。

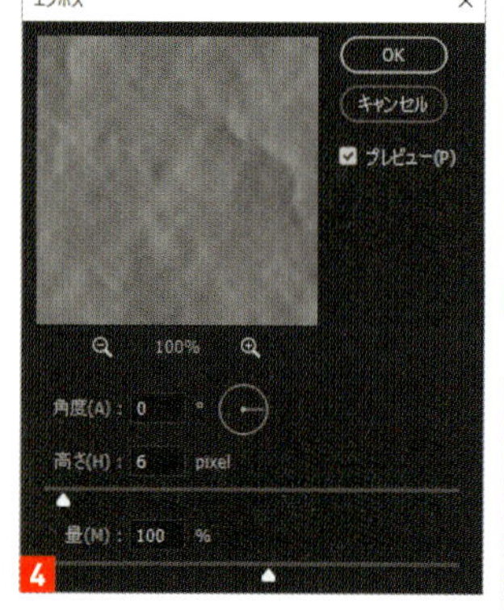

03 色相・彩度でクラフト紙の色にする

［イメージ］→［色調補正］→［色相・彩度］を選択し、［色彩の統一］にチェックを入れて、［色相：30］［彩度：10］［明度：＋5］で適用します 6。これによってクラフト紙の色味が再現されます 7。最後にテキストを配置し、型押ししたような加工を施して完成です 8。なお、型押し加工の詳細については「093　革に型押ししたような文字にする」を参照してください。

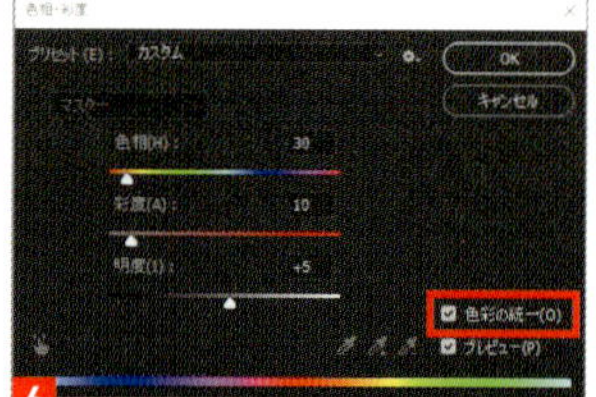

115

写真をドラマチックなピンク色に染める

特定色域の選択を使って、全体がピンク色に染まった雰囲気のある写真に仕上げます。

Ps CC　Satoshi Kusuda

01 特定色域の選択を使ってピンポイントでカラーを補正する

元画像を開き 1、［イメージ］→［色調補正］→［特定色域の選択］を選択します。［属性］パネルで［絶対値］にチェックを入れます。［カラー：イエロー系］を選択し、［イエロー：−100％］［ブラック：＋10％］に設定して、画面全体の黄色の成分を落ち着かせます 2。同じ要領で、［カラー：ブルー系］を［シアン：−100％］に設定して、男性の服の色を落ち着かせます 3。最後に［カラー：白色系］で［イエロー：＋15％］に設定して、水面の白い部分をイエロー系に振ります 4。これで 5 のような状態になります。

1

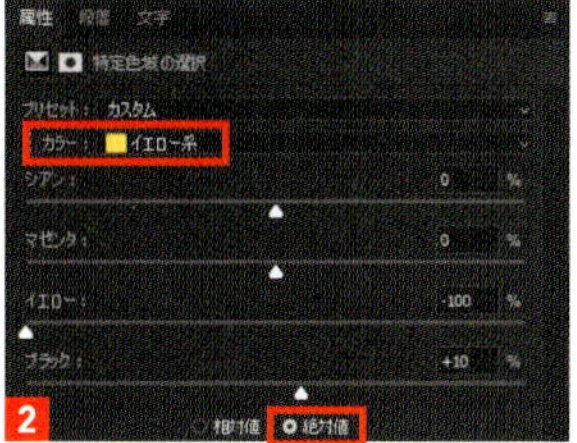

2

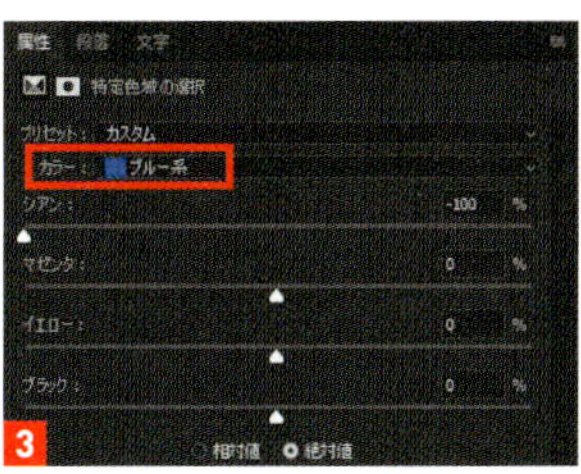

3

4

5

02 全体の色味を整える

引き続き、［特定色域の選択］の［属性］パネルで作業をしていきます。今度は［カラー：中間色系］を選択し、［シアン：−5％］［マゼンタ：＋10％］に設定して、全体の色味をマゼンタ寄りにします 6。次に［カラー：ブラック系］を選択し、［シアン：−5％］［ブラック：−10％］に設定して、［シアン］を少しだけレッド寄りに、［ブラック］を少し減らして全体を淡い印象にします 7。最後に［フィルター］→［Camera raw フィルター］を選択し、［明瞭度：−45］でやわらかい印象に整えます 8。これでマゼンタやピンク系に寄った淡い印象に仕上げて完成です 9。

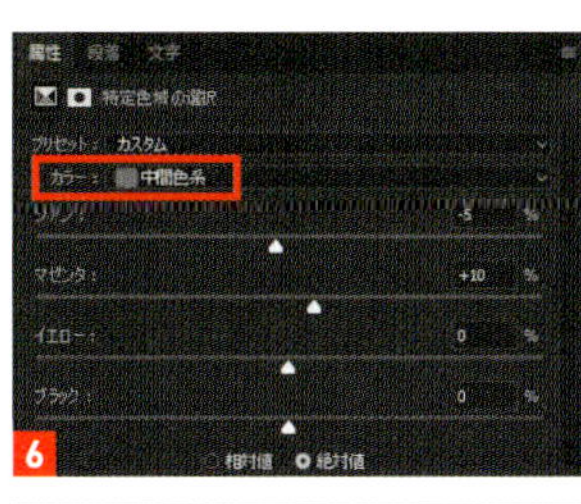

6

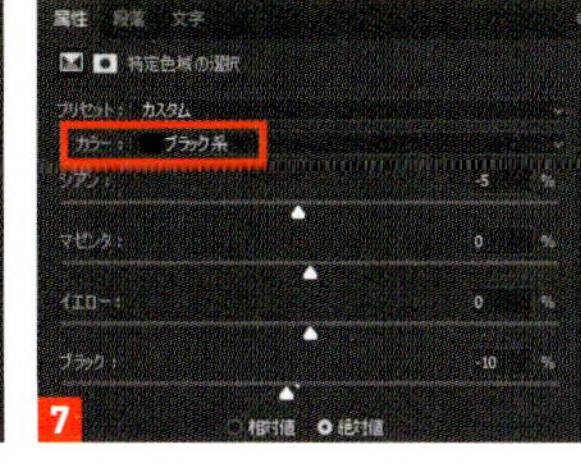

7

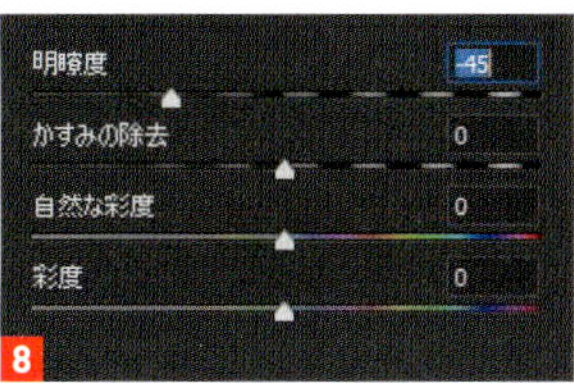

8

9

116

アーティスティックなポートレイト画像を作る

本来は撮影時にライティングによって行われる演出を、グラデーションで塗りつぶしたレイヤーを使って表現します。

Ps CC　Masaya Eiraku

1

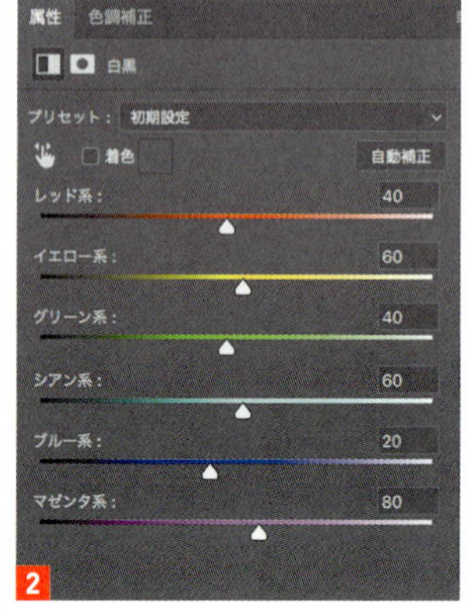

2

3

01　モノクロカラーに変換する

元画像を開きます 1 。［レイヤー］→［新規調整レイヤー］→［白黒］を適用し 2 、モノクロカラーに変更します 3 。

02　トーンカーブで人物を浮き上がらせる

［クイック選択ツール］などを使って、人物を除いた部分を範囲選択します 4 。人物以外の部分に［イメージ］→［色調補正］→［トーンカーブ］を適用して暗くして人物を目立たせます 5 6 。

4

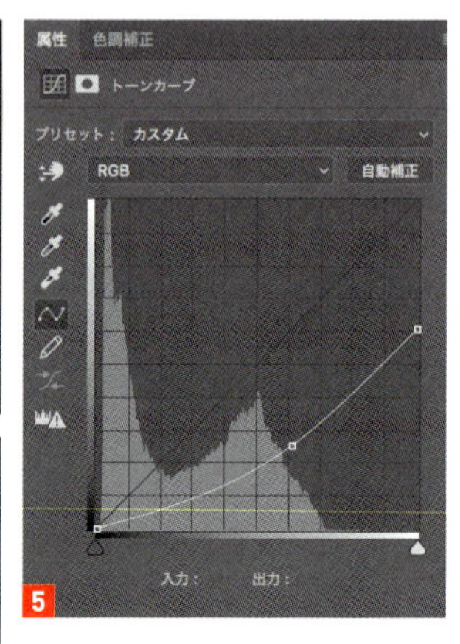

5

6

03　表示レイヤーを結合して描画モードで合成する

［レイヤー］→［表示レイヤーを結合］を実行して、表示しているレイヤーを新規レイヤーとして結合します。結合後、レイヤーの描画モードを［ソフトライト］に変更し 7 、人物のコントラストを強めます 8 。

04　人物をグラデーションで塗りつぶす

［選択範囲］→［色域指定］を実行し、［選択：ハイライト］［許容量：44%］［範囲：172］で人物の明るい部分の選択範囲を作成します 9 10 。続いて、［レイヤー］→［新規調整レイヤー］→［グラデーション］を実行し、［R：0／G：126／255］ 11 から［R：252／G：104／163］ 12 のグラデーションで選択範囲を塗りつぶし 13 14 、描画モードを［ビビッドライト］に変更して完成です 15 16 。

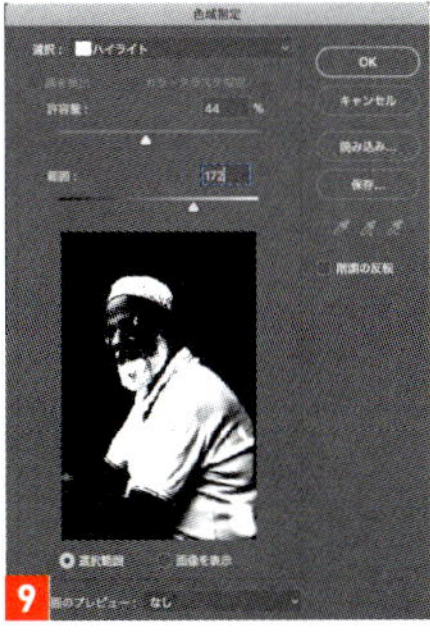

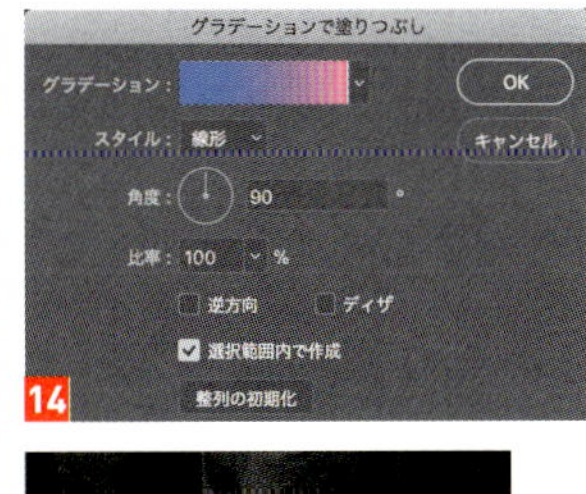

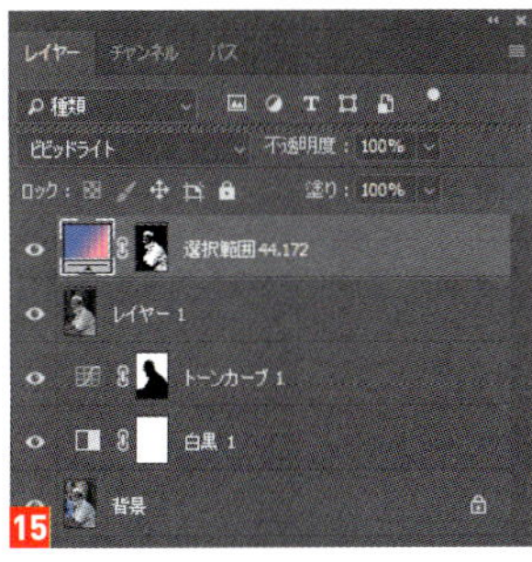

ONE POINT

元画像のコントラストやハイライト部分の調整を行うことで仕上がりの印象を大きく変えることもできます。

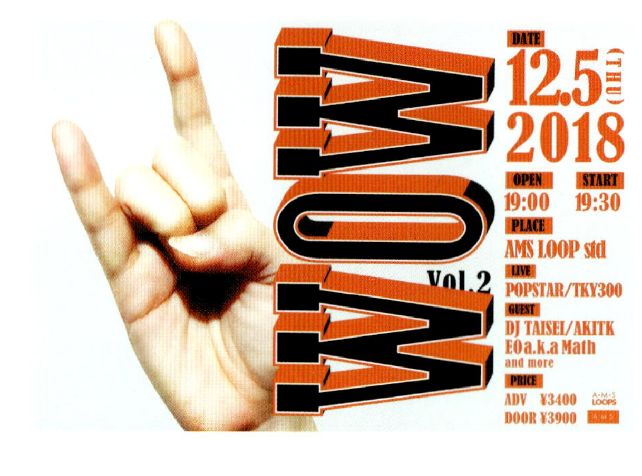

117 無機質な写真をPOPに仕上げる

被写体が持つ立体感を強調しながら、ディティールを消していきます。

Ps CC　Masaya Eiraku

01 手のシワや質感をぼかして消す

元画像を開いて複製します 1。複製したレイヤーに[フィルター]→[ぼかし]→[ぼかし(ガウス)]を[半径:20pixel]で適用し 2、手のシワや質感が消えるまでぼかします 3。再度、元画像を複製し、複製したレイヤーを最前面に移動、[フィルター]→[その他]→[ハイパス]を適用して、輪郭を抽出します 4。

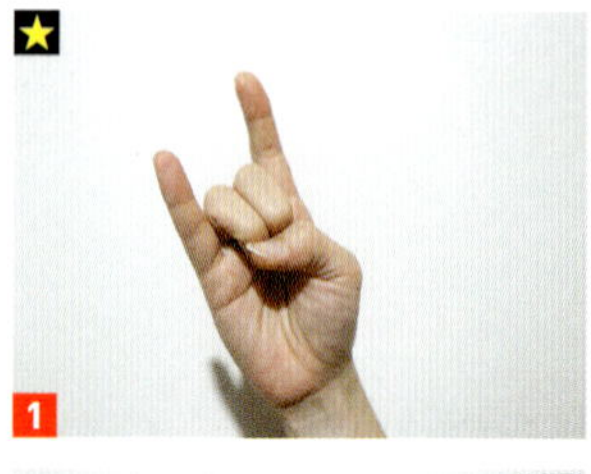
1

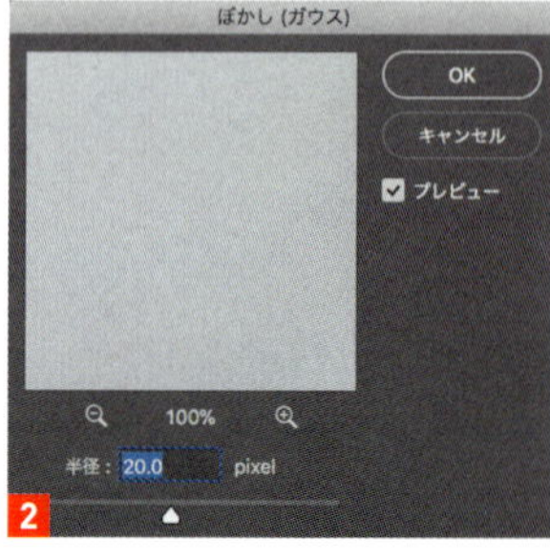

2

3

4

02 レイヤーマスクを追加して質感やシワを目立たなくする

[ハイパス]を適用したレイヤーの描画モードを[リニアライト]に変更し、ぼかした画像に重ねます 5。[レイヤー]→[レイヤーマスク]→[すべての領域を表示]でレイヤーマスクを追加し、肌の質感やシワの目立つ部分を[ブラシツール]([ソフト円ブラシ][不透明度:40%]程度に設定)でなぞっていきます 6。塗りつぶした部分にぼかしがかかり、肌の質感やシワが軽減されて滑らかになります 7。

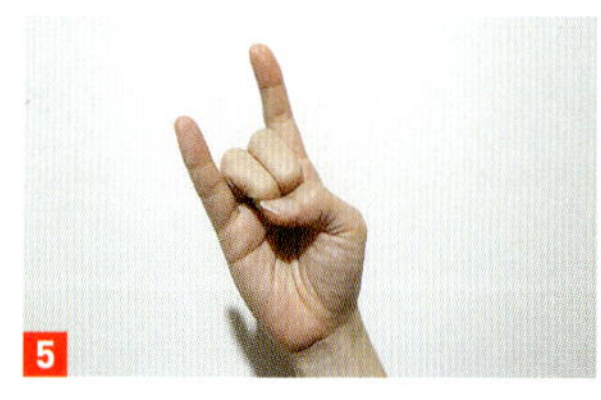
5

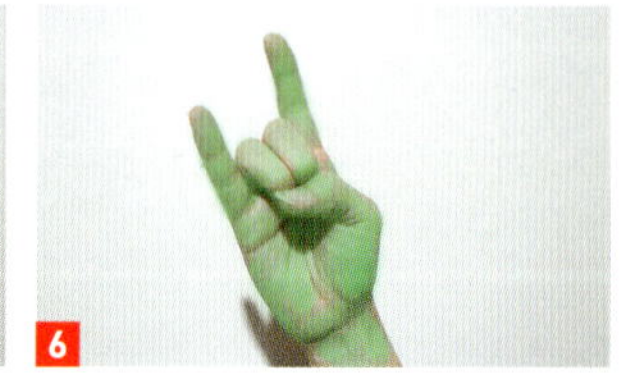
6

7

03 指の一部を明るくして立体感を強調する

[レイヤー]→[新規塗りつぶしレイヤー]→[べた塗り]で新規レイヤーを作成。グレー系で[R:134/G:134/B:134]で塗りつぶします。描画モードを[オーバーレイ]に変更し、手の立体感を意識しながら、ハイライト部分を[ブラシツール](描画色は白、ソフト円ブラシ、[不透明度:40%]程度)でなぞっていきます 8。すると白くした部分が明るくなっていきます 9。

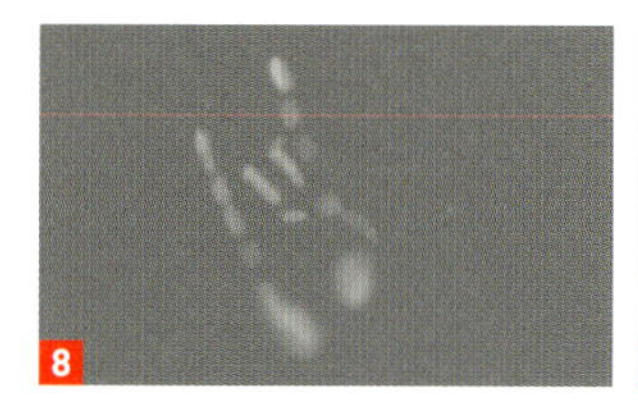
8

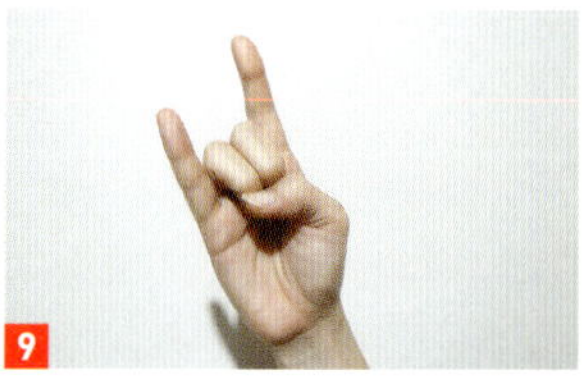
9

04 レベル補正でコントラストを強くする

画像をはっきりさせるために、[レイヤー]→[新規調整レイヤー]→[レベル補正]で新規調整レイヤーを追加し、全体のコントラストを強くします 10 11。

05 エッジの強調で全体をデフォルメする

[レイヤー]→[画像を統合]を実行し、統合したレイヤーに[フィルター]→[フィルターギャラリー]の[ブラシストローク]→[エッジの強調]を 12 の設定で適用。輪郭を少しまるめて全体を少しだけデフォルメします 13。フィルター適用後、レイヤーを複製し、描画モードを[ソフトライト]に変更して全体的に明るくします 14。

06 手と背景を切り分け 背景を水色で塗りつぶす

[自由選択ツール]などを使って、背景と手を切り分け、背景を薄い水色で塗りつぶします 15。最後に[レイヤー]→[新規調整レイヤー]→[トーンカーブ]で色味を整えて完成です 16～20。

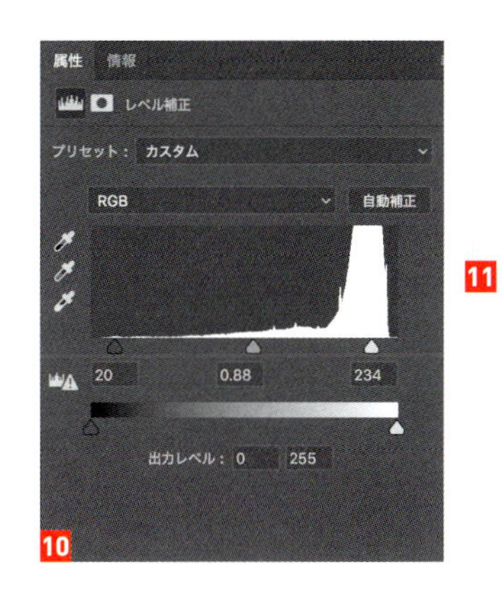

10

11

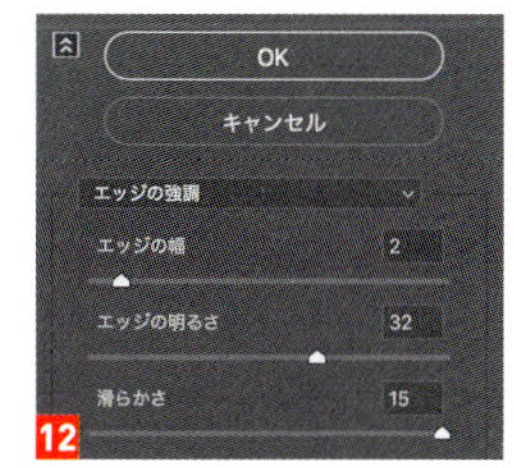

12

13

14

15

20

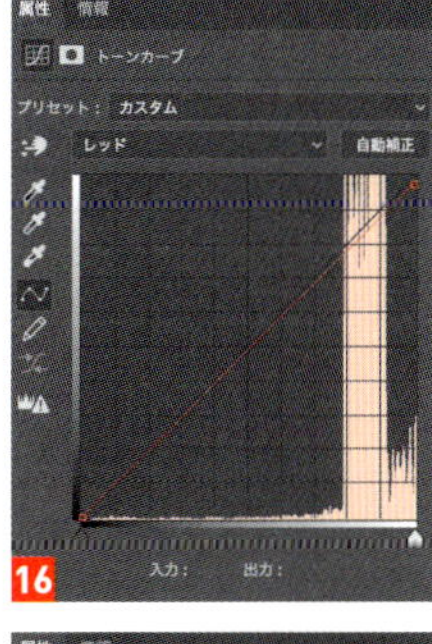

16

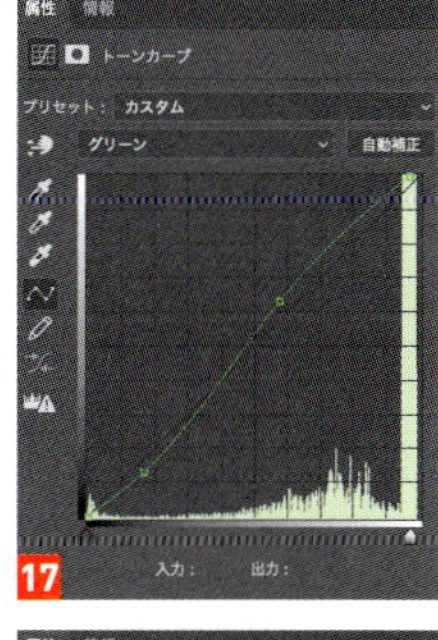

17

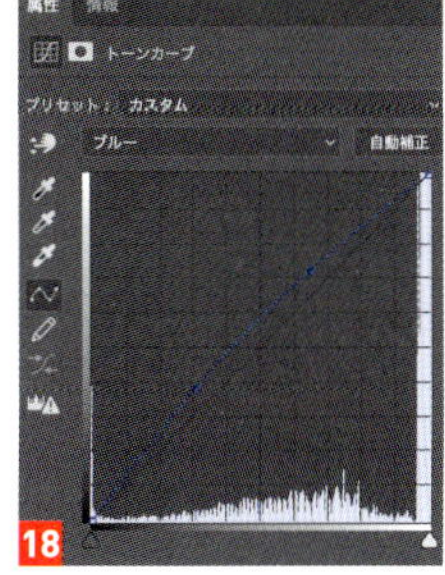

18

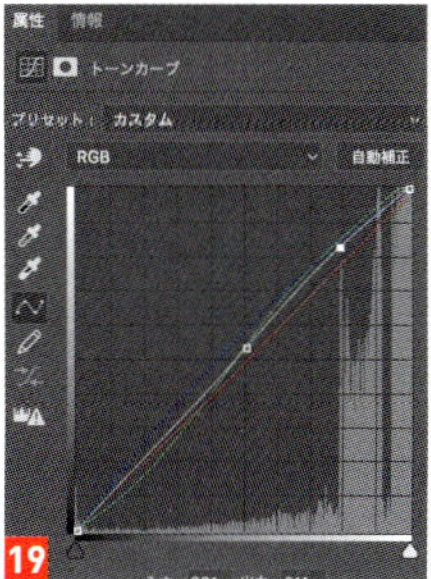

19

ONE POINT

あまりやりすぎると、細部がつぶれただけの画像になってしまいます。フィルターを適用する際には、画像のサイズや状態に合わせて適切な値を選ぶようにしましょう。

素材ゼロから宇宙を作る

118

ノイズ、ぼかし、雲模様など、複数のフィルターで星雲を作成し、
光の演出によって宇宙を表現します。

Ps CC　Masaya Eiraku

01 ノイズを加えるフィルターで星空を作る

新規ファイルを［幅：3000pixel］［高さ：2000pixel］［解像度：72pixel ／ inch］で作成し、黒色で塗りつぶします。［フィルター］→［ノイズ］→［ノイズを加える］を［量：30%］［分布方法：ガウス分布］で適用し 1 、小さな星の素材を作ります 2 。このレイヤーを複製し、［編集］→［自由変形］を実行し、縦横比を固定して［250%］に拡大し 3 、レイヤーの描画モードを［スクリーン］に変更します。これにより、大きさの違う星を演出します。さらに新規調整レイヤーを［レベル補正］で追加して 4 、星がまばらに見えるように調整します 5 。

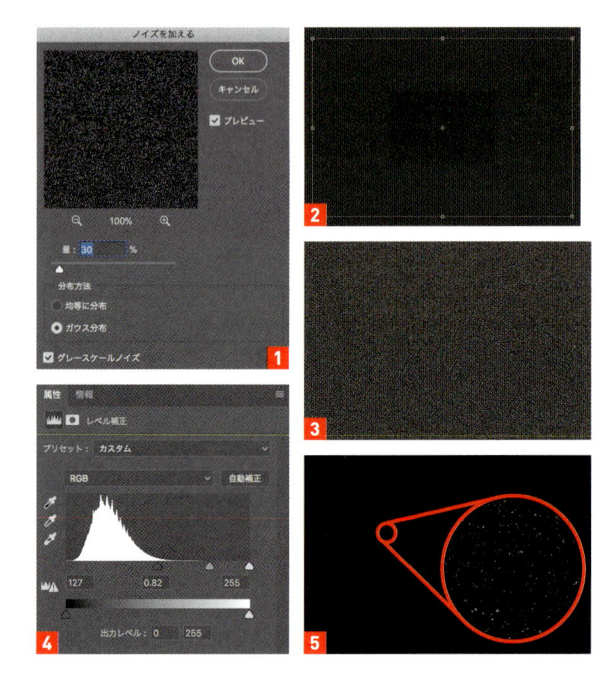

02 ブラシツールでカラフルな円を描く

新規透明レイヤーを作成し、4つのカラー（グリーン系［R：2／G：87／B：58］、ダークブルー系［R:5／G:5／B:160］、パープル系［R:150／G:0／B:212］、ブルーグリーン系［R:2／G：149／B：160］）の大小の円を描いていきます 6。円の描画には［ソフト円ブラシ］を使用し、円が一箇所に偏らないようにします。円が描けたら、［フィルター］→［ぼかし］→［ぼかし（放射状）］を［量：100］で適用して 7、カラーを混ぜ合わせます 8。続いて、［フィルター］→［ぼかし］→［ぼかし（ガウス）］を［半径：190pixel］で適用して全体をぼかします 9 10。

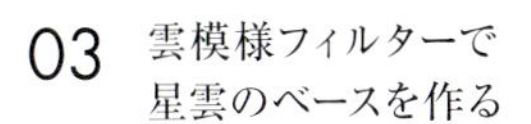

03 雲模様フィルターで星雲のベースを作る

円のレイヤーの上に、新規塗りつぶしレイヤーを黒の［べた塗り］で追加します。描画色を黒、背景色を白に設定し、［フィルター］→［描画］→［雲模様 1］を適用します 11。続けて［フィルター］→［描画］→［雲模様 2］を 2 回適用し、星雲のベースにします 12。最後にこのレイヤーの描画モードを［覆い焼きカラー］に変更して星のレイヤーに重ね合わせます 13。

04 ワープでレイヤーを変形させる

星雲のレイヤーに［編集］→［変形］→［ワープ］を実行して、四隅を外側に引っ張って全体を歪めていきます 14。続いて［編集］→［パペットワープ］を適用して、細かい部分を調整していきます 15。最終的に 16 のような動きを感じさせる形状に仕上げます。

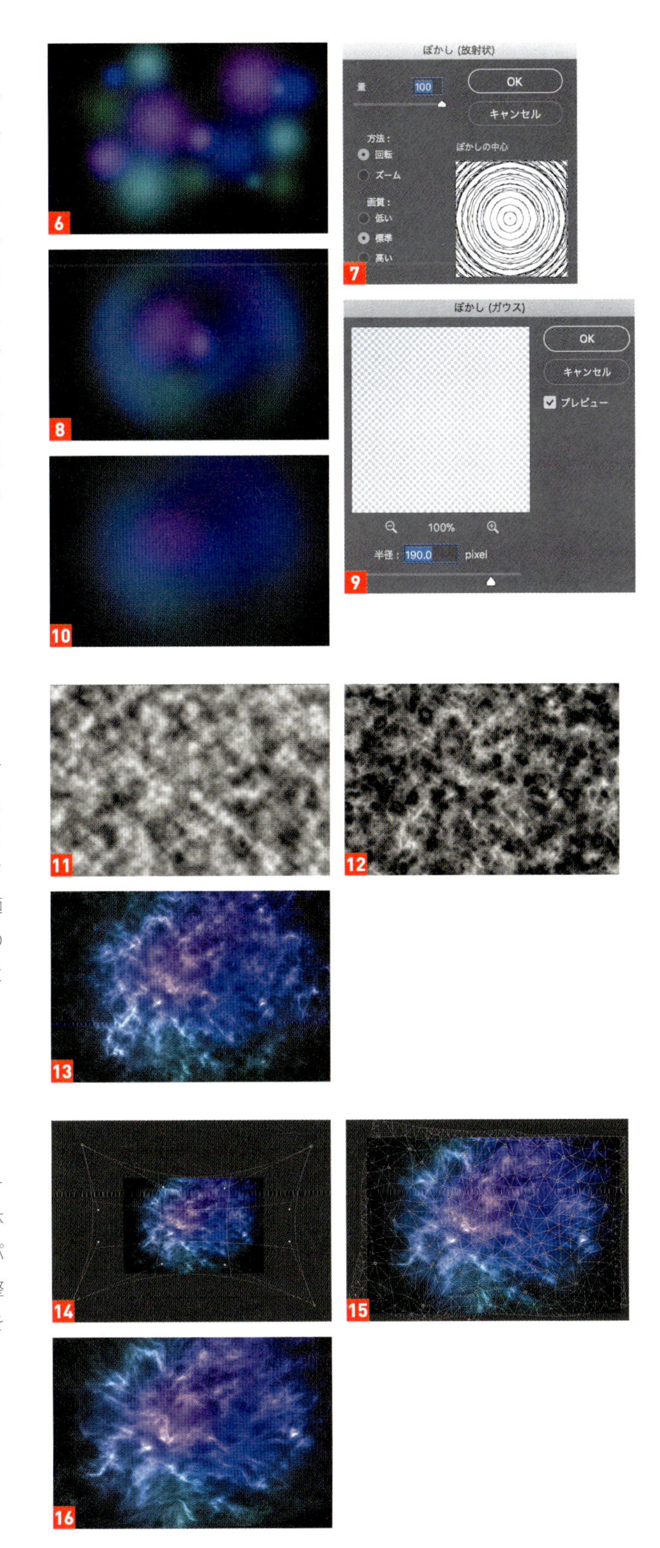

5 COOL & CUTE

05 レイヤーマスクを追加して星空に濃淡をつける

星雲のレイヤーに［レイヤーマスクを追加］し、［ブラシツール］（ソフト円ブラシ）を使って、余分な部分を消し 17 、さらに濃い部分と薄い部分を作り出します 18 。続いて、これに合わせて星のレイヤーにも［レイヤーマスクを追加］し 19 、星の濃淡を演出します 20 。

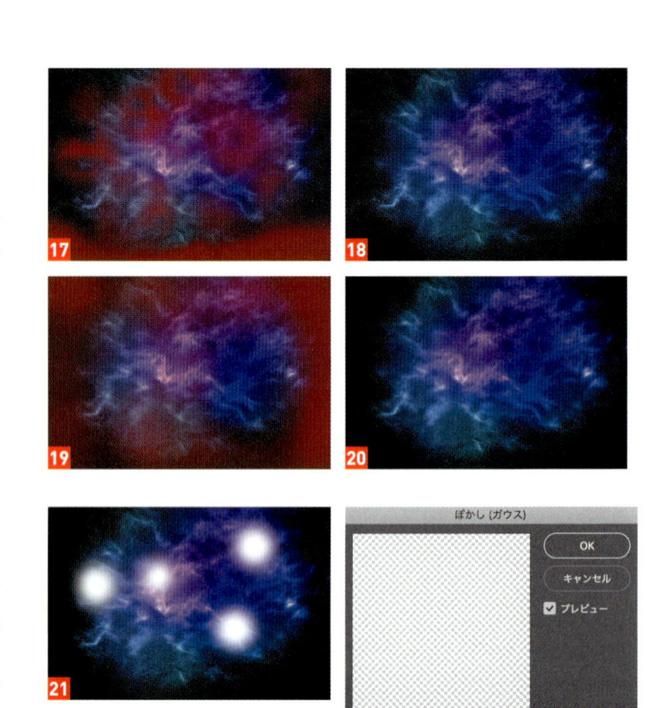

06 ブラシツールで白い円を描き星雲の一部を目立たせる

最前面に新規透明レイヤーを追加し、［ブラシツール］（ソフト円ブラシ）で何か所かを白色で塗りつぶします 21 。塗りつぶしたレイヤーに［フィルター］→［ぼかし］→［ぼかし（ガウス）］を［半径：100pixel］で適用してなじませ 22 、レイヤーの描画モードを［スクリーン］に変更します。これにより星雲の一部分が強調されます 23 。

07 全体の赤みと彩度を調整する

新規調整レイヤーを［トーンカーブ］で追加し、全体のコントラストを上げ、同時に青みを抑えます 24 25 。最後に新規調整レイヤーを［レンズフィルター］で追加し、［フィルター暖色系(85)］［適用量：38%］で適用して、全体的に赤みを増し、彩度を落ち着かせて完成です 26 27 。

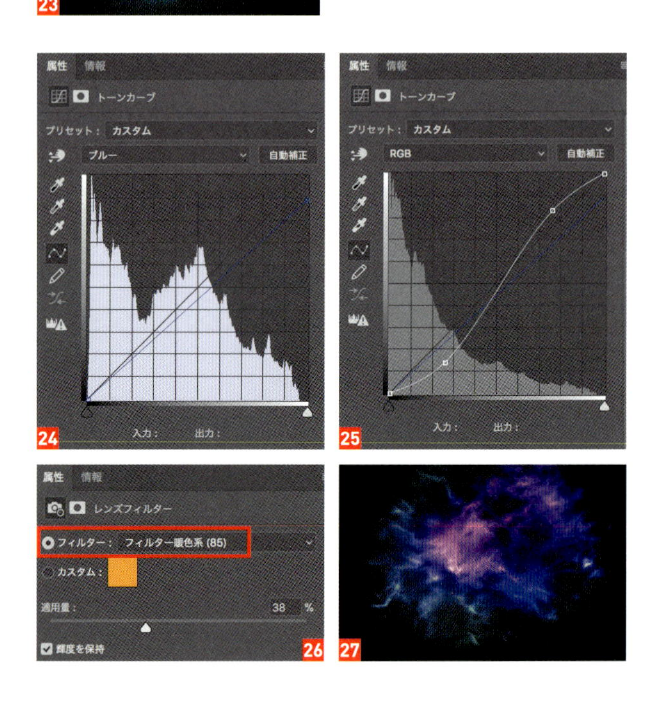

ONE POINT

星雲の形や色味の調整は、１回でうまくいくとは限りません。スマートフィルターやレイヤー分けなどを行い、いつでも前の設定に戻って再調整ができるようにしておくとよいでしょう。

119
大理石風の模様を作る

雲模様と輪郭検出フィルターでベース素材を作り、ぼかしフィルターで大理石の質感を表現します。

Ps CC　Masaya Eiraku

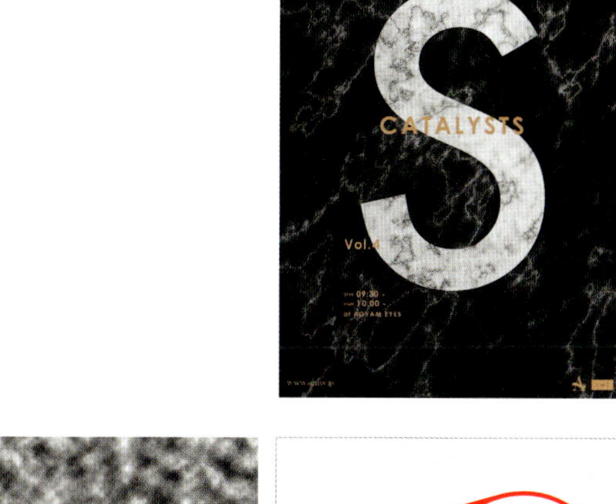

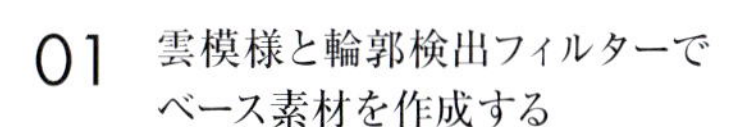

01 雲模様と輪郭検出フィルターでベース素材を作成する

新規ファイルを［幅：3500pixel］［高さ：2480pixel］［解像度：300pixel／inch］で作成します。黒色の新規塗りつぶしレイヤーを作成し、描画色を黒、背景色を白に設定して、［フィルター］→［描画］→［雲模様 1］を適用します 1。続いて［フィルター］→［表現手法］→［輪郭の検出］を適用して、ベースとなる模様を作成します 2。

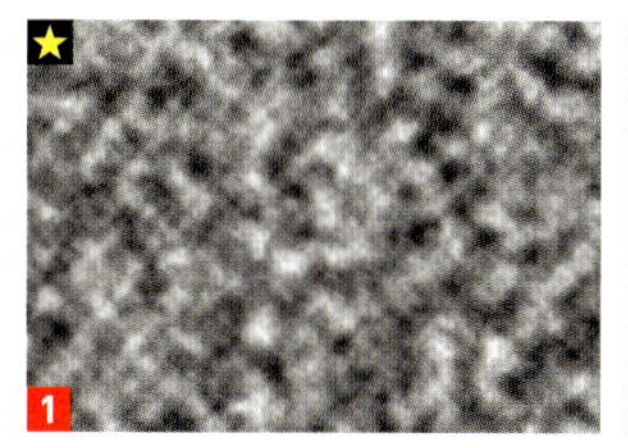

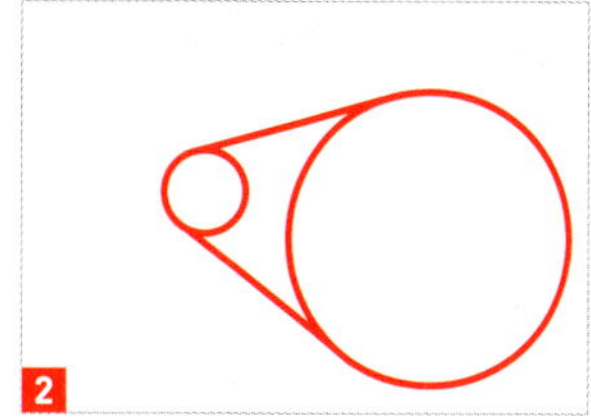

02 ぼかしフィルターで石の質感を出す

［イメージ］→［色調補正］→［レベル補正］で模様を目立たせます 3。続けて、［フィルター］→［ぼかし（ガウス）］を［半径：3pixel］で適用して全体をぼかし、うっすらと模様が浮き出た石の質感を再現します 4。

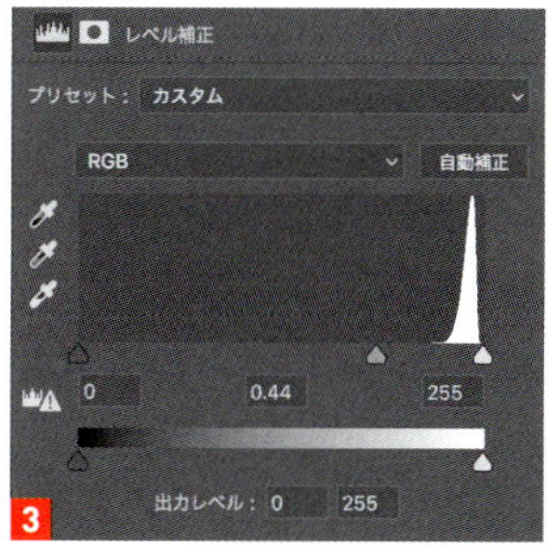

03 塗りつぶしレイヤーを追加して模様の輪郭をくっきりさせる

黒色の新規塗りつぶしレイヤーを作成し、描画色を黒、背景色を白に設定してから、［フィルター］→［描画］→［雲模様 2］を適用します 5。続いて、［イメージ］→［色調補正］→［レベル補正］を適用して 6、模様の輪郭をはっきりさせます 7。最後にこのレイヤーの描画モードを［焼き込み（リニア）］に変更し、最初に作成した［雲模様 1］のレイヤーと重ねて完成です 8。

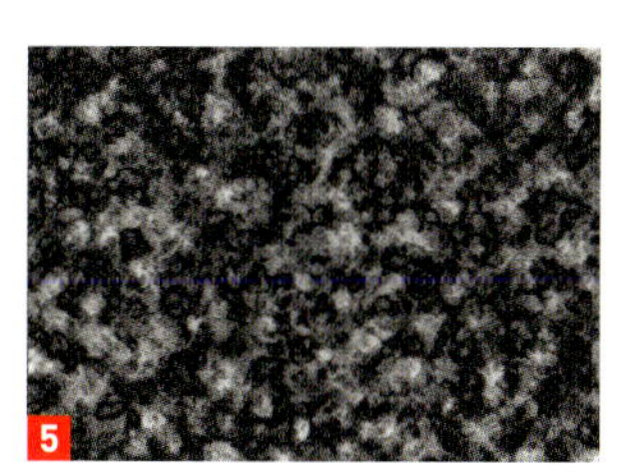

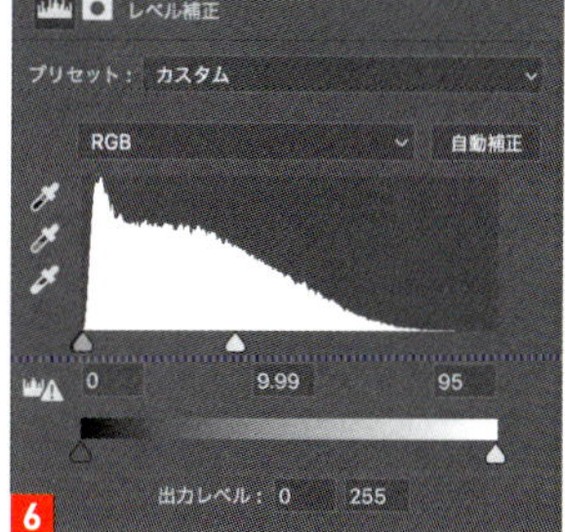

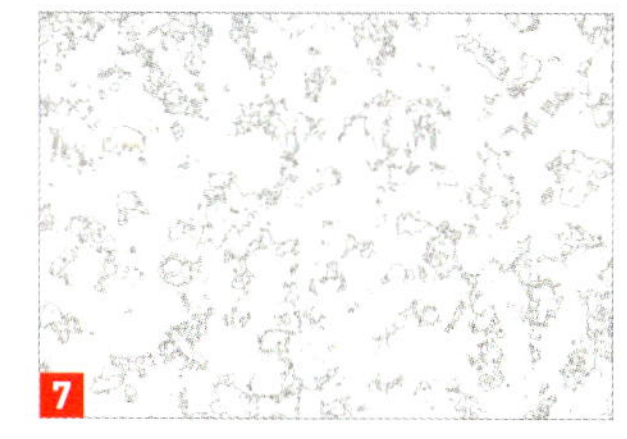

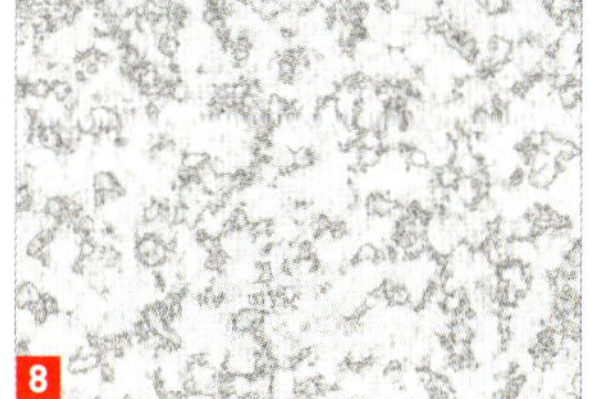

ONE POINT

［雲模様 1］と［雲模様 2］は、ランダムな模様を作成する際に欠かせないフィルターのひとつです。たとえば、宇宙やマグマなど自然界に存在するものを表現したい場合には、テクスチャとしてそのまま使用することもできますし、マテリアルやパターンとして登録しておけば、3D やその他テクスチャの素材として利用することもできます。

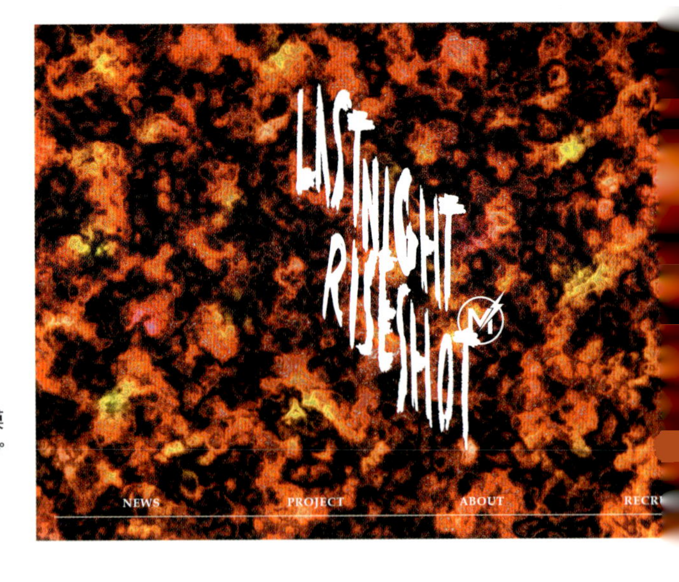

120 マグマ風の模様を作成する

雲模様フィルターとブラシでベースとなる模様を作り、赤色のべた塗りレイヤーとラップフィルターでマグマらしさを出していきます。

Ps CC　Masaya Eiraku

01 雲模様フィルターで模様を作成する

新規ファイルを［幅：297mm］［高さ：210mm］［解像度：300pixel ／ inch］で用意します。新規塗りつぶしレイヤーを［べた塗り］の白で作成します。描画色を黒、背景色を白に設定して、［フィルター］→［描画］→［雲模様 2］を複数回適用して、ランダムな模様を生成します 1 。ここでは 8 回実行しました。

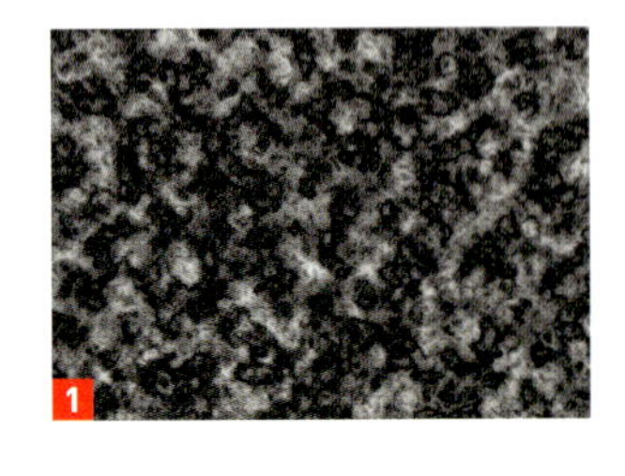
1

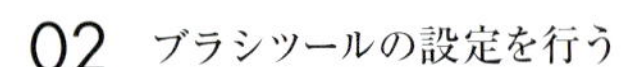

02 ブラシツールの設定を行う

新規透明レイヤーを作成します。［ブラシツール］を選択し、［ソフト円ブラシ］に設定します。描画色を赤［R:255］にし、［ブラシ設定］の［シェイプ］で［サイズのジッター：35%］ 2 、［散布］で［散布：313%］ 3 、［カラー］で［描画色・背景色のジッター：25%］［色相のジッター：15%］ 4 （これにより赤色～黄色の範囲で変化）に設定します。これによって塗りやカラーがランダムに変更されます。さらに［カラー］の［描画色・背景色ジッター］を［100%］に設定して、明るい色も追加で描画します。

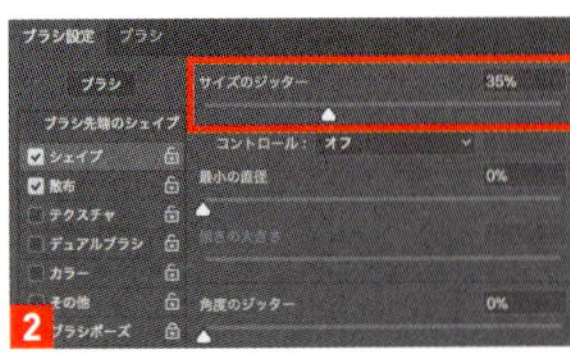
2

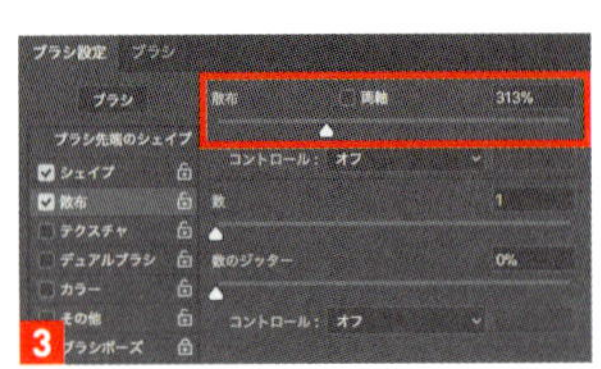
3

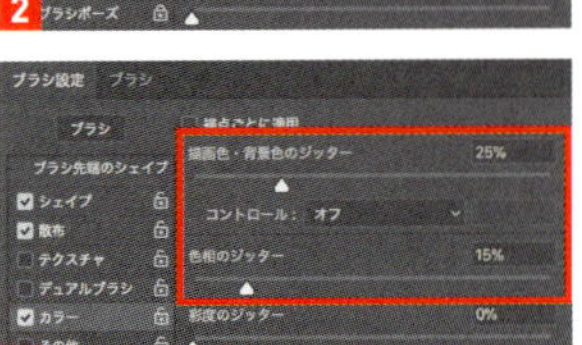
4

03 赤色のべた塗りレイヤーを作成する

上記のブラシで画像全体を塗っていき、ランダムに色が変化する、レッド系の色べたを作成します 5 。色べたができたら、レイヤーの描画モードを［焼き込み（リニア）］に変更し、雲模様のレイヤーと重ね合わせます 6 。

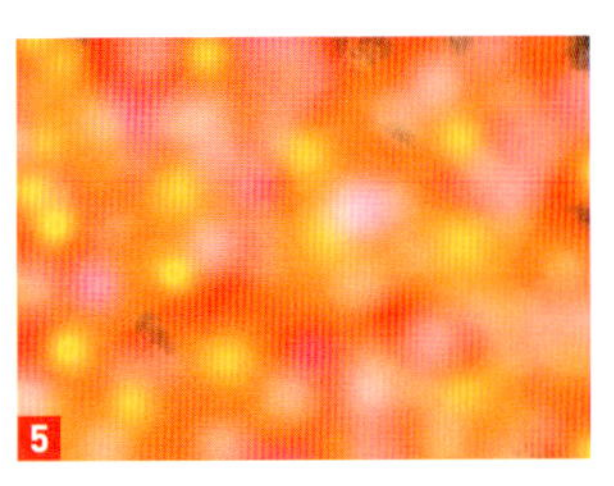
5

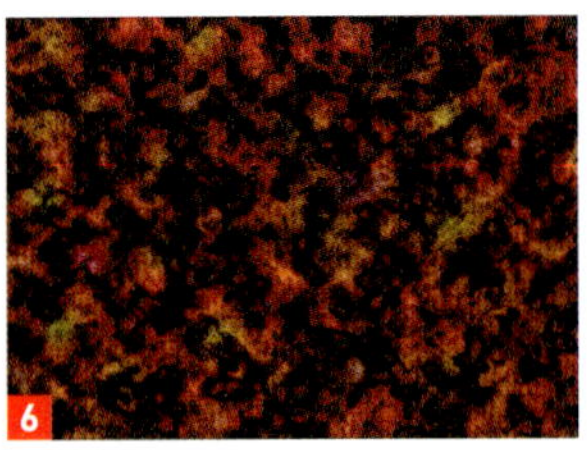
6

04 中間色とハイライトを明るくする

新規調整レイヤーを［トーンカーブ］で作成し、シャドウをキープしながら、全体を明るめにします 7。さらに新規調整レイヤーを［レベル補正］で追加して、中間色とハイライトのみを明るくします 8 9。

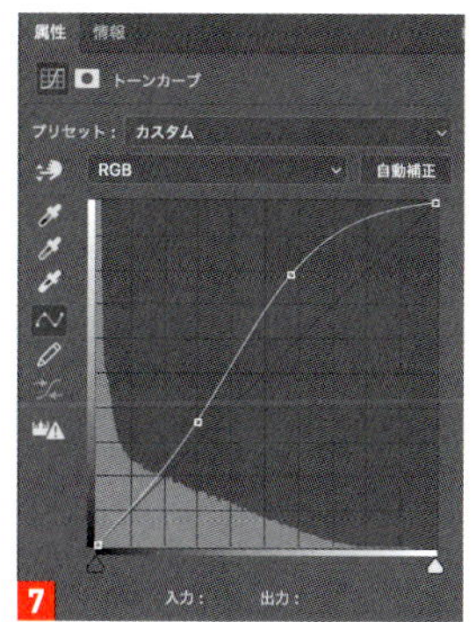
7

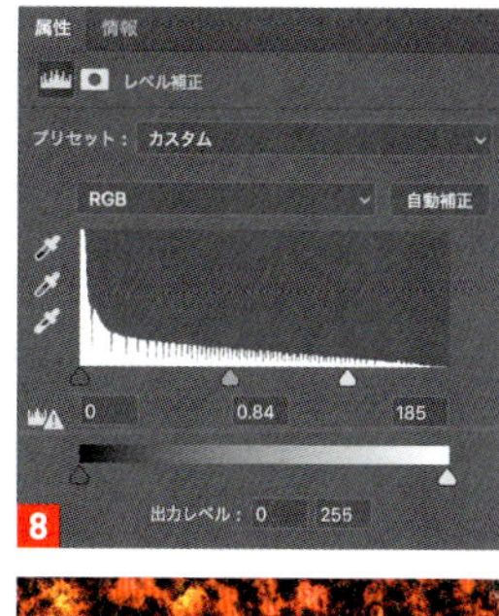
8

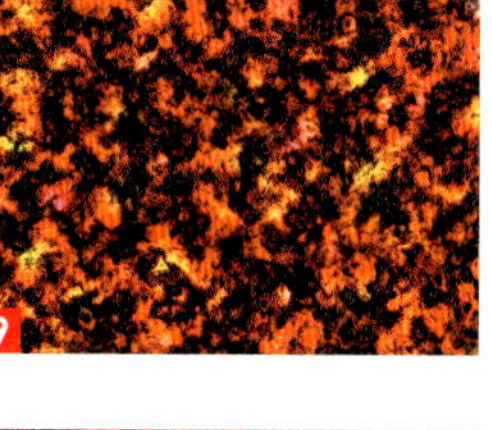
9

05 色域指定で赤色部分だけを選択する

⌘（Ctrl）＋ Option（Alt）＋ Shift ＋ E キーを押して表示レイヤーを結合、新規レイヤーとして複製します。複製したレイヤーで［選択範囲］→［色域指定］を［許容量：200］で実行して 10、画像の黒い部分だけを選択。続いて［選択範囲］→［選択範囲を反転］を実行して、赤い部分のみを選択します 11。

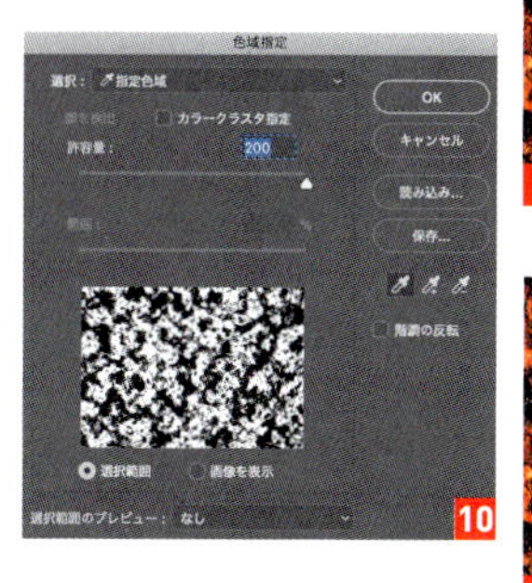
10

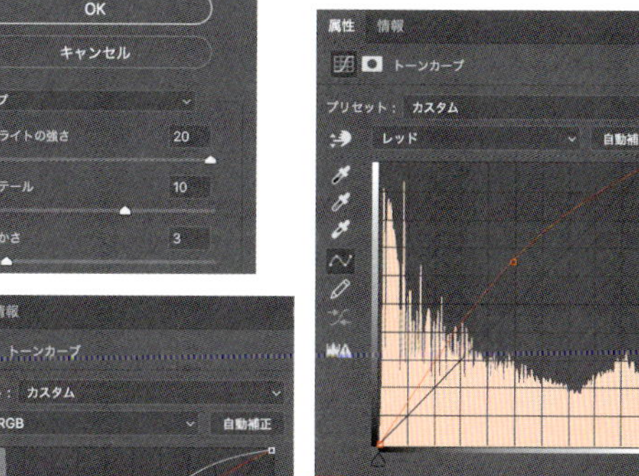
11

06 ラップフィルターでマグマらしさを加える

［フィルター］→［フィルターギャラリー］→［アーティスティック］→［ラップ］を［ハイライトの強さ：20］［ディテール：10］［滑らかさ：3］で実行して 12、赤い部分にだけ効果を適用します。最後に［イメージ］→［色調補正］→［トーンカーブ］を適用して 13 14、全体の赤みと明るさを強めて完成です 15 16。

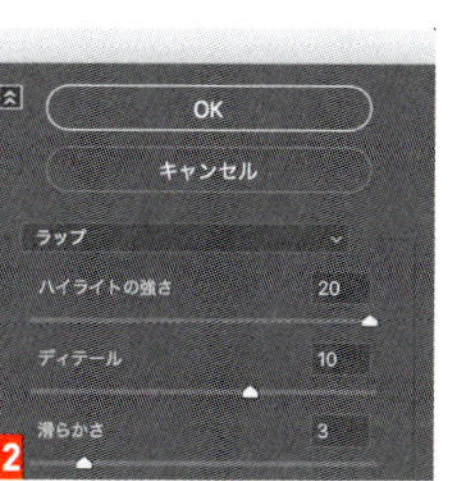
12

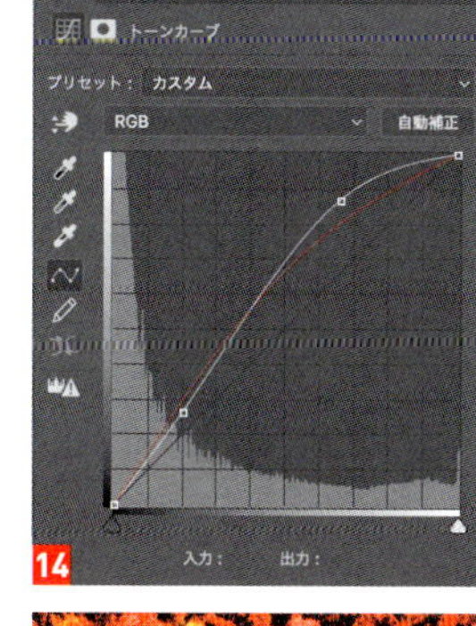
14

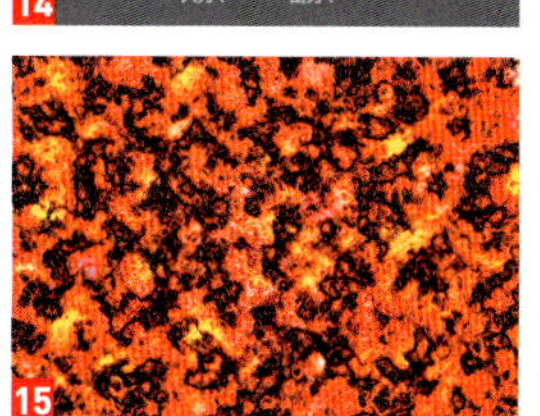
15

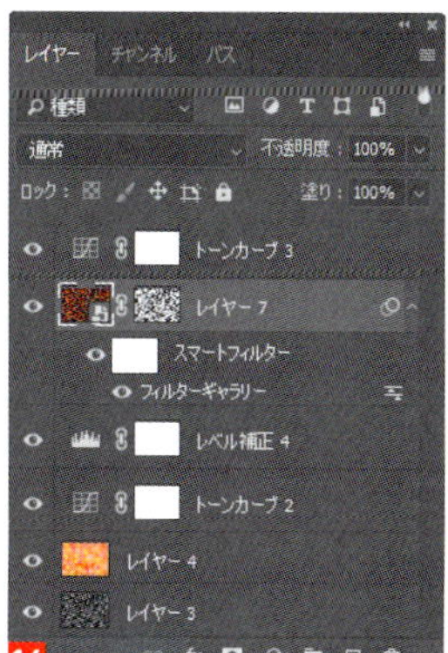
16

5 COOL & CUTE

水墨画風のブラシを作成する 121

既存のブラシプリセットをカスタマイズして、墨の質感が出せるブラシを作り上げます。

Ps CC　Masaya Eiraku

01　ベースとなるブラシを選択する

ブラシプリセットの中の［チョーク 60px］**1** をカスタマイズして水墨画風のブラシを作ります。ブラシのカラーを［R：105／G：105／B：105］、［流量］を［40%］に設定して塗ると **2** のようになります。

02　サイズと角度のジッターを変更する

［ブラシ設定］パネルの［シェイプ］で［サイズのジッター：20%］［角度のジッター：15%］に変更すると **3**、少し柔らかいエッジになります **4**。さらに［散布］で［散布：15%］［数のジッター：20%］に変更すると **5**、少しラフな質感がプラスされます **6**。

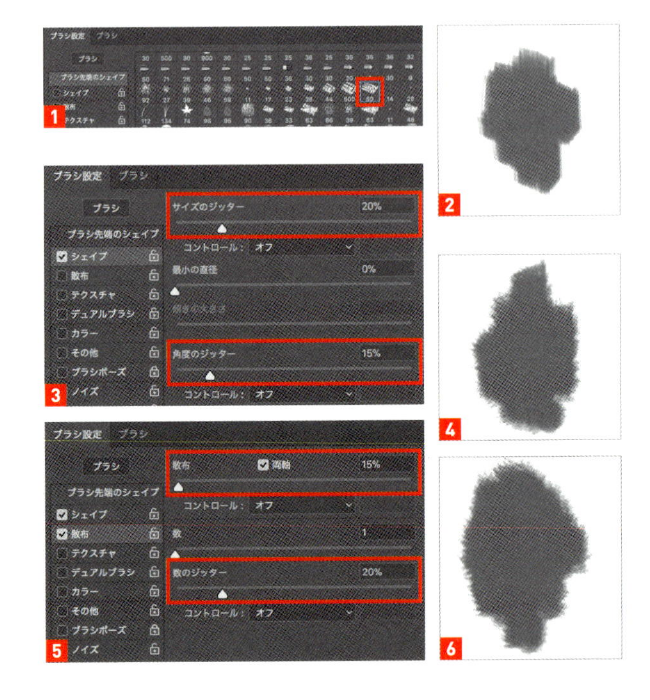

03 不透明度とインク流量のジッターを変更する

さらにブラシをカスタマイズしていきます。[ブラシ設定] パネルの [その他] で [不透明度のジッター:37%] [インク流量のジッター:38%] に変更します 7。するとインクに濃淡がプラスされます 8。だいぶ目的のブラシに近づいてきました。なお、この画面で不透明度とインク流量の [コントロール] で筆圧やペンの傾きを設定しておくと、ペンタブレットを用いたときの再現性が高まります。

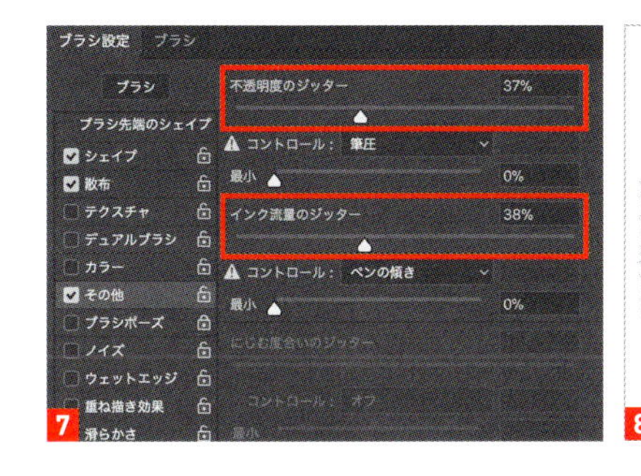

04 ブラシのモードを乗算に変更する

ブラシのツールバーで [モード：乗算] に設定します 9。これにより、濃淡が強調されるようになります。これで水墨画風ブラシの完成です 10。

05 ブラシのサイズや流量を細かく調整しながら描いていく

ブラシで描く際には、水墨画風の濃淡を出すために、薄く大きな範囲から描き始め 11、細かい部分を塗り重ねていくようにしましょう 12。これにより、水墨画に近い雰囲気が出せます 13。また、ブラシのサイズや流量を細かく変えながら描いていくのもポイントのひとつです。

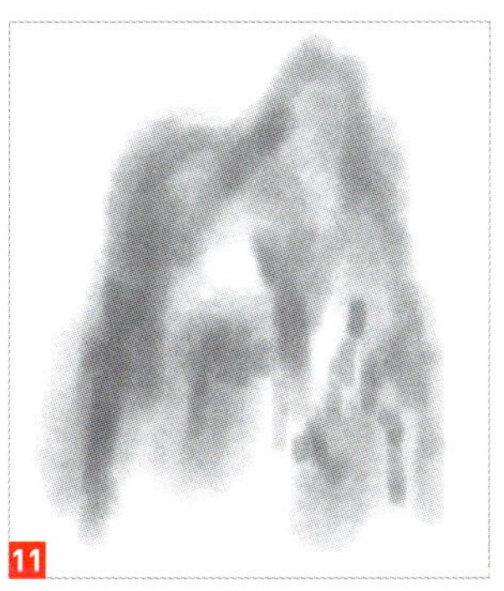

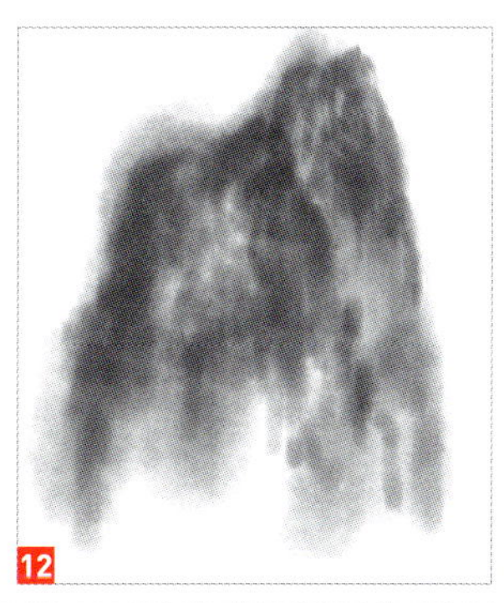

クールなパーティクルエフェクトを演出する

元画像の輪郭を利用して、被写体になじみやすいパーティクルを作成します。

122

Ps CC　Masaya Eiraku

01 対象物を切り抜いてモノクロにする

元画像を開き 1 、[自動選択ツール] などを使って、トラだけを選択して切り抜きます 2 。[イメージ] → [色調補正] → [2 階調化] を適用して 3 、モノクロの画像に変換します 4 。

1

2

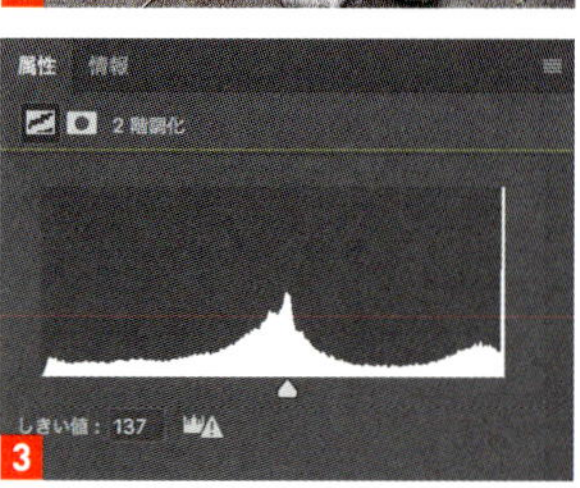

3

4

02 メゾティントフィルターで白い部分を粒子状にする

［選択範囲］→［色域指定］を［許容量：200］で適用して **5**、トラの白い部分だけの選択範囲を作成します。新規透明レイヤーを追加し、選択範囲を黒で塗りつぶします。続いて、［フィルター］→［ピクセレート］→［メゾティント］を［種類：粗いドット（強）］で適用し **6**、黒で塗りつぶした部分を細かい粒子状にします **7**。

5

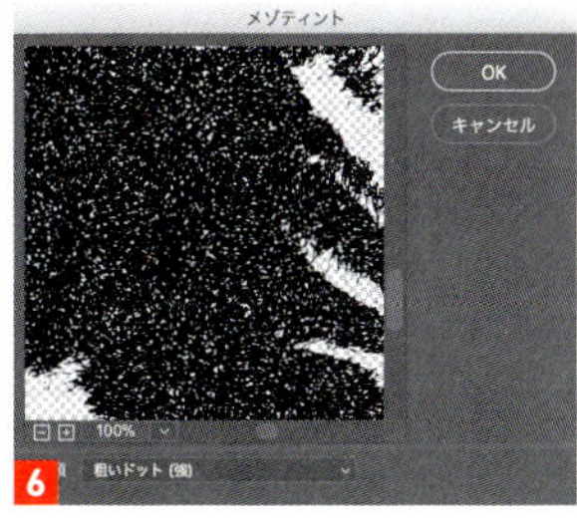

6

7

03 背景を黒色で塗りつぶす

再度、［選択範囲］→［色域選択］を実行して、白い粒子を選択、新規レイヤーに複製します **8**。新規塗りつぶしレイヤーを［べた塗り］で追加し、黒色で塗りつぶして背景にします **9**。

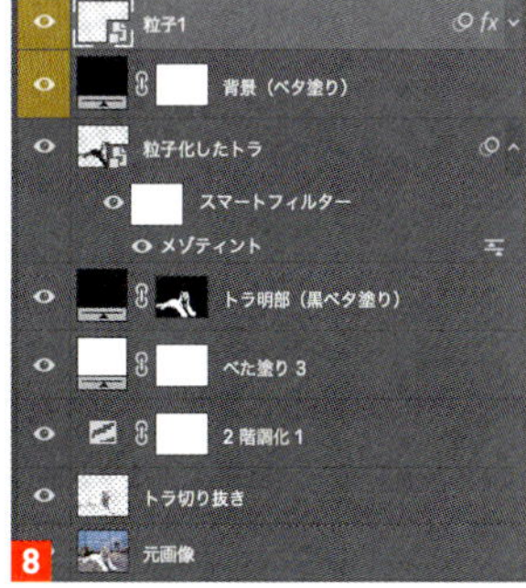

8

9

04 レイヤースタイルで粒子を光らせる

白い粒子でできたトラのレイヤーを複製し、複製したレイヤーに［レイヤースタイル］の［光彩（内側）］**10** と［光彩（外側）］**11** を適用し、粒子を発光させます **12**。続いて、［フィルター］→［ぼかし］→［ぼかし（ガウス）］を［半径：30pixel］で適用し **13**、ぼんやりとした色面にします **14**。

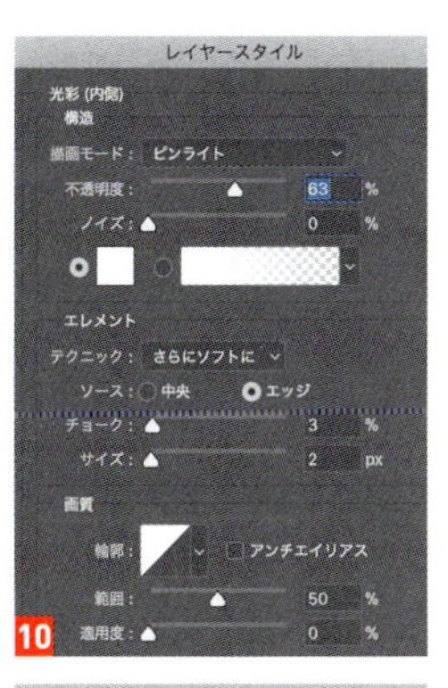

10

12

14

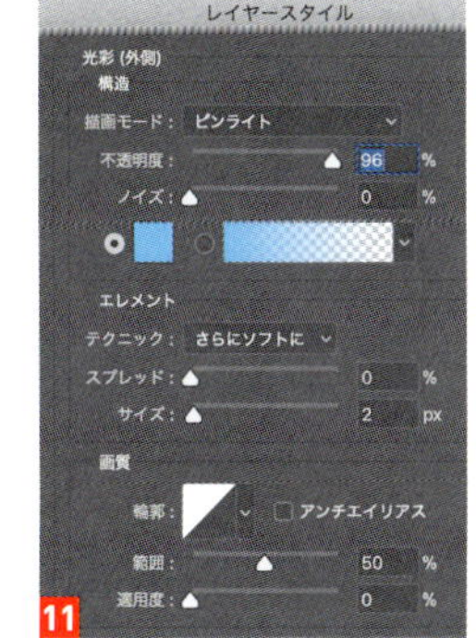

11

13

05 雲模様フィルターを適用してまだら模様にする

新規レイヤーを作成し、トラの切り抜き画像から選択範囲を作成（レイヤーパネルのサムネイル上で ⌘（Ctrl）を押しながらクリック）します。［選択範囲］→［選択範囲を変更］→［境界をぼかす］を［ぼかしの半径：30pixel］で適用し、選択範囲の境界をぼかした状態で白く塗りつぶします 15。続いて、［フィルター］→［描画］→［雲模様 1］16、同［雲模様 2］を4回程度適用してまだら模様にします 17。最後にレイヤーの描画モードを［覆い焼きカラー］に変更し、先ほど作成した色面と重ね合わせます 18。

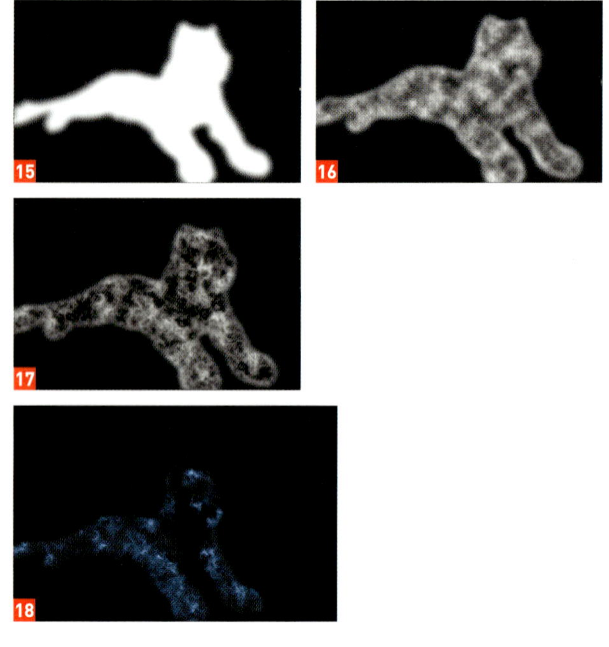

06 変形ツールでまだら模様を歪ませる

先ほど作成したまだら模様のレイヤーを複製し、複製したレイヤーの描画モードを［除算］に変更します 19。［編集］→［変形］→［ワープ］を適用して、画像を左上に拡張 20。さらに左上への流れを強調するために、［編集］→［パペットワープ］で全体を上に引っ張り上げます 21。これにより、青白い炎が左上へ流れ出ているような感じになります 22。

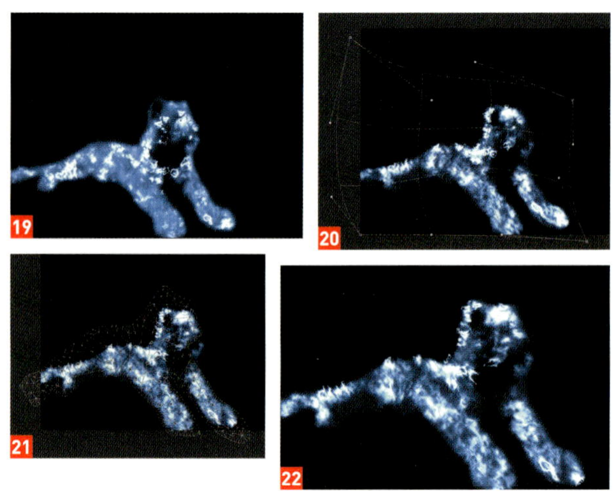

07 レイヤースタイルで発光させる

手順 02 で作成した白い粒子のレイヤーを最前面に移動し、［フィルター］→［ぼかし］→［ぼかし（ガウス）］を［半径：1pixel］で適用し 23、全体を少しだけぼかします。さらに、手順 04 と同じように［レイヤースタイル］の［光彩（内側）］と［光彩（外側）］を適用して発光させます 24。

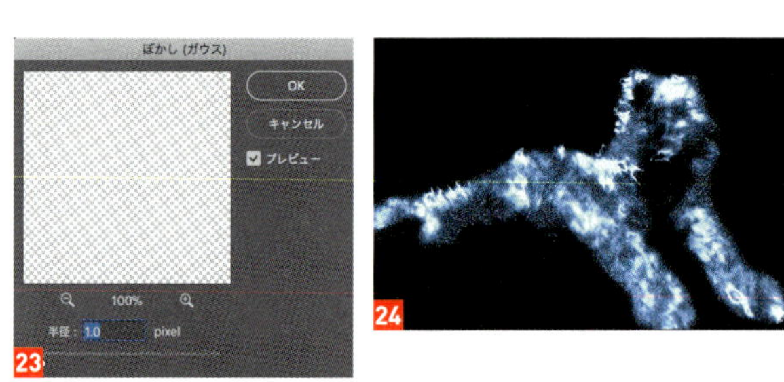

08 レイヤーマスクを追加して一部を見えるようにする

最初に切り抜いたトラのレイヤーを最前面へ移動します 25 26。手順 01 の［2 階調化］によってできた暗部に選択範囲を作成して、［レイヤーマスクを追加］します 27。これにより、トラの一部分が見えるようになります 28。

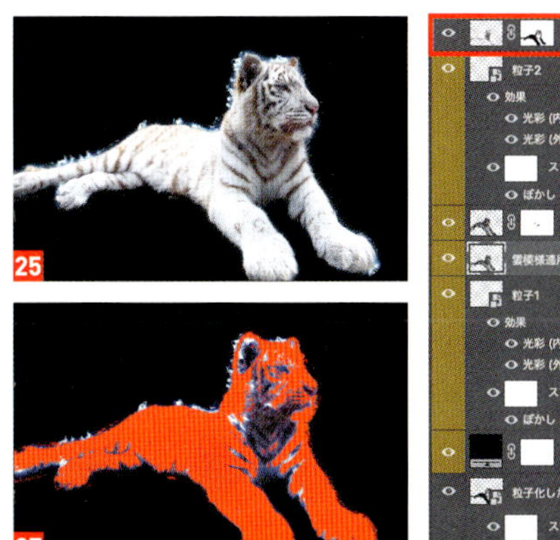
25

27

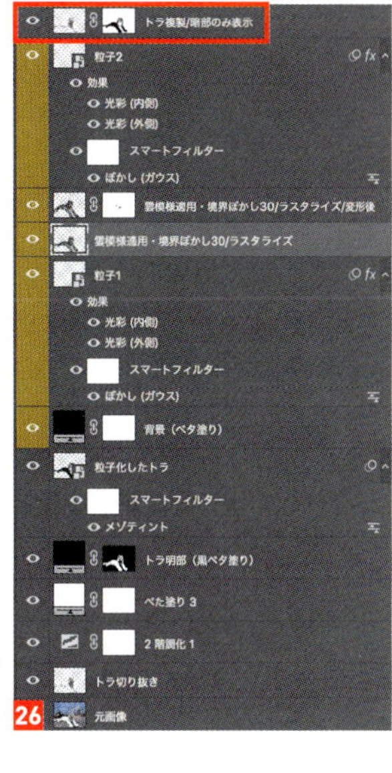

26

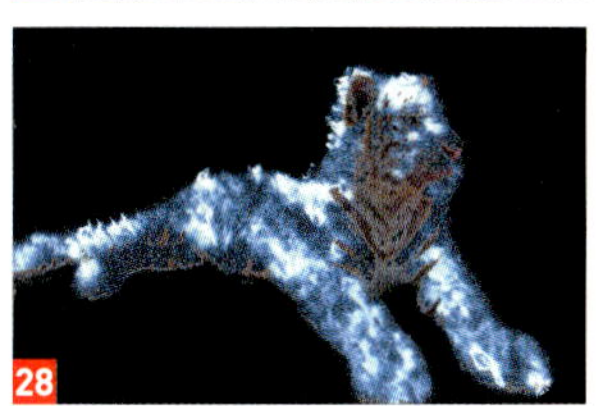
28

09 描画モードとトーンカーブで全体をなじませる

作成したレイヤーマスクを調整し、トラの画像とテクスチャが自然になじむようにします 29。調整後、レイヤーの描画モードを［覆い焼き（リニア）ー加算］に変更し、パーティクルを強調します 30。最後に新規調整レイヤー［トーンカーブ］を追加して 31 32、全体にメリハリを出しながら、青色を強調して完成です 33。

29

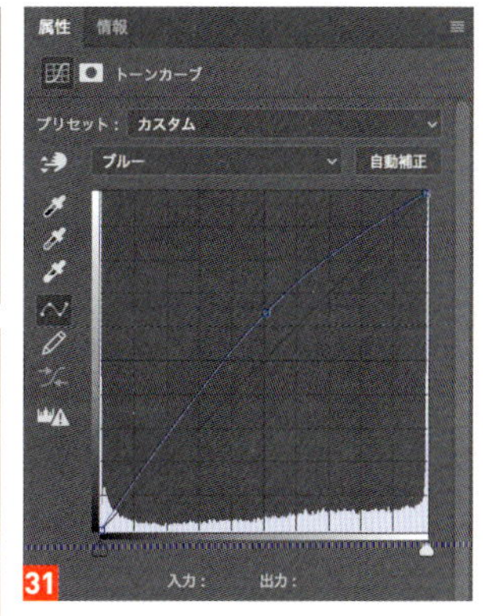

31

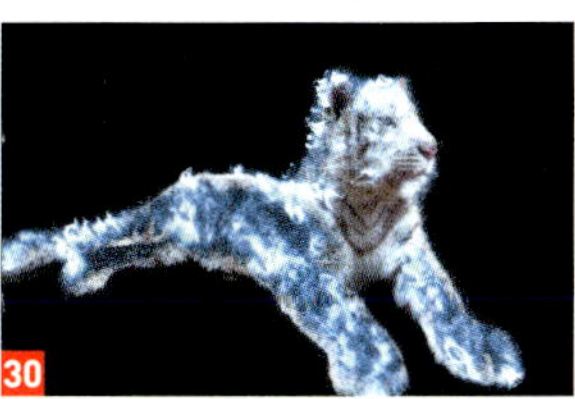
30

33

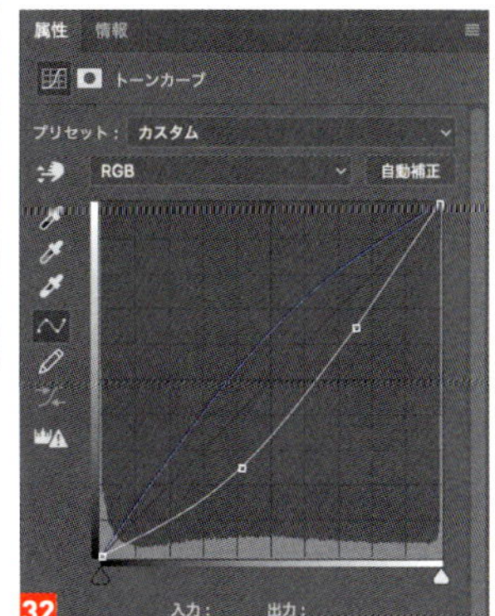

32

123

グリッチ風画像にする

映像にノイズが乗ったり、ズレが生じたりする、グリッチ効果を分割フィルターと色調補正機能で再現します。

Ps CC　Masaya Eiraku

01 トーンカーブとカラーバランスで青みを強くする

元画像を開き 1、［イメージ］→［色調補正］→［トーンカーブ］ 2 と同［カラーバランス］ 3 4 5 を適用して、画像のカラーを青方向に転がし、グリッチさせたときに未来感が出るようにします 6。

1

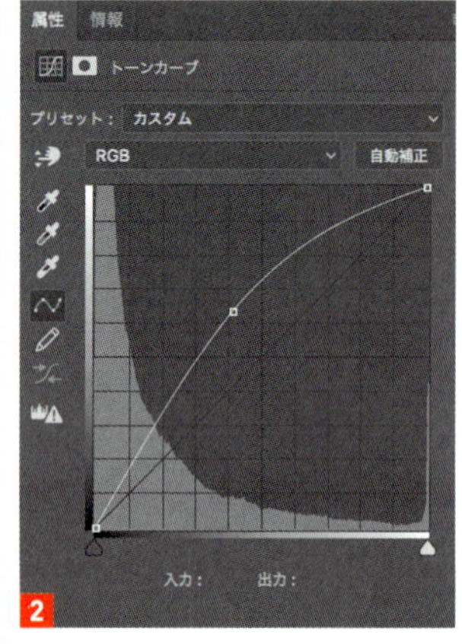

2

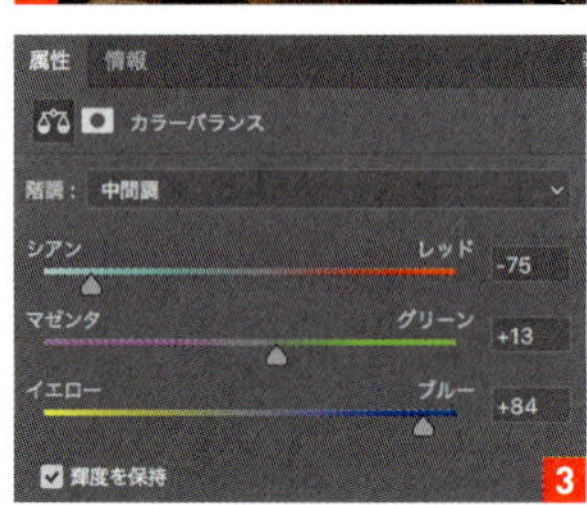

3

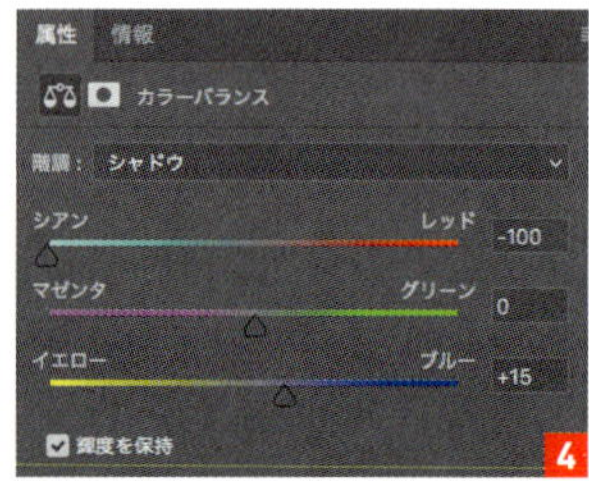

4

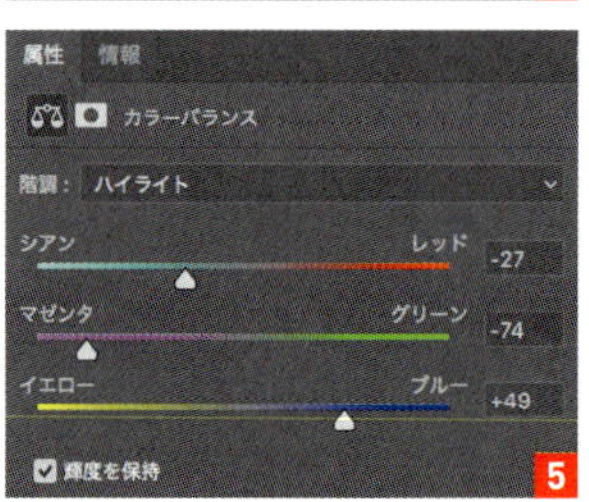

5

6

ONE POINT

本来、グリッチ画像では、ここまでのカラー変換は行われにくく、一般的にはノイズがかかった部分だけ色味の変わります。マスクなどを用いればそういった加工も可能になります。興味のある方は挑戦してみてください。

02 画像を複製して重ね合わせる

元画像を複製し、複製したレイヤーの描画モードを［スクリーン］に変更して重ね合わせます。⌘（Ctrl）＋Option（Alt）＋Shift＋Eキーを押して表示レイヤーを複製、結合し、新規レイヤーとして追加します 7 。

03 分割フィルターを適用してノイズを加える

作成したレイヤーに［フィルター］→［表現手法］→［分割］を［分割数：10］［最大移動値：30%］で適用し 8 、画像をランダムに分割してずらします 9 。さらに［分割］フィルターを2回、計3回適用して画像を分割してずらし、ノイズが入ったような雰囲気にします 10 11 。

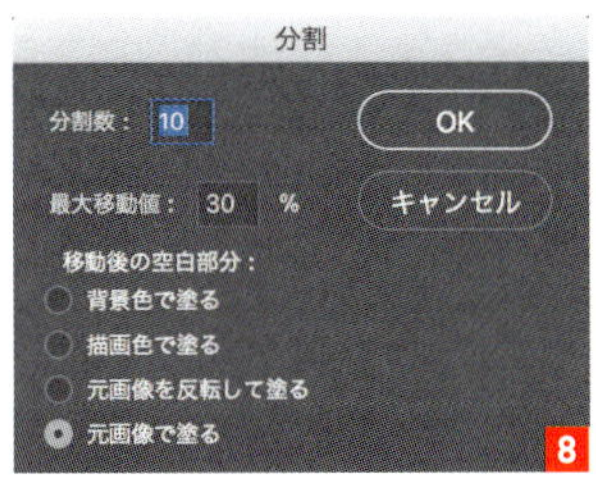

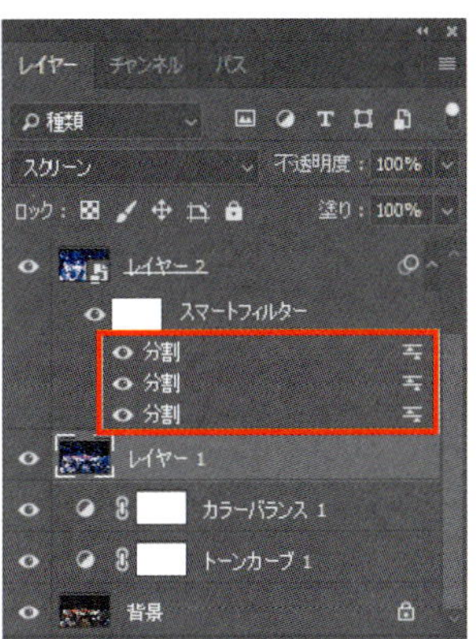

04 色相・彩度で赤みを強める

画像を重ねたときにグリッチ部分が表示されやすいよう、［イメージ］→［色調補正］→［色相・彩度］を適用して 12 、画像を赤方向に振ります 13 。

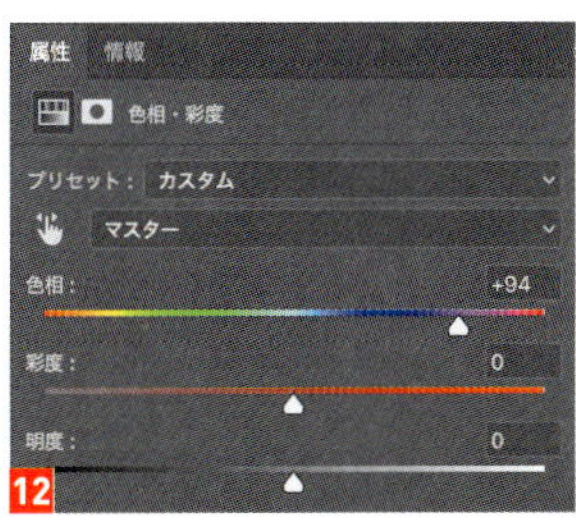

05 グラデーションマップを追加する

新規調整レイヤーを［グラデーションマップ］（［グラデーション名：青、赤、イエロー］）で追加し 14 、画像に階調を持たせます 15 。最後に［グラデーションマップ］のレイヤーを［分割］フィルターを適用したレイヤーに結合し、レイヤーの描画モードを［カラー比較（明）］に変更して完成です 16 。

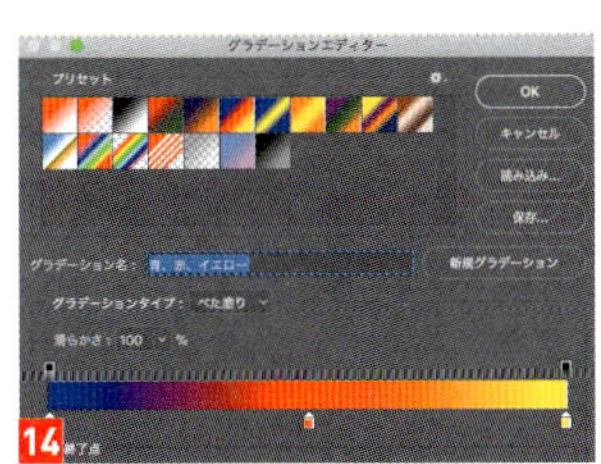

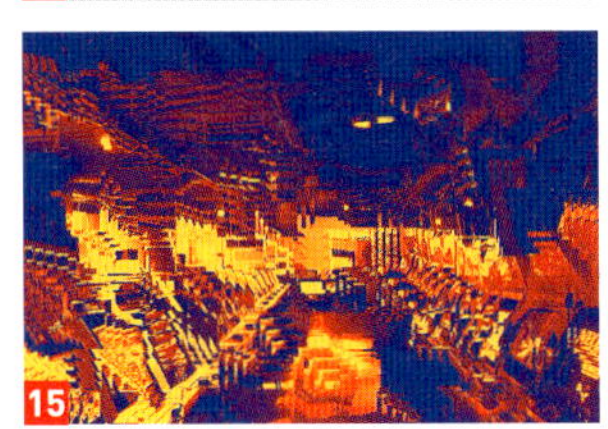

グリッチエフェクトで前衛的なビジュアルを作る

124

データが破損したときなどに見られる、画像の一部をスライスするグリッチエフェクト。その効果を、波形フィルターで作り出してみます。

Ps CC Toshiyuki Takahashi [Graphic Arts Unit]

01 極端なシャープ処理でゴーストを追加する

写真を開き 1 、[フィルター] → [スマートフィルター用に変換] を実行して、スマートオブジェクトに変換します 2 。レイヤー名は [スライス写真] にします。[フィルター] → [シャープ]→[アンシャープマスク]を選択し、[量:400%] [半径：2.5pixel] [しきい値：0] で実行します 3 。極端なシャープ処理を施すことで、アナログ映像のようなゴーストが追加されます 4 。

02 波形フィルターで画像をスライスする

[フィルター] → [変形] → [波形] を選択し、[種類：矩形波] [波数：2] に設定します。さらに、[波長] を [最小:1] [最大:800] [振幅] を [最小：20] [最大：80] とします。最後に [比率] を [水平：100%] [垂直：1%] にして実行します 5 。[種類：矩形波] [垂直：1%] とすることで、水平方向にだけ直線的な変形が加わり、画像をランダムにスライスしたような仕上がりになります 6 。

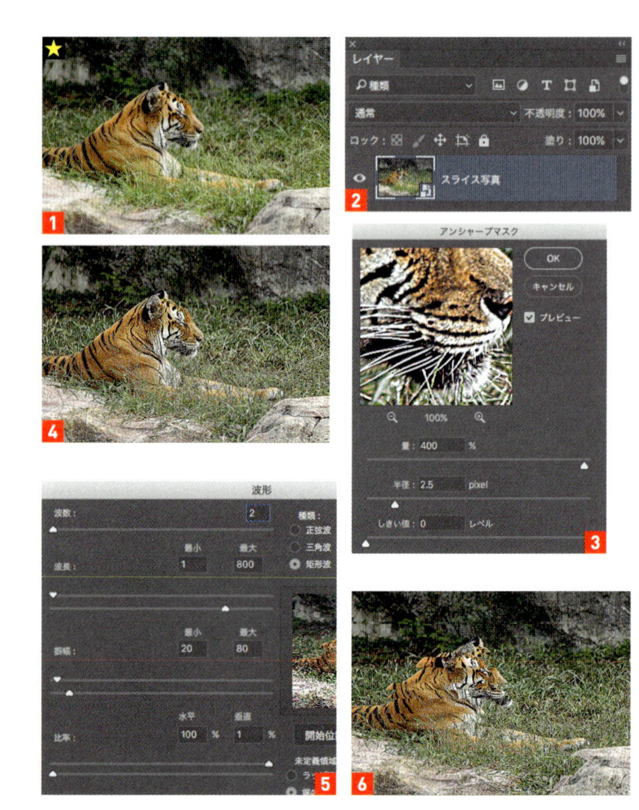

03 波形フィルターでゆがみを加える

再度［フィルター］→［変形］→［波形］を選択し、［種類：正弦波］［波数：2］、［波長］を［最小：1］、［最大：120］、［振幅］を［最小：20］［最大：80］、［比率］を［水平：30%］［垂直：1%］にして実行します 7。これにより画像が波形にゆがみます 8。

7

8

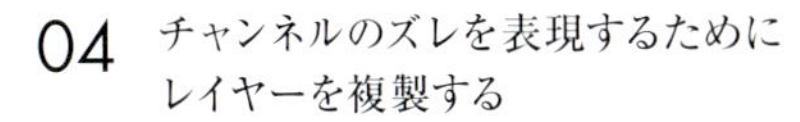

04 チャンネルのズレを表現するためにレイヤーを複製する

［スライス写真］レイヤーを複製し、レイヤー名を［チャンネル合成］に変更します。［レイヤー］パネルで［スマートフィルター］の項目が表示されていないときは、レイヤー右端のV字ボタンをクリックして内容を展開します。［スマートフィルター］の下に表示されている2つの［波形］のうち、上の項目を［レイヤー］パネルのゴミ箱アイコンにドロップして削除します 9 10。

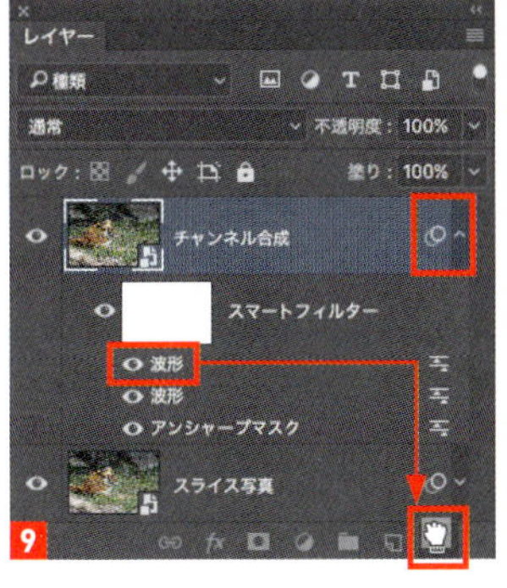

9

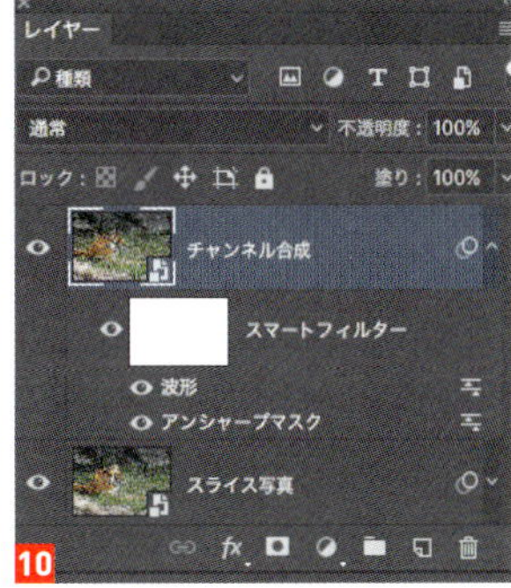

10

05 レイヤーの表示チャンネルを制限してズレを表現する

［チャンネル合成］レイヤーを選択し、［レイヤー］→［レイヤースタイル］→［レイヤー効果］を選択します。［チャンネル］の［R］のチェックをオフにします 11。これにより、先ほど削除した［波形］フィルターの差分がRGB色ズレとなって現れます 12。

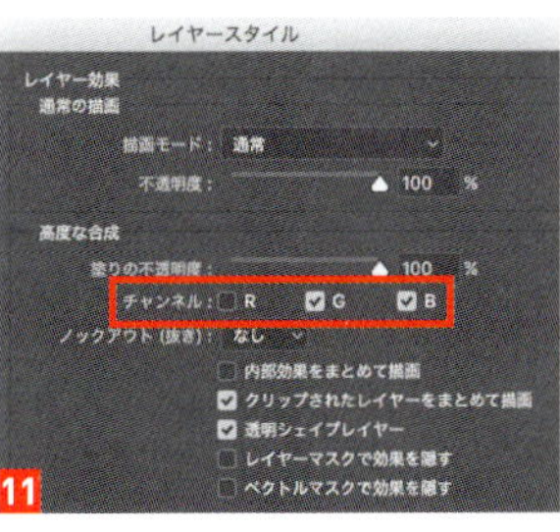

11

12

06 全体の色調を補正する

［レイヤー］→［新規調整レイヤー］→［カラールックアップ］を選択します。追加した調整レイヤーを選択し 13、［属性］パネルで［3D LUT ファイル：Fuji ETERNA 250D Fuji 3510 (by Adobe).cube］を選択します 14。これで全体の色調が補正され、雰囲気が高まります 15。さらに［カラールックアップ］のルックアップテーブルを変更すると、さまざまな色調が楽しめます。好みに合わせて変更するのもよいでしょう。これで完成です。

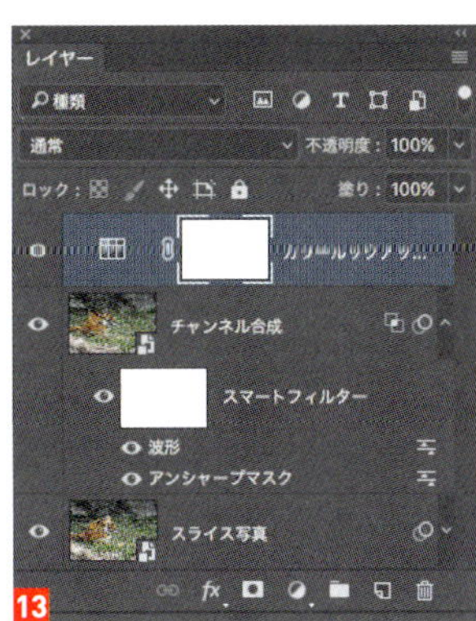

13

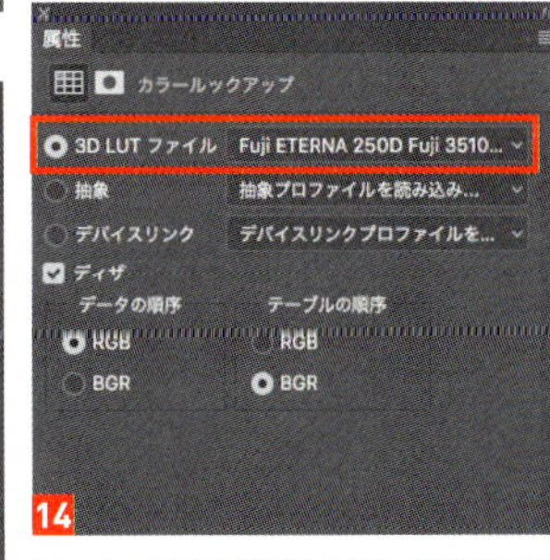

14

15

シルエットとビビッドな色合いでインパクトを出す

125

2階調化した写真にビビッドな色合いを重ねてインパクトのあるビジュアルにします。テクスチャなどを合成して雰囲気を高めるのもポイントです。

Ps CC　Toshiyuki Takahashi [Graphic Arts Unit]

01 写真を2階調化してシルエットに加工する

写真を開き 1 、[フィルター] → [スマートフィルター用に変換] を実行して、スマートオブジェクトに変換します。[イメージ] → [色調補正] → [2階調化] を選択し、プレビュー画像を確認しながら [2階調化する境界のしきい値] のスライダーを移動し、シルエットの濃度を調整します 2 3 。数値が大きいほどシャドウの範囲が増えていきます。ここでは [120] とします。

1

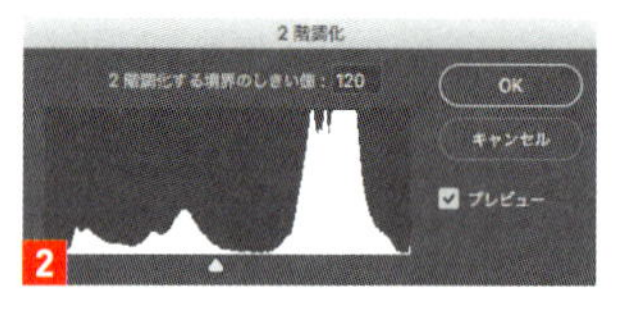

2

3

02 画像の白い部分をピンク色にする

[レイヤー] → [レイヤースタイル] → [カラーオーバーレイ] を選択し、カラーのボックスをクリックして [R：240 ／ G：90 ／ B：160] に変更します。続いて [描画モード:乗算] [不透明度：100%] に設定して [OK] をクリックし 4 、レイヤースタイルを確定します。これで画像の中の白い範囲がピンクになります 5 。

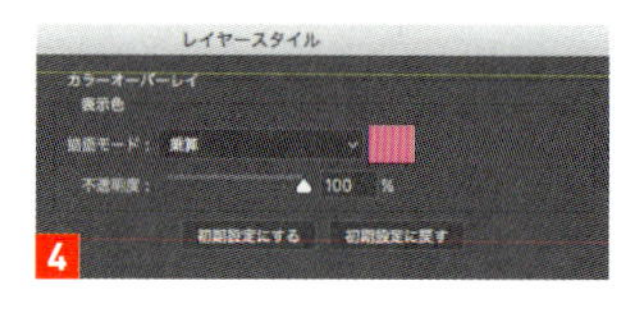

4

5

03 スプラッターのテクスチャを作成する

紙に絵の具を垂らして作ったテクスチャを撮影し、Photoshopで開きます 6。今回の画像には、一部に濃度のムラができています。これを補正しましょう。[イメージ] → [色調補正] → [白黒] を選択します。色が薄い範囲は、紺色（ブルー系）になっているので [シアン系] や [ブルー系] のスライダーを左に移動して値を低くします 7。ディティールが完全に黒になったところで [OK] をクリックします 8。

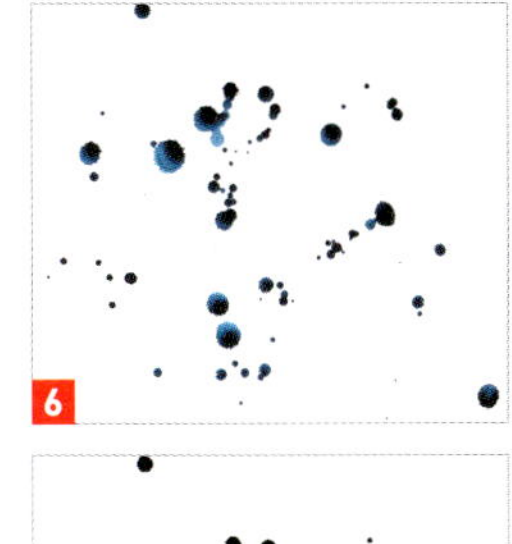

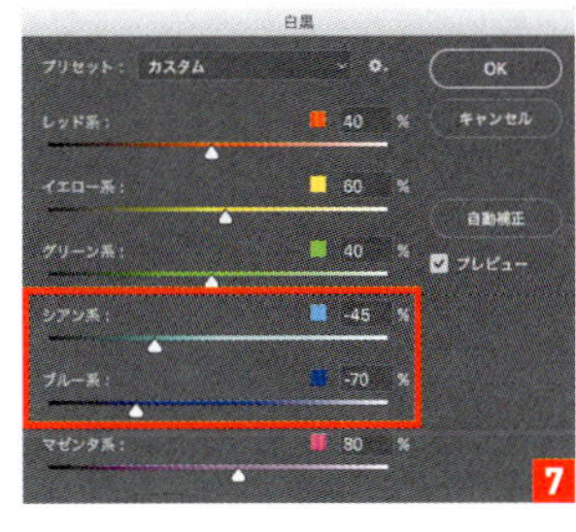

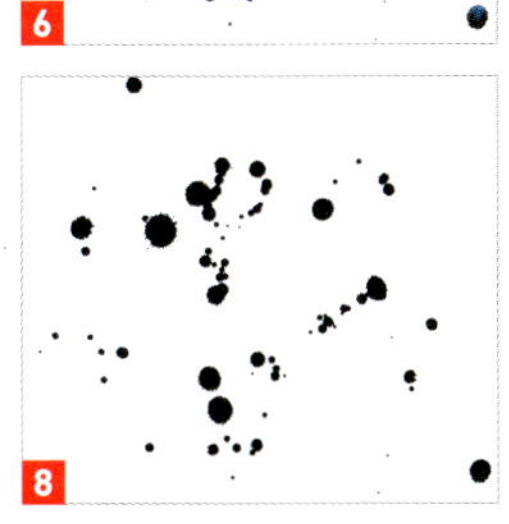

04 スプラッターのテクスチャを合成する

テクスチャの画像をコピーし、先ほどまでの作業ドキュメントにペーストします 9。ペーストしたレイヤーは [スプラッターテクスチャ] という名前にしましょう。描画モードを [乗算] に変更し、位置を調整すれば合成は完了です 10。

05 ノイズ用のテクスチャを作成する

アスファルトを撮影した写真を開きます 11。今回は、これをノイズのテクスチャとして利用します。まず、[イメージ] → [色調補正] → [白黒] を選択し、デフォルトの設定で実行します 12。[イメージ] → [色調補正] → [レベル補正] を選択し、[入力レベル] の3つのスライダーを調整して、全体のコントラストを高めます 13 14。白い範囲が多いと、合成したときにノイズが強い存在感を示すようになります。黒い範囲が多めになるようにしましょう。

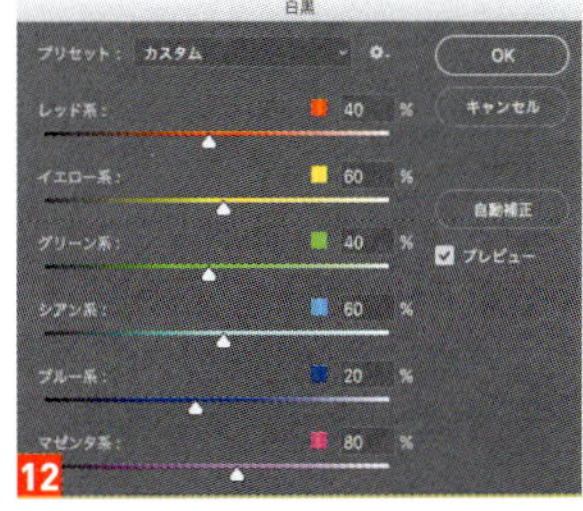

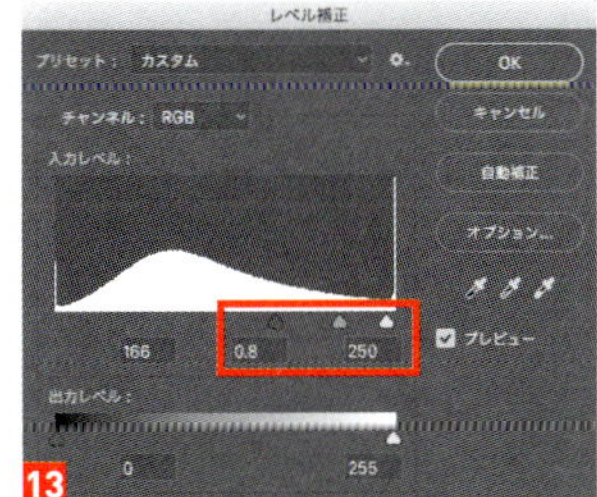

06 ノイズ用のテクスチャを合成する

テクスチャの画像をコピーし、先ほどまでの作業ドキュメントにペーストします。ペーストしたレイヤーは [ノイズテクスチャ] という名前にしておきます。描画モードを[ソフトライト] に変更し、[不透明度：30%] 程度に設定すれば完成です 15 16。

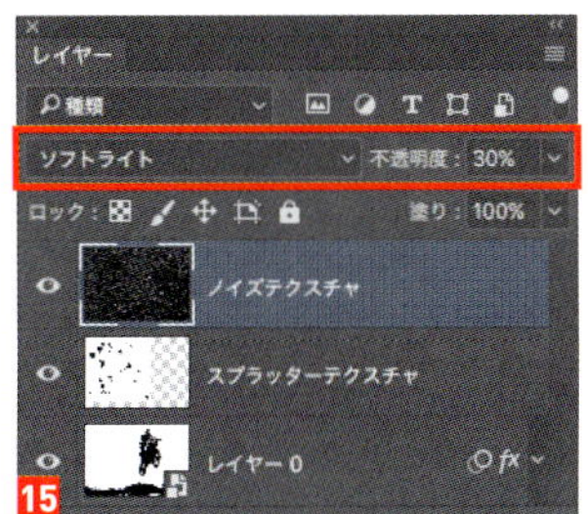

126

シャドウ部分にストライプを合成する

シャドウの範囲のみにパターンを合成して個性的なビジュアルに仕上げます。レイヤーマスクによる濃度に応じた合成がポイントです。

Ps CC　Toshiyuki Takahashi [Graphic Arts Unit]

01 ストライプのパターンを登録する

パターン用の画像を開きます 1 。[編集]→[パターンを定義] を選択し、[パターン名：合成用ストライプ] で [OK] をクリックしてパターンを登録します 2 。登録できたらパターン用の画像はもう使わないので、閉じてかまいません。

1

2

02 下地カラー用のべた塗りレイヤーを追加する

写真を開き 3 、[レイヤー] → [新規塗りつぶしレイヤー] → [べた塗り] を選択します。[レイヤー名:ベースカラー]で[OK]をクリックし、カラーピッカーで [R：190／G：195／B：200] に設定し [OK] します。これでグレーのべた塗りレイヤーが追加されます 4 。

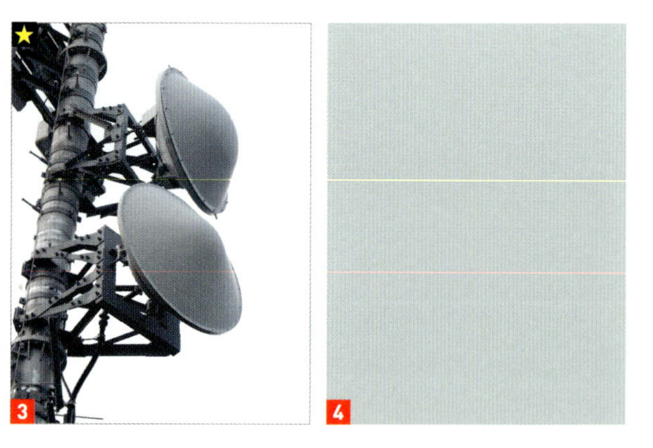
3　4

03 写真にパターンの塗りつぶしレイヤーを追加する

[レイヤー] → [新規塗りつぶしレイヤー] → [パターン] を選択します。[レイヤー名：ストライプパターン]、描画モードを [乗算] に設定して [OK] をクリックします。続いて、パターンのボックスをクリックしてパターンピッカーを開き、先ほど登録した [合成用ストライプ] のパターンを選択します。その他の設定はデフォルトのままで [OK] します 5 6。

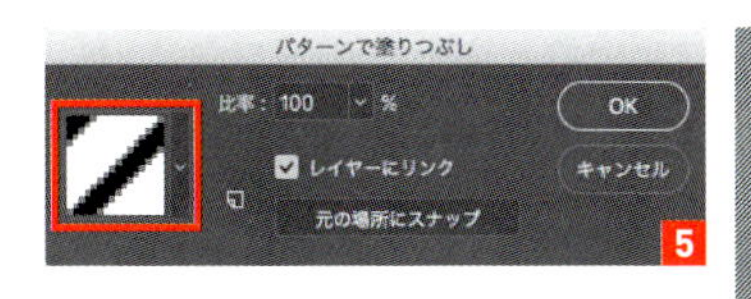

5

6

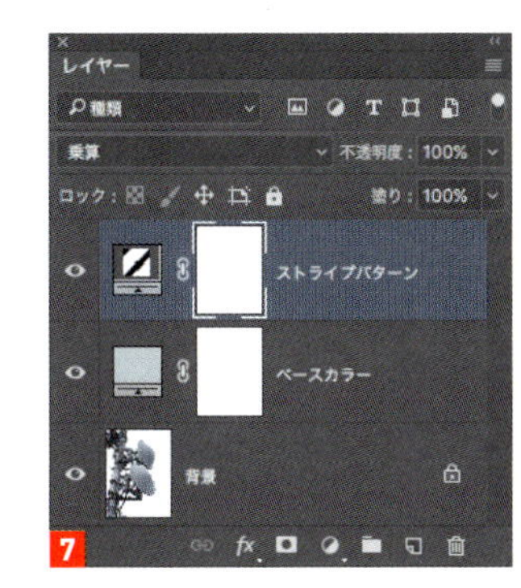

7

04 パターンのレイヤーマスクに背景の画像を転写させる

[ストライプパターン] レイヤーのレイヤーマスクサムネイルをクリックして選択します 7。[イメージ] → [画像操作] を選択し、[レイヤー：背景] [チャンネル：RGB] [描画モード：通常] に設定し、[階調の反転] にチェックを入れて [OK] をクリックします 8。これで背景の画像がレイヤーマスクに転写されます 9。

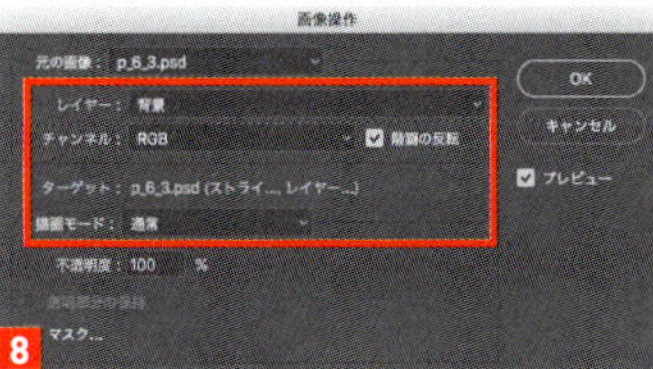

8

9

05 レイヤーマスクの画像を補正する

レイヤーパネルで [ストライプパターン] レイヤーのレイヤーマスクサムネイルが選択されているのを確認し、[イメージ]→[色調補正]→[レベル補正] を選択します。[入力レベル] の3つのスライダーを 10 のように調整して、全体のコントラストを高めます 11。

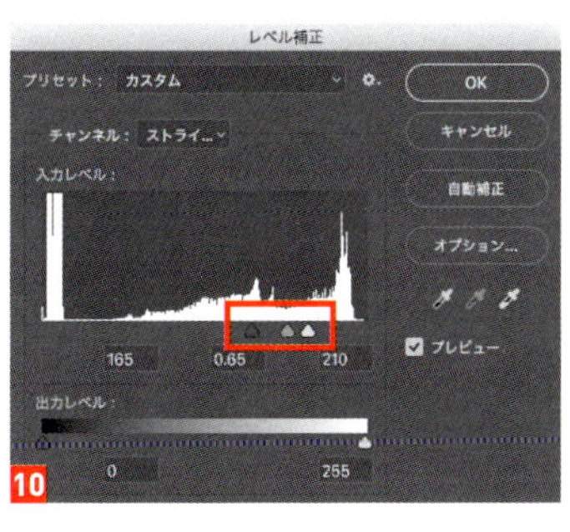

10

11

06 背景レイヤーを重ね合わせて写真のディティールを補完する

[レイヤー] パネルで [背景] を選択し、[レイヤー] → [新規] → [選択範囲をコピーしたレイヤー] を実行、背景をレイヤーとして複製します。複製したレイヤーを選択し、[レイヤー] → [重ね順] → [最前面へ] を実行し、描画モードを [ソフトライト] [不透明度：70%] に変更すれば完成です 12 13。好みに合わせて、パターンの種類を変えたり、レイヤーの不透明度で強さなどを調整したりしてもよいでしょう。

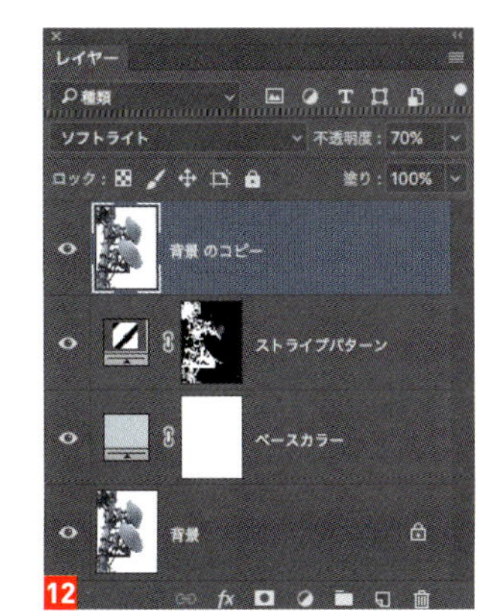

12

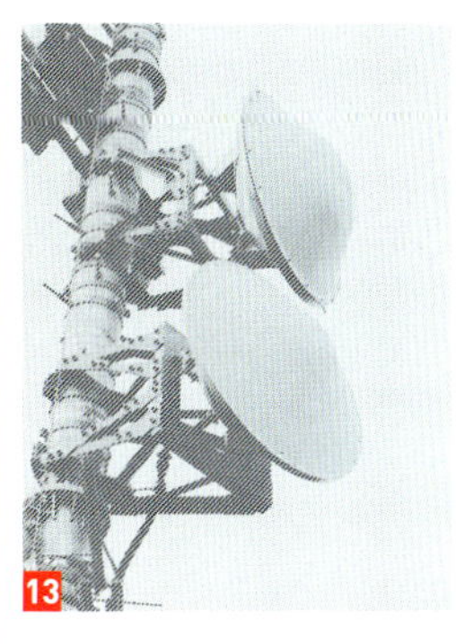
13

低い線数のモノクロ印刷

127

新聞の写真に見られる粗い網点。複数の描画モードとカラーハーフトーンフィルターで再現します。

Ps CC　Toshiyuki Takahashi [Graphic Arts Unit]

01　写真をグレースケールに変換する

写真を開き 1、[フィルター] → [スマートフィルター用に変換] を実行します。[イメージ] → [色調補正] → [白黒] を選択し、デフォルトの設定のままで [OK] して写真をグレースケールに変換します 2 3。レイヤーを2つ複製し、レイヤー名を上から [明るさ調整] [コントラスト強調] [網点] に変更します。最後に [網点] レイヤー以外は非表示にしておきます 4。

1

3

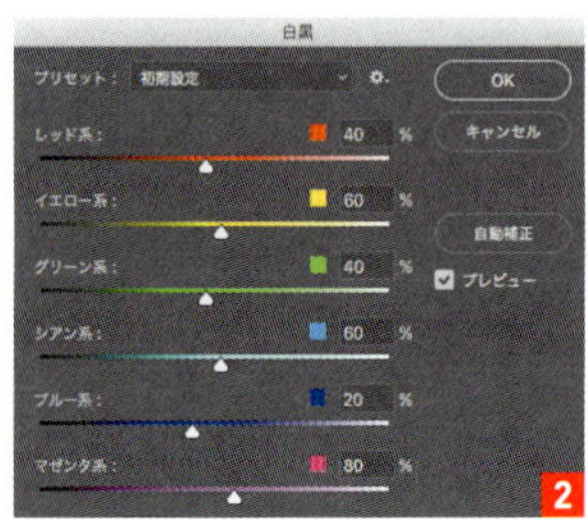

2

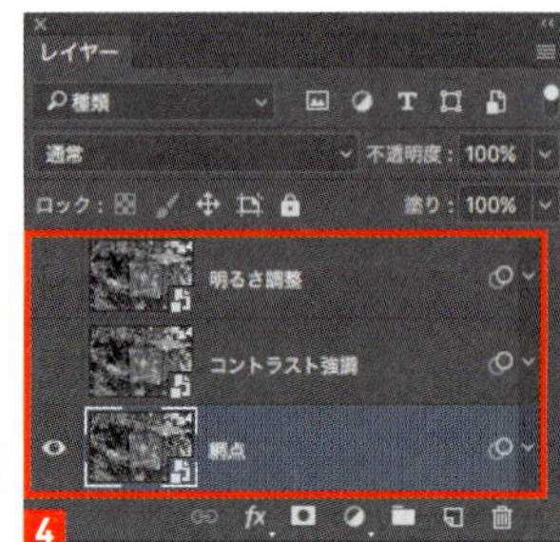

4

02　カラーハーフトーンで印刷の網点を表現する

[網点] レイヤーを選択し、[フィルター] → [ピクセレート] → [カラーハーフトーン] を選択します。[最大半径：5pixel] に設定し、[チャンネル1] から [チャンネル4] までをすべて [45°] に変更します 5。[OK] をクリックしてフィルターを実行すると、画像全体が印刷物のような網点に変換されます 6。

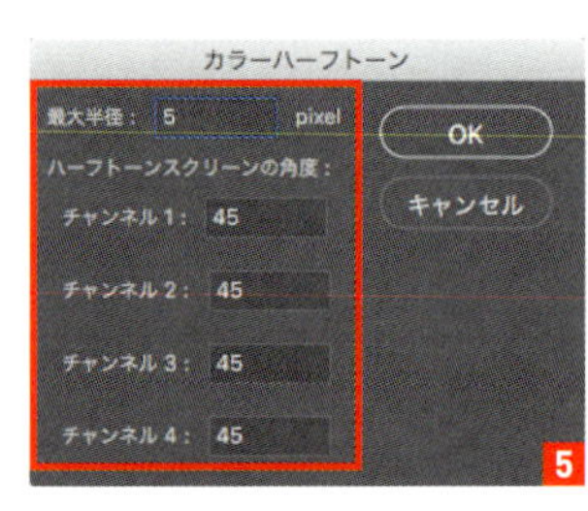

5

6

03 元のディティールを合成してコントラストを強調する

このままでは、網点によって全体がぼやけて見えてしまうので、コントラストを強調して画像を見やすく処理してみましょう。[コントラスト強調] レイヤーを表示し、描画モードを [オーバーレイ] に変更します 7。写真のディティールが合成されたことでメリハリがつき、内容がより把握しやすくなりました 8。

7

8

04 元のディティールをさらに合成して明るさを調整する

全体が少し暗めなので、さらにディティールを合成して明るめに補正してみましょう。[明るさ調整] レイヤーを表示し、描画モードを [スクリーン] に変更します。全体が明るく、さらに見やすい写真になりました。明るすぎると感じるときは [不透明度] を使って合成するディティールの強さを調整します。ここでは[60%]にします 9 10。

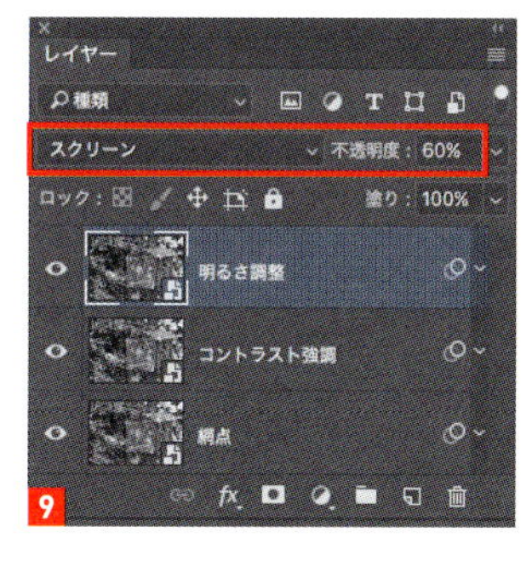

9

10

05 クラフト紙のテクスチャを重ねて質感を出す

[明るさ調整] レイヤーを選択し、[ファイル] メニュー→ [埋め込みを配置] を選択します。あらかじめ用意したクラフト紙のテクスチャ画像を選択して [配置] をクリックし、Return (Enter) キーを押して配置を確定します 11。配置したクラフト紙のレイヤーの描画モードを [乗算] に設定します 12。紙の質感が合成されることで、より印刷物のような印象が強くなりました 13。

11

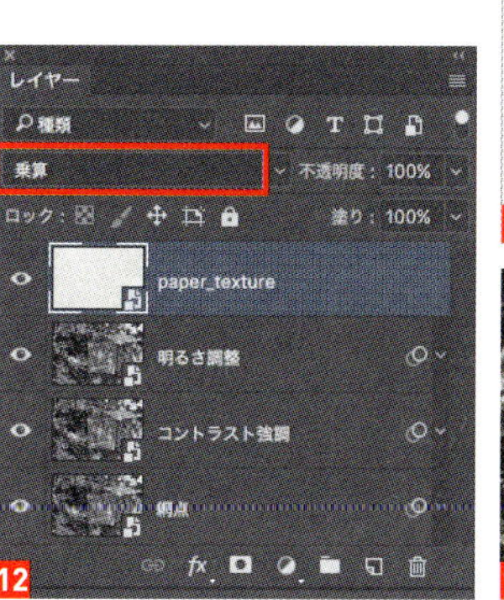

12

13

06 全体の色調を補正する

クラフト紙のレイヤーを選択した状態で、[レイヤー] → [新規調整レイヤー] → [カラールックアップ] を選択します。追加された調整レイヤーを選択し 14、[属性] パネルで [3D LUT ファイル：Filmstock_50.3dl] を選択します 15。全体がほんの少しだけ黄色っぽく補正されます。[カラールックアップ調整] レイヤーを [不透明度：50%] に変更して、影響の強さを調整すれば完成です 16。

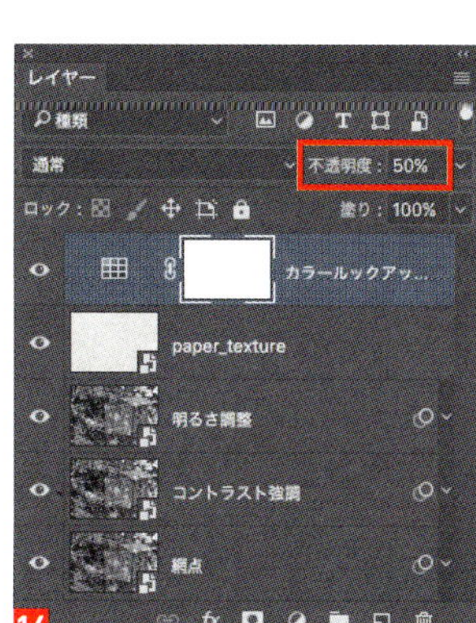

14

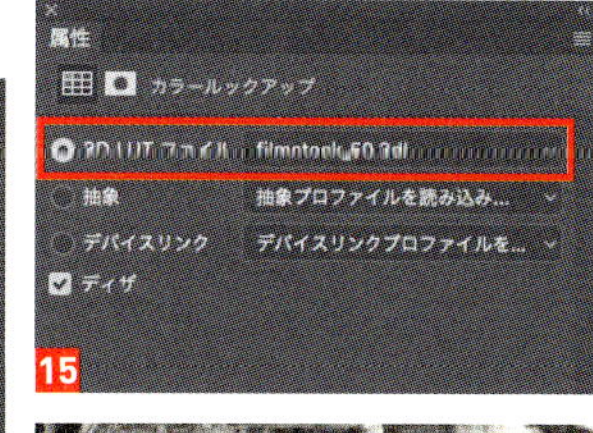

15

16

デュオトーンで演出するモダンなビジュアル

海外のウェブサイトなどでよく見られるデュオトーンのビジュアル。グラデーションマップを使うことで簡単に作成できます。

128

Ps CC　Toshiyuki Takahashi [Graphic Arts Unit]

01 グラデーションマップの調整レイヤーを追加する

写真を開きます 1。[レイヤー] → [新規調整レイヤー]→[グラデーションマップ]を選択し、[レイヤー名：デュオトーン] で [OK] をクリックして調整レイヤーを追加します。追加した調整レイヤーを選択し、[属性] パネルを開きます。グラデーションマップの設定が表示されているので、グラデーションのボックスをクリックしてグラデーションエディターを開きます 2。[プリセット] から [紫、オレンジ] をクリックしてグラデーションを設定します 3。これだけでデュオトーンになります 4。

★

1

2

3

4

02 グラデーションのカラーを好きな色に変更する

グラデーションのカラーを変更して別の配色にしてみましょう。グラデーションの帯の下にあるカラー分岐点のうち 5 、左側のスライダーを［位置：0%］［カラー：R：30／G：40／B：95］に変更します 6 。続けて、右側のスライダーを［位置：0%］［カラー：R：250／G：95／B：105］に変更し 7 、［OK］をクリックしてグラデーションを確定すれば完成です 8 9 。

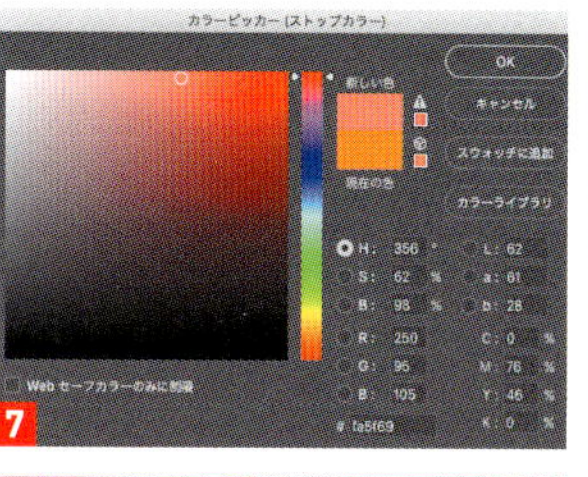

03 白黒の調整レイヤーで部分的に濃度を調整する

元の写真の色味に応じて部分的に濃度を調整したいときは、［レイヤー］パネルで［背景］を選択し、［レイヤー］→［新規調整レイヤー］→［白黒］を実行して、白黒の調整レイヤーを追加するとよいでしょう 10 。［属性］パネルでは、スライダーを使って色味ごとの濃度を簡単に調整できます。例えば、元の写真で赤系だった範囲をもう少し明るくしたいときは、［レッド系］のスライダーを右に動かします 11 。こうすることで、個別に色の濃度を調整することができます 12 13 。

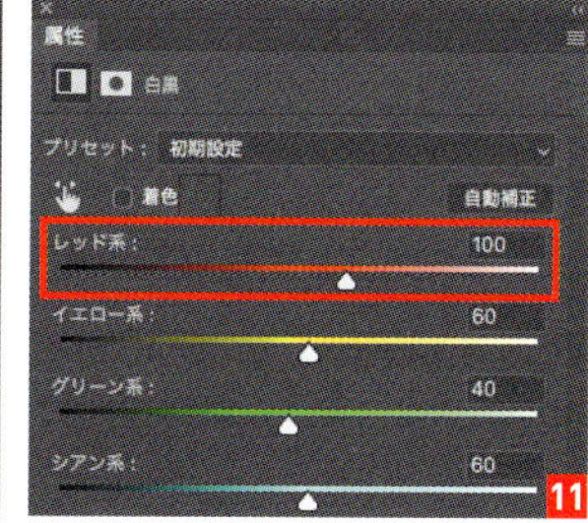

スピード感のある写真にする 129

パスのぼかしフィルターを使って、被写体の動きに合わせた「ぶれ」を表現します。

Ps CC　Satoshi Kusuda

01 人物を切り抜いて複製する

元画像を開きます 1 。主役となる人物を［ペンツール］や［なげなわツール］などを使って選択します 2 。選択範囲が作成できたら、Control キーを押しながらクリック（右クリック）して表示されるメニューから［選択範囲をコピーしたレイヤー］を実行します。レイヤー名は［人物］にします 3 。［人物］レイヤーを複製して下に配置します 4 。

1

2

3

4

02 パスのぼかしフィルターで体と腕をぼかす

いったん［人物］と［風景］レイヤーを非表示にします。［人物のコピー］レイヤーを選択し、［フィルター］→［ぼかしギャラリー］→［パスぼかし］を選択します。人物が右から左への動きでぶれているように見せるため、体と腕の2点にぼかしを適用します。体のぼかしは、頭から腰を通って右下にカーブを描くようにパスを描くことで、腕のぼかしは腕の上からカーブを描いて下方向へ向かうパスを描いて再現します 5 。ポイントは、［パスのぼかし］で［後幕シンクロフラッシュ］を選択することです 6 。これによって狙い通りのぼかしが演出できます 7 。

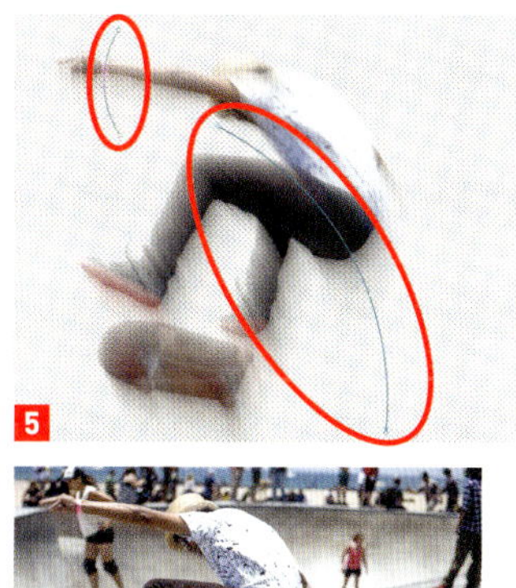

5

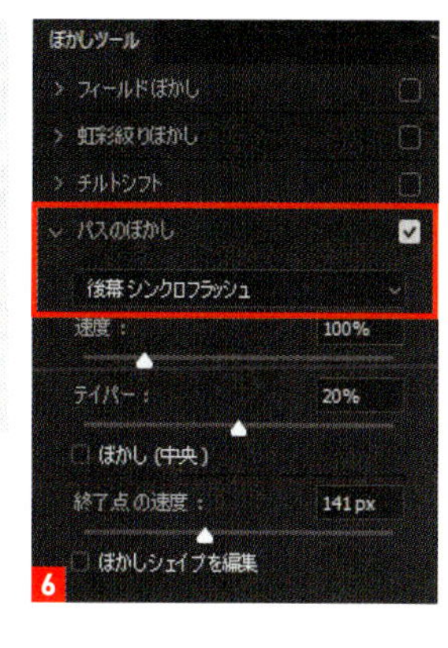

6

7

03 レイヤーマスクを追加して人物と風景をなじませる

［人物］と［風景］レイヤーを表示します。［人物］レイヤーを選択し、［ベクトルマスクを追加］を実行します。マスクのサムネイルを選択し、［ソフト円ブラシ］を使って人物の右側にマスクを追加していき 8 、［人物のコピー］レイヤーとの境界をなじませます 9 。

8

9

04 背景にぼかしを加える

［風景］レイヤーを選択し、［フィルター］→［ぼかし］→［ぼかし（ガウス）］を［半径：12.5pixel］で適用します 10 。背景をぼかすことで主役が強調されます。これで完成です 11 。

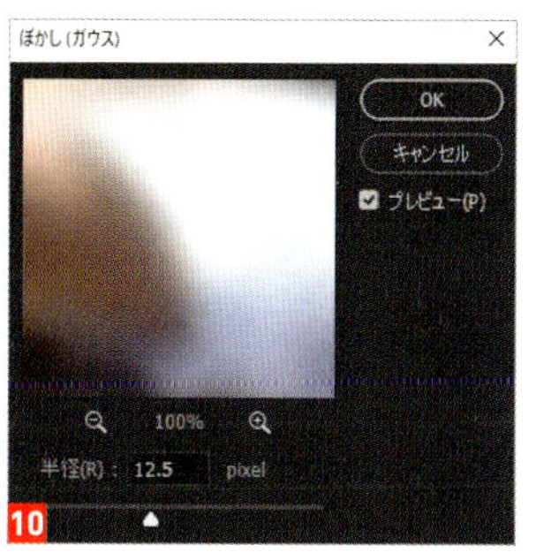

10

11

130 高コントラストで印象的な夜景にする

CameraRawフィルターと色調補正を使って、夜景を高コントラストに仕上げます。

Ps CC　Satoshi Kusuda

01 CameraRaw フィルターでシャープな印象にする

夜景の画像を開き 1 、レイヤーを複製します。レイヤー名は上から順に［フィルター］［夜景］とします 2 。いったん［フィルター］レイヤーを非表示にしておきます。［夜景］レイヤーを選択し、［フィルター］→［Camera Rawフィルター］を［明瞭度：＋50］［かすみの除去：＋30］で適用します 3 。これでシャープな印象に補正されます 4 。

1

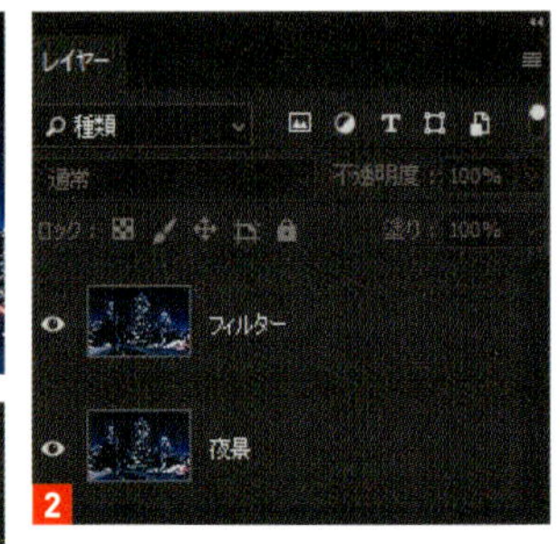

2

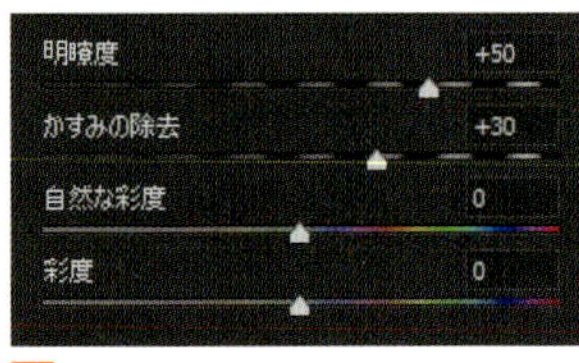

3

4

02 特定色域の選択で青を強調する

［イメージ］→［色調補正］→［特定色域の選択］を選択し、［カラー：シアン系］で［イエロー：-45%］5、［カラー：ブルー系］で［イエロー：-45%］で適用し6、全体的に青を強調します7。

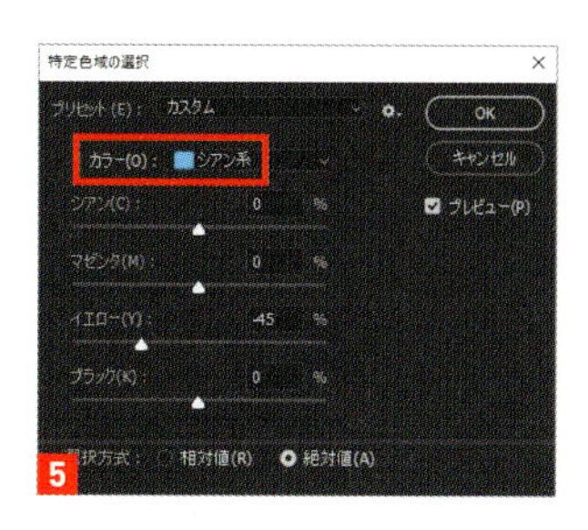

5

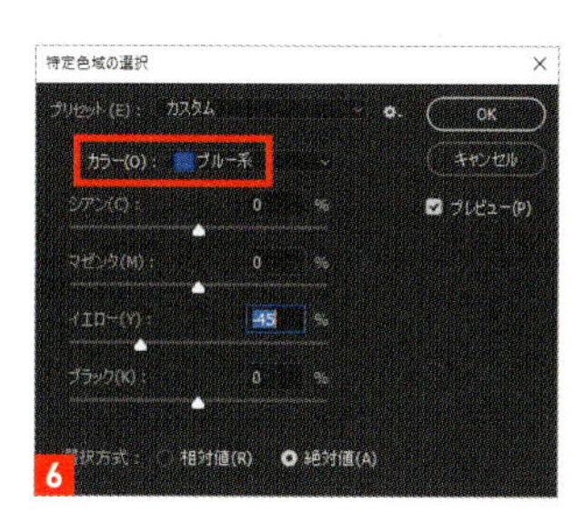

6

7

03 色調補正と描画モードで全体を少しだけ明るくする

［フィルター］レイヤーを表示し、選択します。［イメージ］→［色調補正］→［白黒］を初期設定で適用します8。続いて、［イメージ］→［色調補正］→［階調の反転］を適用し9、レイヤーの描画モードを［オーバーレイ］［不透明度：50%］に設定します10。

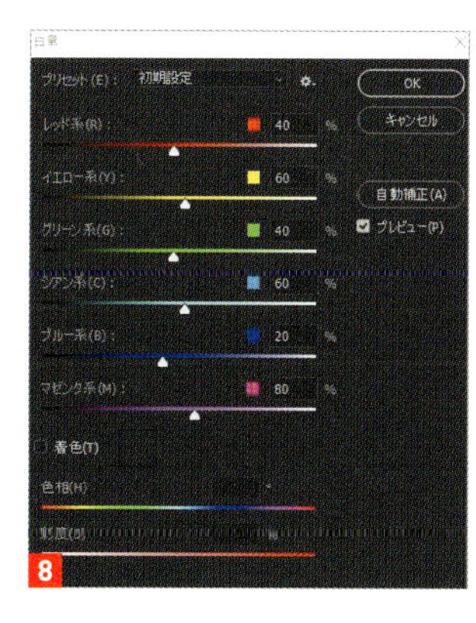

8

9

10

04 グラデーションレイヤーで画像の四隅を暗くする

［レイヤー］パネルで［塗りつぶしまたは調整レイヤーを新規作成］→［グラデーション］を選択します。［グラデーション］を透明から黒、［スタイル：円形］に設定し11、レイヤーを中央が透明、外側にいくにしたがって黒くなるグラデーションで塗りつぶします。四隅を暗くすることで中央に視線が誘導されます。最後にレイヤーの描画モードを［ソフトライト］［不透明度：50%］に変更して完成です12。

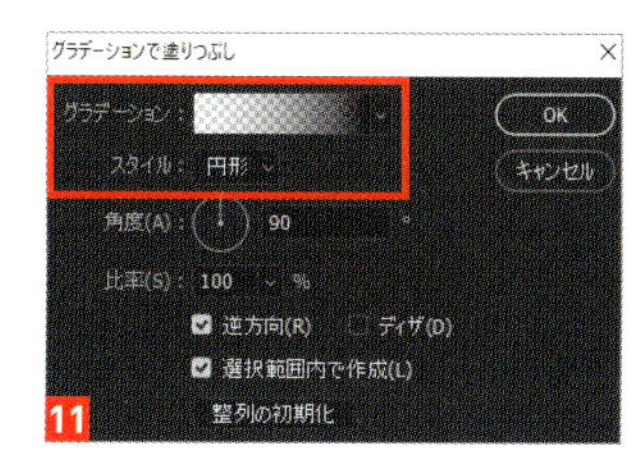

11

12

131

暗闇に溶け込ませる

対象の周辺をブラシツールで黒く塗りつぶし、暗闇に溶け込んだような表現にします。

Ps CC　Satoshi Kusuda

01 ブラシツールで猫の顔周辺に影を描く

猫の画像を開きます 1。新規レイヤーを［影］という名前で作成し、猫のレイヤーの上に配置、選択します。［ブラシツール］を選択し、描画色を黒［#000000］［ソフト円ブラシ］に設定し、［ブラシサイズ］を［500 ～ 800pixel］の範囲で随時切り替えながら猫の顔周辺を大まかに塗りつぶします 2。続いて、［ブラシサイズ］を先ほどよりも少し小さめの［200 ～ 400pixel］に設定して、猫の輪郭部分に影を加えていきます 3。最後に［ブラシの不透明度］を［20 ～ 50%］の間で調整しながら、影がグラデーションになるように塗り重ねていきます 4。

02 全体の明るさを調整する

猫のレイヤーを選択し、［イメージ］→［色調補正］→［レベル補正］を適用し 5、全体の明度を落とします 6。全体を暗くすることで光ののりがよくなります。

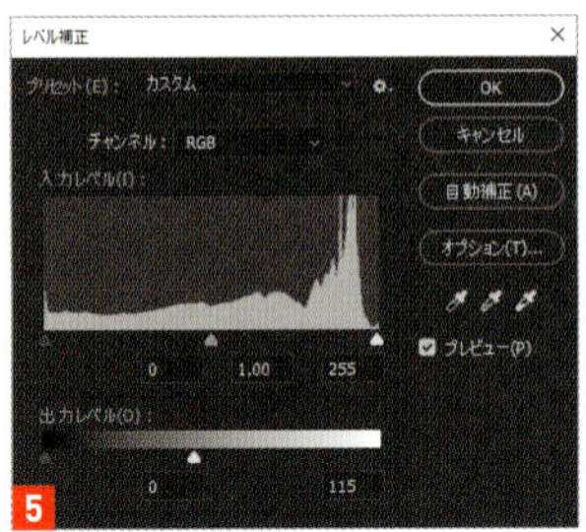

03 ブラシツールで光を加える

猫のレイヤーの上に新規レイヤーを［光］という名前で作成し、描画モードを［オーバーレイ］に変更します。［ブラシツール］を選択し、描画色を白［#ffffff］［ソフト円ブラシ］に設定し、猫の顔の中心部分に光を追加します。これで完成です 7 8。光をさらに強くしたい場合は、同様にして［光］レイヤーの上に新規レイヤーを追加し、描画モードを［オーバーレイ］に変更してブラシツールで光を加えていきましょう。

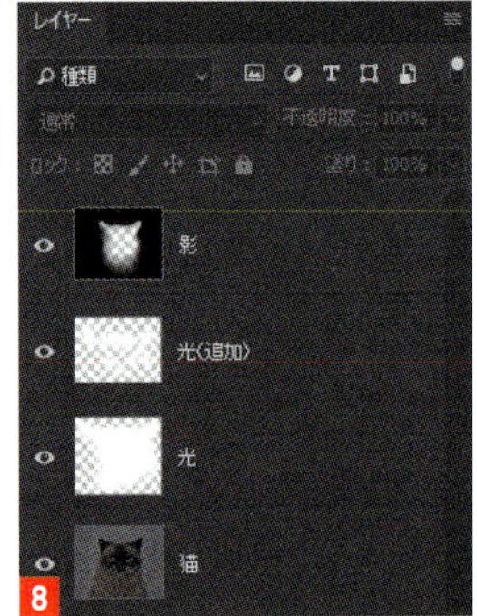

132
炎を合成する

フリーフォームペンツールで描いたパスに沿って炎を合成します。炎の合成には炎フィルターを使用します。

Ps CC　Satoshi Kusuda

01　炎のパスを作成する

背景の画像を開きます **1**。[フリーフォームペンツール] を使って、炎が立ち上がる軌道（パス）を描きます **2**。

1

2

02　炎フィルターで炎を描く

[背景] の上に新規レイヤーを作成します。先ほど作成したパスをすべて選択し、[フィルター] → [描画] → [炎] を実行します。[基本] パネルで [炎の種類:1.1 つの炎（パスに沿う）] [幅：200] に設定します **3**。続いて [詳細] パネルで [乱流:30] [ギザギザ:25] [不透明度:25] [炎の線（複雑さ）:10] [炎の下端を揃える:50] [線のスタイル:1, 標準] [炎の形状:1. 平行] に設定します **4**。設定後、[OK] をクリックして確定します。これでパスに沿って炎が追加されます **5**。完成です。

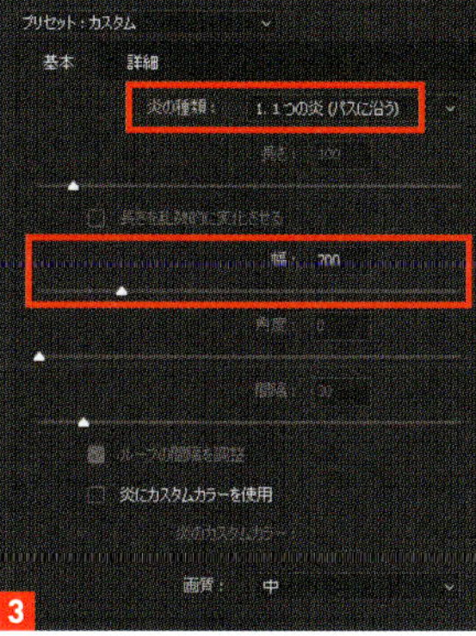

3

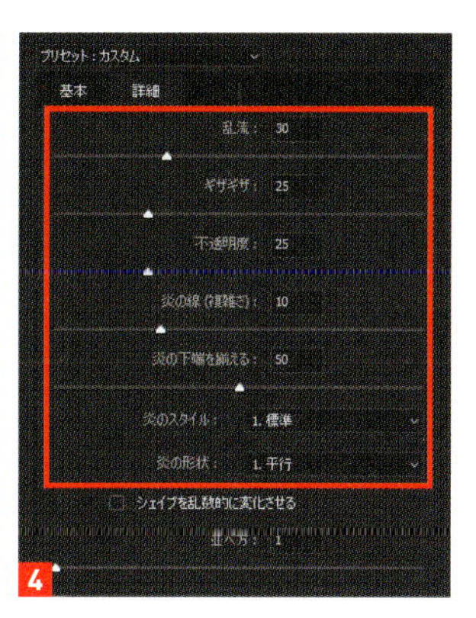

4

5

人物や動物の写真を金属調に加工する

色調補正と描画モードを組み合わせて、切り抜いた写真を金でできたオブジェのように加工します。

133

Ps CC　Satoshi Kusuda

01　画像を開く

犬の画像を開きます 1 。この画像は切り抜いた［dog］レイヤーと黒バックの［背景］レイヤーで構成されています 2 。

1

2

02 ハイライトを抑えてフラットにする

［dog］レイヤーを選択し、［イメージ］→［色調補正］→［シャドウ・ハイライト］を実行します。［ハイライト：20%］にし 3 、ハイライトを抑えてフラットな明るさにします 4 。［dog］レイヤーを最前面に複製し、［金の質感］という名前にし、いったん非表示にしておきます 5 。

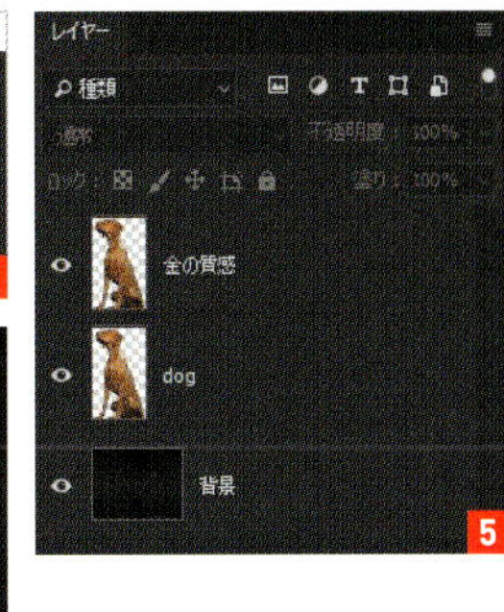

03 画像を単色に変換する

再度、［dog］レイヤーを選択し、［イメージ］→［色調補正］→［白黒］を実行します。［白黒］ダイアログで［着色］にチェックを入れ、単色になるように［色相：42°］［彩度：80%］で適用します 6 7 。

04 金属の質感を加える

［金の質感］レイヤーを表示し、選択します。先ほどと同じように、［イメージ］→［色調補正］→［白黒］を選択し、初期設定のまま適用します 8 。続いて、［フィルター］→［ぼかし］→［ぼかし（ガウス）］を［半径：5pixel］で適用します 9 10 。最後にレイヤーの描画モードを［覆い焼きカラー］に変更して完成です 11 12 。

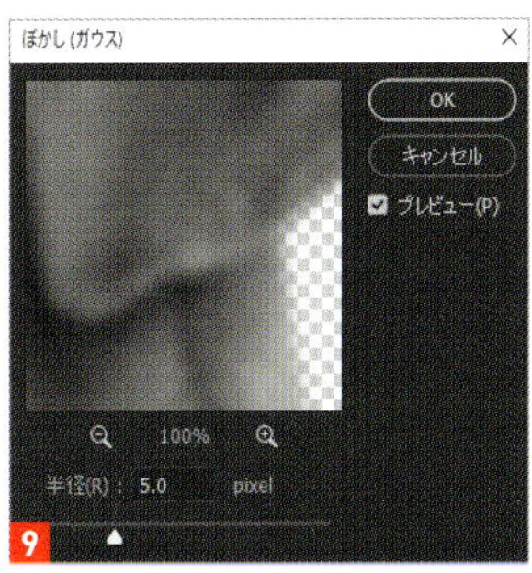

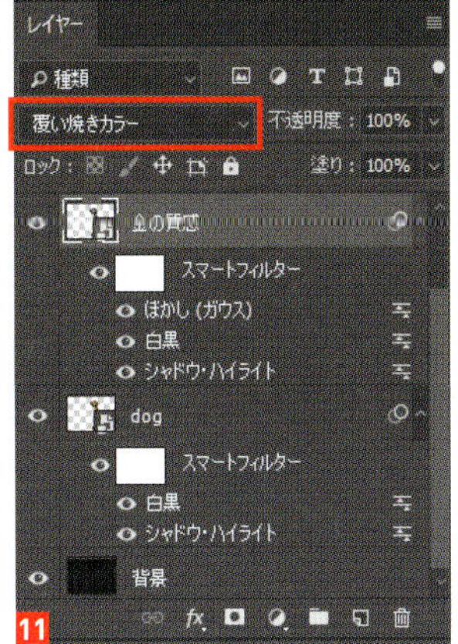

鏡を画像の中に表現する

3Dの環境光の設定を利用して、立体的な映り込みを作成します。

Ps CC　Masaya Eiraku

134

01 画像に三角錐をレイアウトする

鏡を配置する画像を開きます 1。新規透明レイヤーを作成し、［3D］→［レイヤーから新規メッシュを作成］→［メッシュプリセット］→［ピラミッド］を選択します。すると、画面に三角錐が描画されます 2。3D軸を操作して、三角錐が宙に浮いているようにレイアウトします 3。

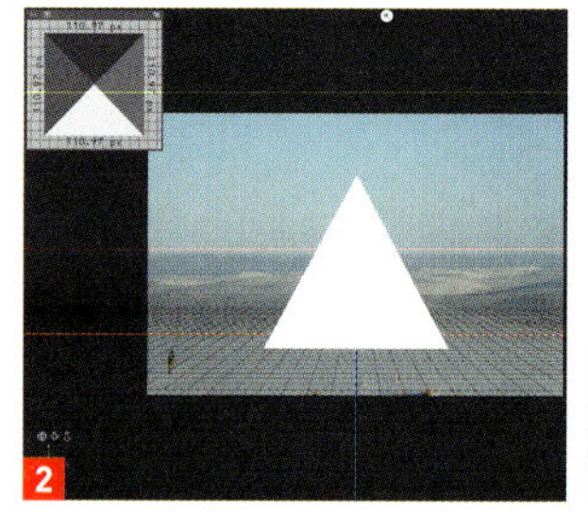

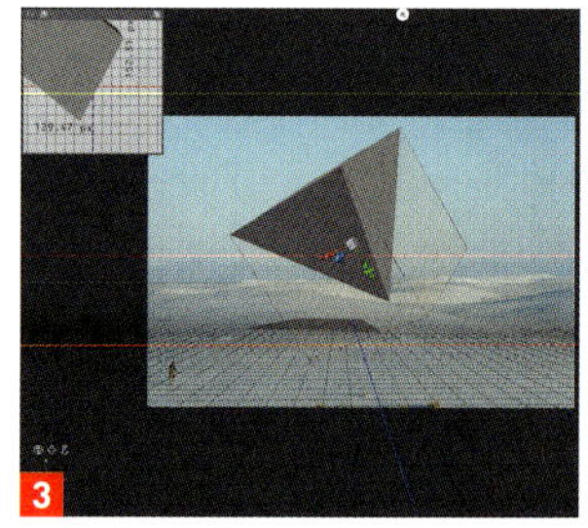

02 環境光を設定する

[3D] パネルで [環境] レイヤーを選択し、[属性] パネルの [グローバルアンビエント] (環境光) を設定していきます。まず、[IBL] (イメージベースドライト) で「テクスチャを置き換え」を選択します 4。[開く] ダイアログが表示されるので、ベースに使用している元画像を選択して開きます。作業画面に画像のどの部分を使用しているかが表示されるので 5、それを参考にしながら、映り込みが雰囲気よく見える部分を見つけ出します 6。

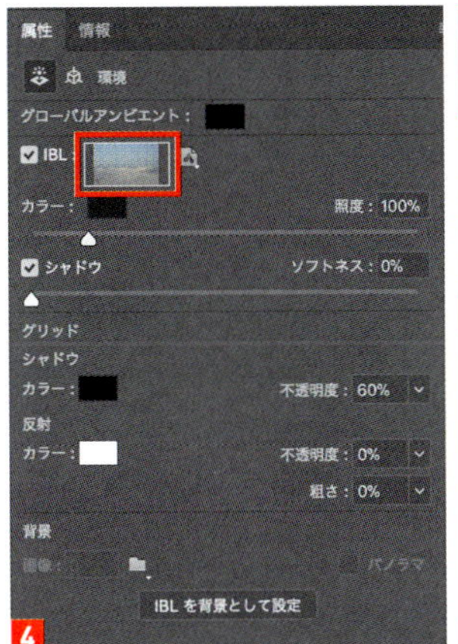

4

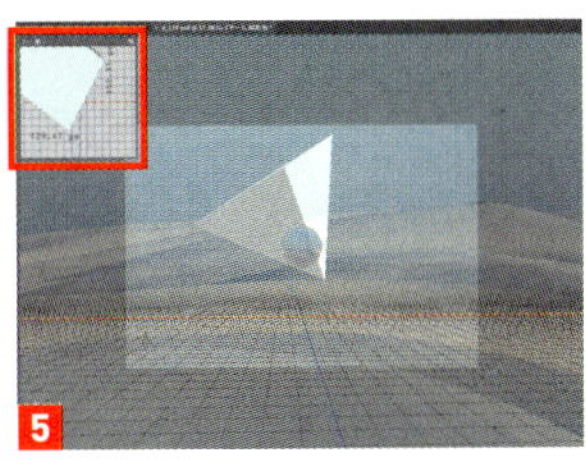
5

6

03 鏡面にレイヤースタイルを設定する

[多角形選択ツール] で三角錐の一面を選択し 7、⌘ (Ctrl) + J キーで新規レイヤーとして複製します。複製したレイヤーに [レイヤースタイル] の [シャドウ (内側)] を [描画モード:焼き込みカラー] [不透明度:60%] [角度：100°] [距離：5px] [サイズ：80px] で適用し 8、鏡面の印象を強めます 9。

7

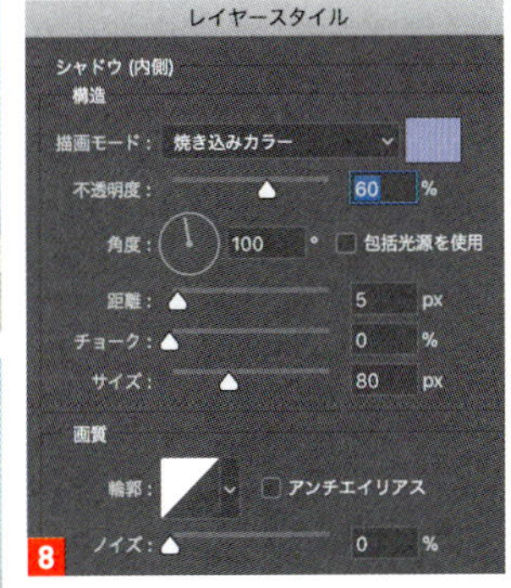

8

9

04 もう1面にも レイヤースタイルを適用する

同様に、もう一方の面にも [レイヤースタイル] を適用していくのですが、面の明るさが違います。今回は、同じような印象にしたいので、[描画モード：カラー比較 (暗)] [不透明度：40%] [角度：112°] に変更します 10。レイヤースタイルを適用すると、2つの面が少しだけ強調されているのことがわかります 11。

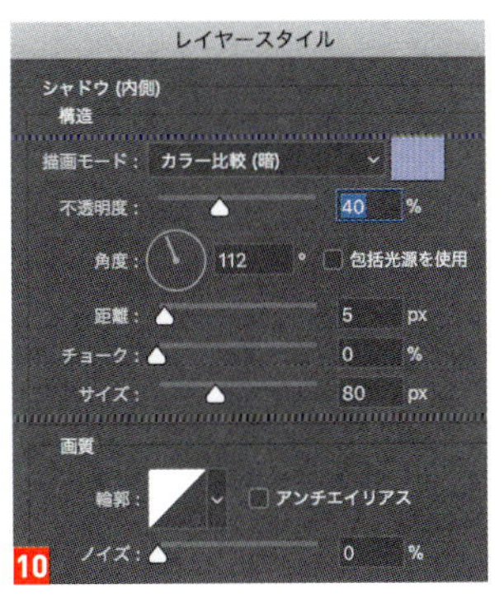

10

11

05 レイヤーを複製して重ね合わせる

⌘ (Ctrl) + Option (Alt) + Shift + E キーを押して表示レイヤーを結合し、新規レイヤーとして複製します。複製したレイヤーの描画モードを [乗算] に変更して重ね合わせます 12。さらに、先ほどと同様に、ひとつの面で選択範囲を作成して [レイヤーマスクを追加] し、[乗算] の影響を右側の面に限定します 13。

12

13

06 グラデーションツールを使って立体感を強調する

作成したレイヤーマスクを［グラデーションツール］を使って、グラデーションの濃淡が面の下から上へ変化するように調整します 14 15 。同様にして、もうひとつの面についても選択範囲を作成し、濃淡を調整して三角錐の立体感を強調します 16 17 。

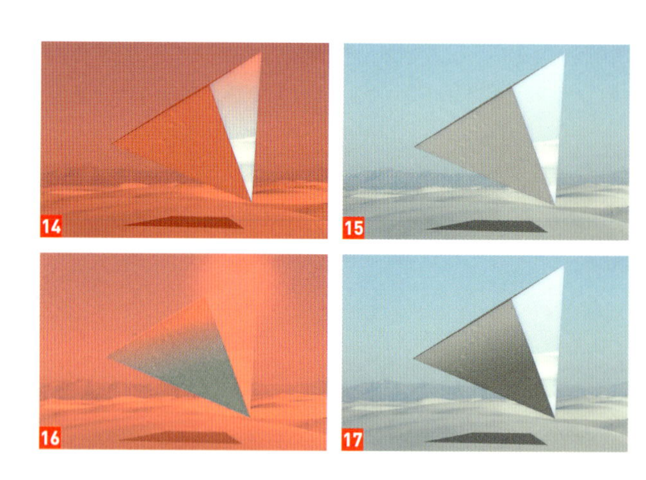
14 15 16 17

07 逆光フィルターで光の表現を加える

新規塗りつぶしレイヤーを黒色の［べた塗り］で追加し、［フィルター］→［描画］→［逆光］を［明るさ：99%］［レンズの種類：ムービープライム］を適用して光の玉を作成します 18 。レイヤーの描画モードを［スクリーン］に変更し、光の位置を三角錐のエッジに移動させ 19 、鏡の光の反射を演出します。光の玉のレイヤーに［レイヤーマスクを追加］し、余分な部分を消します 20 21 。

18

19

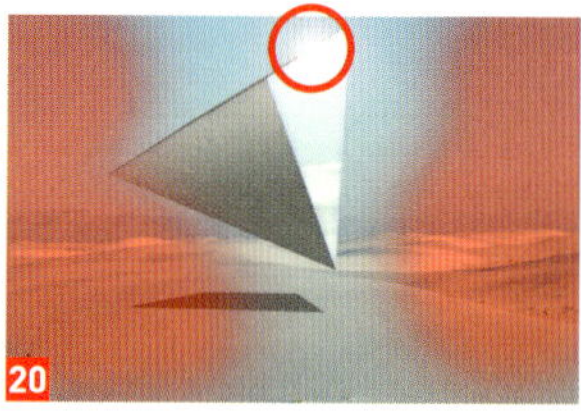
20

08 トーンカーブで色味や明るさを整える

最後に［イメージ］→［色調補正］→［トーンカーブ］を適用して 22 23 、全体の色味や明るさを調整して完成です 24 。

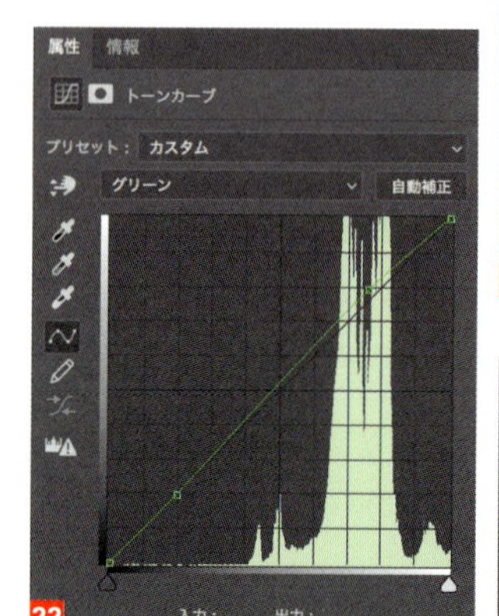

22

21

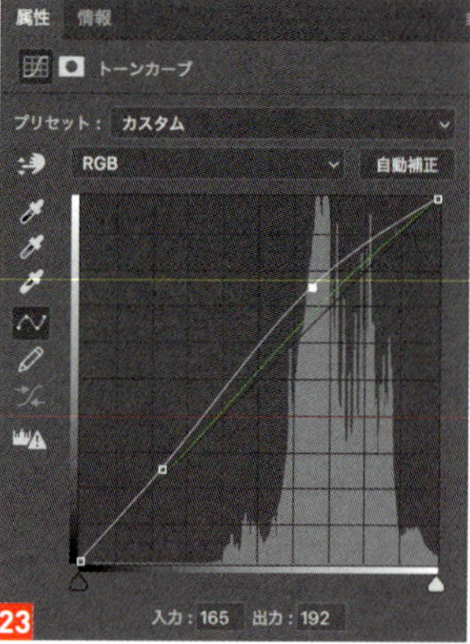

23

24

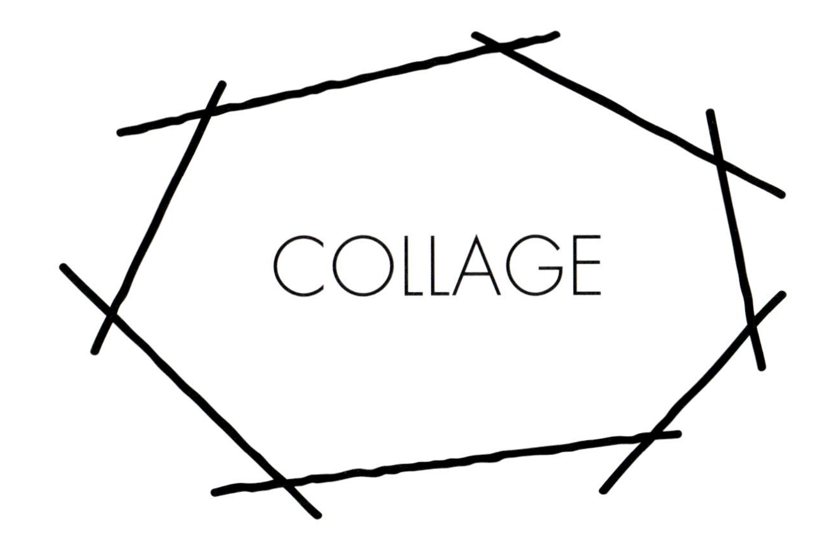

楽しいコラージュ・テクニックを紹介します。
コラージュは異なる複数イメージの組み合わせで、
あっと驚くような表現ができます。

動物に物を持たせる

135

リスに花や眼鏡などの装飾パーツを合成していきます。素材が配置できたら、影や光などを加えて自然な感じに仕上げます。

Ps CC　Satoshi Kusuda

01 素材を配置する

リスの画像を開きます 1 。素材の画像を開き 2 、［花］と［眼鏡］レイヤーをリスのレイヤーの上にそれぞれ配置します 3 4 。

1

2

3

4

02 手にマスクを作成して花を持っているように見せる

［花］レイヤーをいったん非表示にします。リスに花を持たせたときに手前にくる部分を［なげなわツール］を使って選択します 5 。そのままの状態で［選択範囲］→［選択範囲を反転］⌘（Ctrl）＋ Shift ＋ I を実行します。次に［花］レイヤーを表示し、選択します。選択範囲が表示された状態で［レイヤーマスクを追加］を実行します 6 。これでリスが花を持って立っている様子が表現できます。

03 鼻にマスクを作成して眼鏡をかけたように見せる

［眼鏡］レイヤーを選択し、［レイヤーマスクを追加］を実行します。［レイヤー］パネルでマスクのサムネイルを選択し、［ブラシツール］を使ってリスの鼻にかかる部分をマスクします 7 。これでリスに眼鏡をかけることができました 8 9 。

04 影を付けてなじませる

最前面に2つの新規レイヤーを作成し、［光］と［影］という名前にします。［光］レイヤーの描画モードを［オーバーレイ］、［影］レイヤーの描画モードを［ソフトライト］に設定します。［影］レイヤーを選択し、リスの手や茎の部分など、影が落ちる部分を強調するようにブラシツールでなぞっていきます。描画色は黒［#000000］です。影が描けたら、レイヤーの［不透明度］を［65%］に変更してなじませます 10 11 。

05 光の表現を加えて仕上げる

今度は描画色を白［#ffffff］に設定し、［光］レイヤーに光の表現を加えていきます。今回は、画面の左上から光が当たっていることをイメージして、リスの体や手元を明るくしました。最後にレイヤーの［不透明度］を［70%］に変更して完成です 12 13 。

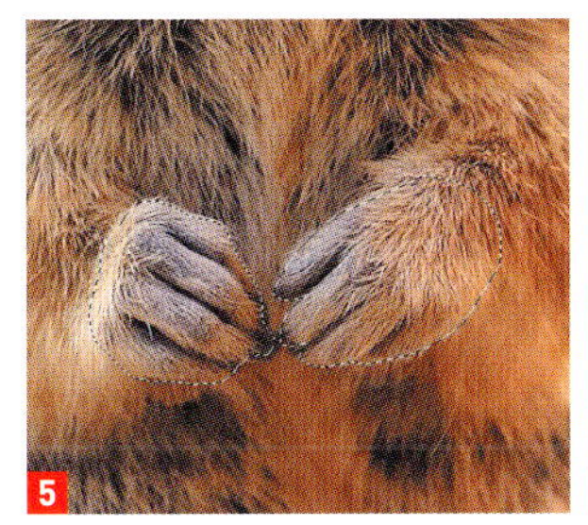
5

6

7

9

8

10

11

12

13

動物の柄を入れ替える

136

ワープツールとゆがみフィルターを組み合わせて、シマウマの柄を牛の体に合成していきます。

Ps CC　Satoshi Kusuda

01　牛にシマウマ柄を重ねる

牛の画像を開きます 1 。シマウマ柄の画像を開き 2 、牛の画像の上に配置し、レイヤーの描画モードを［乗算］に変更します 3 。

02 牛の体に合わせてシマウマ柄を変形する

［編集］→［変形］→［ワープ］を選択し、シマウマ柄を牛の体に合わせて変形します。四隅のポイントとハンドル、メッシュの内側を動かすことでそれぞれ違った挙動をします。牛の体の立体感に注意しながら変形しましょう 4 。

4

03 ゆがみフィルターで立体感を整える

［フィルター］→［ゆがみ］を選択します。［ゆがみ］パネルが開いたら、パネル右側の［追加するレイヤーのプレビュー表示］にチェックを入れます。［不透明度］は好みで設定してかまいません。ここでは［60］にします 5 。この状態で下にあるレイヤーを確認しながら、ゆがみ具合を編集していきます。今回は、牛の足や腹、背中などに模様が回り込んでいる様子を再現したかったので、体のエッジ部分に対して模様のカーブがきつくなるようにゆがみを加えています 6 。

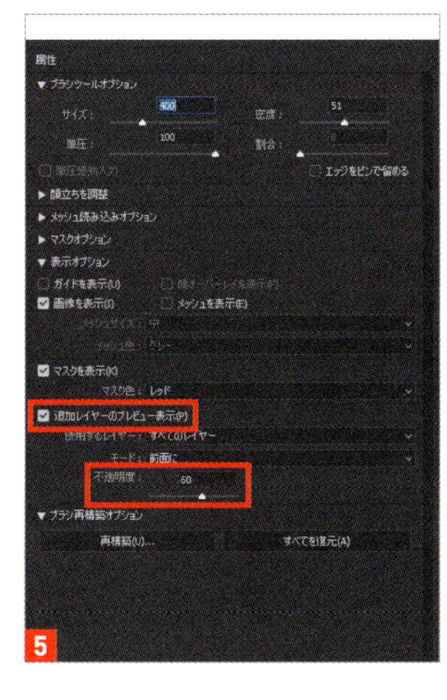

5

6

04 マスクを使って模様を整える

［ペンツール］を使って、牛の顔、右前足、右後足、しっぽを除いた、体のアウトライン（パス）を作成します 7 。パスが作成できたら、カンバス上で Control キーを押しながらクリック（右クリック）して［選択範囲を作成］を実行し、［レイヤーマスクを追加］して模様が不要な部分をマスクしておきます 8 。さらに［ブラシツール］を使って、不自然に重なっている模様をマスクして全体を整えます 9 10 。

7

8

9

10

05 レイヤースタイルで牛の体に模様をなじませる

［レイヤー］パネルで［シマウマ柄］レイヤーを選択し、［レイヤー］→［レイヤースタイル］→［レイヤー効果］を実行します。［レイヤースタイル］ダイアログで［ブレンド条件］の［下になっているレイヤー］を［0／73］と［212／255］に設定して 11 、牛の体に模様をなじませて完成です 12 。

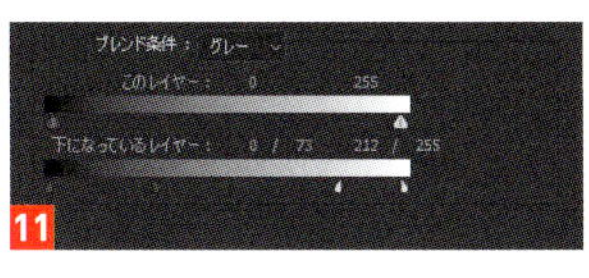

11

12

フルーツをPOPな雰囲気に仕上げる 137

果物の断面を作成して、パターンを合成したり、色味を変えたりすることでポップな感じに仕上げます。

Ps CC　Masaya Eiraku

01 パイナップルを切り抜き鮮やかな色に調整する

元画像を開き 1 、[自動選択ツール] などを使用してパイナップルを切り抜きます。[レイヤー] → [新規塗りつぶしレイヤー] → [レイヤー] を選択し、背景をパープル系 [R:149 ／ G:112 ／ B:255] の色で塗りつぶします 2 。続いて、パイナップルの画像に [フィルター] → [Camera Raw] を適用し 3 、背景に合わせて鮮やかな色に調整します 4 。ここでは [露光量 : + 1.30] [コントラスト : + 13] [彩度 : + 36] に設定しました。

1

2

3

4

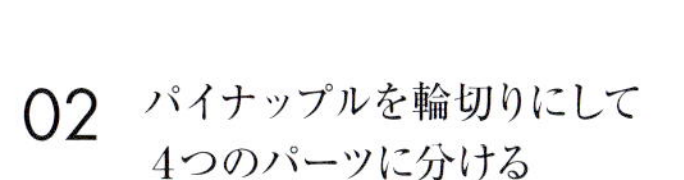

02 パイナップルを輪切りにして4つのパーツに分ける

次に、パイナップルが輪切りになるようカットしていきます。[ペンツール] を使ってラフに3箇所を囲みます 5 6 7 。このとき、カットした際に立体的な見えるようパイナップルの曲面に沿ってラインを引いていきましょう。[レイヤー] パネルでそれぞれのパスを ⌘ (Ctrl) キーを押しながらクリックして選択範囲化し 8 、パイナップルをカットして、新規レイヤーとしてペーストしていきます (選択した状態で ⌘ (Ctrl) + Shift + J キーを押す)。すべてのパスでカット＆ペーストを行うと4つのパーツに分けられます 9 10 。

5

6

7

8

9

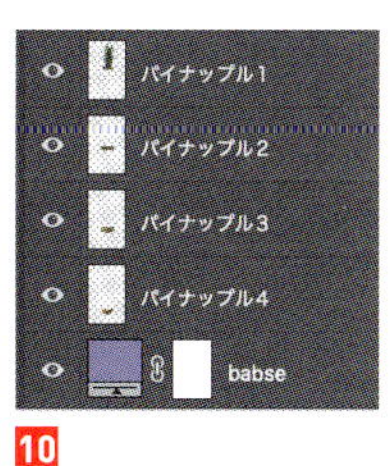

10

03 輪切りが宙に浮いているように見せる

パイナップルレイヤーの下に新規レイヤーを作成し、[なげなわツール] で円形に選択範囲を作成、選択範囲を塗りつぶします 11 。色は何でもかまいません。同じようにして、残り2つの断面を異なる色で塗りつぶします 12 。続いて [編集] → [自由変形] を実行して、輪切りにしたパイナップルとその断面を一緒に動かし、宙に浮いているような雰囲気を出します 13 。

11

12

13

04 輪切りの断面にパターン素材を配置する

あらかじめ用意しておいたパターン素材を配置し 14、［自由変形］で断面に沿うように変形させます 15。変形できたら、塗りつぶしておいた断面で選択範囲を作成し、（［レイヤー］パネルで ⌘（Ctrl）キーを押しながらクリックしてマスクを作成して切り抜きます 16。同じようにして、残りの断面にもそれぞれ別のパターンを貼り込んでいきましょう 17。

05 輪切り部分に影を付けて立体的に見せる

輪切り部分がより立体的に見えるように影をつけていきます。まず、断面に合わせて選択範囲を作成します 18。続いて、［レイヤー］→［新規調整レイヤー］→［トーンカーブ］を適用して、断面を暗くします 19。最後に影の調整レイヤーが上の断面の影に見えるように位置をずらします 20。

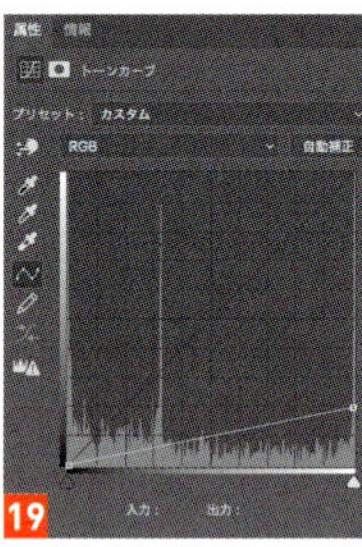

06 影の輪郭をぼかす

先ほど作成した調整レイヤーのマスクを選択し、［フィルター］→［ぼかし］→［ぼかし（ガウス）］を［半径：10pixel］で適用し 21、影の輪郭をぼかします 22。さらに、パターンのレイヤーで［クリッピングマスクを作成］し 23、下部にある断面の範囲にのみ［トーンカーブ］が適用されるようにします 24。

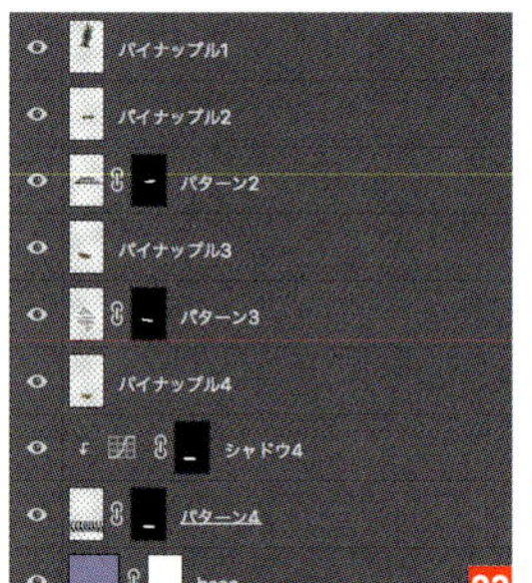

07　グラデーションで影の濃さを変える

物体に近い部分と遠い部分で、影の濃さは違ってくるはずです。それを表現し、よりリアルに仕上げていきます。まず、影のレイヤーマスクが選択された状態で［グラデーションツール］を選びます 25 。影を濃くしたい部分から、薄くしたい部分へとドラッグしていきます 26 。すると、マスクレイヤーにグラデーションがつき、より自然な影になります 27 。他の断面の影についても同様に作業していきましょう。最後にパイナップルが着地している部分の影を［ブラシツール］などを使って描きます 28 29 。

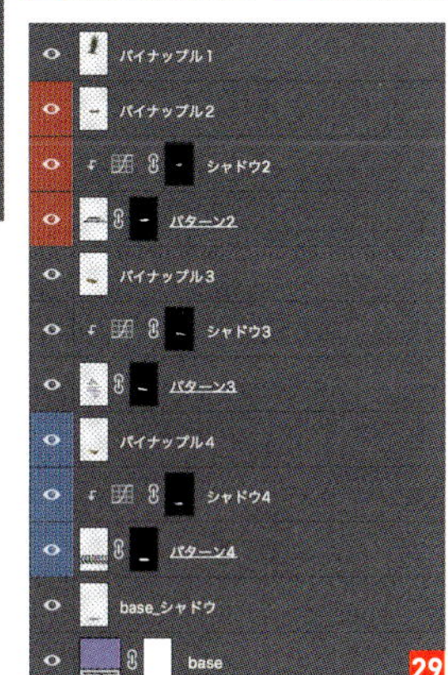

08　背景をピンク色に変更する

⌘（Ctrl）＋ Option （Alt）＋ Shift ＋ E キーを押して、これまでに作成したレイヤーを新規レイヤーとして複製します。描画色をピンク系［#ff9a9a］、背景色を白に設定し、［フィルター］→［フィルターギャラリー］→［アーティスティック］→［ネオン光彩］を［サイズ：24］［明るさ：40］で適用します 30 。これで全体がピンク色になり、ポップな雰囲気になります 31 。

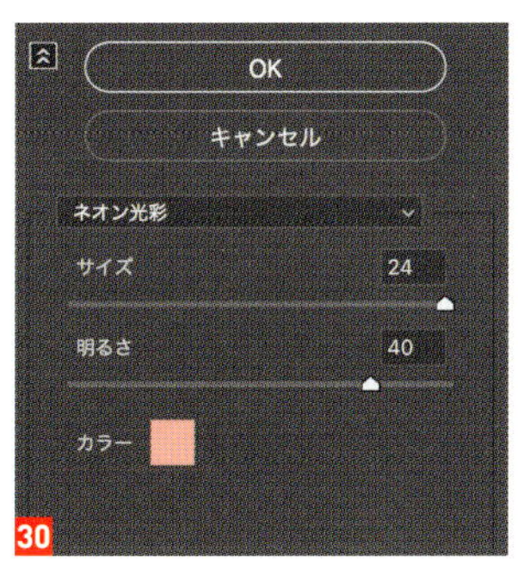

09　断面以外にレンズフィルターを適用する

パイナップルの断面以外の部分を選択し 32 、［レイヤーマスクを追加］します。全体の調子を整えるために、［イメージ］→［色調補正］→［レンズフィルター］をデフォルトで適用し 33 、白い部分を暖色系の色にして完成です 34 35 。

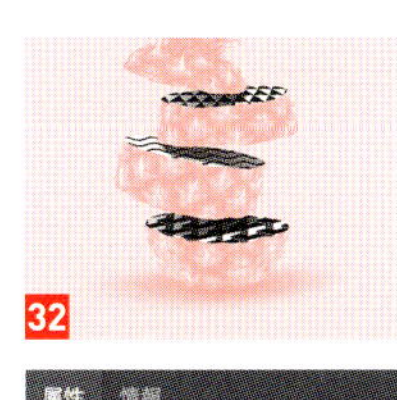

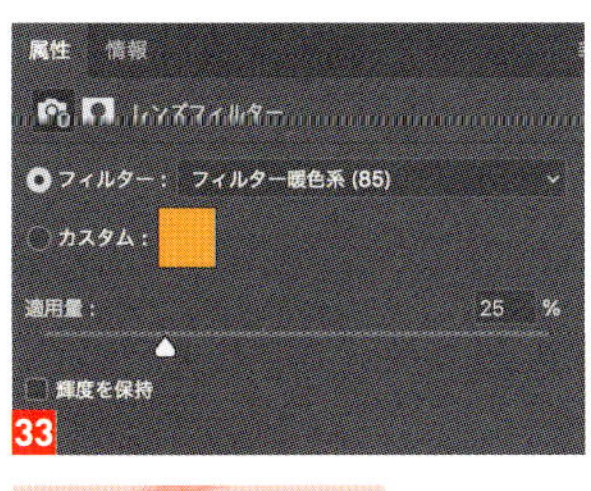

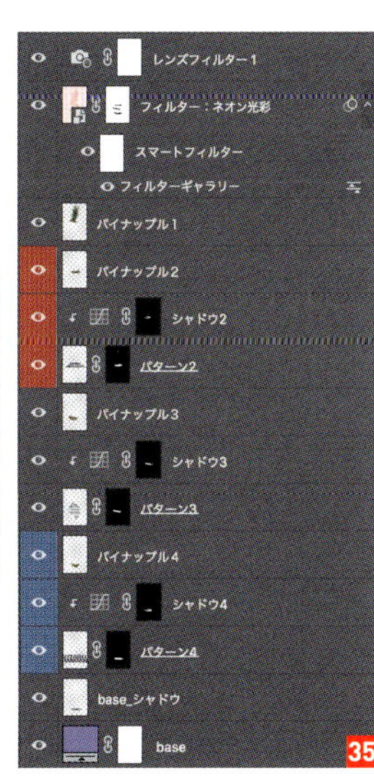

ONE POINT

今回、断面へのパターンの適用はひとつひとつ手作業で行いましたが、きちんとパースを取りたい場合は［Vanishing Point］を使用して作業するとよいでしょう。

本から飛び出た風景

138

開かれた本のページ上に、物語のワンシーンのような風景を作り出します。

Ps CC Satoshi Kusuda

01 土台となるテーブルを作成する①

背景の画像を開きます 1。板の画像を開き 2、背景の上に配置します。レイヤー名は［板 01］とします。［編集］→［自由変形］を選択し、3 のように変形します。そのままの状態で Control キーを押しながらクリック（右クリック）して［遠近法］を選択し、4 のように奥行きがあるように見せます。

02 土台となるテーブルを作成する②

板の画像を開き、［板 01］レイヤーの下に新たな板の画像を配置し、レイヤー名を［板 02］とします。［編集］→［変形］→［垂直方向に反転］を実行してレイヤーを反転します。反転後、カンバスの下方向に移動し、［板 01］レイヤーの木目と揃うように配置します 5。続いて、［イメージ］→［色調補正］→［レベル補正］を 6 のように適用して、陰影の差をつけてテーブルのように見せます 7。

03 テーブルの木目をずらす

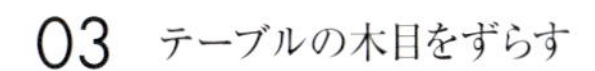

［板 02］レイヤーを複製し、複製元のレイヤーの上に配置します。レイヤー名は［板 03］にします。［板 03］レイヤーに［レベル補正］を適用し 8、カンバスの下部に移動します 9。このままでは木目が揃いすぎているので、水平方向にずらします。これでテーブルのように加工することができます 10 11。

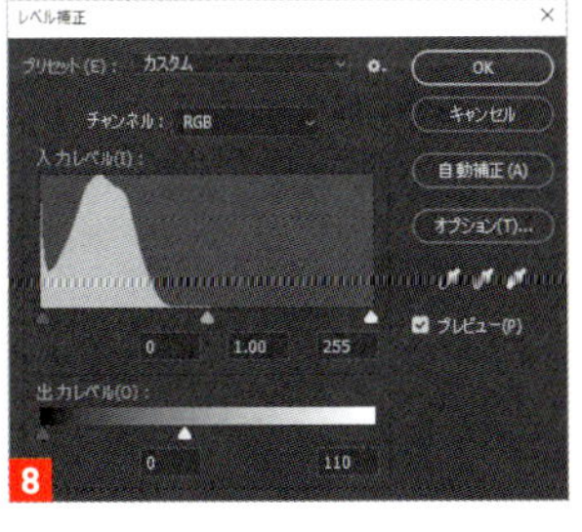

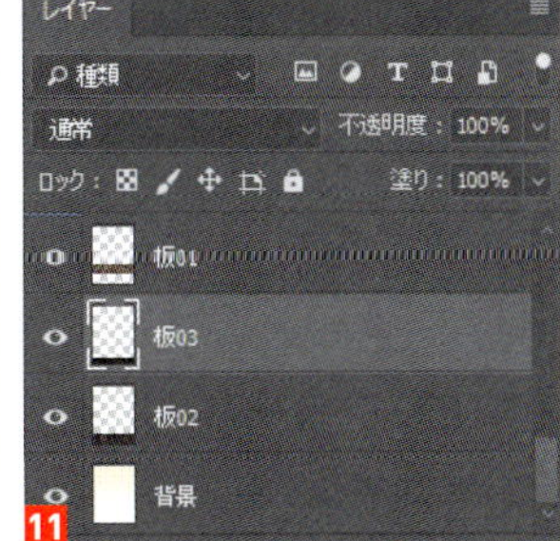

04 本を合成して影を付ける

素材の画像を開きます 12。この画像の中の［本］レイヤーを、作業中の背景の画像の最前面に配置します 13。［本］レイヤーの下に新規レイヤー［本の影］を作成し、［不透明度：60%］に変更します。［ブラシツール］を選択し、描画色を黒［#000000］［ソフト円ブラシ］で本の影を描いていきます 14。

05 本に芝生を合成する

素材の画像から［芝生］レイヤーを背景画像の最前面に配置し 15、いったん非表示にしておきます。［ペンツール］を選択し、本の見開きページの右・左・中央下に選択範囲を作成します。ページよりも少し内側を選択するようにしてください 16。選択範囲が作成できたら、［レイヤー］パネルで［芝生］レイヤーを表示し、［レイヤーマスクを追加］します 17。続いて［レイヤー］パネルでマスクのサムネイルを選択し、［ブラシツール］で描画色と背景色を白［#ffffff］［ブラシの種類：草］に設定して、見開きページの上、右、左に草が生えているように見せます 18。続いて［ブラシの種類：ソフト円ブラシ］に切り替え、直線になっている部分を整え、右ページに草が茂っていない部分を作成しておきます。最後にブラシの種類を［草］と［ソフト円ブラシ］を切り替えながらマスクを整えます 19。

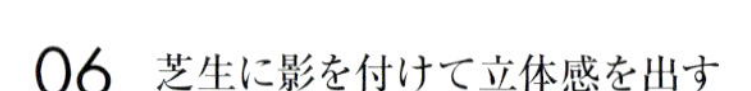

06 芝生に影を付けて立体感を出す

［芝生］レイヤーの上に新規レイヤー［芝生の影］を作成し、描画モードを［ソフトライト］に変更します。描画色を黒［#000000］に設定し、［ソフト円ブラシ］を使って芝生の根元の部分に影を付けて立体感を出します 20 21。

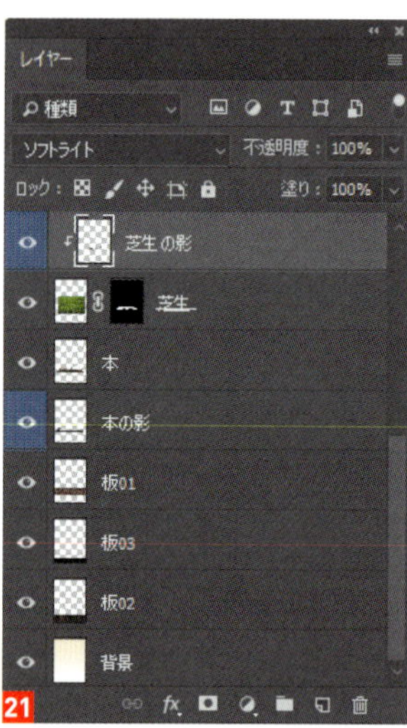

07 芝生の中に水辺を作る

素材の画像を開き、[芝生] レイヤーの下に [水] レイヤーを配置します 22。芝生にマスクを追加したときと同じ要領でマスクを作成して、芝生の間を水が流れているように見せます 23。

08 人物と鳥の素材を配置する

素材の画像から [人物] と [鳥] レイヤーを移動し、背景の画像の最前面に配置します 24。それぞれのレイヤーに[レイヤーマスクを追加]し、[ブラシツール]([ブラシの種類:草])を使ってマスクを整えます 25。

09 キノコの素材を配置する

同じようにして、素材画像の [キノコ 01] レイヤーを [人物] の下、[キノコ 02] レイヤーを最前面に配置します 26。次に [キノコ 01] レイヤーの下に新規レイヤー[影]を作成し、[不透明度:40%] に設定。[ブラシツール] を選択し、描画色を黒 [#000000] [ソフト円ブラシ] に設定してキノコの影を追加します 27。最後にテクスチャ画像を開き、最前面に配置し、描画モードを[カラー比較(暗)][不透明度:20%]に設定して完成です 28。

139 レトロな質感を持ったアナログ風コラージュを作る

紙の質感や古びた雰囲気など、アナログっぽさを感じさせるコラージュ作品を作成します。

Ps CC Satoshi Kusuda

01 古い紙のテクスチャを配置する

新規ファイルを［幅：2508pixel］［高さ：3528pixel］［解像度：350pixel/inch］で作成します。素材の画像を開き 1 、［テクスチャ］レイヤーを移動、配置します 2 。配置後、レイヤーの描画モードを［乗算］に変更し、ロックをかけておきます。これにより［テクスチャ］の下に配置したレイヤーにテクスチャの質感が加わります。

1

2

02　風景を配置する

素材画像から［風景］レイヤーを移動し、配置します 3。［風景］レイヤーの下に新規レイヤーを［背景］という名前で作成します。［塗りつぶしツール］を選択し、描画色をグリーン系［#6fcbc2］で塗りつぶします 4。

03　同様に残りの素材を配置していく

［風景］レイヤーの下に［リンゴ］レイヤーを配置します 5。このままではリンゴの色が強過ぎるので［イメージ］→［色調補正］→［レベル補正］を 6 のように適用して、色を浅くします 7。続いて、［リンゴ］レイヤーの上に［建物］レイヤー、さらにその上に［男の子］レイヤーを配置し、［男の子］レイヤーを複製します 8。

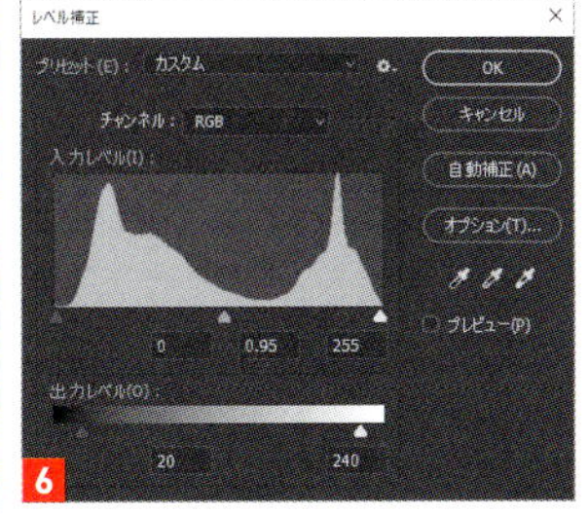

04　男の子のシルエットでリンゴにマスクを追加する

［レイヤー］パネル上で［男の子］レイヤーを ⌘（Ctrl）キーを押しながらクリックして選択範囲を作成します 9。作成した選択範囲を［選択範囲］→［選択範囲を反転］します。［長方形選択ツール］を選択し、選択範囲を画面の右に移動します 10。最後に［リンゴ］レイヤーを選択し、［レイヤーマスクを追加］を実行します 11。

05　女の子とシェイプレイヤーを配置する

素材画像に戻り、[建物]レイヤーの下に[女の子]レイヤーを移動、配置します 12。[ペンツール]を選択し、[オプションバー] で [ツールモード：シェイプ] に設定します 13。[ペンツール] を使って女の子の手元から左上に広がるシェイプを作成します 14。作成したシェイプレイヤーは[女の子] レイヤーの下に配置します。

06　空と蝶を配置する

シェイプレイヤーの上に素材画像の [空] レイヤーを移動、配置し 15、[レイヤー] パネル上で Control キーを押しながらクリック (右クリック) して [クリッピングマスクを作成] を実行します 16。続いて、素材画像から [蝶 01] ～ [蝶 04] レイヤーを移動、配置します 17。

07　チャンネルミキサーで色あせた雰囲気にする

[レイヤー] パネルで [塗りつぶしまたは調整レイヤーを新規作成] → [チャンネルミキサー] を選択し、作成した調整レイヤーを最前面に配置します。[属性] パネルで [プリセット：モノクロ赤外線 (RGB)] に設定します 18 19。最後に調整レイヤーの [不透明度] を [15%] に変更して完成です 20。なお、タイトルページの完成例では、テキストやシェイプで画像の上部を装飾し、さらに自動車の素材を追加して、広告風にまとめています。

ONE POINT

レトロなアナログコラージュ風に見せるポイントは、古い写真素材を使うことはもちろんですが、異なる質感の素材を組み合わせたり、各素材のノイズ感や色味、明度に極端な差をつけたりしないことも大事になってきます。また立体感が極端に異なるものは組み合わせにくいため、できるだけ近い目線で撮影された素材を組み合わせるとよいでしょう。素材同士がなじみやすくなります。

12

14

シェイプ　塗り：　線：　1px　W：2075.4　H：2157.0　自動追加・削除　エッジを整列

13

15

16

17

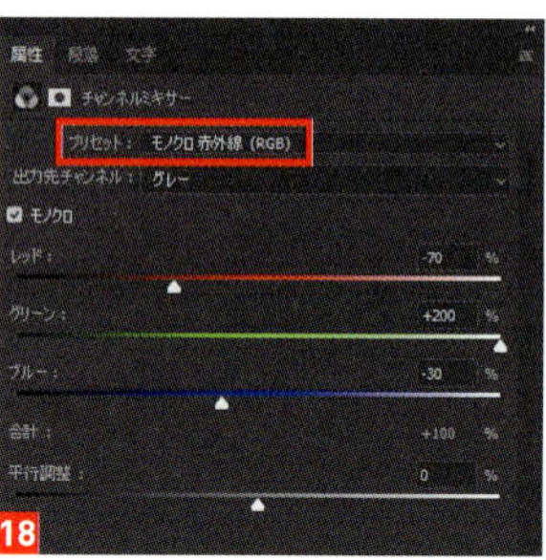

18

19

20

逆光状態を作り出す

140

順光で撮影された風景写真に夕日の画像を合成し、
レンズフィルターやブラシツールを使って逆光状態を表現します。

Ps CC　Satoshi Kusuda

01 風景と夕日の画像を合成する

風景の画像を開きます 1 。［クイック選択ツール］を使って空の部分を選択し、Delete キーを押して削除します 2 。夕日の画像を開き 3 、風景の上に配置 4 、レイヤーの描画モードを［比較（明）］に変更します 5 。

02 2枚の画像の明度をそろえる

［風景］レイヤーを選択し、［イメージ］→［色調補正］→［レベル補正］を選択し、 6 のように設定します 7 。続いて［イメージ］→［色調補正］→［レンズフィルター］を選択し、カラーを［カスタム］のオレンジ系［#e7953e］に設定して適用します 8 9 。

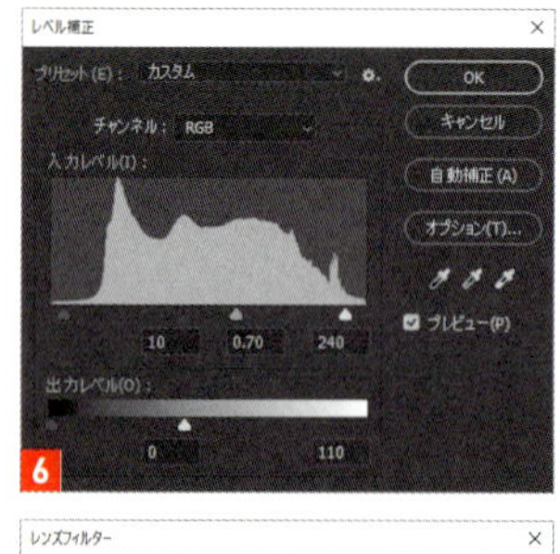

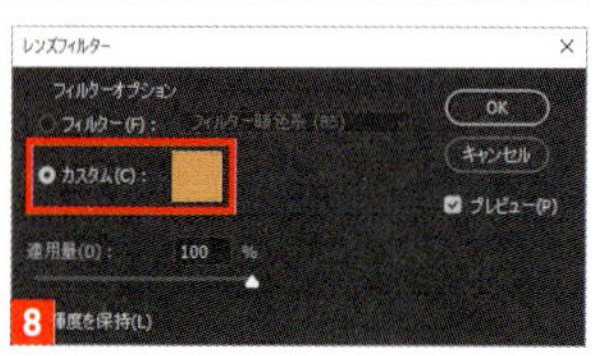

03 夕日レイヤーの不要な部分をマスクする

［夕日］レイヤーを選択し、［レイヤーマスクを追加］を実行します。人物や手前の風景に重なっている不要な部分をマスクしていきます 10 11 。

04 人物を中心に光を描き加える

最前面に新規レイヤーを［光１］という名前で作成します。［ブラシツール］を選択し、描画色を白［#ffffff］［ソフト円ブラシ］［直径：1 pixel］に設定します。逆光を意識して、人物の輪郭や手前の崖のエッジ部分をなぞっていきます 12。その際、主役となる人物とその周辺に視線を誘導したいので、画面全体には光を描かず、人物と左右の崖にだけ限定して光を描きます。光が描けたら、［フィルター］→［ぼかし］→［ぼかし（ガウス）］を［半径：1.5pixel］で適用してなじませます 13 14。

12

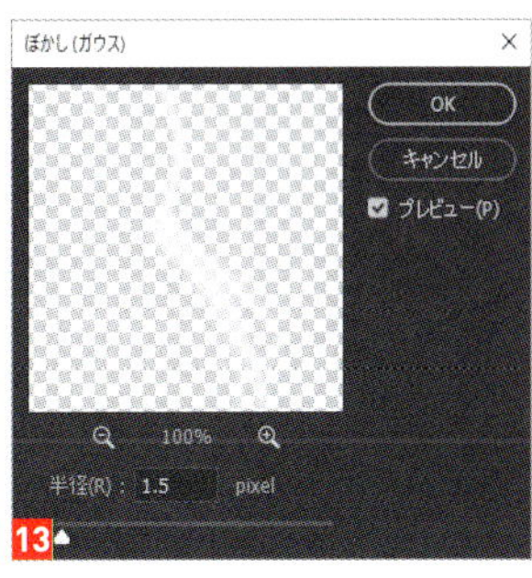

13

14

05 全体に光を足して完成させる

最前面に新規レイヤーを［光２］という名前で作成し、描画モードを［オーバーレイ］に設定します。［ブラシツール］を選択し、描画色を白［#ffffff］［ソフト円ブラシ］に設定し、ブラシサイズを調整しながら手前の崖全体に光を描き足していきます。このときも人物を中心に、光の当たる崖のエッジ部分などに光を足すイメージで作業します。また、人物から離れるほどに描く密度を下げていくようにしましょう 15。［光２］レイヤーの描画モードを［通常］に戻すと 16 のようになります。最後にブラシの直径を［2000pixel］に設定して、人物を中心にブラシを重ね、１クリックで点を置くように光を追加して完成です 17 18。

15

16

18

17

街角で撮影された人物の写真をベースに、いくつもの素材——月、流れ星、星空、隕石、犬などをレイアウトして、映画のポスターのようなグラフィックを作成します。

Ps CC　Satoshi Kusuda

01 ベース画像から背景を切り取る

ベース画像を開きます 1。この画像は、ベースとなる［風景］レイヤーとテキストを配置するための［帯］レイヤーで構成されています 2。今回は、ビル群の奥の風景を別の風景に差替えたいので、［ペンツール］を使って 3 のようなパスを作成します。作成後、Control キーを押しながらクリック（右クリック）して［選択範囲を作成］を実行し、Delete キーを押して選択範囲を削除します 4。

02 全体を暗く補正して夜景にする

夜の風景にしたいので、［イメージ］→［色調補正］→［レベル補正］を 5 のように適用します 6。

03 背景に月を配置する

素材画像を開きます 7。この画像には、月や犬や星空など、コラージュに使用する画像がレイヤーを分けて配置されています。まず、それらの中から［月］レイヤーベース画像に移動し、最背面に配置します 8。続いて［月］レイヤーの上位に月の周辺をぼかすための新規レイヤーを追加し、［楕円形選択ツール］で月のサイズと同じくらいの選択範囲を作成し 9、描画色を白［#ffffff］に設定して塗りつぶします 10。次に、［フィルター］→［ぼかし］→［ぼかし（ガウス）］を［半径：75pixel］で適用し 11、レイヤーの［不透明度］を［80%］に設定してなじませます 12。

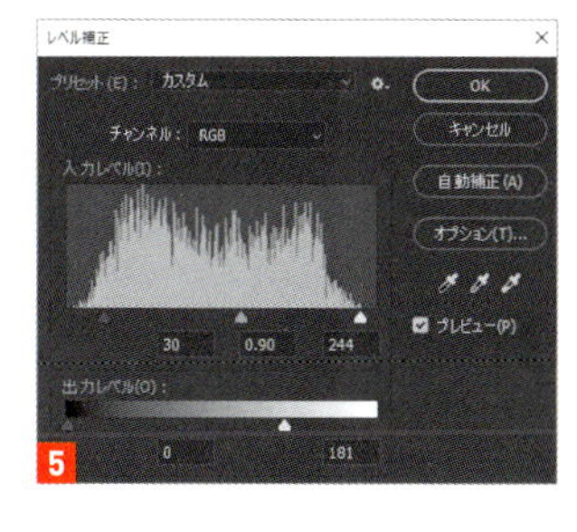

5

6

7

8

9

10

11

12

04 背景にビルを配置する

素材画像から［ビル］レイヤーを移動し、［風景］レイヤーの下に配置します 13。このままでは明度とカラーが合わないので、［イメージ］→［色調補正］→［レベル補正］を 14 のように、［イメージ］→［色調補正］→［カラーバランス］を 15 のように適用します 16。

13

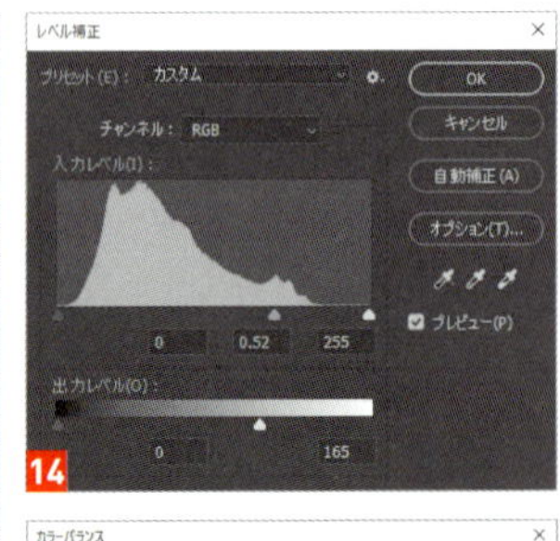

14

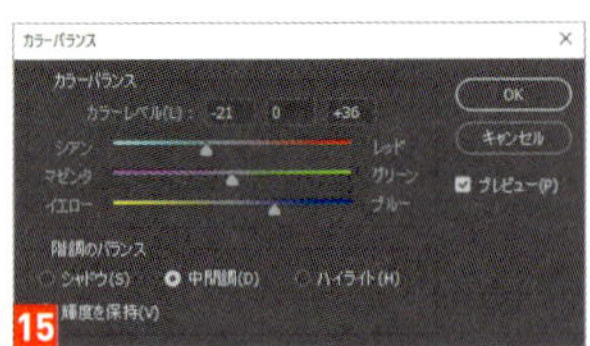

15

05 夜空に星空と流星を配置する

素材画像から［星空］レイヤーを移動し、［ビル］レイヤーの下に配置します 17。同様にして［流星］レイヤーを移動し、［星空］レイヤーの上に配置、描画モードを［スクリーン］に変更します 18。さらに［流星の光］レイヤーを移動し、［流星］レイヤーの上に配置、こちらも描画モードを［スクリーン］にします。最後に、流星の光が流星の先端に来るようにカンバス上で移動します 19。

16

17

06 全体に光を描き込む

［風景］レイヤーの上に新規レイヤー［全体の光 1］を作成し、描画モードを［オーバーレイ］に設定します。［レイヤー］パネルで［全体の光 1］レイヤーを選択し、Control キーを押しながらクリック（右クリック）して［クリッピングマスクを作成］を実行します。これにより、［風景］レイヤーの範囲内にのみ光を描けるようになります。［ブラシツール］を選択し、［ブラシの種類：ソフト円ブラシ］で月の光がビルや人物に当たる様子をイメージしながら描いていきます 20。描けたら、［全体の光 1］レイヤーの上に新規レイヤー［全体の光 2］を追加し、描画モードを［オーバーレイ］、［不透明度］を［50%］に設定。先ほどと同じように［風景］レイヤーに対してクリッピングマスクを作成し、ビルのエッジ部分や地面など、特に月の光が当たる部分や強調したい部分にのみ光を足していきます 21。

18

19

20

21

07 犬を配置して色味を整える

素材画像から［犬］レイヤーを移動し、［帯］レイヤーの下に配置します 22。［ビル］レイヤーを配置したときと同じように、［レベル補正］23 と［カラーバランス］24 を適用して色味を整えます 25。続いて、［犬］レイヤーの下に新規レイヤー［犬の影］を追加し、［不透明度：55%］に設定します。［ブラシツール］を選択し、描画色を黒［#000000］［ブラシの種類：ソフト円ブラシ］に設定して犬から落ちる影を描きます。地面のタイルの角度を参考に描いていくと全体の立体感にあった影が描けます 26。

22

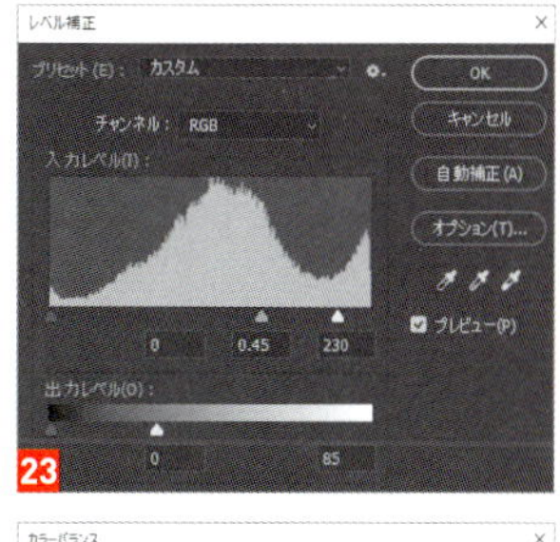

23

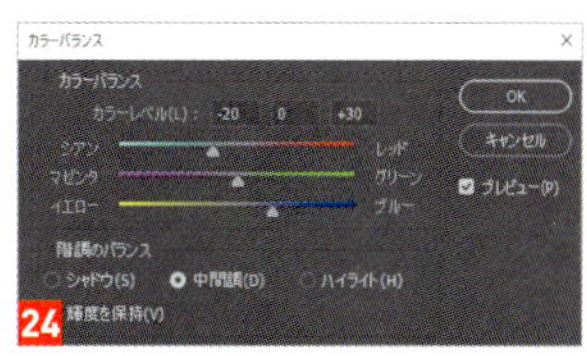

24

25

26

08 人物と犬の輪郭に光を加える

人物と犬を強調したいので、輪郭が光っているように見せます。それぞれのレイヤーの上に新規レイヤーを作成し、［クリッピングマスクを作成］を適用します。描画色を白［#ffffff］に設定し、［ブラシツール］で輪郭に沿って細いラインを描きます。さらに犬の上に新規レイヤーを作成し、レイヤーの描画モードを［オーバーレイ］に設定し、［ブラシツール］を［ソフト円ブラシ］［ブラシサイズ：100px］前後に設定して輪郭に光を足します。最後に犬の上に作成した2つのレイヤーの［不透明度］を［60%］に設定してなじませます 27。

27

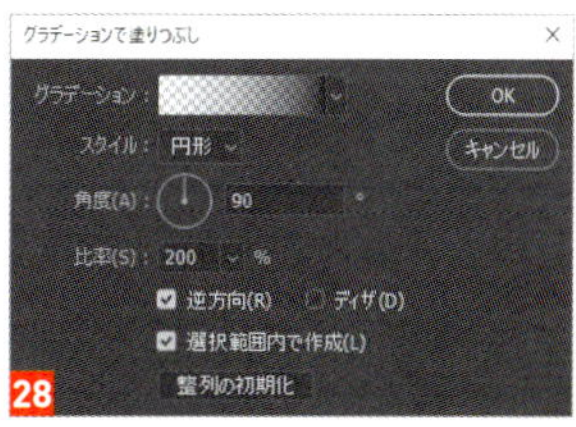

28

09 カンバスの四隅を暗くし全体の光を調整する

描画色を黒［#000000］に設定した状態で、［レイヤー］→［新規塗りつぶしレイヤー］→［グラデーション］を実行し、円形グラデーションを作成します 28。作成したグラデーションレイヤーを［帯］レイヤーの下に配置し、描画モードを［ソフトライト］に変更します 29。次に、［風景］レイヤーの下に新規レイヤー［全体の光3］を追加し、描画モードを［オーバーレイ］にします。描画色を白［#ffffff］に変更し、［ブラシツール］を使って流星や月、星空に光を足していきます。最後に素材画像から［岩］レイヤーを移動し、［帯］レイヤーの下に配置します。［帯］レイヤーの上に好きなテキストを配置して完成です 30。

29

30

APPENDIX

Photoshop よく使う基本操作

[基本操作]

新規ファイルを作成する
→［ファイル］メニューから［新規］を選択するか、⌘（Ctrl）キー＋N キーを押す。

パネルを表示する
→［ウィンドウ］メニューから表示させたいパネル名を選択する。

パネルオプションを表示する
→パネル右上の 4 本線のアイコンをクリックする。

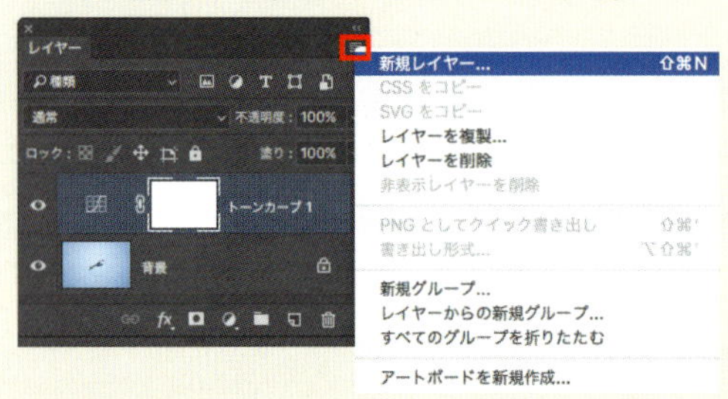

ガイドを表示する
→［表示］メニューから［表示・非表示］→［ガイド］を選択するか、⌘（Ctrl）キー＋ : キーを押す。

ガイドを作成する
→［表示］メニューから［新規ガイド］を選択し、ガイドの方向と位置を指定する。
→ウィンドウの上や左に表示された定規からドラッグしてガイドを引き出す。

カラーモードを変更する
→［イメージ］メニューの［モード］から目的のモードを選択する。

画像解像度を変更する
→［イメージ］メニューから［画像解像度］を選択し、［解像度］の値を変更する。

[画像補正]

画像を 2 階調化する
→［イメージ］メニューから［色調補正］→［2 階調化］でしきい値を指定する。

コントラストを調整する
→［イメージ］メニューから［色調補正］→［トーンカーブ］や［明るさ・コントラスト］［レベル補正］などを選択し、それぞれを使って調整する。

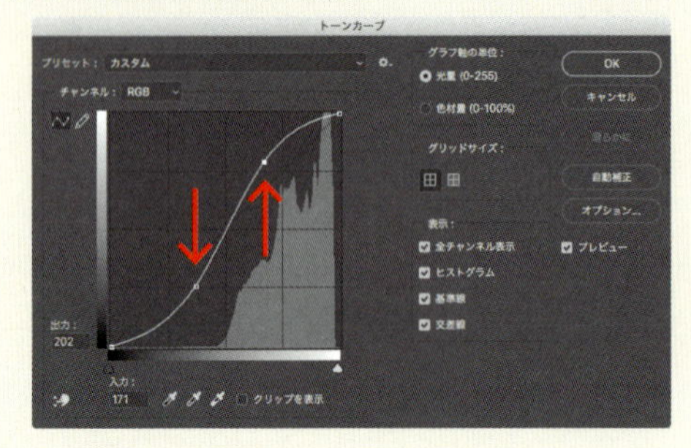

色相を調整する
→［イメージ］メニューから［色調補正］→［色相・彩度］を選択し、［色相］のスライダーを移動して調整する。

彩度を下げる
→［イメージ］メニューから［色調補正］→［白黒］で［プリセット］の［ブラック（最大）］を選択する。
→［イメージ］メニューから［色調補正］→［色相・彩度］や［自然な彩度］を選択して調整する。
→［イメージ］メニューから［色調補正］→［彩度を下げる］を選択する。

[選択範囲]

レイヤーから選択範囲を作成する
→［レイヤー］パネルでレイヤーサムネイルを⌘（Ctrl）キーを押しながらクリックする。

パスから選択範囲を作成する
→［レイヤー］パネルでパスレイヤーサムネイルを⌘（Ctrl）キーを押しながらクリックする。

正方形の選択範囲を作成する
→［長方形選択ツール］で Shift キーを押しながらドラッグする。

正円の選択範囲を作成する
→［楕円形選択ツール］で Shift キーを押しながらドラッグする。

選択範囲を反転する
→選択範囲を作成したあと、［選択範囲］メニューから［選択範囲を反転］を選択する。

選択範囲を追加する
→選択範囲を作成したあと、Shift キーを押しながら任意の選択ツールで新たに追加したい範囲を選択する。

選択範囲をぼかす
→［選択範囲］メニューから［選択範囲を変更］→［境界をぼかす］を選択し、ぼかしの半径を指定する。

選択範囲内を新規レイヤーとして複製する
→複製したい範囲を選択し、［レイヤー］メニューから［新規］→［選択範囲をコピーしたレイヤー］を選択するか、⌘（Ctrl）キー＋ J キーを押す。

選択範囲を保存する
→［選択範囲］メニューから［選択範囲を保存］を選択し、名前を付けて保存する。

保存した選択範囲を読み込む
→［選択範囲］メニューから［選択範囲を読み込む］を選択し、［チャンネル］から読み込みたい選択範囲を選択する。

［レイヤー］［マスク］

新規レイヤーを作成する
→［レイヤー］パネルの［新規レイヤーを作成］アイコンをクリックする。
→［レイヤー］メニューから［新規］→［レイヤー］を選択するか、⌘（Ctrl）キー＋ Shift キー＋ N キーを押し、名前を付けて作成する。

レイヤーを複製する
→［レイヤー］パネルで複製したいレイヤーを［新規レイヤーを作成］アイコンへドラッグ＆ドロップする。

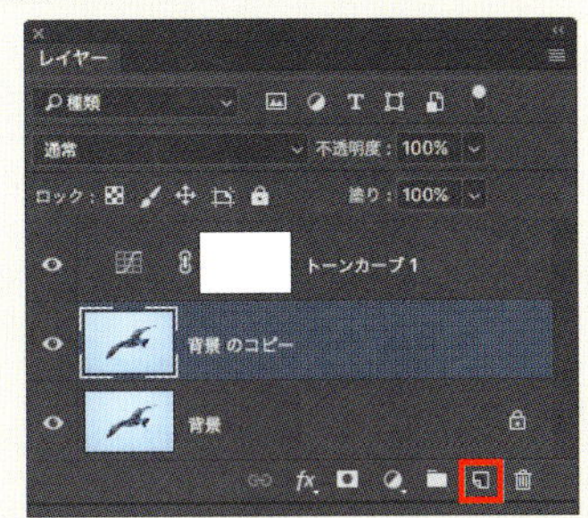

塗りつぶしレイヤーを作成する
→［レイヤー］パネルの［塗りつぶしまたは調整レイヤーを新規作成］アイコンをクリックし、［べた塗り］を選択して希望の色を選択する。

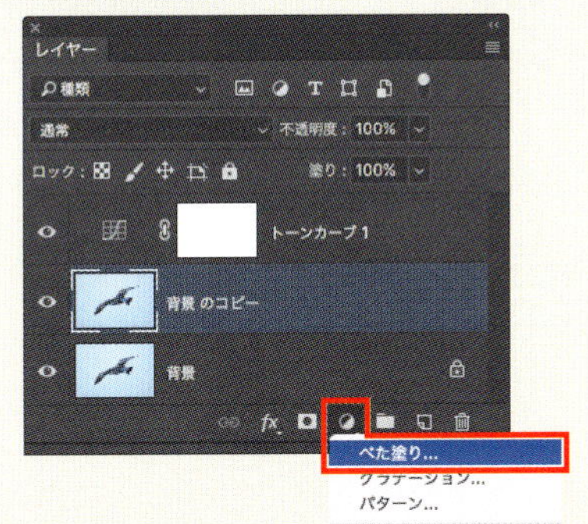

調整レイヤーを作成する
→［レイヤー］パネルの［塗りつぶしまたは調整レイヤーを新規作成］アイコンをクリックし、追加したい調整レイヤーを選択する。

レイヤー効果を追加する
→対象のレイヤーを選択した状態で［レイヤー］パネルの［レイヤースタイルを追加］アイコンをクリックし、レイヤー効果を選択して効果の内容を設定する。

レイヤーをグループ化する
→グループ化したいレイヤーを選択し、［レイヤー］メニューから［新規］→［レイヤーからのグループ］を選択するか、⌘（Ctrl）キー＋ G キーを押す。

レイヤーの描画モードを変更する

→対象のレイヤーを選択し、［レイヤー］パネルの［レイヤーの描画モードを設定］のリストを開き、希望のモードを選択する。

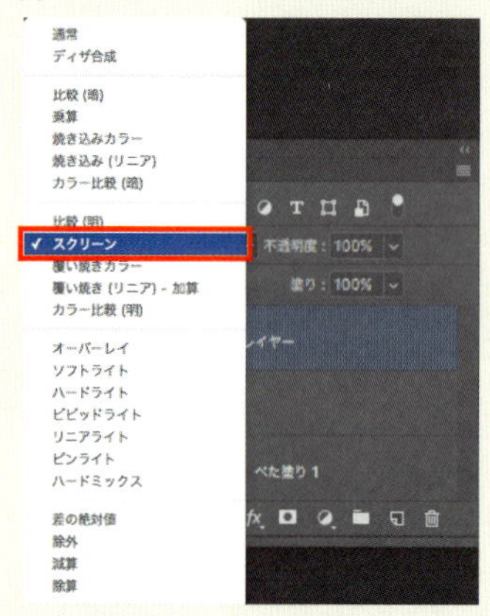

レイヤーをすべて結合する

→［レイヤー］メニューから［画像を統合］を選択する。

一部のレイヤーのみを結合する

→結合したいレイヤーのみを選択し、［レイヤー］メニューから［レイヤーを結合］を選択するか、⌘（Ctrl）キー＋Eキーを押す。

レイヤーをロックする

→ロックしたいレイヤーを選択し、［レイヤー］パネルの［すべてロック］アイコンをクリックするか、⌘（Ctrl）キー＋/キーを押す。

レイヤーを表示・非表示する

→［レイヤー］パネルで表示・非表示したいレイヤーの［レイヤーの表示／非表示］アイコンをクリックする。

レイヤーをリンクする

→リンクしたいレイヤーを選択し、［レイヤー］パネルの［レイヤーをリンク］アイコンをクリックする。

背景をレイヤーに変換する

→［レイヤー］パネルでレイヤー名の右側にある南京錠アイコンをクリックするか、項目をダブルクリックする。

選択範囲からレイヤーマスクを作成する

→マスクしたい範囲のみを選択し、［レイヤー］パネルの［レイヤーマスクを追加］アイコンをクリックする。

レイヤーマスクの内容を編集する

→［レイヤー］パネルで対象レイヤーの［レイヤーマスクサムネイル］をクリックして選択し、［ブラシツール］や［消しゴムツール］などで描画する。通常では、黒の範囲が隠れ、白の範囲が表示された状態になる。

クリッピングマスクを作成する

→［レイヤー］パネルで、マスクとして使うレイヤーを下、マスクされるレイヤーを上に配置し、2つのレイヤーの境界をOption（Alt）キーを押しながらクリックする。

PROFILE

著者プロフィール

永樂 雅也 Masaya Eiraku

デイリーフレッシュ株式会社を経て、2010年に独立。2016年、株式会社AMSY設立。アートディレクター、グラフィックデザイナーとして、紙、Web、映像など媒体を問わずさまざまなビジュアルの企画・デザインを行っている。

[Web] http://www.amsy.jp

[Mail] eiraku@amsy.jp

高橋としゆき Toshiyuki Takahashi (Graphic Arts Unit)

愛媛県松山市在住。紙媒体からWebまで幅広いジャンルを手がけるフリーのグラフィックデザイナー。デザイン系の書籍を数多く執筆。プライベートサイト「ガウプラ」では、オリジナルデザインのフリーフォントを配布。ロゴタイプ、アニメ、ゲーム、広告など、さまざまな媒体で使用されている。

[Twitter] @gautt

黒田 明臣 Akiomi Kuroda

東京都生まれ、都内在住。大学入学と同時にインターネットに傾倒。独学でWebシステムを構築し、フリーランスエンジニア・アドバイザーとして活動開始。大規模プラットフォーム運用から新規サービス立ち上げまで幅広く経験。2014年よりポートレートフォトグラファーとして活動開始。国内外コンテストやSNSを中心にアマチュア活動の後、2017年に商業フォトグラファーへ転向。ビジュアル制作とクリエイターマネジメント、フォトグラファー、Webマガジンを主事業とした株式会社ヒーコを設立。同社代表取締役。

[Web] https://artratio.net/

楠田 諭史 Satoshi Kusuda

デジタルアート作家、グラフィックデザイナー。国内外で個展を行いながら、デザイナーとしてさまざまな企業やアーティストのグラフィックを手がける。

[Web] http://euphonic-lounge.net

装丁・デザイン：宮嶋 章文
紙面デザイン：坂本 真一郎（クオルデザイン）
編集：津村 匠
DTP：BUCH+

新ほめられデザイン事典
写真レタッチ・加工［Photoshop］

2018年9月10日　初版第1刷発行

著　　者　永楽 雅也、高橋 としゆき、黒田 明臣、楠田 諭史
発 行 人　佐々木 幹夫
発 行 所　株式会社 翔泳社（https://www.shoeisha.co.jp）
印刷・製本　株式会社 廣済堂

ISBN978-4-7981-5589-0 Printed in Japan